전기자기학

서대석 · 김성래 공저

도서출판 태영문화사

머리말

급격한 사회발전으로 인해 전기, 전자, 통신 분야가 차지하는 구성 빈도가 매우 높아짐에 따라 전문기술인력의 수요도 증가함에 따라, 대학에서 공부하거나 산업현장의 종사자까지 국가기술자격 취득에 많은 관심을 가지고 있다. 국가기술자격 취득 과목 중에서 전기자기학은 전기, 전자, 통신 분야를 전공하는 학생 및 관련 종사자 등이 자격증 취득을 위해서라도 반드시 학습해야 할 과목의 하나이다. 그러나 전기자기학은 물리학 분야에 속하는 전기·자기 현상의 기초 이론으로 일반 물리학이나 수학의 기초가 요구되기 때문에 좀처럼 이해하기 힘든 과목의 하나로 인식되고 있다.

본 교재는 전기자기학이란 학문의 이해를 돕기 위해 해당 항목에 대해 가능한 한 많은 그림을 삽입하였으며, 이해하기 쉬운 수학적 이론을 적용하여 물리적 개념과 의미를 정확히 파악하도록 하는데 중점을 두었다. 따라서 여러 가지 현상에 대한 수식적 표현과 법칙의 개념을 이해하기 쉽도록 자세하게 풀어 설명하고자 하였다. 또한 각 장마다 과년도 자격증 시험에 출제된 문제들을 예제 및 연습문제에 수록하여 이론적으로 배운 내용을 복습함으로서 문제 해결 능력의 향상과 이해 및 응용 능력을 한 층 높일 수 있도록 하였다.

전기자기학을 배우는 학생이나 관련 종사자에게 조금이나마 도움이 될 수 있도록 내용에 충실하려고 하였지만, 부족한 부분이 적지 않을 것으로 생각되며 차후 수정 보완해 나가려 하니 아낌없는 의견과 조언을 바란다.

끝으로 본 교재를 출판함에 있어서 각종 문헌을 참고한 국내외 원저자들 및 태영문화사 이진권 사장님과 임직원에게도 감사를 드린다.

저자 씀

차 례

제 1 장 벡터 해석

제2장 정전계

제 3 장 도체계와 정전용량

제 4 장 유전체와 전기영상법

제 6 장 정 자 계

제 7 장 전류와 자기현상

제 8 장 자성체와 자기회로

제 9 장 전자유도현상과 인덕턴스

제 10 장 전자계

부 록

연습문제 풀이

제 1 장

벡터 해석

1.1 스칼라와 벡터

일반적으로 자연계의 물리량을 표현하는 방법으로 스칼라(scalar)량과 벡터(vector)량이 있다. 길이, 질량, 온도, 전력, 전압, 전위 및 저항 등과 같이 크기만을 갖는 양을 **스칼라량**이라 하고, 표시 방법은 A, a, $\overline{A}$, $\overline{OP}$와 같이 이태릭체 문자 또는 문자에 선분기호를 붙여서 나타낸다.

속도, 변위, 힘, 각속도, 전계 및 자계 등과 같이 크기와 방향을 가지는 것을 **벡터량**이라 하고, 표시 방법은 $\boldsymbol{A}$, $\boldsymbol{a}$, $\vec{A}$, $\overrightarrow{OP}$로 진한 고딕체 문자 또는 문자에 화살표를 붙여서 나타낸다. 벡터 $\boldsymbol{A}$의 크기는 절대값 기호를 붙인 $|\vec{A}|$ 또는 $|\boldsymbol{A}|$와 이태릭체 A로 표시한다. 그러므로 벡터와 스칼라량에 대해서는 기호의 특성에 유념해야 한다.

1.2 벡터의 표현

그림 1-1 (a)와 같이 점 O에서 정해진 벡터방향으로 선분 OP를 그린다.

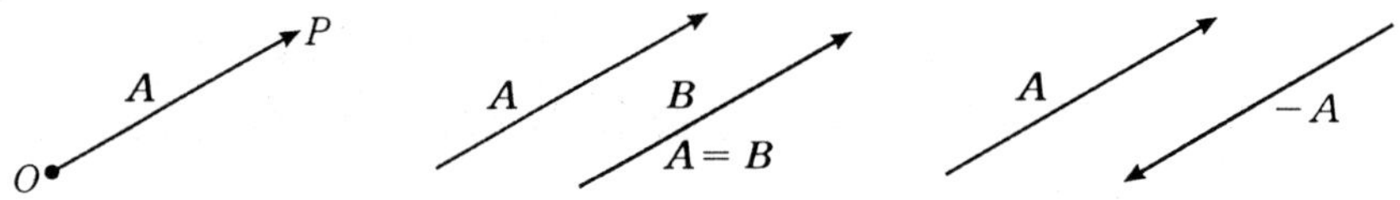

(a) (b) (c)

그림 1-1 벡터의 표시

이때 점 O는 벡터 $\boldsymbol{A}$의 시점, 점 P를 종점이라고 한다. 벡터 $\boldsymbol{A}$는 $\overrightarrow{OP}$로도 표현할 수 있으며, 벡터 $\boldsymbol{A}$의 크기는 절대값 기호를 붙인 $|\overrightarrow{A}|$ 또는 $|\boldsymbol{A}|$와 이태릭체 A로 쓴다. 그림 1-1 (b), (c)와 같이 두 개의 벡터 $\boldsymbol{A}$, $\boldsymbol{B}$의 크기와 방향이 같은 벡터는 위치에 관계없이 서로 동일한 벡터 $\boldsymbol{A} = \boldsymbol{B}$이고, 벡터 $\boldsymbol{A}$에 대해 반대 방향으로 되는 벡터는 부의 벡터라 하며, 부(−)의 기호를 붙여 $-\boldsymbol{A}$로 표시한다.

1.2.1 벡터의 합과 차

두 개의 벡터 $\boldsymbol{A}$, $\boldsymbol{B}$의 합은 그림 1-2와 같은 예로 구할 수 있다.

(a) (b)

그림 1-2 벡터의 합

그림 (a)와 같이 두 벡터의 시점을 원점 O에 일치시킨 후, 벡터 $\boldsymbol{A}$, $\boldsymbol{B}$를 양변으로 하는 평형사변형의 대각선의 새로운 벡터 $\boldsymbol{C}$ 또는 그림 (b)와 같이 벡터 $\boldsymbol{A}$의 종점에 벡터 $\boldsymbol{B}$의 시점을 놓았을 때 그려지는 삼각형의 사변 $\boldsymbol{C}$가 벡터 $\boldsymbol{A}$와 $\boldsymbol{B}$의 합이 되며, 다음과 같이 표시할 수 있다.

$$\boldsymbol{A} + \boldsymbol{B} = \boldsymbol{C} \tag{1-1}$$

두 개의 벡터 $\boldsymbol{A}$와 $\boldsymbol{B}$의 차는 그림 1-3과 같이 벡터 $\boldsymbol{A}$를 기준으로 벡터 $\boldsymbol{B}$의 방향이 반대이므로 다음 식과 같이 나타낼 수 있다.

$$\boldsymbol{A}+(-\boldsymbol{B})=\boldsymbol{A}-\boldsymbol{B} \tag{1-2}$$

그림 1-3 벡터의 차

1.2.2 단위벡터와 기본벡터

그림 1-4 (a)와 같이 벡터 $\boldsymbol{A}$와 방향이 같고, 크기가 1인 벡터를 단위벡터 $\boldsymbol{a}$로 나타내며, 벡터 $\boldsymbol{A}$는 크기 A와 단위벡터 $\boldsymbol{a}$의 곱으로 다음과 같이 나타낸다.

$$\boldsymbol{A}=A\boldsymbol{a} \tag{1-3}$$

식 (1-3)에서 $\boldsymbol{A}$는 벡터량이고, A는 스칼라량이다.

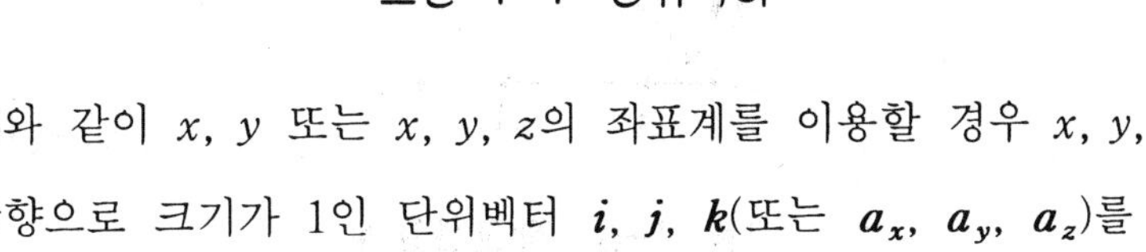

그림 1-4 단위벡터

그림 1-5와 같이 x, y 또는 x, y, z의 좌표계를 이용할 경우 x, y, z의 각 축의 양의 방향으로 크기가 1인 단위벡터 $\boldsymbol{i}$, $\boldsymbol{j}$, $\boldsymbol{k}$(또는 $\boldsymbol{a}_x$, $\boldsymbol{a}_y$, $\boldsymbol{a}_z$)를 기본벡터라

한다. 각 기본벡터들은 서로 90°의 관계를 가지고 있다.

이 기본벡터는 좌표계에 있어서 벡터를 계산하는데 중요한 역할을 한다.

(a) 직교좌표계 (b) 직각좌표계

그림 1-5 기본벡터

1.3 벡터의 성분

1.3.1 직교좌표계

그림 1-6과 같이 2차원의 직교좌표계를 이용하여 벡터를 수식적으로 표현해 보자. x, y 직교좌표상에서 기본 벡터는 $\boldsymbol{i}$, $\boldsymbol{j}$이고 x, y 평면상에서 벡터 $\boldsymbol{A}$의 x축 상의 성분을 A_x, y축 상의 성분을 A_y라 할 때 각 축방향의 성분벡터는 각각 $A_x\boldsymbol{i}$, $A_y\boldsymbol{j}$이다. 따라서 좌표상에서 벡터 $\boldsymbol{A}$는 다음과 같이 나타낸다.

$$\boldsymbol{A} = A_x\boldsymbol{i} + A_y\boldsymbol{j} \tag{1-4}$$

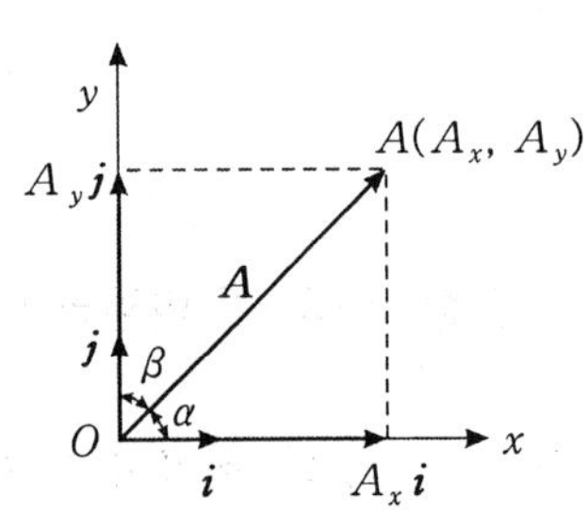

그림 1-6 직교좌표계

이때 벡터 $\boldsymbol{A}$의 크기는

$$A = |\boldsymbol{A}| = \sqrt{A_x^{\,2} + A_y^{\,2}} \tag{1-5}$$

로 되고, 벡터 $\boldsymbol{A}$가 x, y축과 이루는 각을 α, β라 하면

$$\left.\begin{aligned} \cos\alpha &= \frac{A_x}{A} = \frac{A_x}{|\boldsymbol{A}|} \\ \cos\beta &= \frac{A_y}{A} = \frac{A_y}{|\boldsymbol{A}|} \end{aligned}\right\} \tag{1-6}$$

로 된다. 따라서 벡터 $\boldsymbol{A}$의 단위벡터 $\boldsymbol{a}$는 다음 식으로 구할 수 있다.

$$\boldsymbol{a} = \frac{\boldsymbol{A}}{A} = \frac{\boldsymbol{A}}{|\boldsymbol{A}|} = \frac{A_x}{A}\,\boldsymbol{i} + \frac{A_y}{A}\,\boldsymbol{j} = \cos\alpha\,\boldsymbol{i} + \cos\beta\,\boldsymbol{j} \tag{1-7}$$

직교좌표계에서 두 점 $A(A_x,\ A_y)$와 $B(B_x,\ B_y)$를 성분벡터 $\boldsymbol{A}$, $\boldsymbol{B}$로 나타내면 각각 다음과 같이 표현된다.

$$\left.\begin{aligned} \boldsymbol{A} &= A_x\boldsymbol{i} + A_y\boldsymbol{j} \\ \boldsymbol{B} &= B_x\boldsymbol{i} + B_y\boldsymbol{j} \end{aligned}\right\} \tag{1-8}$$

이 두 벡터 $\boldsymbol{A}$, $\boldsymbol{B}$의 합과 차는 다음 방법으로 구할 수 있다.

$$\boldsymbol{A} \pm \boldsymbol{B} = (A_x\boldsymbol{i} + A_y\boldsymbol{j}) \pm (B_x\boldsymbol{i} + B_y\boldsymbol{j}) = (A_x \pm B_x)\boldsymbol{i} + (A_y \pm B_y)\boldsymbol{j} \tag{1-9}$$

예제 1-1 $\boldsymbol{A} = 3\boldsymbol{i} + 4\boldsymbol{j}$일 때 단위벡터의 크기는?

풀이 $\boldsymbol{a} = \dfrac{\boldsymbol{A}}{|\boldsymbol{A}|} = \dfrac{3\boldsymbol{i} + 4\boldsymbol{j}}{\sqrt{3^2 + 4^2}} = \dfrac{3}{5}\,\boldsymbol{i} + \dfrac{4}{5}\,\boldsymbol{j}$

$\therefore\ |\,\boldsymbol{a}\,| = \sqrt{\left(\dfrac{3}{5}\right)^2 + \left(\dfrac{4}{5}\right)^2} = 1$

1.3.2 직각좌표계

그림 1-7과 같이 임의의 한 점의 위치를 공간으로 나타내면 x, y, z축을 가지는 3차원의 직각좌표계로 나타낼 수 있다. 기본벡터는 $\boldsymbol{i}$, $\boldsymbol{j}$, $\boldsymbol{k}$로 2차원의 직교좌표계에서 구한 결과를 z축으로 확장하여 생각하면 된다. 직각좌표계의 범위는 $-\infty < x < \infty$, $-\infty < y < \infty$, $-\infty < z < \infty$이다.

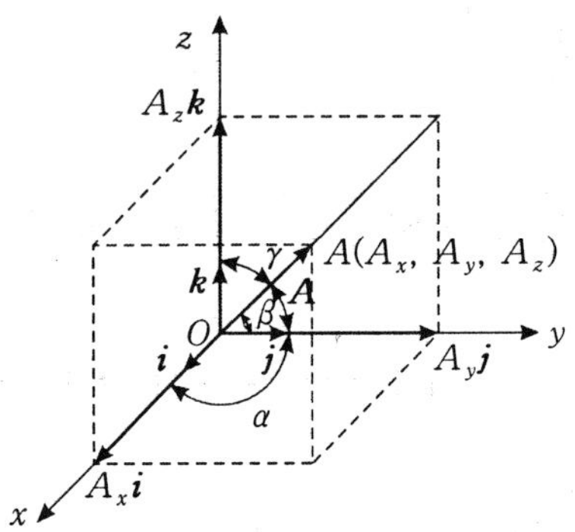

그림 1-7 직각좌표계

x, y, z축에 대한 벡터 $\boldsymbol{A}$의 축방향 성분이 (A_x, A_y, A_z)일 때, 위치벡터 $\boldsymbol{A}$는

$$(A_x, A_y, A_z) \text{ 또는 } \boldsymbol{A} = A_x\boldsymbol{i} + A_y\boldsymbol{j} + A_z\boldsymbol{k} \tag{1-10}$$

이다. 이때 벡터 $\boldsymbol{A}$의 크기 A는 다음 식으로 구할 수 있다.

$$A = |\boldsymbol{A}| = \sqrt{A_x{}^2 + A_y{}^2 + A_z{}^2} \tag{1-11}$$

또한 벡터 $\boldsymbol{A}$가 x, y, z축과 이루는 각도를 α, β, γ라 하면 각각의 각도는

$$\cos\alpha = \frac{A_x}{A} = \frac{A_x}{|\boldsymbol{A}|}, \quad \cos\beta = \frac{A_y}{A} = \frac{A_y}{|\boldsymbol{A}|}, \quad \cos\gamma = \frac{A_z}{A} = \frac{A_z}{|\boldsymbol{A}|} \tag{1-12}$$

의 관계가 있고, 벡터 $\boldsymbol{A}$의 단위벡터 $\boldsymbol{a}$는 다음과 같이 구할 수 있다.

$$\boldsymbol{a} = \frac{\boldsymbol{A}}{A} = \frac{\boldsymbol{A}}{|\boldsymbol{A}|} = \frac{A_x}{A}\boldsymbol{i} + \frac{A_y}{A}\boldsymbol{j} + \frac{A_z}{A}\boldsymbol{k} = \cos\alpha\boldsymbol{i} + \cos\beta\boldsymbol{j} + \cos\gamma\boldsymbol{k} \tag{1-13}$$

공간상에 존재하는 두 점 $A(A_x, A_y, A_z)$, $B(B_x, B_y, B_z)$를 성분벡터 $\boldsymbol{A}$, $\boldsymbol{B}$로 나타내면 다음과 같이 표현된다.

$$\left.\begin{aligned} \boldsymbol{A} &= A_x\boldsymbol{i} + A_y\boldsymbol{j} + A_z\boldsymbol{k} \\ \boldsymbol{B} &= B_x\boldsymbol{i} + B_y\boldsymbol{j} + B_z\boldsymbol{k} \end{aligned}\right\} \tag{1-14}$$

이때 이 두 벡터 $\boldsymbol{A}$, $\boldsymbol{B}$의 합과 차는 다음 식으로 계산할 수 있다.

$$\left.\begin{aligned} \boldsymbol{A} \pm \boldsymbol{B} &= (A_x\boldsymbol{i} + A_y\boldsymbol{j} + A_z\boldsymbol{k}) \pm (B_x\boldsymbol{i} + B_y\boldsymbol{j} + B_z\boldsymbol{k}) \\ &= (A_x \pm B_x)\boldsymbol{i} + (A_y \pm B_x)\boldsymbol{j} + (A_z \pm B_z)\boldsymbol{k} \end{aligned}\right\} \tag{1-15}$$

예제 1-2 $\boldsymbol{A} = 2\boldsymbol{i} + 3\boldsymbol{j} + \boldsymbol{k}$일 때 $\boldsymbol{A}$의 크기와 방향 벡터는?

풀이 벡터 $\boldsymbol{A}$의 크기와 방향 벡터는

· 벡터 $\boldsymbol{A}$의 크기는 $|A| = \sqrt{2^2 + 3^2 + 1^2} = \sqrt{14}$

· 방향 벡터는 $\boldsymbol{n} = \frac{\boldsymbol{A}}{A} = \frac{2\boldsymbol{i} + 3\boldsymbol{j} + \boldsymbol{k}}{\sqrt{14}} = \frac{2}{\sqrt{14}}\boldsymbol{i} + \frac{3}{\sqrt{14}}\boldsymbol{j} + \frac{1}{\sqrt{14}}\boldsymbol{k}$

1.3.3 원통좌표계

원통좌표계는 그림 1-8과 같이 점 P는 (ρ, ϕ, z)로 표현되면, ρ는 점 P를 지나는 원통의 반지름 또는 z축으로 부터의 반경이다. ϕ는 방위각이라고 부르며, xy평면에서 x축으로 부터 측정된다. z는 직각좌표계에서와 동일하다.

각 변수의 범위는 $0 \le \rho \le \infty$, $0 \le \phi < 2\pi$, $-\infty < z < \infty$이다. 원통좌표계에서 벡터 $\boldsymbol{A}$는 다음과 같이 나타낼 수 있다.

$$(A_\rho,\ A_\phi,\ A_z)\ \text{또는}\ \boldsymbol{A} = A_\rho \boldsymbol{a}_\rho + A_\phi \boldsymbol{a}_\phi + A_z \boldsymbol{a}_z \tag{1-16}$$

여기서, $\boldsymbol{a}_\rho$, $\boldsymbol{a}_\phi$, $\boldsymbol{a}_z$는 ρ, ϕ, z방향의 단위벡터이며, 벡터 $\boldsymbol{A}$의 크기는

$$|\boldsymbol{A}| = A = \sqrt{A_\rho^{\ 2} + A_\phi^{\ 2} + A_z^{\ 2}} \tag{1-17}$$

이 된다.

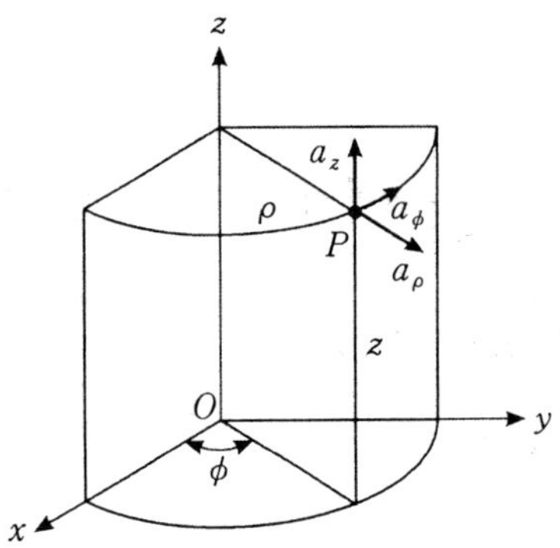

그림 1-8 원통좌표계

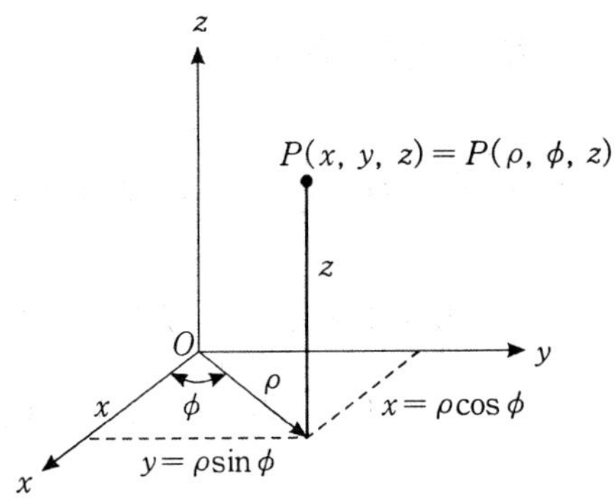

그림 1-9 직각좌표계와 원통좌표계와의 관계

좌표계는 직교하기 때문에 단위벡터 $\boldsymbol{a}_\rho$, $\boldsymbol{a}_\phi$, $\boldsymbol{a}_z$는 서로 수직임에 유의해야 하며 다음과 같은 관계를 가지고 있다.

$$\left.\begin{aligned} &\boldsymbol{a}_\rho \cdot \boldsymbol{a}_\rho = \boldsymbol{a}_\phi \cdot \boldsymbol{a}_\phi = \boldsymbol{a}_z \cdot \boldsymbol{a}_z = 1 \\ &\boldsymbol{a}_\rho \cdot \boldsymbol{a}_\phi = \boldsymbol{a}_\phi \cdot \boldsymbol{a}_z = \boldsymbol{a}_z \cdot \boldsymbol{a}_\rho = 0 \end{aligned}\right\} \tag{1-18}$$

$$\boldsymbol{a}_\rho \times \boldsymbol{a}_\phi = \boldsymbol{a}_z,\quad \boldsymbol{a}_\phi \times \boldsymbol{a}_z = \boldsymbol{a}_\rho,\quad \boldsymbol{a}_z \times \boldsymbol{a}_\rho = \boldsymbol{a}_\phi \tag{1-19}$$

또한 직각좌표계의 변수$(x,\ y,\ z)$와 원통좌표계의 변수$(\rho,\ \phi,\ z)$ 사이의 관계식은 그림 1-9로부터 다음과 같이 각각 구할 수 있다.

$$\rho = \sqrt{x^2 + y^2},\quad \phi = \tan^{-1}\frac{y}{x},\quad z = z \tag{1-20}$$

$$x = \rho\cos\phi,\ \ y = \rho\sin\phi,\ \ z = z \tag{1-21}$$

식 (1-20)을 이용하면 직각좌표계를 원통좌표계로, 식 (1-21)을 이용하면 원통좌표계를 직각좌표계로 변환할 수 있다.

직각좌표계의 벡터 $\boldsymbol{A}$인 $(A_x,\ A_y,\ A_z)$를 원통좌표계$(A_\rho,\ A_\phi,\ A_z)$로 변환하는 것을 행렬로 나타내면 다음과 같다.

$$\begin{pmatrix} A_\rho \\ A_\phi \\ A_z \end{pmatrix} = \begin{pmatrix} \cos\phi & \sin\phi & 0 \\ -\sin\phi & \cos\phi & 0 \\ 0 & 0 & 1 \end{pmatrix} \begin{pmatrix} A_x \\ A_y \\ A_z \end{pmatrix} \tag{1-22}$$

원통좌표계의 벡터 $\boldsymbol{A}$인 $(A_\rho,\ A_\phi,\ A_z)$를 직각좌표계 $(A_x,\ A_y,\ A_z)$로 변환하는 것을 행렬로 나타내면 다음과 같다.

$$\begin{pmatrix} A_x \\ A_y \\ A_z \end{pmatrix} = \begin{pmatrix} \cos\phi & -\sin\phi & 0 \\ \sin\phi & \cos\phi & 0 \\ 0 & 0 & 1 \end{pmatrix} \begin{pmatrix} A_\rho \\ A_\phi \\ A_z \end{pmatrix} \tag{1-23}$$

1.3.4 구좌표계

구좌표계는 그림 1-10과 같이 점 P는 $(r,\ \theta,\ \phi)$로 표현되며, r은 원점에서 점 P까지의 거리 또는 원점에 중심을 두고 점 P를 지나는 구의 반경이다. θ는 천정각이라고도 하며, z축과 P의 위치벡터 사이의 각이고, ϕ는 방위각으로 x축으로부터 측정되는 각이다. 이 변수들의 범위는 $0 \le r < \infty$, $0 \le \theta \le \pi$, $0 \le \phi \le 2\pi$이다. 구좌표계의 벡터 $\boldsymbol{A}$는 다음과 같이 나타낸다.

$$(A_r,\ A_\theta,\ A_\phi) \text{ 또는 } \boldsymbol{A} = A_r\boldsymbol{a_r} + A_\theta\boldsymbol{a_\theta} + A_\phi\boldsymbol{a_\phi} \tag{1-24}$$

여기서, $\boldsymbol{a_r}$, $\boldsymbol{a_\theta}$, $\boldsymbol{a_\phi}$는 각각 r, θ, ϕ방향의 단위벡터이다.

이때 벡터 $\boldsymbol{A}$의 크기는 다음과 같다.

$$|\boldsymbol{A}| = A = \sqrt{A_r^{\,2} + A_\theta^{\,2} + A_\phi^{\,2}} \tag{1-25}$$

단위벡터 $\boldsymbol{a}_r$, $\boldsymbol{a}_\theta$, $\boldsymbol{a}_\phi$는 서로 직교하며, 단위벡터의 관계는 다음과 같다.

$$\left.\begin{aligned} \boldsymbol{a}_r \cdot \boldsymbol{a}_r = \boldsymbol{a}_\theta \cdot \boldsymbol{a}_\theta = \boldsymbol{a}_\phi \cdot \boldsymbol{a}_\phi = 1 \\ \boldsymbol{a}_r \cdot \boldsymbol{a}_\theta = \boldsymbol{a}_\theta \cdot \boldsymbol{a}_\phi = \boldsymbol{a}_\phi \cdot \boldsymbol{a}_r = 0 \end{aligned}\right\} \tag{1-26}$$

$$\boldsymbol{a}_r \times \boldsymbol{a}_\theta = \boldsymbol{a}_\phi,\ \boldsymbol{a}_\theta \times \boldsymbol{a}_\phi = \boldsymbol{a}_r,\ \boldsymbol{a}_\phi \times \boldsymbol{a}_r = \boldsymbol{a}_\theta \tag{1-27}$$

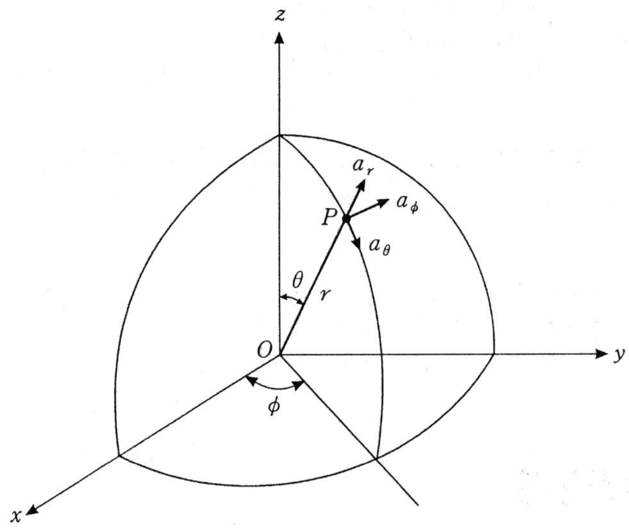

그림 1-10 구좌표계

직각좌표계의 공간변수 $(x,\ y,\ z)$는 구좌표계의 변수 $(r,\ \theta,\ \phi)$와 관계를 그림 1-11을 통해 다음과 같은 관계식으로 나타낼 수 있다.

$$r = \sqrt{x^2 + y^2 + z^2},\ \ \theta = \tan^{-1}\frac{\sqrt{x^2+y^2}}{z},\ \ \phi = \tan^{-2}\frac{y}{x} \tag{1-28}$$

$$x = r\sin\theta\cos\phi,\ \ y = r\sin\theta\sin\phi,\ \ z = r\cos\theta \tag{1-29}$$

식 (1-28)을 이용하면 직교좌표계를 구좌표계로, 식 (1-29)를 이용하면 구좌표계를 직각좌표계로 변환할 수 있다.

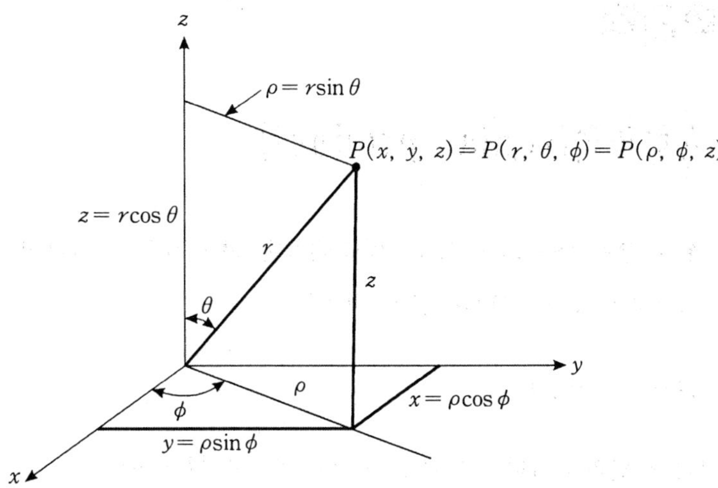

그림 1-11 직각좌표계와 구좌표계와의 관계

직각좌표계의 벡터 $\boldsymbol{A}$인 (A_x, A_y, A_z)를 구좌표계(A_r, A_θ, A_ϕ)로 변환하는 것을 행렬로 나타내면 다음과 같다.

$$\begin{pmatrix} A_r \\ A_\theta \\ A_\phi \end{pmatrix} = \begin{pmatrix} \sin\theta\cos\phi & \sin\theta\sin\phi & \cos\theta \\ -\cos\theta\cos\phi & \cos\theta\sin\phi & -\sin\theta \\ -\sin\phi & \cos\phi & 0 \end{pmatrix} \begin{pmatrix} A_x \\ A_y \\ A_z \end{pmatrix} \tag{1-30}$$

구좌표계의 벡터 $\boldsymbol{A}$인 (A_r, A_θ, A_ϕ)를 직각좌표계(A_x, A_y, A_z)로 변환하는 것을 행렬로 나타내면 다음과 같다.

$$\begin{pmatrix} A_x \\ A_y \\ A_z \end{pmatrix} = \begin{pmatrix} \sin\theta\cos\phi & \cos\theta\cos\phi & -\sin\phi \\ \sin\theta\sin\phi & \cos\theta\sin\phi & \cos\phi \\ \cos\theta & -\sin\theta & 0 \end{pmatrix} \begin{pmatrix} A_r \\ A_\theta \\ A_\phi \end{pmatrix} \tag{1-31}$$

1.4 벡터적

1.4.1 스칼라적(scalar product)

두 벡터 $\boldsymbol{A}$와 $\boldsymbol{B}$의 스칼라적 또는 벡터내적은 $\boldsymbol{A}\cdot\boldsymbol{B}$로 표기하며, "·"는 도트라 읽는다. 스칼라적(또는 벡터내적)의 의미는

$$\boldsymbol{A}\cdot\boldsymbol{B}=AB\cos\theta \tag{1-32}$$

으로 주어지는 스칼라량이다. 단 θ는 두 벡터의 사이각이다.

그림 1-12 스칼라적

그림 1-12와 같이 스칼라적 $\boldsymbol{A}\cdot\boldsymbol{B}$는 벡터 $\boldsymbol{B}$의 크기(B)에 벡터 $\boldsymbol{A}$의 $\boldsymbol{B}$방향 성분, 즉 $A\cos\theta$을 곱한 것을 의미한다. 또한 $\boldsymbol{B}\cdot\boldsymbol{A}$는 벡터 $\boldsymbol{A}$의 크기(A)에 벡터 $\boldsymbol{B}$의 $\boldsymbol{A}$방향 성분, 즉 $B\cos\theta$를 곱한 것으로 $\boldsymbol{A}\cdot\boldsymbol{B}$와 같아서 스칼라적은 교환법칙이 성립한다.

$$\boldsymbol{A}\cdot\boldsymbol{B}=\boldsymbol{B}\cdot\boldsymbol{A}=AB\cos\theta \tag{1-33}$$

두 벡터 $\boldsymbol{A}$, $\boldsymbol{B}$의 스칼라적에 대한 사이각 θ의 변화는 먼저 벡터 $\boldsymbol{A}$와 벡터 $\boldsymbol{B}$가 평행인 경우에는 $\theta=0$이므로 $\cos 0=1$이 되어 벡터 $\boldsymbol{A}$, $\boldsymbol{B}$는 다음 식과 같이 스칼라량인 크기 AB로 나타나게 된다.

$$\boldsymbol{A}\cdot\boldsymbol{B}=AB\cos 0=AB \tag{1-34}$$

다음으로 벡터 $\boldsymbol{A}$와 벡터 $\boldsymbol{B}$가 수직인 경우에는 $\theta=90°$이므로 $\cos 90°=0$이 되어 벡터 $\boldsymbol{A}$, $\boldsymbol{B}$는 다음과 같이 "0"이 된다.

$$\boldsymbol{A}\cdot\boldsymbol{B}=AB\cos 90°=0 \tag{1-35}$$

이 정의들을 기본벡터 $\boldsymbol{i}$, $\boldsymbol{j}$, $\boldsymbol{k}$에 적용하면 $\boldsymbol{i}$와 $\boldsymbol{i}$, $\boldsymbol{j}$와 $\boldsymbol{j}$, $\boldsymbol{k}$와 $\boldsymbol{k}$ 즉, 같은 방향끼리의 내적은 $1\cdot 1=1$이 되지만, $\boldsymbol{i}$와 $\boldsymbol{j}$, $\boldsymbol{j}$와 $\boldsymbol{k}$, $\boldsymbol{k}$와 $\boldsymbol{i}$의 내적은 서로의 축이 수직이므로 "0"이 된다. 이 관계를 식으로 표현하면 다음과 같다.

$$\boldsymbol{i}\cdot\boldsymbol{i}=\boldsymbol{j}\cdot\boldsymbol{j}=\boldsymbol{k}\cdot\boldsymbol{k}=1 \tag{1-36}$$

$$\boldsymbol{i}\cdot\boldsymbol{j}=\boldsymbol{j}\cdot\boldsymbol{k}=\boldsymbol{k}\cdot\boldsymbol{i}=0,\ \boldsymbol{j}\cdot\boldsymbol{i}=\boldsymbol{k}\cdot\boldsymbol{j}=\boldsymbol{i}\cdot\boldsymbol{k}=0 \tag{1-37}$$

두 벡터 $\boldsymbol{A}$와 $\boldsymbol{B}$의 성분벡터가 $\boldsymbol{A}=A_x\boldsymbol{i}+A_y\boldsymbol{j}+A_z\boldsymbol{k}$, $\boldsymbol{B}=B_x\boldsymbol{i}+B_y\boldsymbol{j}+B_z\boldsymbol{k}$일 때 스칼라적 $\boldsymbol{A}\cdot\boldsymbol{B}$는 다음 식으로 계산한다.

$$\begin{aligned}\boldsymbol{A}\cdot\boldsymbol{B}&=(A_x\boldsymbol{i}+A_y\boldsymbol{j}+A_z\boldsymbol{k})\cdot(B_x\boldsymbol{i}+B_y\boldsymbol{j}+B_z\boldsymbol{k})\\&=A_xB_x+A_yB_y+A_zB_z\end{aligned} \tag{1-38}$$

예 제 1-3 $\boldsymbol{A}=-7\boldsymbol{i}-\boldsymbol{j}$, $\boldsymbol{B}=-3\boldsymbol{i}-4\boldsymbol{j}$의 두 벡터가 이루는 각은 몇 도인가?

풀이 $\cos\theta=\dfrac{\boldsymbol{A}\cdot\boldsymbol{B}}{|\boldsymbol{A}||\boldsymbol{B}|}=\dfrac{A_xB_x+A_yB_y}{(\sqrt{A_x^2+A_y^2})(\sqrt{B_x^2+B_y^2})}=\dfrac{21+4}{\sqrt{50}\cdot 5}=\dfrac{1}{\sqrt{2}}=0.707$

$\therefore\ \theta=\cos^{-1}0.707=45°$

1.4.2 벡터적(vector product)

두 벡터 $\boldsymbol{A}$와 $\boldsymbol{B}$의 벡터적 또는 벡터외적은 $\boldsymbol{A}\times\boldsymbol{B}$로 표현하며, "×"는 크로스라 읽는다. 벡터적의 결과는 크기와 방향을 가지는 벡터량으로 벡터 $\boldsymbol{A}$, $\boldsymbol{B}$의 벡터적의 크기는 그림 1-13과 같이 벡터 $\boldsymbol{A}$와 $\boldsymbol{B}$를 두 변으로 하는 평행사변형의 면적, 즉 $AB\sin\theta$이고 방향은 $\boldsymbol{A}$, $\boldsymbol{B}$로 만들어지는 평행사변형의 면에 대해 수직이고,

$\boldsymbol{A}$에서 $\boldsymbol{B}$로 회전하는 오른나사의 진행방향($\boldsymbol{n}$)과 같다.

만약 $\boldsymbol{B}\times\boldsymbol{A}$인 경우에는 $\boldsymbol{A}\times\boldsymbol{B}$와 방향이 반대가 되어 $\boldsymbol{A}\times\boldsymbol{B}=-\boldsymbol{B}\times\boldsymbol{A}$가 되므로 교환법칙이 성립하지 않는다.

벡터적은 크기와 방향의 곱으로 나타낼 수 있으므로

$$\boldsymbol{A}\times\boldsymbol{B}=\boldsymbol{n}|\boldsymbol{A}\times\boldsymbol{B}|=\boldsymbol{n}AB\sin\theta \tag{1-39}$$

가 된다. 여기서 $\boldsymbol{n}$은 법선방향의 단위벡터, θ는 벡터 $\boldsymbol{A}$와 $\boldsymbol{B}$의 사이각이다.

벡터 $\boldsymbol{A}$와 벡터 $\boldsymbol{B}$의 벡터적에 대한 θ의 변화를 크기 관계로 고려해 보면, 먼저 벡터 $\boldsymbol{A}$와 $\boldsymbol{B}$가 평행인 경우에는 $\theta=0$이므로, 즉 $\sin\theta=\sin 0=0$이 되어

$$\boldsymbol{A}\times\boldsymbol{B}=AB\sin\theta=AB\sin 0=0 \tag{1-40}$$

가 되고, 벡터 $\boldsymbol{A}$와 $\boldsymbol{B}$가 수직인 경우에는 $\theta=90°$이므로, 즉 $\sin\theta=\sin 90°=1$이 되어 다음과 같이 크기 AB로 나타난다.

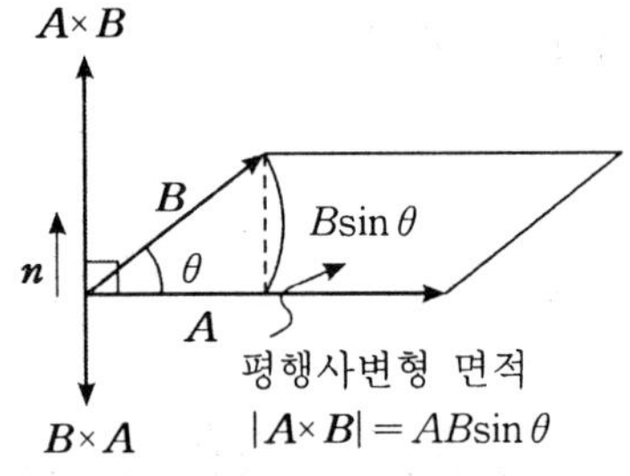

그림 1-13 벡터적

$$\boldsymbol{A}\times\boldsymbol{B}=AB\sin\theta=AB\sin 90°=AB \tag{1-41}$$

이 정의들을 기본벡터인 $\boldsymbol{i}$, $\boldsymbol{j}$, $\boldsymbol{k}$에 적용하여 나타낼 때 기본벡터가 서로 같은 축끼리는 평행이 되므로 다음과 같이 "0"이 되고,

$$\boldsymbol{i}\times\boldsymbol{i}=\boldsymbol{j}\times\boldsymbol{j}=\boldsymbol{k}\times\boldsymbol{k}=0 \tag{1-42}$$

서로 다른 기본벡터가 순방향으로 회전할 때는 새로운 순방향 축을 기준으로

회전하므로

$$\boldsymbol{i}\times\boldsymbol{j}=\boldsymbol{k},\quad \boldsymbol{j}\times\boldsymbol{k}=\boldsymbol{i},\quad \boldsymbol{k}\times\boldsymbol{i}=\boldsymbol{j} \tag{1-43}$$

가 되고, 서로 다른 기본벡터가 역방향으로 회전할 때는 다음 표현과 같이

$$\boldsymbol{j}\times\boldsymbol{i}=-\boldsymbol{k},\quad \boldsymbol{k}\times\boldsymbol{j}=-\boldsymbol{i},\quad \boldsymbol{i}\times\boldsymbol{k}=-\boldsymbol{j} \tag{1-44}$$

가 됨에 유의해야 한다.

직각좌표상에서 두 벡터 $\boldsymbol{A}=A_x\boldsymbol{i}+A_y\boldsymbol{j}+A_z\boldsymbol{k}$와 $\boldsymbol{B}=B_x\boldsymbol{i}+B_y\boldsymbol{j}+B_z\boldsymbol{k}$가 있을 때, 이 두 벡터의 벡터적 $\boldsymbol{A}\times\boldsymbol{B}$는 다음 식과 같이 계산한다.

$$\begin{aligned}\boldsymbol{A}\times\boldsymbol{B}&=(A_x\boldsymbol{i}+A_y\boldsymbol{j}+A_z\boldsymbol{k})\times(B_x\boldsymbol{i}+B_y\boldsymbol{j}+B_z\boldsymbol{k})\\&=(A_yB_z-A_zB_y)\boldsymbol{i}+(A_zB_x-A_xB_z)\boldsymbol{j}+(A_xB_y-A_yB_x)\boldsymbol{k}\end{aligned} \tag{1-45}$$

하지만 위 식의 계산이 복잡하다면, 이를 다음 행렬식을 이용한 행렬계산법을 적용하면 벡터적의 계산을 간편하고 편리하게 할 수 있다.

$$\boldsymbol{A}\times\boldsymbol{B}=\begin{vmatrix}\boldsymbol{i} & \boldsymbol{j} & \boldsymbol{k}\\ A_x & A_y & A_z\\ B_x & B_y & B_z\end{vmatrix} \tag{1-46}$$

예제 1-4 두 벡터 $\boldsymbol{A}=2\boldsymbol{i}+2\boldsymbol{j}+4\boldsymbol{k}$, $\boldsymbol{B}=4\boldsymbol{i}-2\boldsymbol{j}+6\boldsymbol{k}$를 두변으로 하는 평행사변형의 면적은?

풀이 $\boldsymbol{A}\times\boldsymbol{B}$에 대한 벡터곱은

$\boldsymbol{A}\times\boldsymbol{B}=\begin{vmatrix}\boldsymbol{i} & \boldsymbol{j} & \boldsymbol{k}\\ 2 & 2 & 4\\ 4 & -2 & 6\end{vmatrix}=20\boldsymbol{i}+4\boldsymbol{j}-12\boldsymbol{k}$이고 이것의 크기가 면적이 되므로

$|\boldsymbol{A}\times\boldsymbol{B}|=\sqrt{20^2+4^2+(-12)^2}=23.67$이다.

1.5 벡터의 미분연산

벡터계의 미분 계산에는 x, y, z 각 방향으로의 변화율과 방향을 표시하는 "∇"의 기호를 사용하는데, 이것을 미분연산자라 하고, 나블라(nabla) 또는 델(del)이라 읽는다. 이 델(∇)은 다음 식으로 정의 된다.

$$\nabla = \frac{\partial}{\partial x}\boldsymbol{i} + \frac{\partial}{\partial y}\boldsymbol{j} + \frac{\partial}{\partial z}\boldsymbol{k} \tag{1-47}$$

이 미분연산자는 단독으로는 방정식을 이루지 못하지만 복잡한 식을 간단히 표현할 수 있으며, 이 미분연산자는 스칼라의 기울기, 벡터의 발산, 벡터의 회전 등에 사용된다.

1.5.1 스칼라의 기울기(gradient)

스칼라 기울기는 그림 1-14와 같이 스칼라함수 $V(x,\ y,\ z)$를 각 축의 방향성분인 기본벡터 $\boldsymbol{i}$, $\boldsymbol{j}$, $\boldsymbol{k}$에 대하여 편미분한 것으로 다음과 같이 나타낸다.

$$\begin{aligned}\nabla V = \text{grad}\, V &= \left(\frac{\partial}{\partial x}\boldsymbol{i} + \frac{\partial}{\partial y}\boldsymbol{j} + \frac{\partial}{\partial z}\boldsymbol{k}\right)V \\ &= \frac{\partial V}{\partial x}\boldsymbol{i} + \frac{\partial V}{\partial y}\boldsymbol{j} + \frac{\partial V}{\partial z}\boldsymbol{k}\end{aligned} \tag{1-48}$$

따라서 스칼라함수 V의 x, y, z 각 방향의 거리에 대한 변화율, 즉 **기울기**(경도)를 의미하며, 스칼라량인 V를 계산하여 벡터량을 얻을 수 있으므로, 위 식과 같이 ∇ 대신에 "grad"를 사용하여 나타낼 수 있다. 이 식은 임의의 공간에서의 산의 경사, 위치에너지 및 전위 등과 같은 심한 전기적인 변화를 수식화하는데 사용된다.

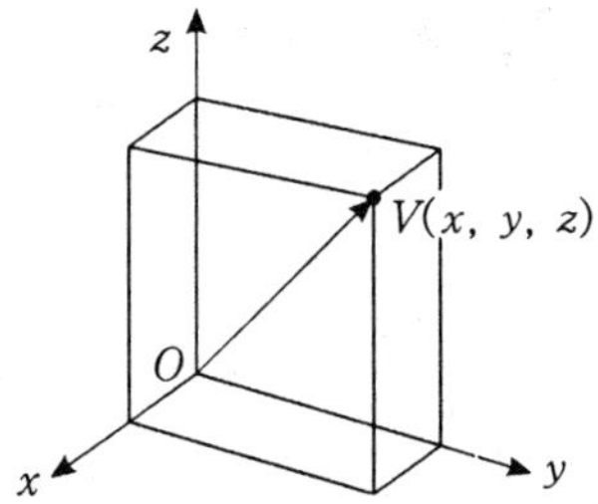

그림 1-14 스칼라의 기울기

예제 1-5 $\phi = x^2y + xy^2$일 때 grad ϕ는?

풀이 grad $\phi = \nabla\phi = \left(\frac{\partial}{\partial x}\boldsymbol{i} + \frac{\partial}{\partial y}\boldsymbol{j} + \frac{\partial}{\partial z}\boldsymbol{k}\right)\phi = \frac{\partial\phi}{\partial x}\boldsymbol{i} + \frac{\partial\phi}{\partial y}\boldsymbol{j} + \frac{\partial\phi}{\partial z}\boldsymbol{k}$이므로

여기에 대입하면

grad $\phi = \left(\frac{\partial}{\partial x}\boldsymbol{i} + \frac{\partial}{\partial y}\boldsymbol{j} + \frac{\partial}{\partial z}\boldsymbol{k}\right)(x^2y + xy^2) = (2xy + y^2)\boldsymbol{i} + (x^2 + 2xy)\boldsymbol{j}$가 된다.

1.5.2 벡터의 발산

직각좌표계의 임의의 위치에 있는 벡터 $\boldsymbol{E} = E_x\boldsymbol{i} + E_y\boldsymbol{j} + E_z\boldsymbol{k}$와 미분연산자 ∇과의 스칼라적인 계산은 다음과 같이 표현된다.

$$\nabla \cdot \boldsymbol{E} = \text{div}\,\boldsymbol{E} = \left(\frac{\partial}{\partial x}\boldsymbol{i} + \frac{\partial}{\partial y}\boldsymbol{j} + \frac{\partial}{\partial z}\boldsymbol{k}\right)\cdot(E_x\boldsymbol{i} + E_y\boldsymbol{j} + E_z\boldsymbol{k})$$

$$= \frac{\partial E_x}{\partial x} + \frac{\partial E_y}{\partial y} + \frac{\partial E_z}{\partial z} \qquad (1\text{-}49)$$

이 관계식은 벡터 $\boldsymbol{E}$ 방향으로 그려진 단위체적에서 발산(divergence)하는 선속수의 물리적 의미를 가지며, ∇ 대신에 "div"를 사용하여 표현하기도 한다. 여기서 $\boldsymbol{E}$는 벡터량이지만 $\nabla \cdot \boldsymbol{E}$는 스칼라량이다.

그림 1-15에서 폐곡면내의 미소체적에서 발산되는 벡터 $\boldsymbol{E}$의 수학적 정의는 다음과 같다.

$$\nabla \cdot \boldsymbol{E} = \text{div}\,\boldsymbol{E} = \lim_{\Delta v \to 0} \frac{\oint_S \boldsymbol{E} \cdot \boldsymbol{n} dS}{\Delta v} = \lim_{\Delta v \to 0} \frac{\oint_S \boldsymbol{E} \cdot d\boldsymbol{S}}{\Delta v} \tag{1-50}$$

여기서, $\boldsymbol{n}$은 폐곡면상의 외향법선벡터 성분이고, $\oint_S \boldsymbol{E} \cdot \boldsymbol{n} dS$는 폐곡면 S를 통하여 외부로 나가는 전기력선의 총수, Δv는 폐곡면 S내의 미소체적이다.

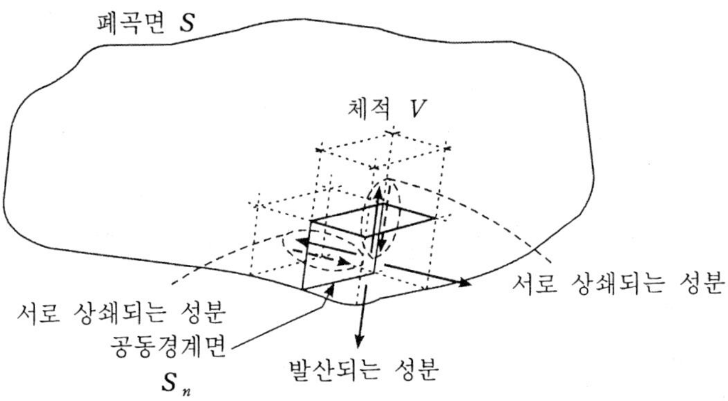

그림 1-15 벡터의 발산

따라서 공간전하분포에 의한 전계 $\boldsymbol{E}$내의 임의의 폐곡면을 취하고, 그 내부를 미소체적으로 분할한 다음 발산하는 총전기력선을 구하면 다음 식과 같다.

$$\oint_S \boldsymbol{E} \cdot d\boldsymbol{S} = \int_v \nabla \cdot \boldsymbol{E} \cdot dv = \int_v \nabla \cdot \boldsymbol{E} dv \tag{1-51}$$

이 식을 가우스의 발산정리라 하며, 벡터의 "면적적분과 스칼라의 체적적분으로 서로 변환"할 수 있다. 또한 원통좌표계와 구좌표계에서의 벡터 $\boldsymbol{E}$에 대한 벡터의 발산을 다음과 같이 각각 나타낼 수 있다.

$$\text{원통 : } \nabla \cdot \boldsymbol{E} = \frac{1}{\rho} \frac{\partial}{\partial \rho}(\rho E_\rho) + \frac{1}{\rho} \frac{\partial E_\phi}{\partial \phi} + \frac{\partial E_z}{\partial z} \tag{1-52}$$

$$\text{구 : } \nabla \cdot \boldsymbol{E} = \frac{1}{r^2} \frac{\partial}{\partial r}(r^2 E_r) + \frac{1}{r\sin\theta} \frac{\partial}{\partial \theta}(E_\theta \sin\theta) + \frac{1}{r\sin\theta} \frac{\partial E_\phi}{\partial \phi} \tag{1-53}$$

예제 1-6 $\boldsymbol{A} = x^2 y\,\boldsymbol{i} + xy^2\boldsymbol{j} + xyz\boldsymbol{k}$일 때 점 $P(1,\ 2,\ 3)$에서의 $\mathrm{div}\,\boldsymbol{A}$는?

풀이 $$\mathrm{div}\,\boldsymbol{A} = \nabla\cdot\boldsymbol{A} = \left(\frac{\partial}{\partial x}\boldsymbol{i} + \frac{\partial}{\partial y}\boldsymbol{j} + \frac{\partial}{\partial z}\boldsymbol{k}\right)\cdot(x^2 y\boldsymbol{i} + xy^2\boldsymbol{j} + xyz\,\boldsymbol{k})$$

$$= \frac{\partial}{\partial x}(x^2 y) + \frac{\partial}{\partial y}(xy^2) + \frac{\partial}{\partial z}(xyz)$$

$$= 2xy + 2xy + xy = 4 + 4 + 2 = 10$$

1.5.3 벡터의 회전

미분연산자 ∇과 직각좌표계에서 임의의 벡터 $\boldsymbol{E} = E_x\boldsymbol{i} + E_y\boldsymbol{j} + E_z\boldsymbol{k}$와의 벡터적은 다음과 같고, 기호는 " $\nabla\times$", " curl ", " rot "로 나타내며, 다음 식과 같이 표현된다.

$$\begin{aligned}\nabla\times\boldsymbol{E} &= \mathrm{curl}\,\boldsymbol{E} = \mathrm{rot}\,\boldsymbol{E}\\ &= \left(\frac{\partial}{\partial x}\boldsymbol{i} + \frac{\partial}{\partial y}\boldsymbol{j} + \frac{\partial}{\partial z}\boldsymbol{k}\right)\times(E_x\boldsymbol{i} + E_y\boldsymbol{j} + E_z\boldsymbol{k})\\ &= \left(\frac{\partial E_z}{\partial y} - \frac{\partial E_y}{\partial z}\right)\boldsymbol{i} + \left(\frac{\partial E_x}{\partial z} - \frac{\partial E_z}{\partial x}\right)\boldsymbol{j} + \left(\frac{\partial E_y}{\partial x} - \frac{\partial E_x}{\partial y}\right)\boldsymbol{k}\\ &= \begin{vmatrix}\boldsymbol{i} & \boldsymbol{j} & \boldsymbol{k}\\ \frac{\partial}{\partial x} & \frac{\partial}{\partial y} & \frac{\partial}{\partial z}\\ E_x & E_y & E_z\end{vmatrix}\end{aligned} \tag{1-54}$$

또는

$$\nabla\times\boldsymbol{E} = \left[\frac{\partial E_z}{\partial y} - \frac{\partial E_y}{\partial z}\right]\boldsymbol{i} + \left[\frac{\partial E_x}{\partial z} - \frac{\partial E_z}{\partial x}\right]\boldsymbol{j} + \left[\frac{\partial E_y}{\partial x} - \frac{\partial E_x}{\partial y}\right]\boldsymbol{k} \tag{1-55}$$

벡터 회전의 의미는 그 크기 또는 면적이 아주 작은 미소면적에 대한 순환적분을 말하는 것으로 전기력선, 자기력선이 서로 주위를 회전하고 있는 전계(전기장), 자계(자기장), 힘에 의한 회전력 등이 이에 해당된다.

그 결과는 회전의 성격을 갖는 벡터량이 되며, 수학적 정의는 그림 1-16과 같이 미소면적 ΔS를 감싸는 폐곡선 L을 따라 벡터 $\boldsymbol{E}$를 선적분한 값을 미소면적으로 나눈 것으로 다음 식과 같다.

$$\nabla \times \boldsymbol{E} = \mathrm{curl}\,\boldsymbol{E} = \mathrm{rot}\,\boldsymbol{E} = \lim_{\Delta S \to 0} \frac{\oint_L \boldsymbol{E} \cdot d\boldsymbol{l}}{\Delta S} \tag{1-56}$$

여기서, $\oint_L \boldsymbol{E} \cdot d\boldsymbol{l}$은 미소면적 ΔS의 주변 L에 대한 $\boldsymbol{E}$의 선적분이며, 오른나사 진행방향으로 회전하며 진행하는 벡터량이다.

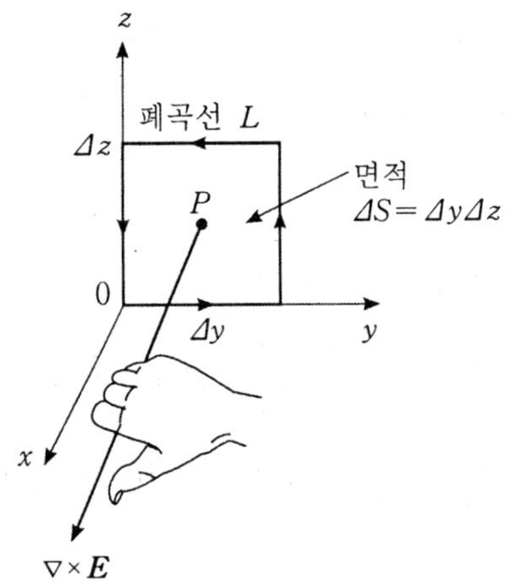

그림 1-16 벡터의 회전

또한 원통좌표계에서 벡터 $\boldsymbol{E}$에 대한 벡터의 회전은 다음과 같이 나타낼 수 있다.

$$\nabla \times \boldsymbol{E} = \frac{1}{\rho} \begin{vmatrix} \boldsymbol{a}_\rho & \rho \boldsymbol{a}_\phi & \boldsymbol{a}_z \\ \dfrac{\partial}{\partial x} & \dfrac{\partial}{\partial y} & \dfrac{\partial}{\partial z} \\ E_x & \rho E_y & E_z \end{vmatrix} \tag{1-57}$$

또는

$$\nabla \times \boldsymbol{E} = \left[\frac{1}{\rho} \frac{\partial E_z}{\partial \phi} - \frac{\partial E_\phi}{\partial z} \right] \boldsymbol{a}_\rho + \left[\frac{\partial E_\rho}{\partial z} - \frac{\partial E_z}{\partial \rho} \right] \boldsymbol{a}_\phi$$

$$+\frac{1}{\rho}\left[\frac{\partial(\rho E_\phi)}{\partial\rho}-\frac{\partial E_\rho}{\partial\phi}\right]\boldsymbol{a}_z \qquad (1\text{-}58)$$

또한 구좌표계에서 벡터 $\boldsymbol{E}$에 대한 벡터의 회전은 다음과 같이 나타낼 수 있다.

$$\nabla\times\boldsymbol{E}=\frac{1}{r^2\sin\theta}\begin{vmatrix}\boldsymbol{a}_r & r\boldsymbol{a}_\theta & r\sin\theta\,\boldsymbol{a}_\phi\\ \frac{\partial}{\partial r} & \frac{\partial}{\partial\theta} & \frac{\partial}{\partial\phi}\\ E_r & rE_\theta & r\sin\theta E_\phi\end{vmatrix} \qquad (1\text{-}59)$$

또는

$$\nabla\times\boldsymbol{E}=\frac{1}{r\sin\theta}\left[\frac{\partial(E_\phi\sin\theta)}{\partial\theta}-\frac{\partial E_\theta}{\partial\phi}\right]\boldsymbol{a}_r$$
$$+\frac{1}{r}\left[\frac{1}{\sin\theta}\frac{\partial E_r}{\partial\phi}-\frac{\partial(rE_\phi)}{\partial r}\right]\boldsymbol{a}_\theta$$
$$+\frac{1}{r}\left[\frac{\partial(rE_\theta)}{\partial r}-\frac{\partial E_r}{\partial\theta}\right]\boldsymbol{a}_\phi \qquad (1\text{-}60)$$

예제 1-7 $\boldsymbol{A}=xy\boldsymbol{i}+xyz\boldsymbol{j}+yz\boldsymbol{k}$일 때 rot $\boldsymbol{A}$는?

풀이
$$\text{rot}\,\boldsymbol{A}=\text{curl}\,\boldsymbol{A}=\nabla\times\boldsymbol{A}=\begin{vmatrix}\boldsymbol{i} & \boldsymbol{j} & \boldsymbol{k}\\ \frac{\partial}{\partial x} & \frac{\partial}{\partial y} & \frac{\partial}{\partial z}\\ A_x & A_y & A_z\end{vmatrix}$$

$=(z-xy)\boldsymbol{i}+(0-0)\boldsymbol{j}+(yz-x)\boldsymbol{k}=(z-xy)\boldsymbol{i}+(yz-x)\boldsymbol{k}$가 된다.

1.5.4 라플라시안

스칼라함수 $V(x, y, z)$에 미분을 2번, 즉 $\nabla\cdot\nabla$을 취하는 것으로 스칼라함수의 기울기에 발산을 취하는 형식이 된다. 표현식은 다음과 같다.

$$\nabla\cdot\nabla V=\left(\frac{\partial}{\partial x}\boldsymbol{i}+\frac{\partial}{\partial y}\boldsymbol{j}+\frac{\partial}{\partial z}\boldsymbol{k}\right)\cdot\left(\frac{\partial}{\partial x}\boldsymbol{i}+\frac{\partial}{\partial y}\boldsymbol{j}+\frac{\partial}{\partial z}\boldsymbol{k}\right)V$$

$$= \frac{\partial^2 V}{\partial x^2} + \frac{\partial^2 V}{\partial y^2} + \frac{\partial^2 V}{\partial z^2}$$

$$= \nabla^2 V = \text{div}\,\text{grad}\, V \tag{1-61}$$

여기서 " ∇^2"을 라플라시안(Laplacian)이라 하며, " $\nabla \cdot \nabla$" 또는 " div grad"로 표현하기도 한다. 라플라시안 ∇^2은 다음 식으로 표현되며, 공간전하분포에 의한 전위를 계산하는데 이용된다.

$$\nabla^2 = \nabla \cdot \nabla = \text{div grad} = \frac{\partial^2}{\partial x^2} + \frac{\partial^2}{\partial y^2} + \frac{\partial^2}{\partial z^2} \tag{1-62}$$

1.5.5 스토크스의 정리

그림 1-17과 임의의 면적 S를 여러 개로 나누고, 각각의 주변에 대해 선적분을 취하여 이들을 합하면 외각둘레에 대한 선적분과 같다.

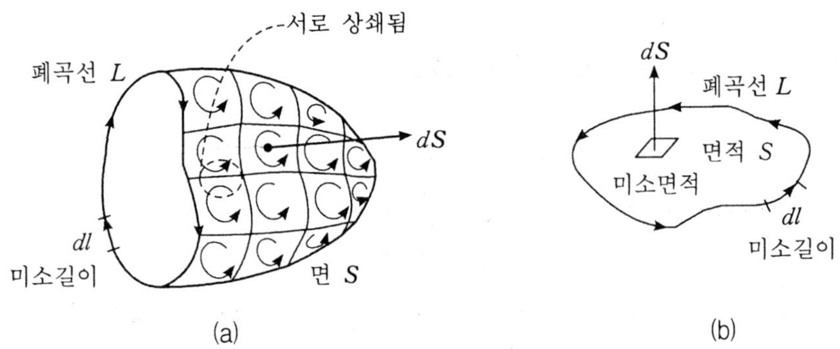

그림 1-17 스토크스의 정리

그림 1-17 (a)와 같이 분할된 경계선에 대한 선적분이 서로 반대가 되어 상쇄되므로, 내부 모든 면적에 대한 미소분할면적에 대한 선적분의 합은 "0"이 된다. 따라서 바깥경계면에 대한 적분성분만 남게 되므로 그림 (b)와 같이 폐곡선 L에 대한 선적분과 같게 된다. 이것을 식으로 표현하면 다음과 같다.

$$\oint_L \boldsymbol{H} \cdot d\boldsymbol{l} = \int_S (\nabla \times \boldsymbol{H}) \cdot d\boldsymbol{S} = \int_S \mathrm{rot}\, \boldsymbol{H} \cdot d\boldsymbol{S} \tag{1-63}$$

이 식을 스토크스의 정리(stoke's theorem)라 하며, 벡터의 "선적분과 벡터의 면적분간의 변환식"으로 사용된다.

연 습 문 제

1. 벡터 $\boldsymbol{A}=-2\boldsymbol{i}+\boldsymbol{j}+5\boldsymbol{k}$, $\boldsymbol{B}=6\boldsymbol{i}+3\boldsymbol{j}-\boldsymbol{k}$일 때 $\boldsymbol{A}$와 $\boldsymbol{B}$의 가산 결과는?

① $4\boldsymbol{i}+4\boldsymbol{j}+4\boldsymbol{k}$ ② $8\boldsymbol{i}+4\boldsymbol{j}-6\boldsymbol{k}$

③ $-12\boldsymbol{i}+3\boldsymbol{j}-5\boldsymbol{k}$ ④ $12\boldsymbol{i}+4\boldsymbol{j}-5\boldsymbol{k}$

2. 다음 중 옳지 않은 것은 어느 것인가?

① $\boldsymbol{i}\cdot\boldsymbol{i}=\boldsymbol{j}\cdot\boldsymbol{j}=\boldsymbol{k}\cdot\boldsymbol{k}=0$ ② $\boldsymbol{i}\cdot\boldsymbol{j}=\boldsymbol{j}\cdot\boldsymbol{k}=\boldsymbol{k}\cdot\boldsymbol{i}=0$

③ $\boldsymbol{A}\cdot\boldsymbol{B}=AB\cos\theta$ ④ $\boldsymbol{i}\times\boldsymbol{i}=\boldsymbol{j}\times\boldsymbol{j}=\boldsymbol{k}\times\boldsymbol{k}=0$

3. $\boldsymbol{A}=2\boldsymbol{i}-5\boldsymbol{j}+3\boldsymbol{k}$일 때 $\boldsymbol{k}\times\boldsymbol{A}$를 구한 것 중 옳은 것은?

① $-5\boldsymbol{i}+2\boldsymbol{j}$ ② $5\boldsymbol{i}-2\boldsymbol{j}$ ③ $-5\boldsymbol{i}-2\boldsymbol{j}$ ④ $5\boldsymbol{i}+2\boldsymbol{j}$

4. 세 단위벡터간의 벡터곱(vector product)과 관계없는 것은?

① $\boldsymbol{i}\times\boldsymbol{j}=-\boldsymbol{j}\times\boldsymbol{i}=\boldsymbol{k}$ ② $\boldsymbol{k}\times\boldsymbol{i}=-\boldsymbol{i}\times\boldsymbol{k}=\boldsymbol{j}$

③ $\boldsymbol{i}\times\boldsymbol{i}=\boldsymbol{j}\times\boldsymbol{j}=\boldsymbol{k}\times\boldsymbol{k}=0$ ④ $\boldsymbol{i}\times\boldsymbol{j}=0$

5. $\boldsymbol{A}=-\boldsymbol{i}7-\boldsymbol{j}$, $\boldsymbol{B}=-\boldsymbol{i}3-\boldsymbol{j}4$의 두 벡터가 이루는 각은 몇 도인가?

① 30 ② 45 ③ 60 ④ 90

6. 두 벡터 $\boldsymbol{A}=\boldsymbol{i}A_x+\boldsymbol{j}2$, $\boldsymbol{B}=\boldsymbol{i}3-\boldsymbol{j}3-\boldsymbol{k}$가 서로 직교하려면 A_x의 값은?

① 0 ② 2 ③ $\frac{1}{2}$ ④ -2

7. 어떤 물체에 $\boldsymbol{F}_1=-3\boldsymbol{i}+4\boldsymbol{j}-5\boldsymbol{k}$와 $\boldsymbol{F}_2=6\boldsymbol{i}+3\boldsymbol{j}-2\boldsymbol{k}$의 힘이 작용하고 있다. 이 물체에 $\boldsymbol{F}_3$을 가하였을 때 세 힘이 평형이 되기 위한 $\boldsymbol{F}_3$은?

① $\boldsymbol{F}_3=-3\boldsymbol{i}-7\boldsymbol{j}+7\boldsymbol{k}$ ② $\boldsymbol{F}_3=3\boldsymbol{i}+7\boldsymbol{j}-7\boldsymbol{k}$

③ $\boldsymbol{F}_3=3\boldsymbol{i}-\boldsymbol{j}-7\boldsymbol{k}$ ④ $\boldsymbol{F}_3=3\boldsymbol{i}-\boldsymbol{j}+3\boldsymbol{k}$

8. 벡터의 미분연산자 ∇와의 벡터곱과 관계없는 것은?

① curl $\boldsymbol{A}$　② $\nabla\times$　③ div $\boldsymbol{A}$　④ rot $\boldsymbol{A}$

9. V를 임의의 스칼라라 할 때 grad V의 직각좌표에 있어서의 표현은?

① $\frac{\partial V}{\partial x}+\frac{\partial V}{\partial y}+\frac{\partial V}{\partial z}$　② $i\frac{\partial V}{\partial x}+j\frac{\partial V}{\partial y}+k\frac{\partial V}{\partial z}$

③ $\frac{\partial^2 V}{\partial x^2}+\frac{\partial^2 V}{\partial y^2}+\frac{\partial^2 V}{\partial z^2}$　④ $i\frac{\partial^2 V}{\partial x^2}+j\frac{\partial^2 V}{\partial y^2}+k\frac{\partial^2 V}{\partial z^2}$

10. 임의 점의 전계가 $\boldsymbol{E}=\boldsymbol{i}E_x+\boldsymbol{j}E_y+\boldsymbol{k}E_z$로 표시되었을 때 $\frac{\partial E_x}{\partial x}+\frac{\partial E_y}{\partial y}+\frac{\partial E_z}{\partial z}$와 같은 의미를 갖는 것은?

① $\nabla\times\boldsymbol{E}$　② rot $\boldsymbol{E}$　③ grad $\boldsymbol{E}$　④ $\nabla\cdot\boldsymbol{E}$

11. 점 (1, 0, 3)에서 $f=x\,yz^2$의 기울기는?

① $3\boldsymbol{i}$　② $\boldsymbol{i}\times3\boldsymbol{k}$　③ $9\boldsymbol{j}$　④ $6\boldsymbol{k}$

12. 스토크스(Stokes) 정리를 표시하는 식은?

① $\int_s \boldsymbol{A}\cdot dS=\int_v \text{div}\,\boldsymbol{A}\cdot dv$　② $\int_c \boldsymbol{A}\cdot d\boldsymbol{l}=\int_v \text{div}\,\boldsymbol{A}dv$

③ $\int_c \boldsymbol{A}\cdot d\boldsymbol{l}=\int_s(\text{rot}\,\boldsymbol{A})_n dS$　④ $\int_s \boldsymbol{A}\cdot dS=\int_s \text{rot}\,\boldsymbol{A}\cdot\boldsymbol{n}dS$

13. $\int_s \boldsymbol{E}\cdot d\boldsymbol{S}=\int_v \nabla\cdot\boldsymbol{E}\cdot dv$은 다음 중 어느 것에 해당되는가?

① 발산의 정리　② 가우스의 정리

③ 스토크스의 정리　④ 암페어의 법칙

14. 전계 $\boldsymbol{E}=3x^2\boldsymbol{i}+2xy^2\boldsymbol{j}+x^2yz\boldsymbol{k}$의 div $\boldsymbol{E}$는 얼마인가?

15. 벡터 $\boldsymbol{A}=3x^2\boldsymbol{i}+2y^2\boldsymbol{j}-6z^2\boldsymbol{k}$일 때 점 (2, 1, 4)에서 발산을 구하시오.

16. 벡터 $\boldsymbol{A}=xy\boldsymbol{i}+yz\boldsymbol{j}+zx\boldsymbol{k}$일 때 점 (2, −3, 1)에서 회전을 구하시오.

17. 스칼라함수가 $f=2x^3y^2z^4$일 때 ∇^2을 구하시오.

제 2 장 정 전 계

2.1 대전현상

2.1.1 전하와 대전

모든 물질은 분자로 구성되어 있고, 분자는 원자의 집합으로 이루어져 있다. 그림 2-1과 같이 원자는 양(+)전기를 가진 원자핵과 그 주위를 회전하는 음(−)전기를 가진 전자로 구성되어 있다. 원자핵 내에는 전자와 같은 수의 양전기를 가진 양성자와 전기를 띠지 않는 중성자로 구성되어 있다.

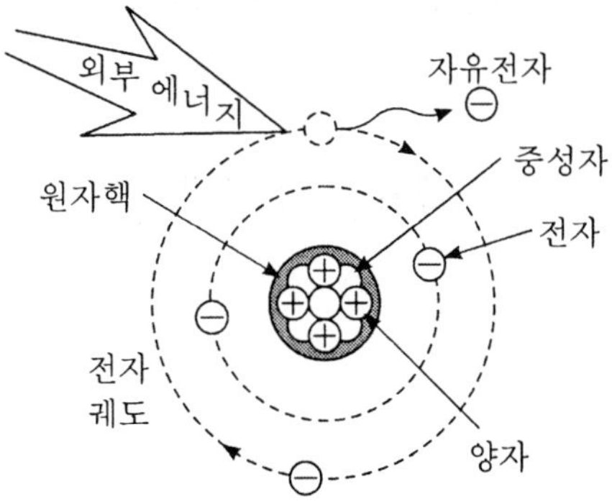

그림 2-1 원자모델

그림 2-1과 같이 원자에 마찰이나 빛과 같은 외부에너지를 가해주면 최외각 궤도에 있는 전자가 궤도를 이탈하는데 이 전자를 **자유전자**라 한다. 자유전자는 음전하를 띠고 있는데 이 전자가 이탈함으로서 원자는 양전하를 띠게 된다. 이를 대전이라 한다.

전하의 최소 기준단위는 전자 1개가 가지고 있는 전기량이다. 그러나 전하의 단위로서는 전자 1개가 가지는 전기량이 매우 적기 때문에 실용 단위로 MKS 유리단위계인 **쿨롱**(Coulomb : C)을 사용한다. 즉 전자 1개의 전기량 또는 전하량은 $e=-1.602\times10^{-19}$[C]이고, -1[C]의 전하량은 $1/1.602\times10^{-19}=6.25\times10^{18}$개의 전하량에 해당되며, 양자의 전하량은 부호만 다를 뿐 6.25×10^{18}개의 양자가 갖는 전하량이 $+1$[C]이다.

물체가 대전되는 이유는 물체를 구성하고 있는 원자속의 음(−)전기를 가진 전자가 마찰에 의해 다른 한 쪽의 물체로 이동하기 때문이다. 예로 그림 2-2 (a)와 같이 명주와 에보나이트가 마찰하면 양(+)전기가 유입한 쪽의 물체는 음전기의 여분이 발생되어 음전기로 대전한다. 반대로 그림 (b)와 같이 털가죽과 에보나이트가 마찰하면 음전기를 가진 전자가 외부로 유출되고 유출된 쪽의 물체는 양전기로 대전한다. 결국 전자의 이동에 의해 물체는 양(+)전기 또는 음(−)전기를 띠게 된다.

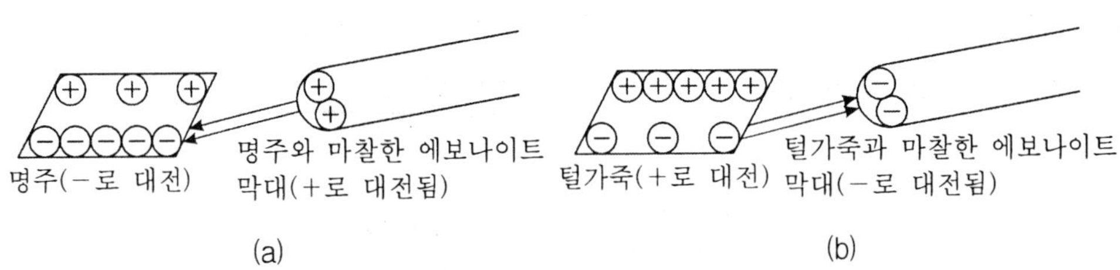

그림 2-2 대전

2.1.2 정전유도

대전되어 있지 않은 물체, 즉 비대전체에 대전체를 가까이 하면 그림 2-3과 같이 대전체의 영향으로 대전체에 가까운 쪽에는 대전체의 전하와 다른 부호의 전하가 발생하고, 대전체와 먼 쪽에는 대전체와 같은 부호의 전하가 발생하여 비대전체에 전기를 띠게 된다. 이러한 작용을 **정전유도**(electrostatic induction)현상이라 한다.

정전유도현상은 그림 2-3과 같이 같은 부호의 전하끼리는 반발하고, 서로 다른 부호의 전하는 흡입하는 정전력의 작용으로 금속과 같은 도체뿐만 아니라 절연체에서도 발생한다.

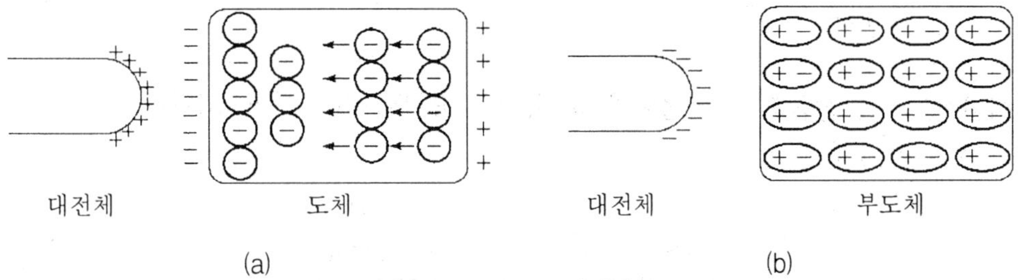

그림 2-3 정전유도

2.2 쿨롱의 법칙

프랑스의 쿨롱(Coulomb)은 정지한 두 대전체 Q_1, Q_2 사이에 작용하는 힘을 정전력이라 하며, 이 정전력은 전하들 간의 거리 및 전하량과 어떠한 관계가 있는가를 실험하여 다음과 같은 법칙을 얻었다.

① 이종(+, −)의 전하 사이에는 흡입력이 동종(+, +, 또는 −, −)의 전하 사이에는 반발력이 작용한다.

② 두 점전하 사이에 작용하는 힘은 두 전하(Q_1, Q_2)의 곱에 비례하고, 두 점전하 사이의 거리(r)의 제곱에 반비례한다.

③ 힘(F)의 방향은 두 점전하를 연결하는 직선방향을 취한다.

그림 2-4와 같이 진공중에 2개의 점전하 Q_1, Q_2[C]이 거리 r[m] 떨어진 점에 놓여 있을 때, 두 점전하 사이에 작용하는 정전력 F[N]는 다음 식으로 나타낸다.

$$F = K\frac{Q_1 Q_2}{r^2}\,[\mathrm{N}] \tag{2-1}$$

이 식을 **쿨롱의 법칙**(Coulomb's law)이라 한다. 여기서, K는 전하 주위의 매질과 단위의 표시법에 의해 결정되는 상수이다. 따라서 매질이 진공이라면 $K = 1/4\pi\varepsilon_0$이므로 식 (2-1)은 다음과 같이 바꿀 수 있다.

$$F = \frac{1}{4\pi\varepsilon_0}\,\frac{Q_1 Q_2}{r^2}\,[\mathrm{N}] \tag{2-2}$$

여기서, ε_0는 **진공의 유전율**이라 하며, $\varepsilon_0 = 8.854\times10^{-12}$[F/m]이다.

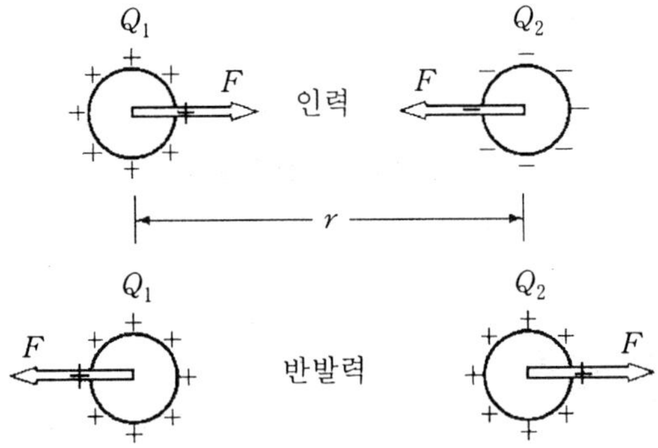

그림 2-4 쿨롱의 법칙

따라서 진공 또는 공기 중일 때 쿨롱의 법칙에 의해 정전력 F는

$$F = 9\times10^9\,\frac{Q_1 Q_2}{r^2}\,[\mathrm{N}] \tag{2-3}$$

이 되며, 기타 유전체 등에서 정전력 F는 다음과 같다.

$$F = \frac{1}{4\pi\varepsilon_0\varepsilon_s}\,\frac{Q_1 Q_2}{r^2} = \frac{1}{4\pi\varepsilon}\,\frac{Q_1 Q_2}{r^2}\,[\mathrm{N}] \tag{2-4}$$

여기서 ε_s은 진공을 기준으로 한 물체의 비유전율이다. 진공 또는 공기 중에서는 $\varepsilon_s = 1$이다. 쿨롱의 법칙에서 두 점전하 사이의 정전력(F)이 $F > 0$이면 반발력, $F<0$이면 흡인력이 작용하게 된다.

예제 2-1 공기 중에서 정, 부 1[C]의 전하가 1[m] 거리에 놓여져 있을 때 작용하는 흡인력은?

풀이 쿨롱의 법칙에 의해

$$F=\frac{1}{4\pi\varepsilon_0}\frac{Q_1Q_2}{r^2}=9\times10^9\frac{1\times(-1)}{1^2}=-9\times10^9[\text{N}](\text{흡인력})\text{이 된다.}$$

2.3 전 계

2.3.1 전계의 세기

대전체가 있는 주위공간에 다른 전하를 놓으면 이 전하는 전기력을 받게 되는데, 이 전기력이 작용하는 공간을 **전계**(electric field)라 한다. 대전체 주위의 공간을 전계로 만드는 원인은 대전체의 전하이며, 정전기학에서 다루는 정지상태의 전하에 의한 전계를 **정전계**(electrostatic field)라고 한다.

그림 2-5와 같이 점전하 Q[C]가 있을 때 거리 r[m] 떨어진 점 P에서의 전계의 세기는 점 P에 $+1$[C]의 단위 양전하를 놓고, 이것에 작용하는 힘($\boldsymbol{F}$)를 구하면 다음과 같이 된다.

$$\boldsymbol{F}=\frac{1}{4\pi\varepsilon_0}\frac{Q\times1}{r^2}=\frac{Q}{4\pi\varepsilon_0 r^2}=9\times10^9\frac{Q}{r^2}\,[\text{N}] \tag{2-5}$$

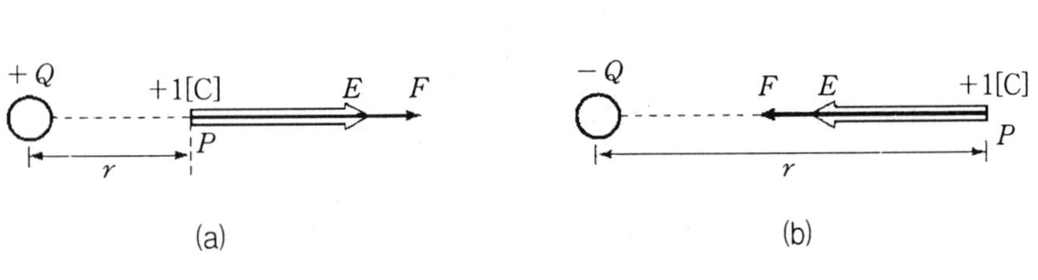

그림 2-5 전계의 세기

전계의 세기는 전계내의 "임의의 한 점에 단위 전하 +1[C]을 놓았을 때 이에 작용하는 힘"으로 정의하며, 방향은 단위정전하가 받는 힘의 방향으로 벡터량이 된다. 이때 정전력 $\boldsymbol{F}$와 전하에 의한 전계의 세기 $\boldsymbol{E}$는 다음과 같이 나타낸다.

$$\boldsymbol{E} = \frac{\boldsymbol{F}}{Q}\,[\text{N/C}] = \frac{\boldsymbol{F}}{Q}\,[\text{V/m}] \tag{2-6}$$

따라서 식 (2-5)를 식 (2-6)에 대입하면 전계의 세기 $\boldsymbol{E}$는

$$\boldsymbol{E} = \frac{1}{4\pi\varepsilon_0}\frac{Q}{r^2} = 9\times10^9\frac{Q}{r^2}\,[\text{V/m}] \tag{2-7}$$

가 되며, 전계 $\boldsymbol{E}$의 방향은 정전력 $\boldsymbol{F}$의 방향과 같다는 것을 알 수 있다.

전계 내에서 거리 r[m] 떨어진 한 점에 있는 단위 양전하 +1[C]은 전계 $\boldsymbol{E}$의 힘을 받으므로 이 점에 Q[C]의 점전하를 놓으면 전하 Q[C]가 받는 힘 $\boldsymbol{F}$는

$$\boldsymbol{F} = Q\boldsymbol{E}\,[\text{N}] \tag{2-8}$$

가 된다. 따라서 위에서 표현한 식들을 이용하여 전하에 의해 작용하는 정전력과 전계의 세기를 구할 수 있다.

예제 2-2 그림에서 $\boldsymbol{E}_1 = \boldsymbol{E}_2$이고 $\theta = 60°$일 때, P점에서 전계의 세기 $\boldsymbol{E}$의 크기는?

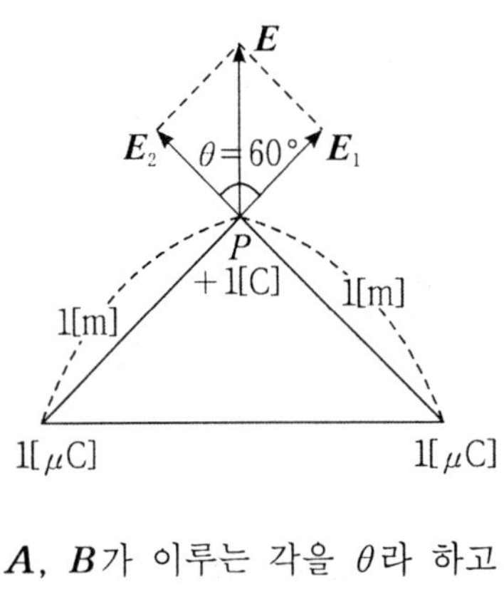

풀이 그림과 같이 두 벡터 $\boldsymbol{A}$, $\boldsymbol{B}$가 이루는 각을 θ라 하고 합성벡터를 $\boldsymbol{R}$이라 할 때 R, $A + B\cos\theta$, $B\sin\theta$로 이루어진 직각삼각형에 피타고라스 정리를 적용하면,

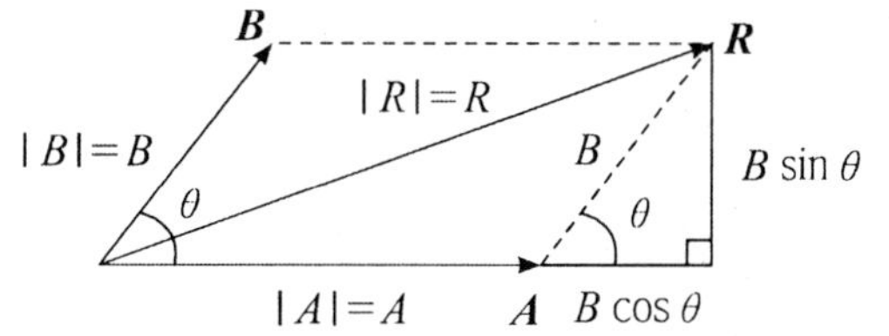

합성벡터의 크기 R은 다음과 같이 구할 수 있다.

$$R^2 = (A + B\cos\theta)^2 + (B\sin\theta)^2 = A^2 + B^2(\sin^2\theta + \cos^2\theta) + 2AB\cos\theta$$

$$= A^2 + B^2 + 2AB\cos\theta$$

$$\therefore\ R = \sqrt{A^2 + B^2 + 2AB\cos\theta}$$

따라서 위 문제에서 합성 전계의 크기는 다음과 같이 구한다.

$E = \sqrt{{E_1}^2 + {E_2}^2 + 2E_1E_2\cos\theta}$, $E_1 = E_2$이고 $\theta = 60°$이므로

$$E = \sqrt{{E_1}^2 + {E_2}^2 + 2E_1E_2\cos 60°} = \sqrt{{E_1}^2 + {E_2}^2 + E_1E_2} = \sqrt{3}E_1$$

$$\therefore\ E = \sqrt{3} \times 9 \times 10^9 \times \frac{10^{-6}}{1^2} = 9\sqrt{3} \times 10^3 [\mathrm{V/m}]$$

2.3.2 전기력선

전기력선은 전계 내에서 단위 전하 +1[C]이 아무런 저항 없이 전기력에 따라 이동할 때 그려지는 가상의 선을 말한다. 그림 2-6과 같이 $+Q$전하와 $-Q$전하 사이에 끌어당기는 정전력이 존재하며, +전하에서 −전하쪽으로 향하는 가상적인 선이 전기력선이고, 전하에 의해 전기력선이 움직이는 공간을 전계라 한다.

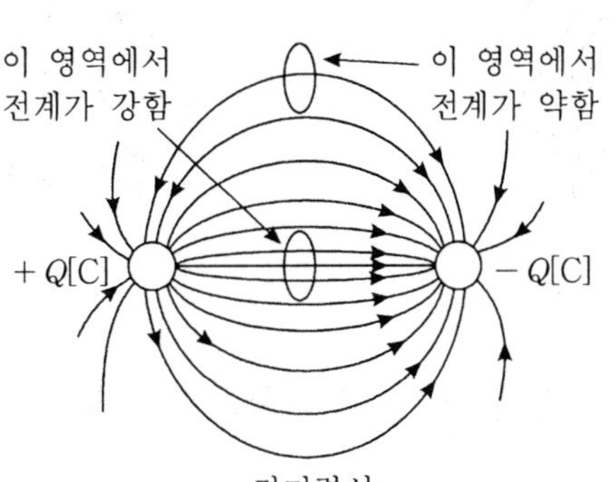

그림 2-6 전기력선

전기력선의 수가 많을수록 전계의 세기는 커지고, "전기력선의 접선방향이 그 점에 대한 전계의 방향"이 된다.

전기력선은 다음과 같은 성질을 가지고 있다.

① 전기력선은 +전하에서 출발하여 −전하로 향하거나, 무한원까지 퍼져간다.
② 전기력선의 방향은 전계의 방향과 일치한다.
③ 전기력선의 밀도는 전계의 세기와 같다.
④ 전기력선은 서로 교차하지 않으며, 전하가 없는 곳에서는 전기력선의 발생과 소멸이 없고 연속적이다.
⑤ 전기력선은 전위가 높은 곳에서 낮은 곳으로 향한다.
⑥ 전기력선은 등전위면과 직교한다.

그림 2-7은 여러 가지 점전하에 대한 전기력선의 분포상태를 나타낸 것이다.

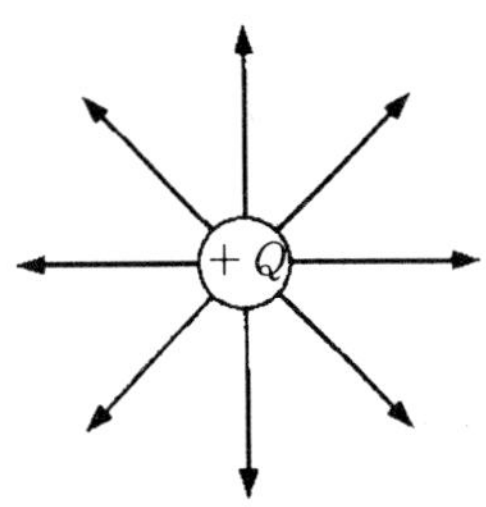

(a) 한 개의 정(+)전하

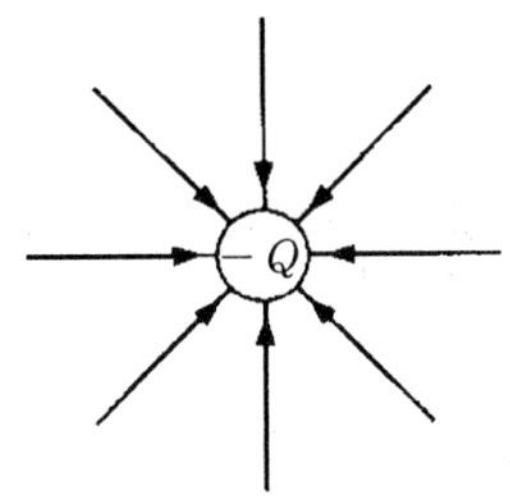

(b) 한개의 부(−)전하

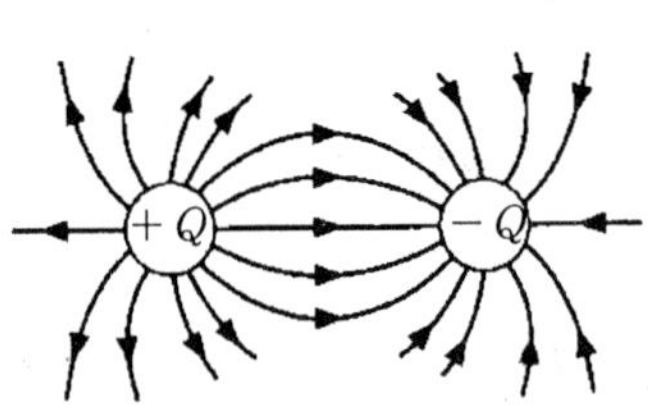

(c) 이종의 두 전하

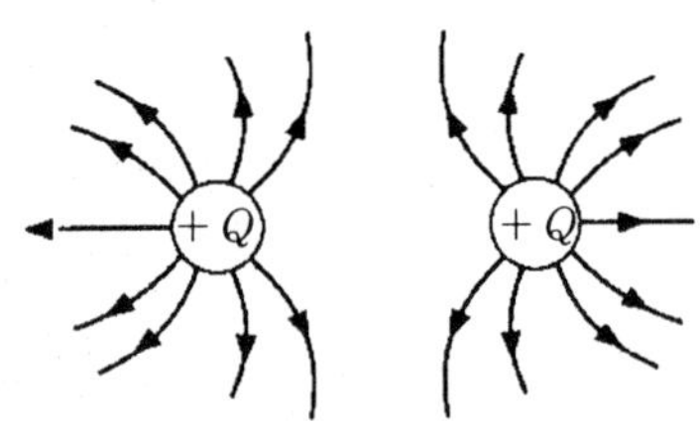

(d) 동종의 두 전하

그림 2-7 전기력선의 성질

그림 2-8 (a)와 같이 균일한 전계내의 임의의 점에서 전계의 세기 $\boldsymbol{E}$는 면적 S에 수직인 점을 통과하는 단위면적당의 전기력선수 N, 즉 전기력선의 밀도와 같

으므로(전계의 세기=전기력선 밀도) 전계의 세기 $\boldsymbol{E}$와 전기력선수 N과의 관계는 면적 S에 대해 다음과 같이 나타낸다.

$$\boldsymbol{E} = \frac{N}{S}\,[\text{lines/m}^2] \tag{2-9}$$

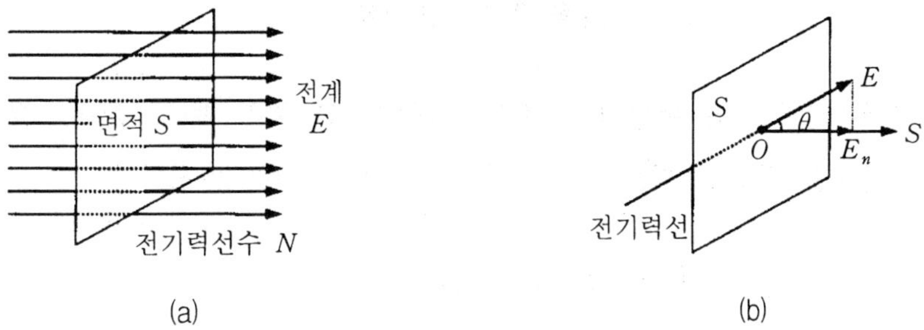

그림 2-8 전기력선의 밀도

따라서 전계의 세기 $\boldsymbol{E}$인 점에서 그 전계에 수직인 면적 S를 통과하는 전기력선의 총수는 식 (2-9)에 의해 다음과 같다.

$$N = \boldsymbol{E}S\,[\text{lines}] \tag{2-10}$$

그림 2-8 (b)와 같이 전계 $\boldsymbol{E}$의 방향이 면벡터 $\boldsymbol{S}$와 각 θ를 이루고 있는 경우, 전기력선의 수 N은 전계 $\boldsymbol{E}$의 면벡터 $\boldsymbol{S}$의 성분 $\boldsymbol{E}_n$을 취해야 한다. 따라서 전기력선의 수 N은 식 (2-10)을 이용하여 다음과 같이 나타낸다.

$$N = \boldsymbol{E}_n S = ES\cos\theta = E \cdot S\,[\text{lines}] \tag{2-11}$$

그림 2-9와 같이 불균일한 전계에서는 전계 중에 미소면적 $d\boldsymbol{S}$를 취하면 그 단면을 통과하는 전계는 균일한 것으로 볼 수 있으므로 그 점의 전계 $\boldsymbol{E}$와 $d\boldsymbol{S}$가 이루는 각을 θ라 하면, 미소면적 $d\boldsymbol{S}$를 통과하는 미소전기력선의 수 dN은 식 (2-11)에 의해 다음과 같이 나타낸다.

$$dN = \boldsymbol{E} \cdot d\boldsymbol{S} = E\,dS\cos\theta\,[\text{lines}] \tag{2-12}$$

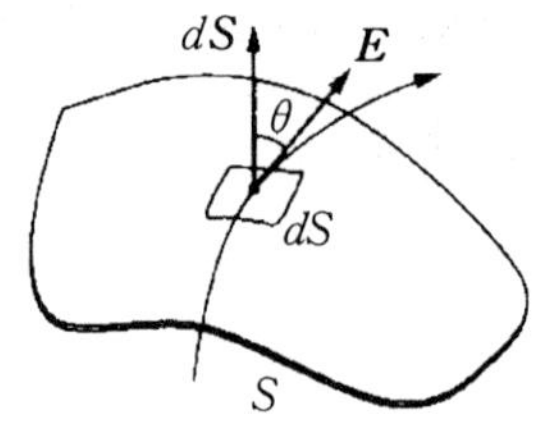

그림 2-9 면적분

따라서 전체 면적 S를 통과하는 총전기력선의 수 N은 식 (2-12)을 전체 면적 S에 걸쳐 적분을 취하면 되므로 다음과 같이 나타낼 수 있다.

$$N = \int_S \boldsymbol{E} \cdot d\boldsymbol{S} = \int_S E\, dS \cos\theta \,[\text{lines}] \tag{2-13}$$

위 식의 우변은 면적분으로 이것은 면을 통과하는 전기력선의 총수를 나타낸다. 식 (2-13)에서 면적분이라는 것을 나타내기 위해 적분기호 아래에 면적을 나타내는 S로 표기하고 있다.

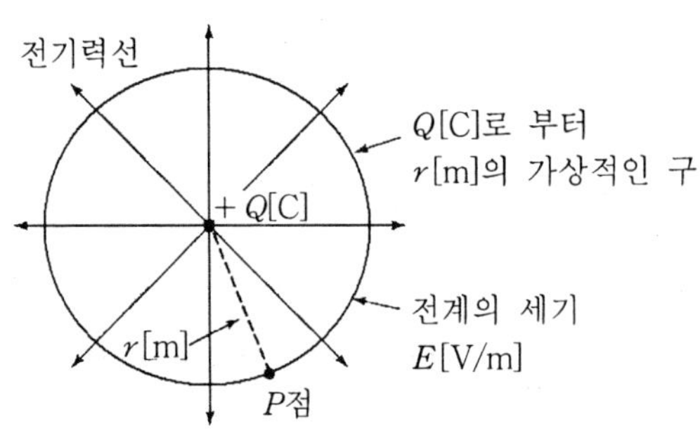

그림 2-10 단위 구에서의 전기력선수

그림 2-10과 같이 임의의 공간에 있는 점전하 $+Q$[C]을 중심으로 하는 반지름 $r=1$[m]인 구면에서 전계의 세기 $\boldsymbol{E}$는 식 (2-7)로부터 다음과 같이 나타낼 수 있다.

$$\boldsymbol{E} = \frac{1}{4\pi\varepsilon_0}\frac{Q}{1^2} = \frac{Q}{4\pi\varepsilon_0}\,[\text{V/m}] \tag{2-14}$$

전기력선은 점대칭의 방사상으로 나오므로 구면상의 모든 점에서 전계의 세기 및 전기력선의 밀도는 같다.

또 구의 표면적 $S(S=4\pi r^2)$에서 단위 구의 표면적은 $S=4\pi$이므로 단위 구면을 통과하여 나오는 총전기력선의 수 N은 식 (2-10)의 $N=\boldsymbol{E}S$[lines]에 대입하면 진공 또는 공기 중일 때는 다음과 같이 된다.

$$N=\boldsymbol{E}\cdot S=\frac{Q}{4\pi\varepsilon_0}\times 4\pi=\frac{Q}{\varepsilon_0}\,[\text{lines}] \tag{2-15}$$

즉, 진공 또는 공기 중에서 $+Q=1$[C]일 때 점전하로부터 나오는 "전기력선의 수는 $1/\varepsilon_0$[개]"가 된다. 부(−)전하인 경우에는 전기력선수는 동일하지만 전기력선의 방향은 구의 중심으로 들어가는 방향으로 분포가 된다.

일반 유전체의 경우에 전기력선의 수 N은 다음 식과 같다.

$$N=\boldsymbol{E}\cdot S=\frac{Q}{4\pi\varepsilon_0\varepsilon_s}\times 4\pi=\frac{Q}{\varepsilon_0\varepsilon_s}\,[\text{lines}] \tag{2-16}$$

여기서 ε_s는 비유전율이며, 유전체 중에서 $+Q=1$[C]의 점전하로부터 나오는 "전기력선의 수는 $1/(\varepsilon_0\varepsilon_s)$[개]"가 된다.

예제 2-3 공기 중에 4.427×10^{-5}[C]의 전하를 놓았다면 전하로부터 나오는 전기력선수는 몇 개가 되는가?(단, $\varepsilon_0=8.854\times10^{-12}$이다.)

풀이 $N=\dfrac{Q}{\varepsilon_0}=\dfrac{4.427\times10^{-5}}{8.854\times10^{-12}}=5\times10^6$ [개]

2.3.3 전속과 전속밀도

전기력선이 나오는 원천은 전하이며, 이 전하에서 나오는 선속을 전속이라 한다. 전속도 전기력선과 마찬가지로 전계 중에서 가상한 선이다. 패러데이의 실험에서 동일한 전하에 대해 전기력선과 전속선의 수는 다르지만, 이들의 분포는 그림 2-7과 같이 서로 모양이 같고, 전하와 전속의 관계는 "전속 Φ는 매질에 관계없이 Q

[C]의 전하에서 Q[개]의 선이 나오는 것으로 정의"하고 있으며, 단위는 전하단위와 같이 쿨롱[C]을 사용한다.

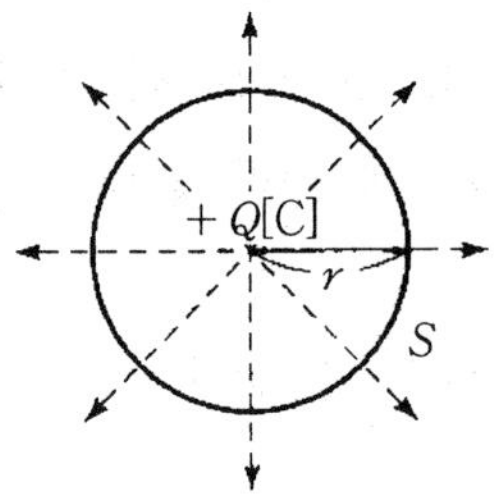

그림 2-11 전기력선밀도와 전속밀도

즉, 점전하 Q[C]를 포함하고 있는 폐곡면 위로 나오는 총전속선 Φ는

$$\Phi = Q \tag{2-17}$$

이므로, 그림 2-11과 같이 Q[C]의 전하가 전극판에 있을 때 Q[C]의 전속이 나오는데, 단위면적($S=1[\mathrm{m}^2]$)당 몇 [C]의 전속이 나오고 있는가를 나타내는 양을 전속밀도 $\boldsymbol{D}$라 한다. 면적에 대한 전속과 전속밀도와의 관계는 다음과 같다.

$$\boldsymbol{D} = \frac{\Phi}{S} = \frac{Q}{S}\,[\mathrm{C/m^2}] \tag{2-18}$$

전속은 양전하에서 나와서 음전하로 들어가서 끝나며, 도체판에 출입하는 경우 그 표면에 대해 수직으로 진행해 간다.

구전하에서의 전속밀도는 점전하 $+Q$[C]로 부터는 Q[개]의 전속이 모든 방향으로 나오므로 전하 $+Q$로부터 거리 r[m] 떨어져 있는 구상에서의 전속밀도 $\boldsymbol{D}$는 구표면적 S가 $S=4\pi r^2$이므로 식 (2-18)에 의해 다음과 같이 나타낸다.

$$\boldsymbol{D} = \frac{Q}{S} = \frac{Q}{4\pi r^2}\,[\mathrm{C/m^2}] \tag{2-19}$$

진공 또는 공기 중에서 구전하의 전계의 세기 $\boldsymbol{E}$와 전속밀도 $\boldsymbol{D}$의 관계는

$$\boldsymbol{E} = \frac{Q}{4\pi\varepsilon_0 r^2} = \frac{1}{\varepsilon_0} \times \frac{Q}{4\pi r^2} = \frac{\boldsymbol{D}}{\varepsilon_0}\,[\text{V/m}] \tag{2-20}$$

이므로, 식 (2-20)에서 전속밀도 $\boldsymbol{D}$와 전계의 세기 $\boldsymbol{E}$는 다음과 같다.

$$\boldsymbol{D} = \varepsilon_0 \boldsymbol{E}\,[\text{C/m}^2],\ \ \boldsymbol{E} = \frac{\boldsymbol{D}}{\varepsilon_0}\,[\text{V/m}] \tag{2-21}$$

이 되고, 또 구내부에 어떤 유전율을 가진 매질로 채워져 있다면, 전속밀도 $\boldsymbol{D}$와 전계의 세기 $\boldsymbol{E}$는 다음과 같이 표현된다.

$$\boldsymbol{D} = \varepsilon \boldsymbol{E} = \varepsilon_0 \varepsilon_s \boldsymbol{E}\,[\text{C/m}^2],\ \ \boldsymbol{E} = \frac{\boldsymbol{D}}{\varepsilon_0 \varepsilon_s}\,[\text{V/m}] \tag{2-22}$$

예제 2-4 공기 중에 점전하 $Q = 6\times10^{-5}$[C]을 놓았을 때 거리 2.8[m]에 떨어진 위치에서의 전속밀도 D와 전계의 세기 E는 얼마인가?
(단, $\varepsilon_0 = 8.854\times10^{-12}$이다.)

풀이 전속밀도는 $D = \dfrac{Q}{4\pi r^2} = \dfrac{6\times10^{-5}}{4\times3.14\times2.8^2} \fallingdotseq 6.1\times10^{-7}[\text{C/m}^2]$

전계의 세기 $E = \dfrac{D}{\varepsilon_0} = \dfrac{6.1\times10^{-7}}{8.854\times10^{-12}} \fallingdotseq 6.9\times10^{4}[\text{V/m}]$

2.4 가우스법칙

가우스법칙은 전하가 임의의 분포, 즉 선, 면, 체적으로 분포를 하고 있을 때 폐곡면 내의 총 전하에 대해 폐곡면을 통과하는 전기력선의 수 또는 전속과의 관계를 수학적으로 표현한 것이다.

그림 2-12와 같이 진공 중에 여러개의 점전하 Q[C]가 임의의 폐곡면 S에 둘러싸여 있는 경우에 폐곡면 상의 미소면적 dS을 매우 작게 취하면 평면으로 생각할 수 있다. 이 미소면적 dS을 통과하는 미소전속 $d\Phi$는 다음과 같다.

$$d\Phi = \boldsymbol{D} \cdot d\boldsymbol{S} \tag{2-23}$$

이때 폐곡면 S을 통과하는 총전속 Φ는 모든 미소면적을 통과하는 미소전속을 합한 것과 같으므로 식 (2-23)의 양변에 적분을 취하면 다음과 같다.

$$\oint_S d\Phi = \oint_S \boldsymbol{D} \cdot d\boldsymbol{S} = \Phi \tag{2-24}$$

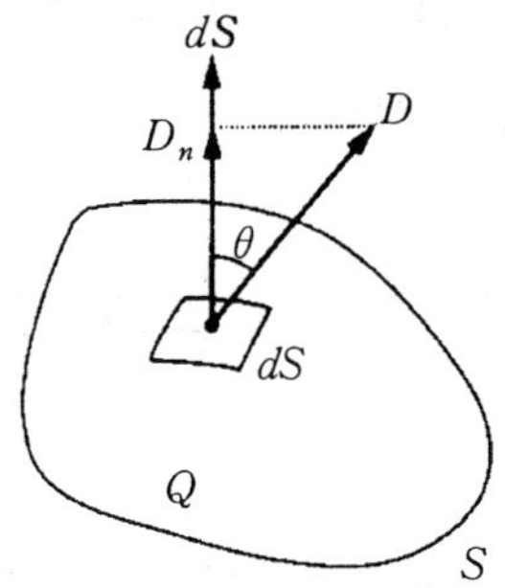

그림 2-12 가우스법칙

폐곡면내의 전전하량 Q가 폐곡면 S를 통과할 때 총전속 Φ와 같으므로 식 (2-24)를 다음 식으로 나타낼 수 있다.

$$\oint_S \boldsymbol{D} \cdot d\boldsymbol{S} = Q \tag{2-25}$$

이 식이 "전속과 전하량의 관계"에 대한 가우스법칙(적분형)이다. 가우스법칙은 "폐곡면에서 나오는 전속선의 수는 폐곡면 내에 있는 전하량과 같다"는 것을 의미하며, 임의의 폐곡면 S 전체에 대해 면적분하는 것으로 폐곡면 S를 가우스표면(Gaussian surface)이라 한다.

전계의 세기와 전속밀도와의 관계식 $\boldsymbol{D} = \varepsilon_0 \boldsymbol{E}$를 식 (2-25)에 대입하면

$$\oint_S \boldsymbol{E} \cdot d\boldsymbol{S} = \frac{Q}{\varepsilon_0} \tag{2-26}$$

가 된다. 이 식이 "전계의 세기와 전하량의 관계"를 나타내는 가우스법칙이다.

이 식은 진공 중의 폐곡면 S를 통과하여 나오는 "전기력선의 수는 폐곡면 내에

있는 전하량의 $1/\varepsilon_0$배와 같다는 것을 의미"한다.

폐곡면내의 다수의 점전하가 분포하고 있는 경우와 전하가 연속적으로 선, 면 체적으로 분포하고 있을 때 각각의 전하밀도를 점전하 Q_n[C], 선전하 λ[C/m], 면전하 σ[C/m²], 체적전하 ρ[C/m³]라 하며, 총전하량과의 관계는 다음과 같이 표현할 수 있다.

$$Q = \sum Q_n \text{ : 점전하분포} \tag{2-27}$$

$$Q = \int_L \lambda \cdot dl \text{ : 선전하분포} \tag{2-28}$$

$$Q = \int_S \sigma \cdot dS \text{ : 면전하분포} \tag{2-29}$$

$$Q = \int_v \rho \cdot dv \text{ : 체적전하분포} \tag{2-30}$$

2.4.1 구대전체

그림 2-13과 같이 진공 또는 공기 중에 반지름 a[m]인 구대전체 내에 전하량 Q[C]인 점전하 Q가 균일하게 분포하고 있을 때, 중심 O에서 거리 r[m]되는 점에서의 전계의 세기 $\boldsymbol{E}$와 전속밀도 $\boldsymbol{D}$을 구할 수 있다.

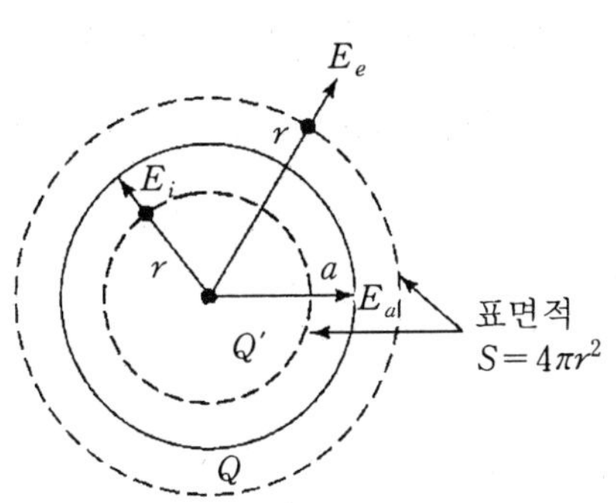

그림 2-13 구대전체

(1) 구 외부($r>a$)

구 외부의 경우 반지름의 관계가 $r>a$이므로, 전기력선에 대한 가우스법칙의 식 (2-25) $\oint_S \boldsymbol{D}\cdot d\boldsymbol{S}=Q$에 의해 다음과 같이 나타낸다.

$$\oint_S \boldsymbol{D}\cdot d\boldsymbol{S}=D\oint_S dS=DS=D\cdot 4\pi r^2=Q \tag{2-31}$$

여기서 구 표면적 S는 $S=4\pi r^2$이다.

따라서 식 (2-31)에 의해 전속밀도 $\boldsymbol{D}$는

$$\boldsymbol{D}=\frac{Q}{4\pi r^2}\,[\mathrm{C/m^2}] \tag{2-32}$$

이 되고, 전속밀도 $\boldsymbol{D}$와 전계 $\boldsymbol{E}$의 관계는 $\boldsymbol{E}=\boldsymbol{D}/\varepsilon_0$이므로, 구 외부에서 전계의 세기를 $\boldsymbol{E}_e$라 하면 식 (2-32)을 이용하면 다음과 같이 구할 수 있다.

$$\boldsymbol{E}_e=\frac{D}{\varepsilon_0}=\frac{\dfrac{Q}{4\pi r^2}}{\varepsilon_0}=\frac{Q}{4\pi\varepsilon_0 r^2}\,[\mathrm{V/m}] \tag{2-33}$$

(2) 구 표면($r=a$)

구 표면상에서의 전속밀도 $\boldsymbol{D}$와 전계의 세기를 $\boldsymbol{E}_a$라 하면 반지름이 $r=a$이므로 식 (2-32)와 식 (2-33)에서 r대신에 a로 대치하면 다음과 같이 구할 수 있다.

$$\boldsymbol{D}=\frac{Q}{4\pi a^2}\,[\mathrm{C/m^2}] \tag{2-34}$$

$$\boldsymbol{E}_a=\frac{Q}{4\pi\varepsilon_0 a^2}\,[\mathrm{V/m}] \tag{2-35}$$

(3) 구 내부($r < a$)

구 내부의 전하분포가 점대칭이며 구내의 전속도 방사상분포를 가질 것이므로 중심 O에서 거리 r[m] 떨어진 구 내부의 한 점을 포함하는 반지름 r[m]의 구면을 가우스 표면으로 취한다.

이때 구면의 내측의 전하를 Q'라 하면 각각의 전하는 체적에 비례하므로 전하와 체적은 다음과 같은 비례관계로 나타낼 수 있다.

$$Q : Q' = V : V' \tag{2-36}$$

여기서, V는 구의 체적, V'는 가우스 표면의 체적이 된다. 이들의 체적은 각각 $V = \frac{4}{3}\pi a^3$, $V' = \frac{4}{3}\pi r^3$이므로

$$Q' = \frac{V'}{V} Q = \frac{\frac{4}{3}\pi r^3}{\frac{4}{3}\pi a^3} Q = \frac{r^3}{a^3} Q[\text{C}] \tag{2-37}$$

이 된다. 따라서 식 (2-25)의 $\oint_S \boldsymbol{D} \cdot d\boldsymbol{S} = Q$인 가우스법칙을 적용하면

$$\oint_S \boldsymbol{D} \cdot d\boldsymbol{S} = Q' \tag{2-38}$$

로 나타낼 수 있다. 따라서 식 (2-38)에 표면적과 식 (2-37)을 대입하면

$$\boldsymbol{D} \cdot 4\pi r^2 = \frac{r^3}{a^3} Q \tag{2-39}$$

가 되므로, 식 (2-39)에서 전속밀도 $\boldsymbol{D}$는 다음과 같이 구할 수 있다.

$$\boldsymbol{D} = \frac{rQ}{4\pi a^3} [\text{C/m}^2] \tag{2-40}$$

이 식의 전속밀도 $\boldsymbol{D}$을 이용하여 구 내부의 전계의 세기를 구할 수 있다. 구 내부의 전계의 세기를 $\boldsymbol{E}_i$라 하면 전계의 세기와 전속밀도는 $\boldsymbol{E}_i = \boldsymbol{D}/\varepsilon$의 관계

이므로 식 (2-40)을 $\boldsymbol{E}_i = \boldsymbol{D}/\varepsilon$에 대입하면 다음과 같이 구 내부에서의 전계의 세기 $\boldsymbol{E}_i$를 구할 수 있다.

$$\boldsymbol{E}_i = \frac{rQ}{4\pi\varepsilon a^3}\,[\mathrm{V/m}] \qquad (2\text{-}41)$$

2.4.2 무한길이의 원주형 대전체

그림 2-14와 같이 공기 중에 무한히 길고 반경이 a[m]인 원주 내부에 선전하밀도 λ[C/m]로 균일하게 분포되어 있을 때 대전체에서 나오는 전속 및 전기력선은 대전체 중심축에 수직으로 방사상의 분포를 가지게 된다. 이 무한 길이의 원주형 대전체에 대한 전속밀도 $\boldsymbol{D}$와 전계의 세기 $\boldsymbol{E}$를 구해본다.

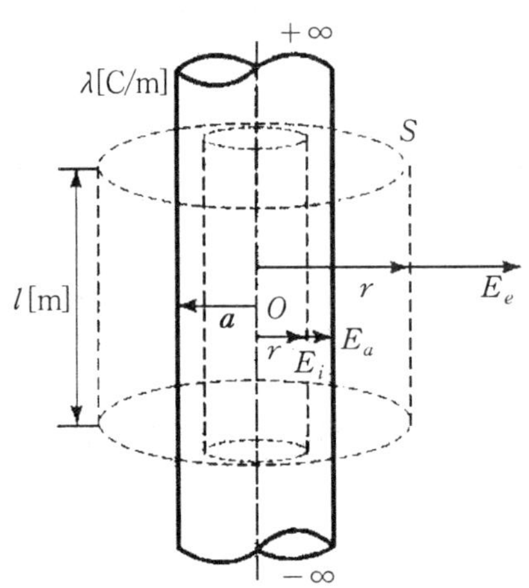

그림 2-14 무한길이의 원주형 대전체

(1) 원주 외부($r > a$)

그림 2-14와 같이 반지름 r[m], 길이 l[m]인 원통에 가우스면을 취하면, 이 폐곡면 내부의 전하량은 $Q=\lambda l$[C]이 된다. 따라서 식 (2-25)의 $\oint_S \boldsymbol{D}\cdot d\boldsymbol{S} = Q$인

가우스법칙을 적용한다. 먼저 가우스법칙의 좌변항을 각 면에 대해 적용하면

$$\oint_S \boldsymbol{D} \cdot d\boldsymbol{S} = \int_{\text{옆면}} \boldsymbol{D} \cdot d\boldsymbol{S} + \int_{\text{윗면}} \boldsymbol{D} \cdot d\boldsymbol{S} + \int_{\text{아래면}} \boldsymbol{D} \cdot d\boldsymbol{S}$$

$$= D\int_{\text{옆면}} dS + 0 + 0 = DS_{\text{옆면}} = D \cdot 2\pi r l \tag{2-42}$$

이 되고, 가우스법칙의 우변항은 다음과 같다.

$$Q = \int_L \lambda dl = \lambda l \tag{2-43}$$

결국 위의 식 (2-42)와 식 (2-43)을 가우스법칙 $\oint_S \boldsymbol{D} \cdot d\boldsymbol{S} = Q$에 적용하여 정리하면 다음과 같다.

$$D \cdot 2\pi r l = \lambda l \tag{2-44}$$

따라서 식 (2-44)에 의해 무한길이의 원주형 대전체에서 외부로 나가는 전속밀도 $\boldsymbol{D}$는 다음과 같다.

$$\boldsymbol{D} = \frac{\lambda}{2\pi r} \text{[C/m}^2\text{]} \tag{2-45}$$

이때 전계의 세기를 $\boldsymbol{E}_e$라 하면 외부에서의 전계의 세기 $\boldsymbol{E}_e$는 식 (2-45)의 전속밀도를 $\boldsymbol{E}_e = \boldsymbol{D}/\varepsilon_0$에 대입하면 다음 식으로 구할 수 있다.

$$\boldsymbol{E}_e = \frac{\lambda}{2\pi\varepsilon_0 r} \text{[V/m]} \tag{2-46}$$

(2) 원주 표면($r = a$)

무한길이의 원주형 대전체 표면상에서의 전계의 세기를 $\boldsymbol{E}_a$라 하면, 반지름이 $r = a$이므로 위의 식 (2-45)와 식 (2-46)에 r대신에 a로 대치하면 원주 표면에서의 전속밀도 $\boldsymbol{D}$와 전계의 세기 $\boldsymbol{E}_a$를 다음 식으로 구할 수 있다.

$$D = \frac{\lambda}{2\pi a} \text{[C/m}^2\text{]} \tag{2-47}$$

$$E_a = \frac{\lambda}{2\pi\varepsilon_0 a} \text{[V/m]} \tag{2-48}$$

(3) 원주 내부($r < a$)

원주 대전체 내부의 거리 r[m]에서 전계의 세기를 $\boldsymbol{E}_i$라 하면, $\boldsymbol{E}_i$을 구하려면 r의 한 점을 포함한 길이 l[m]인 동축원통을 가우스면으로 취하고, 반경 a[m]인 원통의 전선전하량을 λ, 반경 r[m]인 원통 내부의 선전하량을 λ'라 하면, 반경이 다른 원통의 전하량은 체적에 비례하므로 다음과 같이 표현된다.

$$\lambda : \lambda' = V : V' \tag{2-49}$$

여기서, V는 반경 a의 체적, V'는 가우스표면의 체적이 되므로 이들의 체적은 각각 $V = \pi a^2 l$, $V' = \pi r^2 l$이 된다. 따라서 가우스면 내부의 선전하량 λ'는

$$\lambda' = \frac{V'}{V}\lambda = \frac{\pi r^2 l}{\pi a^2 l}\lambda l = \frac{r^2}{a^2}\lambda l \text{ [C]} \tag{2-50}$$

이 된다. 이들을 식 (2-25)의 $\oint_S \boldsymbol{D} \cdot d\boldsymbol{S} = Q = \lambda'$인 가우스법칙을 적용하면, 먼저 가우스법칙의 좌변항은 다음과 같이 된다.

$$\oint_S \boldsymbol{D} \cdot d\boldsymbol{S} = \int_{\text{옆면}} \boldsymbol{D} \cdot d\boldsymbol{S} + \int_{\text{윗면}} \boldsymbol{D} \cdot d\boldsymbol{S} + \int_{\text{아래면}} \boldsymbol{D} \cdot d\boldsymbol{S}$$

$$= D\int_{\text{옆면}} dS + 0 + 0 = DS_{\text{옆면}} = D \cdot 2\pi r l \tag{2-51}$$

가우스법칙의 우변항은 다음과 같이 된다.

$$Q' = \lambda' = \frac{r^2}{a^2}\lambda l \tag{2-52}$$

따라서 식 (2-51)과 식 (2-52)을 가우스법칙 $\oint_S \boldsymbol{D} \cdot d\boldsymbol{S} = Q = \lambda'$에 대입하면

$$D \cdot 2\pi r l = \frac{r^2}{a^2}\lambda l \tag{2-53}$$

이 되므로, 원주 내부에서의 전속밀도 $\boldsymbol{D}$는 다음과 같다.

$$\boldsymbol{D} = \frac{\lambda}{2\pi a^2} r[\mathrm{C/m^2}] \tag{2-54}$$

전속밀도 $\boldsymbol{D}$를 이용하여 내부의 전계의 세기 $\boldsymbol{E}_i$를 구하면 다음과 같다.

$$\boldsymbol{E}_i = \frac{\lambda}{2\pi\varepsilon a^2} r[\mathrm{V/m}] \tag{2-55}$$

예제 2-5 반경 10[cm], 길이 5[m]인 도선의 전하량이 10^{-5}[C]이라면 이 도선에서 수직거리 20[cm]에서의 전계의 세기는 얼마인가?
(단, $\varepsilon_0 = 8.854\times10^{-12}$이다.)

풀이 단위 길이당 전하 $\lambda = \frac{10^{-5}}{5} = 2\times10^{-6}$이므로 이를 식 (2-43)에 대입하면

$$E_i = \frac{(20\times10^{-2})\times(2\times10^{-6})}{2\times3.14\times8.854\times10^{-12}\times(10^{-1})^2} = \frac{40}{55.60312}\times10^6 \fallingdotseq 7.2\times10^5[\mathrm{V/m}]$$

2.4.3 한장의 무한평판 도체

그림 2-15 (a)와 같이 공기 중에 놓인 무한평판 도체에 면전하밀도 $\rho[\mathrm{C/m^2}]$가 균일하게 분포한 경우, 무한평판 도체는 등전원면이므로 전속과 전기력선은 단면적 S인 면에 대하여 수직방향으로 좌 · 우로 나가게 된다. 이때 점 P에서의 전계의 세기를 구하기 위해 점 P를 포함하는 원통을 가우스면으로 취하면 가우스면의 전하량은 $Q = \rho S$가 된다.

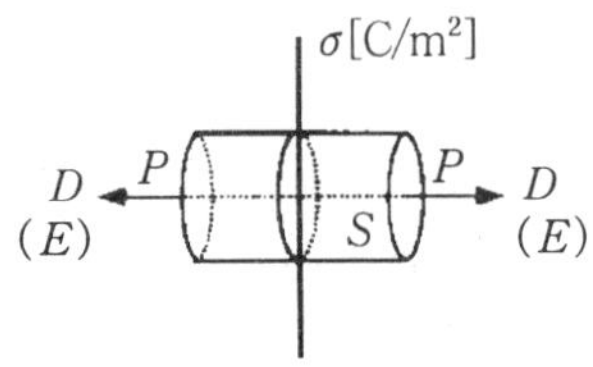

(a) 가우스법칙에 의한 개념

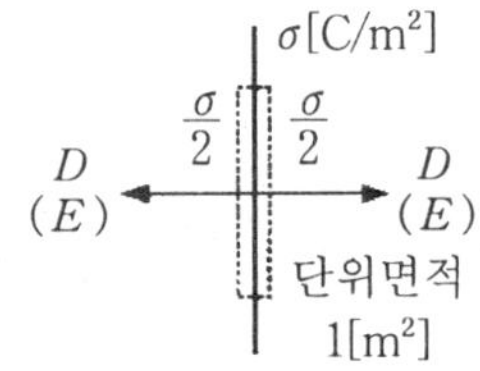

(b) 선 속에 의한 개념

그림 2-15 한장의 무한평판 도체

이것을 가우스법칙 $\oint_S \boldsymbol{D} \cdot d\boldsymbol{S} = Q$에 적용하면 다음과 같다.

$$\oint_S \boldsymbol{D} \cdot dS = 2DS = \rho S \tag{2-56}$$

식 (2-56)에 의해 한장의 무한평판 도체에서의 전속밀도 $\boldsymbol{D}$는

$$\boldsymbol{D} = \frac{\rho}{2}\,[\mathrm{C/m^2}] \tag{2-57}$$

이 되므로, 따라서 전계의 세기 $\boldsymbol{E}$는 $\boldsymbol{E} = \boldsymbol{D}/\varepsilon_0$에 대입하여 풀면 다음과 같다.

$$\boldsymbol{E} = \frac{\rho}{2\varepsilon_0}\,[\mathrm{V/m}] \tag{2-58}$$

이 결과는 전속 및 전기력선의 분포는 양면에 수직으로 평행하게 발산하며, 거리 r[m]에 무관하게 일정한 전계를 나타낸다. 이와 같은 전계를 평등전계라 한다.

2.5 전위 및 전위차

2.5.1 전계중의 점전하를 이동시키는데 필요한 일

그림 2-16과 같이 점전하 Q[C]에 의한 전계 내에서 단위정전하 +1[C]을 점 A에서 점 B까지 이동시키는데 필요한 일 W는 "힘×거리"가 되므로

$$W = \boldsymbol{F} \cdot \boldsymbol{l} = \int_A^B \boldsymbol{F} \cdot d\boldsymbol{l} \tag{2-59}$$

로 나타낼 수 있다.

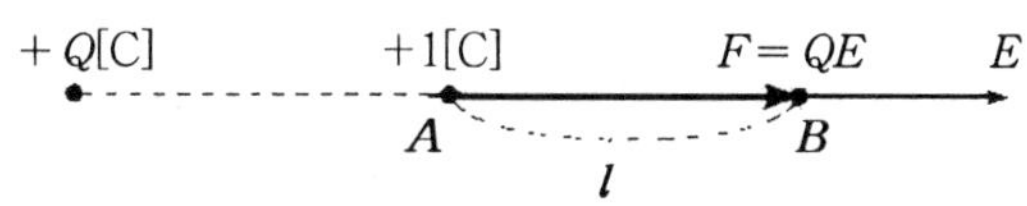

그림 2-16 위치에너지

힘 $\boldsymbol{F}$는 전하 +1[C]에 작용하는 힘이므로 전계 내에서 힘 $\boldsymbol{F}$는 $\boldsymbol{F}=Q\boldsymbol{E}$이므로 전하가 $Q=1$이면, 힘 $\boldsymbol{F}$는 전계 $\boldsymbol{E}$로 나타낼 수 있다. 따라서 식 (2-59)는

$$W = \int_A^B Q\boldsymbol{E} \cdot d\boldsymbol{l} = \int_A^B \boldsymbol{E} \cdot d\boldsymbol{l} \tag{2-60}$$

가 되어, 전하 Q[C]에 의해 생긴 전기력이 한 일이 된다. 반대로 전하 +1[C]이 전계 $\boldsymbol{E}$의 방향과 반대인 점 B에서 점 A로 이동한다면 이때 필요한 일 W는

$$W = -\boldsymbol{F} \cdot \boldsymbol{l} = -\int_B^A \boldsymbol{E} \cdot d\boldsymbol{l} \tag{2-61}$$

이 된다. 식 (2-61)에서 음(−) 부호는 전계의 방향과 반대방향에 대해서 한 일을 나타낸다. 그러므로 $+Q$[C]의 전하를 운반하는데 필요한 일 W은 다음과 같다.

$$W = -\int_B^A Q\boldsymbol{E} \cdot d\boldsymbol{l} = -Q\int_B^A \boldsymbol{E} \cdot d\boldsymbol{l} \tag{2-62}$$

여기서, $Q\boldsymbol{E}$는 전하 Q가 받는 힘으로 $\boldsymbol{F}=Q\boldsymbol{E}$이며, 식 (2-62)는 전하 Q[C]를 점 B에서 점 A까지 이동시키는데 필요한 일, 즉 전계 내에서 전하 Q가 갖는 전기적인 위치에너지의 증가량을 나타낸다.

정전기학에서는 무한원점($r=\infty$)을 위치에너지를 "0"으로 기준을 정하고 있다. 전계가 없는 무한원점에서 전계내의 임의의 한 점인 A점과 점 B까지 전하 Q를 이동시키는데 필요한 각각의 일, 즉 각 점에서 전하 Q가 가지는 위치에너지를

W_A, W_B라 하면, W_A, W_B는 다음과 같이 나타낸다.

$$W_A = -Q\int_{\infty}^{A} \boldsymbol{E}\cdot d\boldsymbol{l},\quad W_B = -Q\int_{\infty}^{B} \boldsymbol{E}\cdot d\boldsymbol{l} \tag{2-63}$$

여기서, 부호가 (−)인 것은 무한원점에서 각 점으로 오는 방향이, 전하에서 발산되는 전계의 방향과 반대방향이기 때문이다.

따라서 식 (2-63)에서 두 점간의 전기적인 위치에너지의 차이를 나타내면

$$W_{AB} = W_A - W_B = -Q\int_{B}^{A} \boldsymbol{E}\cdot d\boldsymbol{l} \tag{2-64}$$

가 되며, 여기서, 점 B는 시점, 점 A는 종점이 되며, 부호가 (−)인 것은 점 B에서 점 A까지 전계의 방향과 반대방향의 위치에너지를 구한다는 의미이다.

2.5.2 전 위

전위는 "무한원점(∞)에서 부터 전계 내의 임의의 한 점까지 단위전하 +1[C]을 이동시키는데 필요한 일로 정의"한다. 즉, 무한원점(∞)에 대하여 임의의 한 점에서 단위전하가 갖는 전기적인 위치에너지를 의미한다.

그림 2-17과 같이 전계내의 한 점 A의 전위를 V_A라 할 때 전위 V_A는

$$V_A = -Q\int_{\infty}^{A} \boldsymbol{E}\cdot d\boldsymbol{r} = -\int_{\infty}^{A} \boldsymbol{E}\cdot d\boldsymbol{r} \tag{2-65}$$

이 된다. 여기서, A점의 전위 V_A는 단위 전하 $Q=+1$[C]이 가지는 전기적 위치에너지를 나타내며, 스칼라량이다.

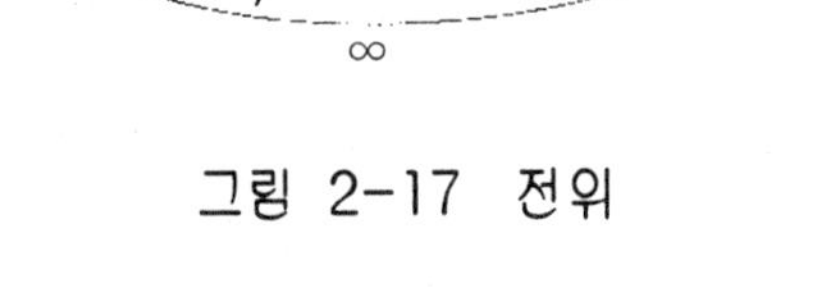

그림 2-17 전위

이때 전계의 세기 $\boldsymbol{E}$는 단위전하 Q가 +1[C]일 때 받는 힘이므로

$$\boldsymbol{E} = \frac{Q}{4\pi\varepsilon_0 r^2}\,[\mathrm{V/m}] \tag{2-66}$$

가 된다. 따라서 자유공간의 점전하 Q[C]으로부터 r[m] 떨어진 전계내의 한 점 A에서의 전위 V_A는 식 (2-66)을 식 (2-65)에 대입하면

$$\begin{aligned} V_A &= -\int_{\infty}^{r} \boldsymbol{E}\cdot d\boldsymbol{r} = -\int_{\infty}^{r} \frac{Q}{4\pi\varepsilon_0 r^2}\cdot d\boldsymbol{r} = -\frac{Q}{4\pi\varepsilon_0}\int_{\infty}^{r}\frac{1}{r^2}\cdot dr \\ &= \frac{Q}{4\pi\varepsilon_0}\left[\frac{1}{r}\right]_{\infty}^{r} = \frac{Q}{4\pi\varepsilon_0}\left(\frac{1}{r}-\frac{1}{\infty}\right) \\ &= \frac{Q}{4\pi\varepsilon_0 r}\,[\mathrm{V}] \end{aligned} \tag{2-67}$$

와 같이 점 A에서의 전위를 구할 수 있다.

또한, 전하 $+Q$[C]에 의한 전계의 세기를 나타내는 식 (2-66)과 전위를 나타내는 식 (2-67)을 이용하여 전위를 나타내면 다음과 같이 된다.

$$V = \boldsymbol{E}r\,[\mathrm{V}] \tag{2-68}$$

이 식은 전하량이 같고 부호가 서로 반대인 전하로 대전된 평행평판 도체 내부처럼 균일한 전계 내에서만 성립하는 식이다.

2.5.3 전위차

그림 2-18과 같이 전계 $\boldsymbol{E}$ 내에 있는 점 A와 점 B의 전위를 각각 V_A, V_B라 하면 점 A와 B간의 전위의 차이 V_{AB}는 $V_A - V_B$가 된다. 이때 이 두 점간의 전위의 차이를 전위차 또는 전압이라 한다.

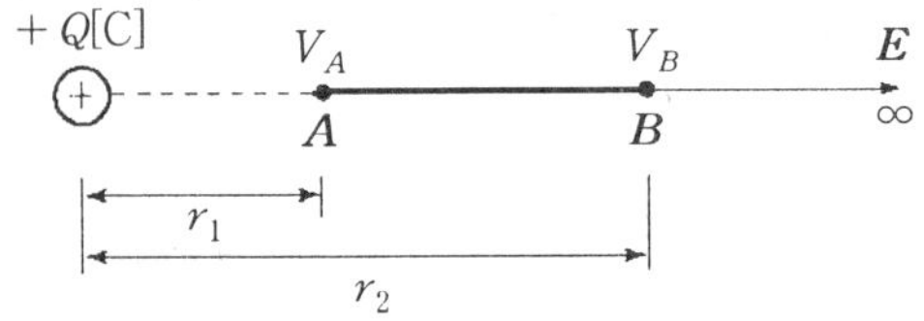

그림 2-18 전위차

그림 2-18과 같이 점전하에 의한 두 점 A, B간의 전위차 V_{AB}는 점전하 Q로부터 각각 거리 r_1, r_2 떨어져 있을 때 전위차 V_{AB}는 다음과 같다.

$$
\begin{aligned}
V_{AB} &= -\int_{\infty}^{r_1} \boldsymbol{E}\cdot d\boldsymbol{r} - \left(-\int_{\infty}^{r_2} \boldsymbol{E}\cdot d\boldsymbol{r}\right) \\
&= \int_{r_1}^{\infty} \boldsymbol{E}\cdot d\boldsymbol{r} + \int_{\infty}^{r_2} \boldsymbol{E}\cdot d\boldsymbol{r} \\
&= \int_{r_1}^{r_2} \boldsymbol{E}\cdot d\boldsymbol{r}[\mathrm{V}] \qquad (2\text{-}69)
\end{aligned}
$$

전하 Q에서 거리 r[m] 떨어진 점의 전계의 세기 $\boldsymbol{E}$는 $\boldsymbol{E} = \dfrac{Q}{4\pi\varepsilon_0 r^2}$ 이므로 이 식을 식 (2-69)에 대입하면, 각각 거리 r_1, r_2 떨어져 있을 때 두 점 A, B간의 전위차 V_{AB}는 다음 식으로 구할 수 있다.

$$
\begin{aligned}
V_{AB} &= \int_{r_1}^{r_2} \frac{Q}{4\pi\varepsilon_0 r^2}\, dr = \frac{Q}{4\pi\varepsilon_0}\int_{r_1}^{r_2} \frac{1}{r^2}\, dr = \frac{Q}{4\pi\varepsilon_0}\left[-\frac{1}{r}\right]_{r_1}^{r_2} \\
&= \frac{Q}{4\pi\varepsilon_0}\left[\frac{1}{r_1} - \frac{1}{r_2}\right][\mathrm{V}] \qquad (2\text{-}70)
\end{aligned}
$$

여기서, 점 A의 전위는 점 B의 전위보다 높다.

예제 2-6 크기가 50[V/m]인 평등전계 중의 80[V] 되는 A점에서 전계방향으로 80[cm] 떨어진 B점의 전위는 몇 [V]인가?

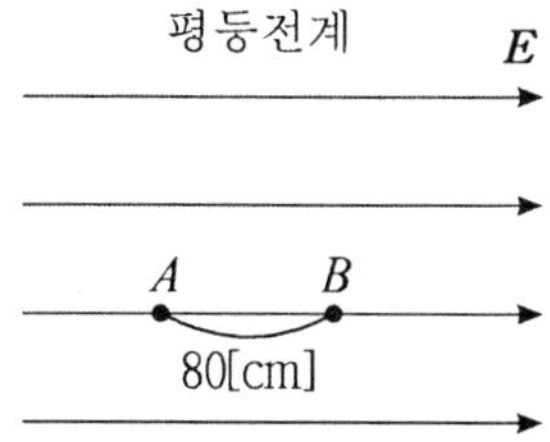

풀이 $V_{BA} = V_B - V_A = -\int_A^B E dl = -\int_0^{0.8} E dl = -[50l]_0^{0.8} = -40[\text{V}]$

$\therefore \ V_B = V_A + V_{BA} = 80 - 40 = 40[\text{V}]$

2.6 전위 계산

2.6.1 전하분포가 균일한 구대전체

그림 2-19와 같이 반지름 a[m]인 구대전체 내에 전하량 Q[C]의 점전하가 균일하게 분포하고 있을 때, 중심 O에서 거리 r[m] 떨어진 점에서 계산된 전계의 세기 $\boldsymbol{E}$를 이용하여 전위 V를 구할 수 있다.

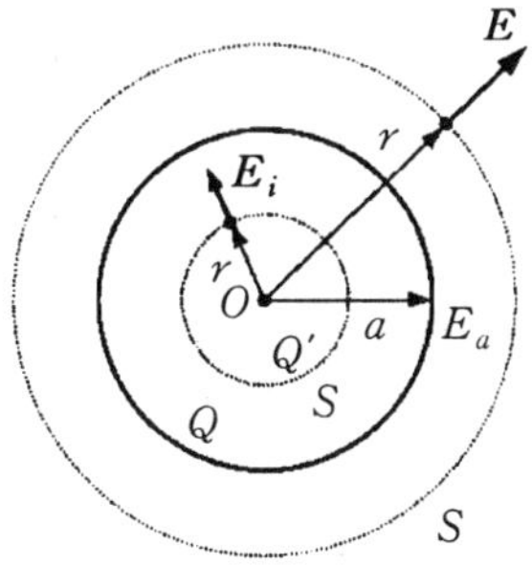

그림 2-19 구대전체

(1) 구대전체 외부($r > a$)

반지름 r[m]인 동심구면을 가우스면 S로 취하고, 이 면을 통과하여 나가는 전속은 점대칭에 의해 방사상의 분포를 이루며 발산하게 된다. 이때 전계의 세기 $\boldsymbol{E}$

는 다음과 같으므로

$$\boldsymbol{E} = \frac{Q}{4\pi\varepsilon_0 r^2}\,[\mathrm{V/m}] \tag{2-71}$$

전위 V는 단위전하를 무한원점에서 거리 r[m]까지 이동할 때의 필요한 일이므로 식 (2-69)에 식 (2-71)을 대입하여 다음과 같이 구할 수 있다.

$$V = -\int_{\infty}^{r} \boldsymbol{E} \cdot d\boldsymbol{l} = -\int_{\infty}^{r} \frac{Q}{4\pi\varepsilon_0 r^2}\,dr = -\frac{Q}{4\pi\varepsilon_0 r^2}\left[-\frac{1}{r}\right]_{\infty}^{r}$$

$$= \frac{Q}{4\pi\varepsilon_0 r}\,[\mathrm{V}] \tag{2-72}$$

(2) 구대전체 표면($r = a$)

구대전체 표면상에서의 전계의 세기를 $\boldsymbol{E}_a$라 하고, 거리가 $r = a$이므로 식 (2-71)에 의해 표면상의 전계의 세기 $\boldsymbol{E}_a$는 다음 식과 같이 나타낼 수 있다.

$$\boldsymbol{E}_a = \frac{Q}{4\pi\varepsilon_0 a^2}\,[\mathrm{V/m}] \tag{2-73}$$

이때 전위를 V_a라 하면 전위는 전기장 내에서 단위전하를 무한원점에서 도체 표면 a까지 이동하였을 때의 필요한 일이므로 전위 V_a는 식 (2-69)에 식 (2-73)을 대입하여 다음과 같이 구할 수 있다.

$$V_a = -\int_{\infty}^{a} \boldsymbol{E} \cdot d\boldsymbol{l} = -\int_{\infty}^{a} \frac{Q}{4\pi\varepsilon_0 a^2}\,dr = \frac{Q}{4\pi\varepsilon_0 a}\,[\mathrm{V}] \tag{2-74}$$

(3) 구대전체 내부($r < a$)

유전율이 ε이고 거리 $r < a$인 구대전체 내부에서의 전계의 세기를 $\boldsymbol{E}_i$라 하면 $\boldsymbol{E}_i$는 다음과 같다.

$$\boldsymbol{E}_i = \frac{Qr}{4\pi\varepsilon a^3}\,[\mathrm{V/m}] \tag{2-75}$$

이때 구 내부의 전위 V_i는 구 표면전위 V_a와 거리 $r(r<a)$인 내부의 한 점과 구면 사이의 전위차 V_{ra}의 합, 즉 $V_i = V_a + V_{ra}$가 되므로 다음과 같다.

$$
\begin{aligned}
V_i &= V_a + V_{ra} = -\int_{\infty}^{a} \boldsymbol{E} \cdot d\boldsymbol{l} - \int_{a}^{r} \boldsymbol{E}_i \cdot d\boldsymbol{l} \\
&= \frac{Q}{4\pi\varepsilon a} - \frac{Q}{4\pi\varepsilon a^3} \int_{a}^{r} r\,dr = \frac{Q}{4\pi\varepsilon a} - \frac{Q}{4\pi\varepsilon a^3}\left[\frac{1}{2} r^2\right]_a^r \\
&= \frac{Q}{4\pi\varepsilon a}\left(\frac{3}{2} - \frac{r^2}{2a^2}\right)[\mathrm{V}] \qquad (2\text{-}76)
\end{aligned}
$$

2.6.2 무한장 직선도체

그림 2-20과 같이 축방향으로 단위길이당 선전하밀도 λ[C/m], 축상의 중심 O 점을 중심으로 반경 r[m] 떨어진 점에서의 전계의 세기 $\boldsymbol{E}$는 식 (2-46)에 의해 다음과 같이 나타낼 수 있다.

$$
\boldsymbol{E} = \frac{\lambda}{2\pi\varepsilon_0 r}\,[\mathrm{V/m}] \qquad (2\text{-}77)
$$

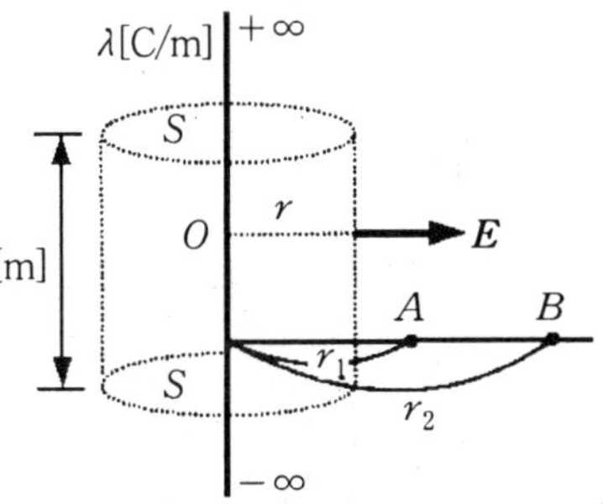

그림 2-20 무한장 직선도체

이때 두 점 A, B 사이의 전위차 V_{AB}는 다음과 같이 구할 수 있다.

$$
V_{AB} = V_A - V_B = \int_{r_2}^{r_1} \boldsymbol{E} \cdot d\boldsymbol{r}
$$

$$= -\int_{r_2}^{r_1} \frac{\lambda}{2\pi\varepsilon_0 r} dr = -\frac{\lambda}{2\pi\varepsilon_0} \int_{r_2}^{r_1} \frac{1}{r} dr = -\frac{\lambda}{2\pi\varepsilon_0} [\ln r]_{r_2}^{r_1}$$

$$= \frac{\lambda}{2\pi\varepsilon_0} \ln \frac{r_2}{r_1} [V] \tag{2-78}$$

2.7 등전위면과 전위경도

2.7.1 등전위면

전계 내에서 전위가 같은 점끼리 이어서 만들어진 하나의 가상적인 면을 등전위면이라 한다. 그림 2-21과 같이 점전하 Q[C]이 전계 내에서 거리 r[m] 떨어진 점의 전위는 $V = Q/(4\pi\varepsilon_0 r)$이므로 등전위면은 거리 r[m]의 동심구면에 무수히 존재한다. 이와 같은 등전위면은 다음과 같은 성질이 있다.

① 등전위면은 서로 교차하지 않는다.
② 전기력선은 등전위면과 항상 직교한다.
③ 등전위면은 폐곡면이다.
④ 등전위면이 좁을수록 전계와 전기력선의 밀도가 크다.

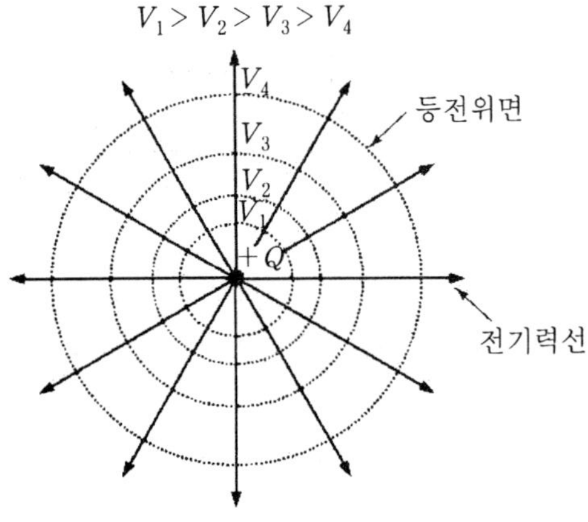

그림 2-21 등전위면

2.7.2 전위경도

전위경도는 전위의 기울기를 나타내는 것으로 단위길이당 전위의 변화를 의미한다. 일반적으로 전계의 세기 $\boldsymbol{E}$와 전위 V와의 관계는 다음과 같이 선적분의 관계가 있다.

$$V=-\int \boldsymbol{E}\cdot d\boldsymbol{l} \tag{2-79}$$

이것은 전계의 세기를 알고 있을 때 선적분에 의해 전위를 구할 수 있다.

또한 일정한 전계의 세기 $\boldsymbol{E}$를 갖는 것으로 생각할 수 있으므로 미소벡터 $d\boldsymbol{l}$에 대하여 식 (2-79)을 미분하여 적용하면 다음과 같이 나타낼 수 있다.

$$dV=-\boldsymbol{E}\cdot d\boldsymbol{l} \tag{2-80}$$

그림 2-22에서 전계내의 점 P에서의 전위 V에서 점 Q으로 전위가 dV만큼 변화할 때 점 P에서 점 Q까지 길이의 변화 dl에 대한 전위의 미소변화 dV는

$$dV=-\boldsymbol{E}\cdot d\boldsymbol{l}=-E\cos\theta dl \tag{2-81}$$

가 된다.

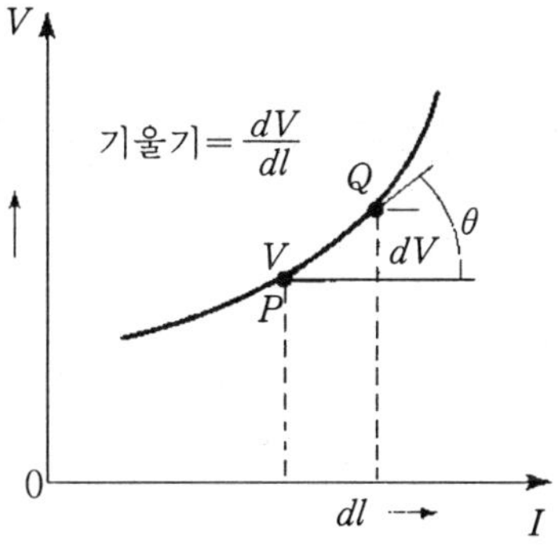

그림 2-22 전위경도

여기서 전계 $\boldsymbol{E}$의 $d\boldsymbol{l}$ 방향의 성분은 $\boldsymbol{E}_l=E\cos\theta$이므로 $dV=-\boldsymbol{E}_l\cdot d\boldsymbol{l}$이

되어 $d\boldsymbol{l}$방향으로의 전계 $\boldsymbol{E}_l$은 다음과 같이 표현된다.

$$\boldsymbol{E}_l = -\frac{dV}{dl} \qquad (2\text{-}82)$$

이 식의 우변항이 바로 단위길이에 대한 전위의 변화율을 나타내며, 전계의 세기와 등식관계가 성립한다.

직각좌표계에서 전계의 세기 $\boldsymbol{E}$의 x, y, z방향의 성분을 E_x, E_y, E_z라 하면 각 전계성분과 전위의 변화율과의 관계는 식 (2-82)를 이용하여 다음과 같이 나타낼 수 있다.

$$E_x = -\frac{\partial V}{\partial x},\ E_y = -\frac{\partial V}{\partial y},\ E_z = -\frac{\partial V}{\partial z} \qquad (2\text{-}83)$$

이때 전계 $\boldsymbol{E}$가 $\boldsymbol{E} = E_x\boldsymbol{i} + E_y\boldsymbol{j} + E_z\boldsymbol{k}$라면 이 전계를 식 (2-83)을 대입하면

$$\begin{aligned}\boldsymbol{E} &= E_x\boldsymbol{i} + E_y\boldsymbol{j} + E_z\boldsymbol{k} = -\left(\frac{\partial V}{\partial x}\boldsymbol{i} + \frac{\partial V}{\partial y}\boldsymbol{j} + \frac{\partial V}{\partial z}\boldsymbol{k}\right)\\ &= -\left(\frac{\partial}{\partial x}\boldsymbol{i} + \frac{\partial}{\partial y}\boldsymbol{j} + \frac{\partial}{\partial z}\boldsymbol{k}\right)V \end{aligned} \qquad (2\text{-}84)$$

가 된다. 이 식에서 전계의 세기 $\boldsymbol{E}$와 전위 V와의 관계는 다음과 같이 되어

$$\boldsymbol{E} = -\nabla V = -\text{grad}\, V \qquad (2\text{-}85)$$

보존장이 성립한다. 이 식에서 전위경도는 다음과 같이 표현된다.

$$\nabla V = \text{grad}\, V \qquad (2\text{-}86)$$

따라서 식 (2-85)에서 전위경도 ∇V는 전계의 세기 $\boldsymbol{E}$와 크기는 같고, 방향은 반대방향이다.

예제 2-7 전위의 분포가 $V = 12x + 7y^2$으로 주어질 때 점 $(x=5,\ y=3)$에서 전계의 세기[V/m]는?

풀이 전위의 기울기 공식에서

$\boldsymbol{E} = -\text{grad}\,V = -\nabla V = -\left(\dfrac{\partial V}{\partial x}\boldsymbol{i} + \dfrac{\partial V}{\partial y}\boldsymbol{j} + \dfrac{\partial V}{\partial z}\boldsymbol{k}\right)$로 되어 $V = 12x + 7y^2$를 대입

하여 x, y, z에 대해서 편미분하면 $\boldsymbol{E} = -12\boldsymbol{i} - 14y\boldsymbol{j}$[V/m]가 된다.

여기에 $x = 5$, $y = 3$의 수치를 대입하면 $\boldsymbol{E} = -12\boldsymbol{i} - 42\boldsymbol{j}$[V/m]가 된다.

2.8 전기 쌍극자와 전기 이중층

2.8.1 전기 쌍극자

(1) 전기 쌍극자 모멘트

전기 쌍극자란 크기는 같고 부호가 반대인 점전하 2개가 일정한 거리를 두고 놓여있을 때 이 정·부 한 쌍의 전하를 전기 쌍극자(electric dipole)라 한다.

그림 2-23과 같이 정·부의 점전하 $+Q$, $-Q$가 미소거리 $\dot{d}$[m]만큼 떨어져 있을 때, 전기 쌍극자 모멘트 $\boldsymbol{M}$은 벡터량으로 다음과 같이 나타낸다.

$$\boldsymbol{M} = Q\boldsymbol{d}\,[\text{C}\cdot\text{m}] \tag{2-87}$$

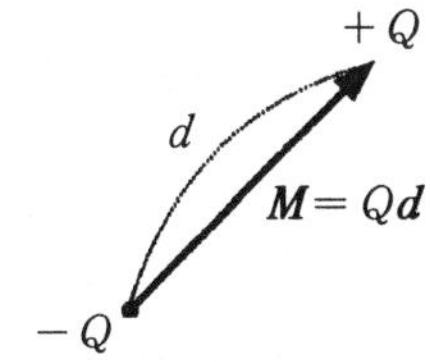

그림 2-23 전기 쌍극자

그림 2-23에서 전하의 이동방향은 $-Q$에서 $+Q$로 향하며, 전기 쌍극자 모멘트의 크기는 $M = Qd$이다.

(2) 전기 쌍극자의 전위와 전계

그림 2-24와 같이 전극 쌍극자의 두 전하가 r_1[m], r_2[m]로 떨어진 거리에 있는 점 P에서의 전위 V는 식 (2-70)을 이용하면,

$$V = \frac{Q}{4\pi\varepsilon_0 r_1} - \frac{Q}{4\pi\varepsilon_0 r_2} = \frac{Q}{4\pi\varepsilon_0} \cdot \frac{r_2 - r_1}{r_1 r_2} \text{ [V]} \tag{2-88}$$

로 나타낼 수 있다.

전기 쌍극자의 중심 O에서 점 P까지 거리를 r[m], 거리 r방향의 거리 벡터 $\boldsymbol{r}$과 전기 쌍극자 모멘트 $\boldsymbol{M}$이 이루는 각을 θ라 하면, 두 점전하에서 점 P까지 거리 r_1과 r_2는 두 점전하 사이의 미소거리 d보다 훨씬 크므로 $r_1 = r_2$로 근사적으로 둘 수 있으므로 $r_1 r_2 \fallingdotseq r^2$로 나타낼 수 있다.

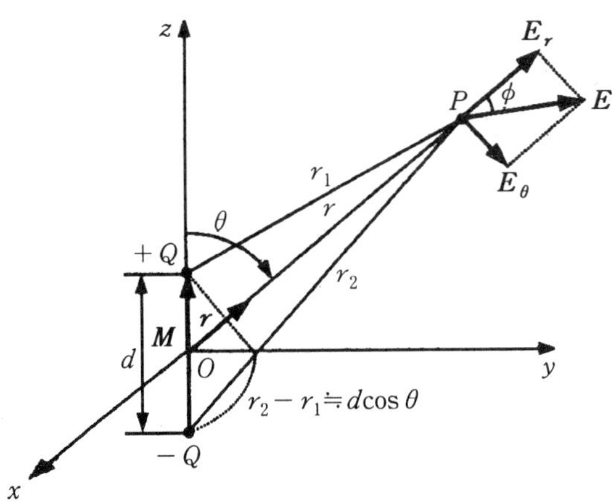

그림 2-24 P점의 전위와 전계

또한 점 P에서 두 점전하를 보았을 때 r_1과 r_2가 평행이라고 가정하면, $r_2 - r_1$은 근사적으로 $r_2 - r_1 \fallingdotseq d\cos\theta$로 나타낼 수 있다. 따라서 식 (2-88)은 다음과 같이 변환하여 근사적으로 나타낼 수 있다.

$$V = \frac{Q}{4\pi\varepsilon_0} \cdot \frac{r_2 - r_1}{r_1 r_2} = \frac{Q}{4\pi\varepsilon_0} \cdot \frac{d\cos\theta}{r^2} \text{ [V]} \tag{2-89}$$

식 (2-89)에서 $Qd = M$이므로 전기 쌍극자에 의한 전위 V는

$$V = \frac{M\cos\theta}{4\pi\varepsilon_0 r^2} \text{ [V]} \tag{2-90}$$

가 된다.

전위 V는 점 P의 구좌표 $(r,\ \theta)$의 함수이므로 점 P에서의 전계 $\boldsymbol{E}$는 r방향의 성분 전계 $\boldsymbol{E}_r$과 r에 수직한 성분의 전계 $\boldsymbol{E}_\theta$로 나누어 생각할 수 있으므로 전위 V를 이용한 전계의 세기 $\boldsymbol{E}$는 식 (2-85)를 이용하면 다음과 같다.

$$\boldsymbol{E} = -\operatorname{grad} V = -\left(\frac{\partial V}{\partial r}\boldsymbol{a}_r + \frac{\partial V}{r\partial\theta}\boldsymbol{a}_\theta\right) = E_r\boldsymbol{a}_r + E_\theta\boldsymbol{a}_\theta[\mathrm{V/m}] \quad (2\text{-}91)$$

여기서, $\boldsymbol{a}_r$과 $\boldsymbol{a}_\theta$는 r과 θ의 단위벡터이다.

또한 식 (2-91)에서 각 방향의 전계성분 E_r, E_θ는 식 (2-90)의 전위를 이용하여 계산하면 다음과 같이 각각 나누어 나타낼 수 있다.

$$\left.\begin{aligned} E_r &= -\frac{\partial V}{\partial r} = \frac{M\cos\theta}{2\pi\varepsilon_0 r^3}[\mathrm{V/m}] \\ E_\theta &= -\frac{\partial V}{r\partial\theta} = \frac{M\sin\theta}{4\pi\varepsilon_0 r^3}[\mathrm{V/m}] \end{aligned}\right\} \quad (2\text{-}92)$$

이때 각 방향의 합성전계 $\boldsymbol{E}$는 다음과 같다.

$$\boldsymbol{E} = \sqrt{{E_r}^2 + {E_\theta}^2} = \frac{M}{4\pi\varepsilon_0 r^3}\sqrt{1 + 3\cos^2\theta}\ [\mathrm{V/m}] \quad (2\text{-}93)$$

거리벡터 $\boldsymbol{r}$와 r방향에 대한 전계 E_r사이의 각을 ψ라면, ψ는

$$\tan\psi = \frac{E_\theta}{E_r} = \frac{1}{2}\tan\theta \quad (2\text{-}94)$$

가 된다. 여기서, 전기 쌍극자에서 전위 V는 식 (2-90)에서와 같이 전기 쌍극자로부터 거리 r^2의 반비례하고, 식 (2-92)에서와 같이 각 성분의 전계의 세기 $\boldsymbol{E}$는 거리 r^3에 반비례하여 감소하는 것을 알 수 있다.

2.8.2 전기 이중층

그림 2-25와 같이 극히 얇은 극판의 양 면에 정(+), 부(−)의 전하가 무수히 분포되어 있는 것을 **전기 이중층**(electric double layer)이라 하고, 이것은 미소 전기 쌍극자의 집합이라 할 수 있다.

그림 2-25 (a)와 같이 전기 이중층 양면의 표면전하밀도를 $\pm\sigma[\mathrm{C/m^2}]$, 판의 두께를 $d[\mathrm{m}]$, 미소면적 $dS[\mathrm{m^2}]$라 하면, 이 미소면적 dS에 있어서 미소전하는 $\pm\sigma dS[\mathrm{C}]$의 전기 쌍극자로 볼 수 있으므로 미소면적 dS의 전기 쌍극자에 의한 점 P에서의 미소전위 dV는 식 (2-89)인 $V=\dfrac{Q}{4\pi\varepsilon_0}\cdot\dfrac{d\cos\theta}{r^2}[\mathrm{V}]$에 의해 다음과 같이 나타낼 수 있다.

$$dV=\frac{(\sigma dS)}{4\pi\varepsilon_0}\cdot\frac{d\cos\theta}{r^2}=\frac{\sigma d}{4\pi\varepsilon_0}\cdot\frac{dS\cos\theta}{r^2} \qquad (2\text{-}95)$$

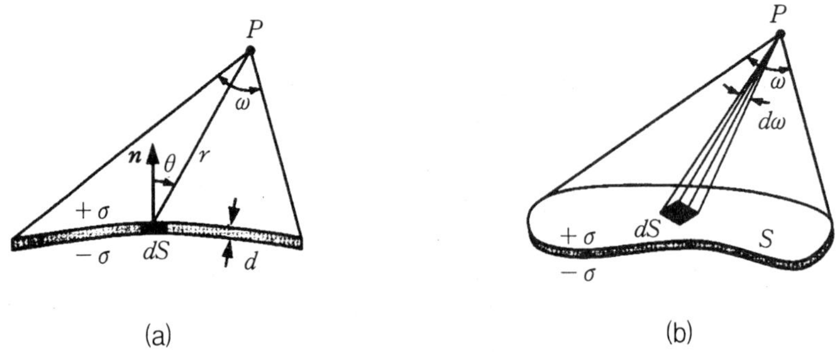

그림 2-25 전기 이중층

식 (2-95)에서 $\dfrac{dS\cos\theta}{r^2}$는 그림 2-25 (b)와 같이 미소면적 dS가 점 P에서 이루는 입체각 $d\omega$이므로 식 (2-95)의 미소전위 dV는 다음과 같이 변환하여 나타낼 수 있다.

$$dV=\frac{\sigma d}{4\pi\varepsilon_0}\cdot d\omega \qquad (2\text{-}96)$$

만약 표면전하밀도 σ가 면 전체에 걸쳐 일정하다면, $\sigma d = M$으로 놓을 수 있고, 이것을 전기 이중층의 세기로 정의한다.

따라서 식 (2-96)은 다음과 같이 나타낼 수 있다.

$$dV = \frac{M}{4\pi\varepsilon_0} \cdot d\omega \tag{2-97}$$

이때 점 P에서의 전위 V는 식 (2-97)을 적분하면, 다음과 같이 된다.

$$V = \int \frac{M}{4\pi\varepsilon_0} \cdot d\omega = \frac{M}{4\pi\varepsilon_0} \int d\omega = \frac{M}{4\pi\varepsilon_0} \omega \,[\mathrm{V}] \tag{2-98}$$

위 식에서 입체각 ω는 점 P에서 전기 이중층을 보는 입체각으로 전기 이중층에서의 전위 V는 입체각 ω에 따라 변화한다. 또한 입체각 ω는 $\cos\theta$에 의해 정·부의 구분이 있으므로, 전기 이중층에서의 전위 V는 정전하면에서는 정(+)이지만, 부전하면에서는 부(−) 전위가 된다.

예를 들면, 그림 2-26과 같이 정(+)표면전하밀도 $+\sigma$에 의한 점 P에서의 전위 V_P와 부(−)표면전하밀도 $-\sigma$에 의한 점 Q에서의 전위 V_Q는 식 (2-98)을 이용하여 다음과 같이 각각 나타낼 수 있다.

$$\left.\begin{aligned} V_P &= \frac{M}{4\pi\varepsilon_0} \cdot \omega_1 [\mathrm{V}] \\ V_Q &= -\frac{M}{4\pi\varepsilon_0} \cdot \omega_2 [\mathrm{V}] \end{aligned}\right\} \tag{2-99}$$

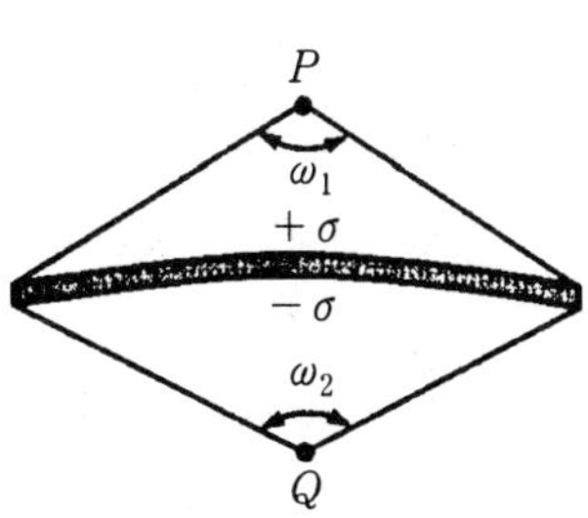

그림 2-26 전기 이중층의 전위차

또한, 점 P, Q가 전기 이중층 양면으로 무한히 접근하면 입체각의 크기는 각각 $\omega_1 = 2\pi$, $\omega_2 = 2\pi$가 되므로, 두 점 사이의 전위차 V는 다음과 같게 된다.

$$V = V_P - V_Q = \frac{M}{4\pi\varepsilon_0}(\omega_1 + \omega_2) = \frac{M}{4\pi\varepsilon_0}(4\pi) = \frac{M}{\varepsilon_0}[\mathrm{V}] \tag{2-100}$$

2.9 발 산

2.9.1 전속밀도 및 전기력선의 발산

가우스법칙에서 구한 가우스법칙의 적분형으로 부터 벡터계에 대한 가우스법칙의 미분형을 알아보자. 그림 2-27과 같이 체적전하밀도 $\rho[\mathrm{C/m^3}]$의 전하를 포함하고 있는 미소체적 dv을 가진 미소폐곡면 dS를 취하면, 이 폐곡면내의 전하는 ρdv이므로 식 (2-25) $\oint_{dS} \boldsymbol{D} \cdot d\boldsymbol{S} = Q$을 이용하면 다음과 같이 나타낸다.

$$\oint_{dS} \boldsymbol{D} \cdot d\boldsymbol{S} = \rho dv \tag{2-101}$$

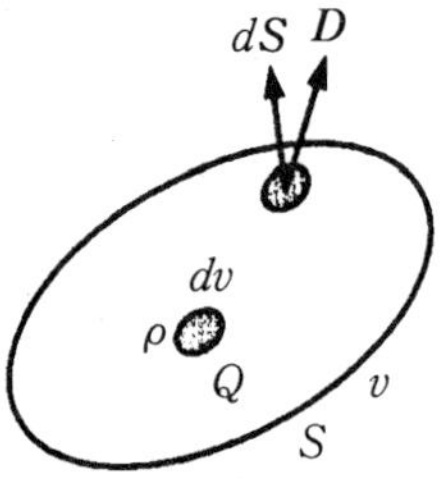

그림 2-27 발산

여기서 이것을 단위체적으로 생각하고, 미소체적 dv을 "0"에 가깝게 한다면 미소체적은 하나의 점으로 볼 수 있다. 그러므로 식 (2-101)에 극한값을 취하면, 다음과 같이 표현된다.

$$\lim_{dv \to 0} \frac{\oint_{dS} \boldsymbol{D} \cdot d\boldsymbol{S}}{dv} = \rho \tag{2-102}$$

이것은 “미소체적에서 단위체적당 발산하는 전속수는 단위체적당의 전하량과 같다”는 것을 나타낸다. 이것을 전속밀도 $\boldsymbol{D}$의 발산(divergence)이라 하며 다음과 같이 표현할 수 있다.

$$\text{div}\, \boldsymbol{D} = \nabla \cdot \boldsymbol{D} = \rho \tag{2-103}$$

이것은 벡터장의 발산에 대한 원천의 크기를 나타나며, 전속밀도에 대한 가우스 법칙의 미분형이 된다. 또한 전속밀도 $\boldsymbol{D}$와 전계 $\boldsymbol{E}$의 관계는 $\boldsymbol{D} = \varepsilon_0 \boldsymbol{E}$이므로 $\boldsymbol{D} = \varepsilon_0 \boldsymbol{E}$를 식 (2-103)에 대입하여 전계 $\boldsymbol{E}$로 변환하면,

$$\text{div}\, \boldsymbol{E} = \nabla \cdot \boldsymbol{E} = \frac{\rho}{\varepsilon_0} \tag{2-104}$$

가 된다. 이 식이 전계에 대한 가우스법칙의 미분형이 된다.

도체 내부의 전계의 세기는 “0”이므로 도체 내부에는 전하가 존재하지 않고, 단지 도체 표면에만 전하가 분포하고 있다. 따라서 도체내의 폐곡면 내부에는 전하 $\rho = 0$이므로 위의 가우스법칙의 미분형인 식 (2-103)과 식 (2-104)의 우변항이 모두 “0”이 되므로 다음과 같이 된다.

$$\left.\begin{aligned} \text{div}\, \boldsymbol{D} = \nabla \cdot \boldsymbol{D} = 0 \\ \text{div}\, \boldsymbol{E} = \nabla \cdot \boldsymbol{E} = 0 \end{aligned}\right\} \tag{2-105}$$

이것은 정전계에서 전하가 존재하지 않는 점은 전기력선도 없다는 것을 의미하는 것이 아니라, 발산의 원천이 없기 때문에 새로운 전기력선의 발생이나 소멸이 없이 연속적이라는 것을 의미한다.

2.9.2 발산정리

그림 2-27과 같이 전하 Q가 분포하고 있는 전체 체적 v내의 미소체적 dv을 생각하면 가우스법칙에 의해

$$\oint_S \boldsymbol{D} \cdot d\boldsymbol{S} = Q \tag{2-106}$$

로 나타낼 수 있다. 여기서 총전하량 Q는 미소체적 dv내의 체적전하밀도 ρ를 전체 체적에 대하여 나타낼 수 있으므로 다음과 같이 된다.

$$Q = \int_v \rho \cdot dv \tag{2-107}$$

이때 체적전하밀도 ρ는 식 (2-103)에서 $\rho = \mathrm{div}\,\boldsymbol{D}$이므로, 위 식들의 관계는

$$\oint_S \boldsymbol{D} \cdot d\boldsymbol{S} = Q = \int_v \rho \cdot dv = \int_v \mathrm{div}\,\boldsymbol{D} \cdot dv \left(= \int_v \nabla \cdot \boldsymbol{D} \cdot dv\right) \tag{2-108}$$

이므로, 결국 면적과 체적에서의 전속밀도 $\boldsymbol{D}$는

$$\oint_S \boldsymbol{D} \cdot d\boldsymbol{S} = \int_v \mathrm{div}\,\boldsymbol{D} \cdot dv \left(= \int_v \nabla \cdot \boldsymbol{D} \cdot dv\right) \tag{2-109}$$

가 된다. 또한 식 (2-109)의 전속밀도 $\boldsymbol{D}$ 대신에 전계 $\boldsymbol{E}$로 표현하면

$$\oint_S \boldsymbol{E} \cdot d\boldsymbol{S} = \int_v \mathrm{div}\,\boldsymbol{E} \cdot dv \left(= \int_v \nabla \cdot \boldsymbol{E} \cdot dv\right) \tag{2-110}$$

가 된다. 식 (2-109)와 식 (2-110)은 면적분과 체적적분으로 변환하는 식으로 모든 벡터계에 대해 성립하며, 이것을 발산정리라 한다. 따라서 발산정리는 "단위체적에서 발산하는 전속밀도를 전체 체적에 대하여 적분한 것은 폐곡면을 통하여 외부로 유출하는 전속수와 같다"는 것을 의미한다.

2.10 포아송 방정식 및 라플라스 방정식

전하분포를 알고 있을 때 해석은 **쿨롱의 법칙**이나 **가우스법칙**을 사용하고, 전위를 알고 있을 때 전위경도를 사용하여 전계를 구할 수 있었다. 그러나 실제 전하는 복잡하게 분포하고 있기 때문에 직접 전하분포나 전위분포는 알수가 없다.

따라서 전하의 분포가 복잡할 때 전계를 구하기 위해서는 먼저 전위의 상태를 알아야 하는데, 임의의 점에서 전위를 결정하는 것이 **포아송 방정식**(Poisson's equation)이다. 이 포아송 방정식은 가우스법칙에 의해 쉽게 구할 수 있다.

체적전하밀도 ρ와 전계의 세기 $\boldsymbol{E}$와의 관계는 식 (2-104)에 의해

$$\text{div}\,\boldsymbol{E} = \nabla \cdot \boldsymbol{E} = \frac{\rho}{\varepsilon_0} \tag{2-111}$$

이고, 전위 V와 전계의 세기 $\boldsymbol{E}$와의 관계는 식 (2-85)에 의해

$$\boldsymbol{E} = -\,\text{grad}\,V = -\,\nabla V \tag{2-112}$$

이다. 위의 식 (2-112)을 식 (2-111)에 대입하여 변환하면,

$$\text{div grad}\,V = \nabla \cdot \nabla V = \nabla^2 V = -\frac{\rho}{\varepsilon_0} \tag{2-113}$$

가 된다. 따라서

$$\nabla^2 V = -\frac{\rho}{\varepsilon_0} \tag{2-114}$$

이다. 이 식을 **포아송 방정식**이라 하고, $\nabla^2 V = \frac{\partial^2 V}{\partial x^2} + \frac{\partial^2 V}{\partial y^2} + \frac{\partial^2 V}{\partial z^2}$ 이다. 이 방정식은 **"전하밀도가 공간적으로 분포하고 있을 때 그 내부의 임의의 점에서 전위를 결정하는 식"**이다.

만약 전하분포 영역 이외의 임의의 한 점의 전위 V를 구할 때, 임의의 점에 전하가 없다면, 즉 $\rho = 0$라면 전위 V는 식 (2-114)에 의해

$$\nabla \cdot \nabla V = \nabla^2 V = 0 \tag{2-115}$$

가 된다. 이 식을 **라플라스 방정식**(Laplace's equation)이라 한다. 위의 두 식은 전위와 전하의 관계식으로 전위가 구해지면 전계도 쉽게 구할 수 있다.

예제 2-8 전위분포가 $V = 2x^2 + 3y^2 + z^2$[V]의 식으로 표시되는 공간전하밀도 ρ [C/m²]는 얼마인가?

풀이 포아송의 방정식은

$\nabla^2 V = -\dfrac{\rho}{\varepsilon_0}$ 이고, 여기에서 $\nabla^2 V = 4 + 6 + 2 = 12$이므로

$\rho = -12\varepsilon_0$[C/m³]가 된다.

연 습 문 제

1. 정전계의 설명으로 가장 적합한 것은?

① 전계에너지가 최대로 되는 전하분포의 전계이다.

② 전계에너지와 무관한 전하 분포의 전계이다.

③ 전계에너지가 최소로 되는 전하분포의 전계이다.

④ 전계에너지가 일정하게 유지되는 전하분포의 전계이다.

2. 전기 쌍극자에 의한 등전위면을 구좌표로 나타내면?(단, k는 상수이다.)

① $r^2 = k\sin\theta$　　② $r^2 = \sqrt{k\sin\theta}$

③ $r^2 = k\cos\theta$　　④ $r^2 = \sqrt{k\cos\theta}$

3. 전위함수 $V=2xy^2+x^2yz^2$[V]일 때 점 (1, 0, 0)[m]의 공간전하밀도[C/m³]는?

① $4\varepsilon_0$　　② $-4\varepsilon_0$　　③ $6\varepsilon_0$　　④ $-6\varepsilon_0$

4. $x=0$ 및 $x=a$인 무한평면에 각각 면전하 $+\rho_s$[C/m²], $-\rho_s$[C/m²]가 있는 경우 $x>a$인 영역에서 전계 $\boldsymbol{E}$는?

① $\boldsymbol{E}=0$　　② $\boldsymbol{E}=\dfrac{\rho_s}{2\varepsilon_0}\boldsymbol{a}_x$

③ $\boldsymbol{E}=-\dfrac{\rho_s}{2\varepsilon_0}\boldsymbol{a}_x$　　④ $\boldsymbol{E}=\dfrac{\rho_s}{\varepsilon_0}\boldsymbol{a}_x$

5. 축이 무한히 길며 반지름이 a[m]인 원주 내에 전하가 축대칭이며 축방향으로 균일하게 분포되어 있을 경우 반지름 $r(>a)$[m] 되는 동심원통면상의 한 점 P의 전계의 세기[V/m]는?(단, 원주의 단위길이당의 전하를 λ[C/m]이라 한다.)

① $\dfrac{\lambda}{2\varepsilon_0}$　　② $\dfrac{\lambda}{2\pi\varepsilon_0}$　　③ $\dfrac{\lambda}{2\pi a}$　　④ $\dfrac{\lambda}{2\pi\varepsilon_0 r}$

6. 전계 $\boldsymbol{E}$와 전위 V 사이의 관계 즉, $\boldsymbol{E} = -\text{grad}\,V$에 관한 설명으로 잘못된 것은?

① 전계는 전위가 일정한 면에 수직이다.
② 전계의 방향은 전위가 감소하는 방향으로 향한다.
③ 전계의 전기력선은 연속적이다.
④ 전계의 전기력선은 폐곡면을 이루지 않는다.

7. 진공 중에 단위길이당 10^{-3}[C/m]의 전하를 가진 반지름 5[cm]인 원주형 대전체가 있다. 이 원주의 중심축에서 10[cm] 떨어진 점의 전계의 크기[V/m]는?

① 1.8×10^8 ② 1.8×10^9 ③ 9×10^8 ④ 9×10^9

8. 진공내의 점 (3, 0, 0)[m]에 4×10^{-9}[C]의 전하가 있다. 이때에 점 (6, 4, 0)[m]인 전계의 세기[V/m] 및 전계의 방향을 표시하는 단위벡터는?

① $\frac{36}{25}$, $\frac{1}{5}(3\boldsymbol{i} + 4\boldsymbol{i})$ ② $\frac{36}{125}$, $\frac{1}{5}(3\boldsymbol{i} + 4\boldsymbol{i})$

③ $\frac{36}{25}$, $(\boldsymbol{i} + \boldsymbol{j})$ ④ $\frac{36}{125}$, $\frac{1}{5}(\boldsymbol{i} + \boldsymbol{j})$

9. 정전계 E내에서 점 B에 대한 점 A의 전위를 결정하는 것은?

① $-\int_B^A \boldsymbol{E} \cdot d\boldsymbol{l}$ ② $-\int_A^B \boldsymbol{E} \cdot d\boldsymbol{l}$

③ $-\int_\infty^A \boldsymbol{E} \cdot d\boldsymbol{l}$ ④ $-\int_\infty^B \boldsymbol{E} \cdot d\boldsymbol{l}$

10. 동종, 동량의 전하를 가지고 질량이 같은 두 물방울이 그 전하를 잃지 않고 한 개의 물방울로 합쳐질 때 합치기 전후에 있어서의 표면전하밀도의 비는?

① $\frac{3\sqrt{3}}{2}$ ② $\frac{3\sqrt{4}}{2}$ ③ $\frac{3\sqrt{5}}{2}$ ④ $\frac{3\sqrt{6}}{2}$

11. 반지름 a[m]인 구도체에 Q[C]의 전하가 주어졌을 때 구심에서 $5a$[m] 되는 점의 전위[V]는?

① $\frac{1}{24\pi\varepsilon_0} \cdot \frac{Q}{a}$ ② $\frac{1}{24\pi\varepsilon_0} \cdot \frac{Q}{a^2}$

③ $\frac{1}{20\pi\varepsilon_0} \cdot \frac{Q}{a}$ ④ $\frac{1}{20\pi\varepsilon_0} \cdot \frac{Q}{a^2}$

12. +1[μC], +2[μC]의 두 점전하가 진공 중에서 1[m] 떨어져 있을 때 이 두 점전하를 연결하는 선상에서 전계의 세기가 0이 되는 점은?

① +1[μC]으로 부터 $(\sqrt{2}-1)$[m] 떨어진 점

② +2[μC]으로 부터 $(\sqrt{2}-1)$[m] 떨어진 점

③ +1[μC]으로 부터 $\left(\frac{1}{3}\right)$[m] 떨어진 점

④ +2[μC]으로 부터 $\left(\frac{1}{3}\right)$[m] 떨어진 점

13. 공기 중 원점의 점전하에서 0.5, 2[m] 거리의 전위가 각각 30, 15[V]일 때, 1[m] 거리인 점의 전위[V]는?

① 25 ② 22.5 ③ 20 ④ 17.5

14. 다음은 도체 전하분포가 등전위 분포를 이루는 것과 관계되는 사항들이다. 관계없는 것은?

① 도체 표면에서 나가는 전기력선은 표면에 수직하다.

② 도체 내부의 전계는 0이다.

③ 전기력선은 도체 중을 통과할 수 없다.

④ 전계의 세기는 그 점에서의 전기력선 밀도와 같다.

15. 다음은 전기력선의 성질이다. 옳지 않은 것은?

① 전기력선의 방향은 그 점의 전계의 방향과 일치한다.

② 전기력선은 전위가 높은 점에서 낮은 점으로 향한다.

③ 전기력선 밀도는 전계의 세기와 무관하다.

④ 두 개의 전기력선은 교차하지 않으며 그 자신만으로 폐곡선을 이룰 수 없다.

16. 원점에 −1[μC]의 점전하가 있을 때 점 $P(2, -2, 4)$[m]인 전계의 세기 방향의 단위벡터[m]는?

① $0.41\boldsymbol{a}_x - 0.41\boldsymbol{a}_y + 0.82\boldsymbol{a}_z$ ② $-0.33\boldsymbol{a}_x + 0.33\boldsymbol{a}_y - 0.66\boldsymbol{a}_z$

③ $-0.41\boldsymbol{a}_x+0.41\boldsymbol{a}_y-0.82\boldsymbol{a}_z$ ④ $0.33\boldsymbol{a}_x-0.33\boldsymbol{a}_y+0.66\boldsymbol{a}_z$

17. 전위함수가 $V=x^2+y^2$[V]인 자유공간내의 전하밀도[C/m³]는?

① -22.4×10^{-10} ② -12.5×10^{-11}

③ -35.4×10^{-12} ④ 21.2×10^{-11}

18. 광속도를 C[m/s]로 표시하면 진공의 유전율[F/m]은?

① $\dfrac{10^7}{4\pi c^2}$ ② $\dfrac{10^{-7}}{c^2}$ ③ $\dfrac{4\pi c^2}{10^7}$ ④ $\dfrac{10^{-7}}{4\pi c}$

19. 평등전계 $\boldsymbol{E}$ 속에 있는 정지된 전자 e가 받는 힘은?

① 크기는 $e^2\boldsymbol{E}$이고 전계와 같은 방향

② 크기는 $e^2\boldsymbol{E}$이고 전계와 반대 방향

③ 크기는 $e\boldsymbol{E}$이고 전계와 같은 방향

④ 크기는 $e\boldsymbol{E}$이고 전계와 반대 방향

20. 면전하밀도가 σ[C/m²]인 대전도체가 진공 중에 놓여 있을 때 도체 표면에 작용하는 정전응력[N/m²]은?

① σ^2에 비례한다. ② σ에 비례한다.

③ σ^2에 반비례한다. ④ σ에 반비례한다.

21. 반지름 a[m]인 도체구에 전하 Q[C]이 있을 때 표면에 작용하는 정전 응력 [N/m²]은?

① $\dfrac{9Q^2}{16\varepsilon_0\pi^2a^4}$ ② $\dfrac{9Q^2}{32\varepsilon_0\pi^2a^6}$ ③ $\dfrac{Q^2}{16\varepsilon_0\pi^2a^4}$ ④ $\dfrac{Q^2}{32\varepsilon_0\pi^2a^4}$

22. 완전 진공으로 된 평등전계 내에서 전자가 자유로이 운동하고 있을 때 전하를 e, 전자의 질량을 m, 전자가 통과한 곳의 전위차를 V라 할 때 전자의 속도 v[m/s]는?(단, $e=1.602\times10^{-19}$[C], $m=9.107\times10^{-31}$[kg]이다.)

① $v=9.55\times10^5\sqrt{V}$ ② $v=5.95\times10^3\sqrt{V}$

③ $v=5.95\times10^5\sqrt{V}$ ④ $v=9.55\times10^3\sqrt{V}$

23. 한 변의 길이가 a[m]인 정육각형 $ABCDEF$의 각 정점에 각각 Q[C]의 전하를 놓을 때 정육각형의 중심 0에 있어서의 전계[V/m]는?

① 0　　② $\dfrac{3Q}{2\pi\varepsilon_0 a}$　　③ $\dfrac{3Q}{2\pi\varepsilon_0 a^2}$　　④ $\dfrac{Q}{4\pi\varepsilon_0 a^2}$

24. 자유공간 내에 밀도가 10^{-9}[C/m]인 균일한 선전하가 $x=4$, $y=3$인 무한장 선상에 있을 때 점 (8, 6, −3)에서 전계 E[V/m]는?

① $2.88\boldsymbol{a}_x+2.16\boldsymbol{a}_y$[V/m]　　② $2.16\boldsymbol{a}_x+2.88\boldsymbol{a}_y$[V/m]

③ $2.88\boldsymbol{a}_x-2.16\boldsymbol{a}_y$[V/m]　　④ $2.16\boldsymbol{a}_x-2.88\boldsymbol{a}_y$[V/m]

25. 진공 중에 있는 구도체에 일정 전하를 대전시켰을 때 정전에너지가 존재하는 것으로 다음 중에 옳은 것은?

① 도체 내에만 존재　　② 도체 표면에만 존재

③ 도체 내외에 존재　　④ 도체 표면과 외부 공간에 존재

26. 쌍극자 모멘트 $4\pi\varepsilon_0$[C/m]의 전기 쌍극자에 의한 공기중 한 점 1[cm], 60°의 전위[V]는?

① 0.05　　② 0.5　　③ 50　　④ 5000

27. 전계 $\boldsymbol{E}=\dfrac{2}{x}\boldsymbol{a}_x+\dfrac{2}{y}\boldsymbol{a}_y$[V/m]에서 점 (2, 4)[m]을 통과하는 전기력선의 방정식은?

① $x^2+y^2=12$　　② $y^2-x^2=12$

③ $x^2+y^2=8$　　④ $y^2-x^2=8$

28. 지름이 2[m]인 구도체의 표면 전계가 3[kV/mm]일 때, 이 구도체의 전위[kV]는?

① 3×10^2　　② 3×10^3　　③ 6×10^2　　④ 6×10^3

29. 전위의 분포가 $V=12x+7y^2$로 주어질 때 점 ($x=5$, $y=3$)에서 전계의 세기는?

① $-\boldsymbol{i}12+\boldsymbol{j}42$　　② $-\boldsymbol{i}12-\boldsymbol{j}42$　　③ $\boldsymbol{i}12-\boldsymbol{j}42$　　④ $\boldsymbol{i}12+\boldsymbol{j}42$

30. 진공 중에서 Q[C]의 전하가 반지름 a[m]인 구에 내부까지 균일하게 분포되어 있는 경우 구의 중심으로부터 $a/2$인 거리에 있는 점의 전계의 세기 [V/m]는?

① $\frac{Q}{16\pi\varepsilon_0 a^2}$　② $\frac{Q}{8\pi\varepsilon_0 a^2}$　③ $\frac{Q}{4\pi\varepsilon_0 a^2}$　④ $\frac{Q}{\pi\varepsilon_0 a^2}$

31. 진공 내에서 전위함수 $V=x^2+y$[V]로 주어질 때 $0 \leqq x \leqq 1$, $0 \leqq y \leqq 1$, $0 \leqq z \leqq 1$인 공간에 저축되는 에너지의 값[J]은? (단, ε_0 : 진공의 유전율이다.)

① $\frac{40\varepsilon_0}{3}$　② $\frac{30\varepsilon_0}{3}$　③ $\frac{20\varepsilon_0}{3}$　④ $\frac{7\varepsilon_0}{6}$

32. 등전위면을 따라 전하 Q[C]을 운반하는데 필요한 일은?

① 전하의 크기에 따라 변한다.
② 전위의 크기에 따라 변한다.
③ 등전위면과 전기력선에 의하여 결정된다.
④ 항상 0이다.

33. 질량 10^{-10}[kg]의 입자가 $q=10^{-8}$[C]의 전하로 대전되어서 전계 중에 놓여 있다. 이 입자가 가속도 $a=\boldsymbol{i}10^2+\boldsymbol{j}10^3$[m/s²]으로 가속되었다면 전계의 세기 $\boldsymbol{E}$[V/m]은?

① $\boldsymbol{i}+10\boldsymbol{j}$　② $\boldsymbol{i}+\boldsymbol{j}$　③ $10\boldsymbol{i}+\boldsymbol{j}$　④ $10\boldsymbol{i}+10\boldsymbol{j}$

34. 전위함수 $V=x^2+y^2$[V]일 때 점 (3, 4)[m]에서의 등전위선의 반지름[m]과 전기력선 방정식은?

① 3, $y=\frac{3}{4}x$　② 4, $y=\frac{4}{3}x$　③ 5, $x=\frac{4}{3}y$　④ 5, $x=\frac{3}{4}y$

35. 두 개의 같은 점전하가 진공 중에서 1[m] 떨어져 있을 때 작용하는 힘이 9×10^9[N]이면 이 점전하의 전기량[C]는?

① 1　② 3×10^4　③ 9×10^{-3}　④ 9×10^9

36. 진공 내에 전하량이 각각 +1[esu], −2[esu]인 두 점전하가 10[cm] 떨어져

있을 때 이들 전하 사이에 작용하는 힘은?

① 2×10^{-3}[dyne] ② 2×10^{-7}[N]

③ 2×10^{-5}[dyne] ④ $\frac{1}{2}\times10^{-8}$[N]

37. 진공 중에 놓인 1[μC]의 점전하에서 3[m]되는 점의 전계[V/m]는?

① 10^{-3} ② 10^{-1} ③ 10^{2} ④ 10^{3}

38. 전계 중에 단위전하를 놓았을 때 그것에 작용하는 힘을 그 점에 있어서의 무엇이라 하는가?

① 전계의 세기 ② 전위 ③ 전위차 ④ 변화 전류

39. 대전도체 표면의 전하밀도는 도체 표면의 모양에 따라 어떻게 되는가?

① 곡률이 크면 작아진다. ② 곡률이 크면 커진다.

③ 평면일 때 가장 크다. ④ 표면 모양에 무관하다.

40. 쌍극자의 중심을 좌표원점으로 하여 쌍극자 모멘트 방향을 x축, 이의 직각 방향을 y축으로 할 때 원점에서 같은 거리 r만큼 떨어진 점의 y방향의 전계의 세기가 가장 큰 점은 x축과 몇 도의 각을 이루는가?

① 0° ② 30° ③ 45° ④ 60°

41. 거리 r에 반비례하는 전계의 세기를 주는 대전체는?

① 점전하 ② 구전하 ③ 전기 쌍극자 ④ 선전하

42. 절연내력 3[kV/mm]의 공기 중에 놓인 반지름 r[m]의 구도체에 줄 수 있는 최대 전하가 1/3000[C]이었다. 이 구도체의 반지름[m]은?

① 0.5 ② 1 ③ 2 ④ 3

43. 전계 E[V/m]내의 한 점에 Q[C]의 점전하를 놓을 때 이 전하에 작용하는 힘은 몇 [N]인가?

① $\frac{E}{q}$ ② $\frac{q}{4\pi\varepsilon_0 E}$ ③ qE ④ qE^2

44. 전기 쌍극자에 의한 전계의 세기는 쌍극자로부터 거리 r에 대해서 어떠한

가?

① r에 반비례한다. ② r^2에 반비례한다.

③ r^3에 반비례한다. ④ r^4에 반비례한다.

45. 크기가 같고 부호가 반대인 두 점전하 $+Q$[C]과 $-Q$[C]이 극히 미소한 거리 δ[m]만큼 떨어져 있을 때 전기 쌍극자 모멘트는 몇 [C·m]인가?

① $\frac{1}{2}Q\delta$ ② $Q\delta$ ③ $2Q\delta$ ④ $4Q\delta$

46. 그림과 같이 5[m] 떨어진 공간에 1.8×10^{-7}[C]과 4.8×10^{-7}[C]의 점전하가 존재한다. 점 P의 전계의 세기[V/m] 및 전위[V]는?

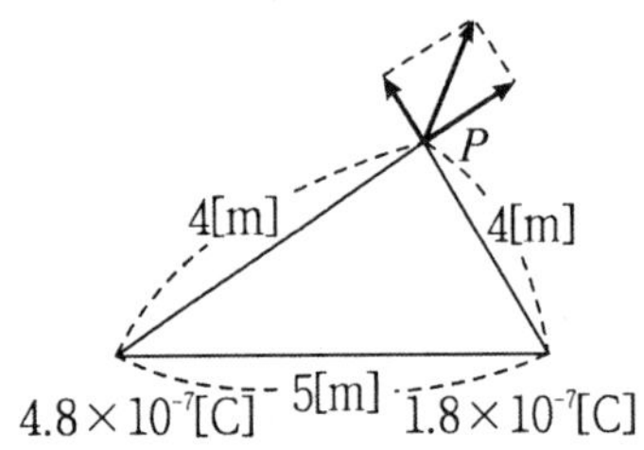

47. 그림과 같이 동심구에서 도체 A에 Q[C]를 줄 때 도체 A의 전위[V]는? (단, 도체 B의 전하는 0이다.)

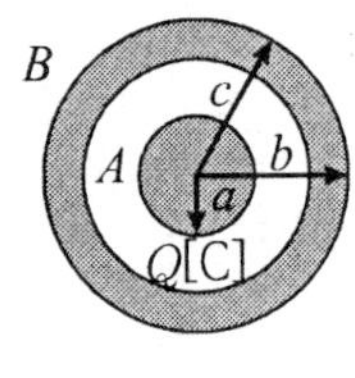

48. 그림과 같이 $Q_A=4\times10^{-6}$[C], $Q_B=2\times10^{-6}$[C], $Q_C=5\times10^{-6}$[C]의 전하를 가진 작은 도체구 A, B, C가 진공 중에서 일직선상에 놓여질 때 B구에 작용하는 힘[N]을 구하여라.

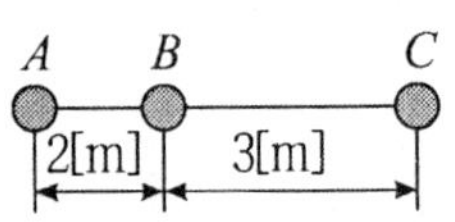

49. 그림 중의 점 A에는 5[μC]의 점전하가, 점 B에는 -4[μC]의 점전하가 있다. 두 점 사이에 작용하는 힘의 크기는 몇 [N]인가?

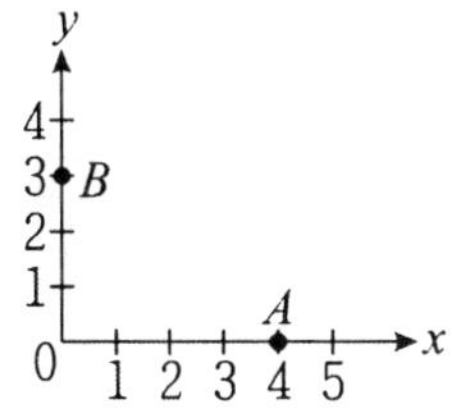

50. 그림과 같이 $z=0$인 평면상에 있는 반지름 a인 균일 선전하에 의한 $z=h$인 점에서 전위 V는?(단, 주위공간의 유전율은 ε_0이며 모든 양의 단위는 MKS 단위를 사용한다.)

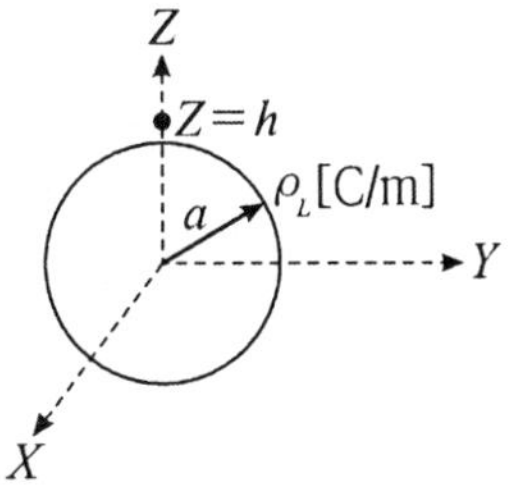

제 3 장

도체계와 정전용량

3.1 도체계

앞 장에서는 1개 또는 2개의 비교적 간단한 도체에 대한 전하분포와 전위 등의 관계에 대하여 고찰하였다. 그러나 몇 개의 도체가 존재하는 도체계의 경우에는 각 도체는 주위의 도체로부터 영향을 받거나, 주기 때문에 각각의 도체를 개별적으로 취급하는 것은 복잡하므로 전체를 일괄해서 취급하는 것이 편리하다.

이와 같이 복수개의 도체를 **도체계**(system of conductors)라 하며, 다음과 같은 성질이 있다.

① 도체계에서 각 도체에 각각 전하 Q_1, Q_2, Q_3, …로 주어졌을 경우, 각 도체의 전하분포는 한 가지 밖에 존재하지 않는다. 그리고 각 도체의 전위도 각각 V_1, V_2, V_3, …로 일정하게 정해진다.

② 도체계에서 각 도체의 전위 V_1, V_2, V_3, …가 일정한 값인 경우에는 각 도체의 전하 Q_1, Q_2, Q_3, …는 일정하게 정해진다.

③ 도체계에서 각 도체에 전하 Q_1, Q_2, Q_3, …를 주었을 경우에 각 도체의 전위가 V_1, V_2, V_3, …이고, 또한 도체에 전하 Q_1', Q_2', Q_3', …를 주었을 때 전위를 V_1', V_2', V_3', …이라고 하면, 각 도체에 Q_1+Q_1', Q_2+Q_2', Q_3+

Q_3', …의 전하를 줄 경우에는 각 도체의 전위는 $V_1 + V_1'$, $V_2 + V_2'$, $V_3 + V_3'$, …가 된다.(중첩의 원리)

이와 같은 성질을 이용하여 한 공간 내에 도체계를 이루고 있는 경우 각 도체 전하분포와 전위의 일반적인 관계를 명확히 고찰할 수 있다.

3.1.1 전위계수

그림 3-1과 같이 n개의 도체의 도체계에서 각 도체의 반지름은 각각 a_1, a_2, a_3, …, a_n이고, 도체 1을 기준으로 각 도체간의 거리를 r_{12}, r_{13}, …, r_{1n}, 각 도체의 전하 Q_1, Q_2, Q_3, …, Q_n을 주었을 때 각 도체의 전위를 고찰해 보자.

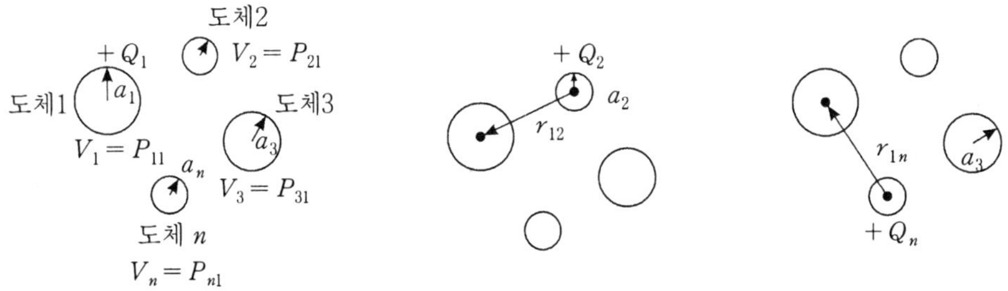

(a) 도체 1 (b) 도체 1−도체 2 (c) 도체 1−도체 n

그림 3-1 전위계수

먼저 그림 3-1 (a)와 같이 도체 1에 전하 Q_1이 주어졌을 때 도체 1의 전위 V_{11}은 도체 1에 전하 Q_1이 주어지면 도체 표면에만 전하가 분포되므로 도체 내부의 전계는 "0"이 된다. 이때 전위 V_{11}은 다음과 같이 나타낼 수 있다.

$$V_{11} = \frac{Q_1}{4\pi\varepsilon_0 a_1} \tag{3-1}$$

그림 3-1 (b)와 같이 도체 2에 전하 Q_2가 주어졌을 때 r_{12} 떨어진 도체 1의 전위 V_{12}는 다음과 같이 나타낼 수 있다.

$$V_{12} = \frac{Q_2}{4\pi\varepsilon_0 r_{12}} \tag{3-2}$$

그림 3-1 (c)와 같이 도체 n에 전하 Q_n가 주어졌을 때 r_{1n} 떨어진 도체 1의 전위 V_{1n}은 다음과 같이 나타낼 수 있다.

$$V_{1n} = \frac{Q_2}{4\pi\varepsilon_0 r_{1n}} \tag{3-3}$$

따라서 각 도체에 단독으로 전하 Q_1, Q_2, Q_3, …, Q_n을 주어졌을 때 각 도체에 의한 도체 1의 전위 V_1은 다음과 같이 나타낼 수 있다.

$$\begin{aligned} V_1 &= V_{11} + V_{12} + \cdots + V_{1n} \\ &= \frac{Q_1}{4\pi\varepsilon_0 a_1} + \frac{Q_2}{4\pi\varepsilon_0 r_{12}} + \cdots + \frac{Q_n}{4\pi\varepsilon_0 r_{1n}} \\ &= P_{11}Q_1 + P_{12}Q_2 + \cdots + P_{1n}Q_n [\mathrm{V}] \end{aligned} \tag{3-4}$$

여기서 $P_{11} = \dfrac{1}{4\pi\varepsilon_0 a_1}$, $P_{12} = \dfrac{1}{4\pi\varepsilon_0 r_{12}}$, …, $P_{1n} = \dfrac{1}{4\pi\varepsilon_0 r_{1n}}$ 이다.

위와 같은 방법으로 도체 2에 대한 전위 V_2도 다음과 같이 나타낼 수 있다.

$$\begin{aligned} V_2 &= V_{21} + V_{22} + \cdots + V_{2n} \\ &= \frac{Q_1}{4\pi\varepsilon_0 r_{21}} + \frac{Q_2}{4\pi\varepsilon_0 a_2} + \cdots + \frac{Q_n}{4\pi\varepsilon_0 r_{2n}} \\ &= P_{21}Q_1 + P_{22}Q_2 + \cdots + P_{2n}Q_n [\mathrm{V}] \end{aligned} \tag{3-5}$$

여기서 $P_{21} = \dfrac{1}{4\pi\varepsilon_0 r_{21}}$, $P_{22} = \dfrac{1}{4\pi\varepsilon_0 a_2}$, …, $P_{2n} = \dfrac{1}{4\pi\varepsilon_0 r_{2n}}$ 이다.

또한 도체 n의 전위 V_n도 다음과 같이 나타낼 수 있다.

$$\begin{aligned} V_n &= V_{n1} + V_{n2} + \cdots + V_{nn} \\ &= \frac{Q_1}{4\pi\varepsilon_0 r_{n1}} + \frac{Q_2}{4\pi\varepsilon_0 r_{n2}} + \cdots + \frac{Q_n}{4\pi\varepsilon_0 a_n} \end{aligned}$$

$$= P_{n1}Q_1 + P_{n2}Q_2 + \cdots + P_{nn}Q_n[\text{V}] \tag{3-6}$$

여기서 $P_{n1} = \dfrac{1}{4\pi\varepsilon_0 r_{n1}}$, $P_{22} = \dfrac{1}{4\pi\varepsilon_0 r_{n2}}$, $\cdots$, $P_{nn} = \dfrac{1}{4\pi\varepsilon_0 a_n}$ 이다.

따라서 각 도체에 전하 Q_1, Q_2, $\cdots$, Q_n을 동시에 주었을 경우에 각 도체의 전위 V_1, V_2, $\cdots$, V_n은 중첩의 원리에 의해 다음과 같은 일반식으로 나타낼 수 있다.

$$\left.\begin{aligned} V_1 &= P_{11}Q_1 + P_{12}Q_2 + \cdots + P_{1n}Q_n[\text{V}] \\ V_2 &= P_{21}Q_1 + P_{22}Q_2 + \cdots + P_{2n}Q_n[\text{V}] \\ V_3 &= P_{31}Q_1 + P_{32}Q_2 + \cdots + P_{3n}Q_n[\text{V}] \\ &\vdots \\ V_n &= P_{n1}Q_1 + P_{n2}Q_2 + \cdots + P_{nn}Q_n[\text{V}] \end{aligned}\right\} \tag{3-7}$$

여기서, $P_{11}Q_1$, $P_{21}Q_1$, $P_{31}Q_1$, $\cdots$, $P_{n1}Q_1$은 도체 1의 전하 Q_1이 주어졌을 때 도체 1뿐만 아니라 다른 도체의 전위도 Q_1에 비례하는 값만큼 상승하는 것을 의미하며, 이러한 P_{11}, P_{21}, $P_{31}\cdots$, P_{n1}은 도체의 형상이나 배치에 따라 정해지는 비례상수로서 **전위계수**(coefficient of potential)라 하고, 단위는 $[\text{V/C}] = \dfrac{1}{F}$ [daraf]이다. 전위계수의 성질은 다음과 같다.

① 전위계수 P_{11}, P_{12}, P_{13}, $\cdots$, P_{nn}는 반드시 정(+)의 값을 가지며, 무한원점이 최저전위가 된다. 즉 $P_{rr} > 0$, $P_{rs} > 0$이다.

② 도체 자신의 전위계수 P_{11}, P_{22}, P_{33}, $\cdots$, P_{nn}은 "0"보다 크고, 도체간의 전위계수 P_{12}, P_{13}, $\cdots$, P_{1n}보다도 크다. 즉 $P_{rr} > P_{rs}$로 다른 도체보다 전위가 높다는 것을 나타낸다.

③ 도체 상호간의 전위계수 P_{12}와 P_{21}, $\cdots$, P_{1n}과 P_{n1}은 서로 같다. 즉 $P_{rs} = P_{sr}$로 도체간에 등전위임을 의미한다.

예제 3-1 진공 중에 서로 떨어져 있는 두 도체 A, B가 있을 때 도체 A에만 1[C]의 전하를 주었더니 도체 A와 B의 전위가 3[V], 2[V]이었다. 지금 도체 A, B에 각각 2[C]과 1[C]의 전하를 주면 도체 A의 전위는 몇 [V]인가?

풀이 $V_A = p_{AA}Q_A + p_{AB}Q_B$, $V_B = p_{BA}Q_A + p_{BB}Q_B$이므로

$Q_A = 1$, $Q_B = 0$일 때, $p_{AA} = V_A = 3$[1/F], $p_{BA} = V_B = 2$[1/F] ($p_{BA} = p_{AB}$)이다.

그러므로 $Q_A = 2$, $Q_B = 1$이라면

$V_A = p_{AA}Q_A + p_{AB}Q_B = 3\times2 + 2\times1 = 8$[V]

예제 3-2 두 도체 ①, ②가 있다. ① 도체에만 2[C]의 전하를 주면 ① 및 ② 도체의 전위가 각각 4[V] 및 6[V]가 되었다. 두 도체에 같은 전하 1[C]을 주면 ① 도체의 전위는?

풀이 $V_1 = p_{11}Q_1 + p_{12}Q_2$, $V_2 = p_{21}Q_1 + p_{22}Q_2$에서 ① 도체에만 2[C]의 전하를 주었으므로 ② 도체의 전하량은 0이다. 따라서 $Q_1 = 2$[C], $Q_2 = 0$[C]이다. 이를 대입하면,

$4 = 2p_{11}$, $p_{11} = 2$, $6 = 2p_{22}$, $p_{21} = 3$, $p_{12} = 3$이다.

또한, ① 도체와 ② 도체에 동시에 전하량 1[C]을 주었으므로 $Q_1 = Q_2 + 1$[C]이 된다. 따라서 $V_1 = p_{11}Q_1 + p_{12}Q_2 = 2\times1 + 3\times1 = 5$[V]

3.1.2 용량계수와 유도계수

식 (3-7)의 각 도체전위 식을 전하 Q_1, Q_2, Q_3, $\cdots$ Q_n에 대하여 풀면 다음과 같이 얻을 수 있는데, 그 예로 Q_1에 대해서만 구해보면 다음과 같다.

$$\begin{aligned} Q_1 &= \frac{\Delta_{11}}{\Delta}V_1 + \frac{\Delta_{21}}{\Delta}V_2 + \frac{\Delta_{31}}{\Delta}V_3 + \cdots + \frac{\Delta_{n1}}{\Delta}V_n \\ &= q_{11}V_1 + q_{12}V_2 + q_{13}V_3 + \cdots + q_{1n}V_n \qquad (3\text{-}8) \end{aligned}$$

따라서 전하 Q_2, $\cdots$, Q_n에 대해서 구해보면 다음과 같이 나타낼 수 있다.

$$\left.\begin{aligned} Q_1 &= q_{11}V_1 + q_{12}V_2 + q_{13}V_3 + \cdots + q_{1n}V_n \\ Q_2 &= q_{21}V_1 + q_{22}V_2 + q_{23}V_3 + \cdots + q_{2n}V_n \\ Q_3 &= q_{31}V_1 + q_{32}V_2 + q_{33}V_3 + \cdots + q_{3n}V_n \\ &\vdots \\ Q_n &= q_{n1}V_1 + q_{n2}V_2 + q_{n3}V_3 + \cdots + q_{nn}V_n \end{aligned}\right\} \tag{3-9}$$

여기서 Δ가

$$\Delta = \begin{vmatrix} P_{11} & P_{12} & P_{13} & \cdots & P_{1n} \\ P_{12} & P_{22} & P_{23} & \cdots & P_{2n} \\ \vdots & \vdots & \vdots & & \vdots \\ P_{n1} & P_{n2} & P_{n3} & \cdots & P_{nn} \end{vmatrix} \tag{3-10}$$

이라면, $q_{11} = \dfrac{\Delta_{11}}{\Delta}$, $q_{12} = \dfrac{\Delta_{21}}{\Delta}$, $q_{13} = \dfrac{\Delta_{31}}{\Delta}$, …, $q_{1n} = \dfrac{\Delta_{n1}}{\Delta}$ 으로 둘 수 있다.

따라서 Δ_{11}, Δ_{21}은 각각 다음과 같이 나타낼 수 있다.

$$\Delta_{11} = \begin{vmatrix} P_{22} & P_{23} & \cdots & P_{2n} \\ P_{32} & P_{33} & \cdots & P_{3n} \\ \vdots & \vdots & & \vdots \\ P_{n2} & P_{n3} & \cdots & P_{nn} \end{vmatrix} \tag{3-11}$$

$$\Delta_{21} = (-1)\begin{vmatrix} P_{12} & P_{13} & \cdots & P_{1n} \\ P_{32} & P_{33} & \cdots & P_{3n} \\ \vdots & \vdots & & \vdots \\ P_{n2} & P_{n3} & \cdots & P_{nn} \end{vmatrix} \tag{3-12}$$

식 (3-12)을 보면 Δ_{sr}형은 $\Delta_{sr} = (-1)^{r+s}$로, 즉 제 s행과 제 r열을 제외한 소행렬식으로 만들어진다.

식 (3-9)에서 도체 1에만 단위전위 $V_1 = +1$[V]를 주고, 다른 도체는 영전위(접지)로 하였을 때, 즉 $V_2 = V_3 = \cdots = V_n = 0$이면

$$Q_1 = q_{11},\ Q_2 = q_{21},\ Q_3 = q_{31},\ \cdots,\ Q_n = q_{n1} \tag{3-13}$$

이 된다.

마찬가지로 도체 2에만 단위전위 $V_2 = +1$[V]를 주고, 다른 도체는 영전위(접지)로 하였을 때, 즉 $V_1 = V_3 = \cdots = V_n = 0$이면

$$Q_1 = q_{12},\ Q_2 = q_{22},\ Q_3 = q_{32},\ \cdots,\ Q_n = q_{n2} \tag{3-14}$$

가 되는데 이 관계를 그림 3-2에 나타냈다.

여기서 q_{11}은 도체 1에 단위전위($V_1 = +1$[V])를 주고, 다른 도체들을 "0"전위로 했을 때의 도체 1의 전하이며, q_{21}은 도체 1에 단위전위를 주었을 때, 다른 도체는 "0"전위로 할 때의 도체 2의 전하이다. 이것은 도체 1의 전하에 의한 정전유도로 생긴 전하로 생각할 수 있다.

따라서 전하 q_{11}, q_{22}, q_{33}, $\cdots$, q_{nn}을 **용량계수**(coefficient of capacity)라 하고, q_{12}, q_{13}, $\cdots$, q_{1n}을 **유도계수**(coefficient of induction)라 한다. 이 계수들은 도체의 크기, 모양, 상호간의 배치상태 및 주위공간의 매질에 따라 정해지는 상수이며, 이 계수들의 정전용량의 단위 [F]와 동일하다.

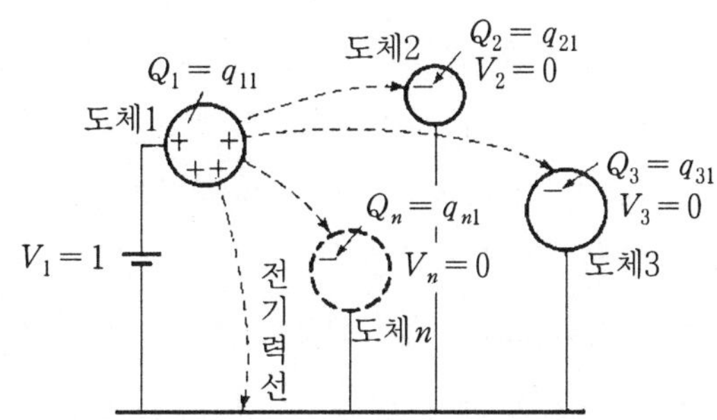

그림 3-2 용량계수와 유도계수

용량계수와 유도계수는 다음과 같은 성질이 있다.

① 용량계수 q_{11}, q_{22}, q_{33}, $\cdots$, q_{nn}는 정(+)의 값을 가진다. 즉 $q_{rr} > 0$이다.
이것은 자기 자신의 도체는 최고전위가 되기 때문에 전하는 항상 정(+)이 되며, 전기력선의 발산의 근원이 된다.

② 유도계수는 부(−) 또는 "0"의 값을 가진다. 즉 $q_{rs} \leq 0$이다.
유도계수는 한 도체에 단위전하를 주면 영전위인 다른 도체에 유도된 전하를

의미하며, 접지된 다른 도체는 전기력선이 존재하면 유입만 하기 때문에 유도 전하는 항상 부(−)전하만 나타낸다. 또 도체가 매우 먼 무한원점에 있거나 정전차폐와 같이 다른 도체에 포위된 경우의 유도전하는 "0"이 된다.

③ 용량계수와 유도계수의 관계는 $q_{11} \geq -(q_{21}+q_{31}+\cdots+q_{n1})$를 가진다.

④ 전위계수 $P_{rs}=P_{sr}$이 성립하면 유도계수가 $q_{rs}=q_{sr}$도 성립한다.

3.2 정전용량

대전된 물체가 가진 전기를 **전기량** 또는 **전하**라 하고, 이들 전기는 절연물의 표면층에 고립되어 이동하지 못하는 상태에서 여러 가지 전기적 작용을 하는데, 이와 같이 고립되어 정지된 상태에서의 전기적 작용을 **정전현상**이라 한다. 도체가 전하를 저장할 수 있는 능력을 그 도체의 **정전용량**이라 하며, 그 전하를 저장하는 장치를 **축전기** 또는 **콘덴서**라 한다.

그림 3-3과 같이 2개의 금속판(전극판) A, B을 마주 댄 구조로서 이 콘덴서에 전압을 인가하면 금속판 A는 정(+)전하가, 금속판 B에는 부(−)전하가 축적된다. 이와 같이 양 금속판에 전하가 축적되는 현상을 충전한다. 전극판 사이에는 알루미늄, 주석, 절연지, 공기, 기름, 운모 등의 **절연물**을 넣어 사용한다.

콘덴서에 전압을 인가했을 때 축적되는 전하의 크기로 콘덴서의 용량을 나타내며, 이 용량을 콘덴서의 **정전용량** 또는 **커패시턴스**라 하는데, 기호는 C, 단위는 패럿[F]를 사용한다. 또한 정전용량의 역수 즉 $1/C$을 **일래스턴스**라 하며 단위는 [V/C] 또는 [daraf]를 사용한다.

그림 3-3과 같이 한 도체가 갖는 전하의 크기가 Q[C], 전위 V[V]로 인가할 때 전하 Q와 전위 V는 비례 관계에 있으므로 전하량 Q와 정전용량 C는

$$\left.\begin{aligned} Q &= CV\,[\mathrm{C}] \\ C &= \frac{Q}{V}\,[\mathrm{F}] \end{aligned}\right\} \tag{3-15}$$

의 관계를 가지고 있다.

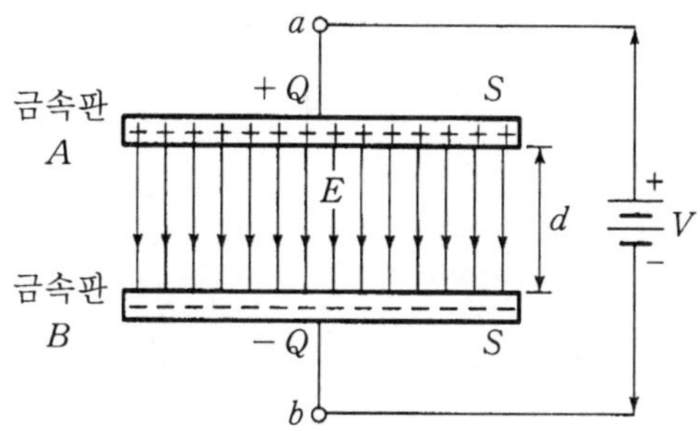

그림 3-3 콘덴서

정전용량 C의 단위는 [C/V] 또는 패럿[F]을 사용하지만 전기공학에서는 [F]을 사용한다. 정전용량의 단위 [F]이 너무 크기 때문에 보통 실용상 단위로 [μF], [pF]이 사용되며 [F]와 관계는 다음과 같다.

$$1[\mu\text{F}] = 10^{-6}[\text{F}],\ 1[\text{nF}] = 10^{-9}[\text{F}],\ 1[\text{pF}] = 10^{-12}[\text{F}] \tag{3-16}$$

정전용량의 단위 패럿[F : farad]은 "1[V]의 전위로 1[C]의 전하를 축적할 때 1[F]의 정전용량을 가진다"는 의미이며, 정전용량 C가 크면 낮은 전압으로도 많은 전하를 축적할 수 있고, C가 작으면 전압을 높여도 전하를 많이 축적할 수 없다.

그림 3-3과 같이 면적 $S[\text{m}^2]$인 도체판 A, B가 간격 d[m]로 떨어져 마주 보고 있을 때, 전압 V를 인가하면 도체판 A에는 $+Q$[C], 반대편 도체판 B에는 $-Q$[C]의 전하가 축적된다. 도체판의 간격 d는 극판의 면적 S에 비해 매우 작으므로 극판에 모인 전하 $+Q$와 $-Q$에 의해 만들어지는 전속은 균일하게 분포되고 또한 전계의 세기도 모든 점에서 같게 된다.

1[C]의 점전하를 $-Q$의 전극표면으로부터 $+Q$의 전극표면으로 이동시키는데는 전계의 세기 $\boldsymbol{E}$에 극판거리 d을 곱한 일, 즉 전위 V는

$$V = \boldsymbol{E}d[\text{V}] \tag{3-17}$$

이므로, 식 (3-17)을 이용하여 전계의 세기 $\boldsymbol{E}$는

$$\boldsymbol{E} = \frac{V}{d}[\text{V/m}] \tag{3-18}$$

가 된다. 또한 전계의 세기 $\boldsymbol{E}$와 전속밀도 $\boldsymbol{D}$와의 관계는

$$\boldsymbol{D} = \varepsilon \boldsymbol{E} = \varepsilon_0 \varepsilon_s \boldsymbol{E}[\mathrm{C/m^2}] \tag{3-19}$$

이다. 또한 단면적 S에서 전속밀도 $\boldsymbol{D}$와 전하량 Q는 $\boldsymbol{D} = Q/S$의 관계도 있으므로, 식 (3-19)는 다음과 같이 나타낼 수 있다.

$$\left.\begin{aligned} \frac{Q}{S} &= \varepsilon \boldsymbol{E} = \varepsilon_0 \varepsilon_s \boldsymbol{E} \\ Q &= \varepsilon \boldsymbol{E} S = \varepsilon_0 \varepsilon_s \boldsymbol{E} S \end{aligned}\right\} \tag{3-20}$$

식 (3-17)과 식 (3-20)을 정전용량의 식 (3-15)에 대입하면

$$C = \frac{Q}{V} = \frac{\varepsilon \boldsymbol{E} S}{\boldsymbol{E} \cdot d} = \frac{\varepsilon S}{d} = \frac{\varepsilon_0 \varepsilon_s S}{d}[\mathrm{F}] \tag{3-21}$$

이 된다. 여기서 ε는 유전율이라 하며 다음과 같이 나타낸다.

$$\varepsilon = \varepsilon_0 \varepsilon_s [\mathrm{F/m}] \tag{3-22}$$

ε_0는 진공의 유전율로 $\varepsilon_0 = 8.854 \times 10^{-12}[\mathrm{F/m}]$이다. 또한 비유전율 ε_s은 단위가 없으며, 진공 또는 공기 중일 때의 값은 $\varepsilon_s = 1$이다.

따라서 유전체를 사용할 경우에 정전용량 C는

$$C = \frac{\varepsilon S}{d} = \frac{\varepsilon_0 \varepsilon_s S}{d} = 8.854 \times 10^{-12} \times \frac{\varepsilon_s S}{d}[\mathrm{F}] \tag{3-23}$$

이고, 진공 또는 공기 중일 때의 정전용량 C는 다음과 같이 나타낸다.

$$C = \frac{\varepsilon S}{d} = \frac{\varepsilon_0 \varepsilon_s S}{d} = 8.854 \times 10^{-12} \times \frac{S}{d}[\mathrm{F}],\ (\varepsilon_s = 1) \tag{3-24}$$

3.3 정전용량의 계산

정전용량을 계산할 때는 다음의 방법으로 계산하면 편리하다. 단, 도체가 한 개만 존재하는 고립 도체는 다른 한 도체를 무한원점으로 대치하면 두 도체로 형성되므로 일관성 있게 계산할 수 있다.

① 두 도체의 형상 및 전하를 부여한다. 도체 형상에 따른 전하의 명칭은 점대칭일 때는 점전하 $\pm Q$[C], 축대칭일 때는 선전하밀도 $\pm\lambda$[C/m], 평판구조일 때는 면전하밀도 $\pm\sigma$[C/m^2]로 표현된다.

② 두 도체 사이의 전위차 V를 구한다. 단, 전위차 V를 알지 못하는 경우에는 전계의 세기 $\boldsymbol{E}$을 구한 후, 다음 식에 대입하여 구한다.

$$V_{AB} = -\int_A^B \boldsymbol{E}\cdot d\boldsymbol{l} \tag{3-25}$$

③ $C = Q/V$를 이용하여 정전용량 C를 구한다.

3.3.1 도체구

그림 3-4와 같이 반지름 a[m]인 도체구에 전하 $+Q$가 하나 뿐이라면, 무한원점에 $-Q$전하를 부여한다. 이 두 전하 사이의 전위차는 도체 표면에서 전위 V는 다음과 같다.

$$V = \frac{Q}{4\pi\varepsilon_0 a}\,[\mathrm{V}] \tag{3-26}$$

따라서 정전용량 C는 다음과 같이 구할 수 있다.

$$C = \frac{Q}{V} = \frac{Q}{\dfrac{Q}{4\pi\varepsilon_0 a}} = 4\pi\varepsilon_0 a\,[\mathrm{F}] \tag{3-27}$$

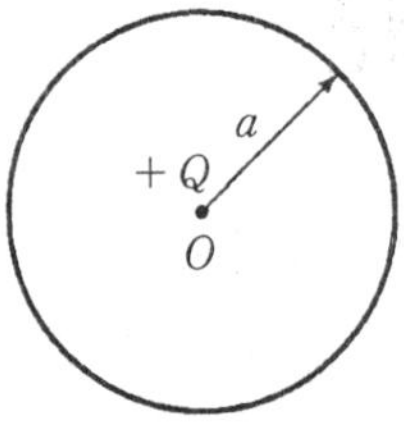

그림 3-4 도체구

3.3.2 동심 도체구

그림 3-5와 같이 중심점 O를 기준으로 반경 a[m]인 도체구 A와 반경 b[m]인 동심 도체구 B가 있다.

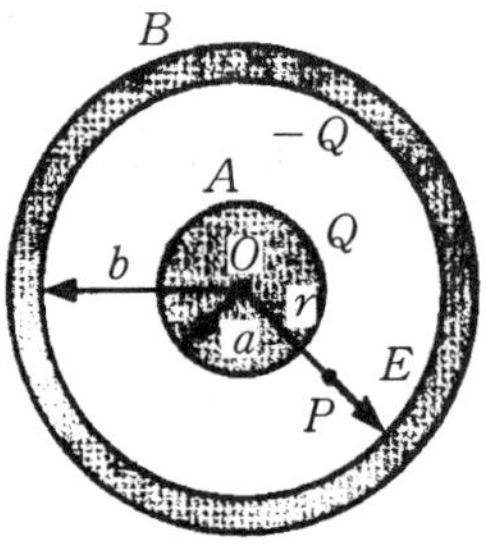

그림 3-5 동심 도체구

도체구 A의 표면상에는 $+Q$[C], 동심 도체구 B는 $-Q$[C]인 점전하로 대전되어 있다면 내・외 도체구 사이에 중심 O에서 거리 r[m] 떨어진 임의의 한 점 P에서의 전계의 세기는 $\boldsymbol{E}_P$는 다음과 같다.

$$\boldsymbol{E}_P = \frac{Q}{4\pi\varepsilon_0 r^2} \text{ [V/m]} \tag{3-28}$$

따라서 도체구 A와 B 사이의 전위차 V는 식 (3-28)을 이용하면

$$V = -\int_b^a \boldsymbol{E}\, d\boldsymbol{r} = -\int_b^a \boldsymbol{E}_P\, d\boldsymbol{r} = -\int_b^a \frac{Q}{4\pi\varepsilon_0 r^2}\, dr$$

$$= \frac{Q}{4\pi\varepsilon_0}\left(\frac{1}{a} - \frac{1}{b}\right)[\text{V/m}] \tag{3-29}$$

이 된다. 따라서 도체구 사이의 정전용량 C는 다음과 같다.

$$C = \frac{Q}{V} = \frac{Q}{\frac{Q}{4\pi\varepsilon_0}\left(\frac{1}{a} - \frac{1}{b}\right)} = \frac{4\pi\varepsilon_0}{\left(\frac{1}{a} - \frac{1}{b}\right)}$$

$$= \frac{4\pi\varepsilon_0 ab}{(b-a)}[\text{F}] \tag{3-30}$$

3.3.3 동심원통

그림 3-6과 같이 반경 a[m]인 원통 내부도체 A와 반경 b[m]의 동심원통 외부도체 B가 있다. 무한길이의 동축원통은 축대칭이므로 내부원통에는 $+\lambda$[C/m], 외부원통에는 $-\lambda$[C/m]의 선전하밀도가 있다면 중심 O에서 거리 r[m]인 두 도체 사이의 임의의 점 P에서의 전계의 세기 $\boldsymbol{E}_P$는

$$\boldsymbol{E}_P = \frac{\lambda}{2\pi\varepsilon_0 r}[\text{V/m}] \tag{3-31}$$

이므로, 두 원통 도체 A, B 사이의 전위차 V_{AB}는 다음과 같다.

$$V_{AB} = -\int_b^a \boldsymbol{E}d\boldsymbol{r} = -\int_b^a \boldsymbol{E}_P d\boldsymbol{r} = \frac{\lambda}{2\pi\varepsilon_0}\int_a^b \frac{1}{r}\,dr = \frac{\lambda}{2\pi\varepsilon_0}[\ln r]_a^b$$

$$= \frac{\lambda}{2\pi\varepsilon_0}\ln\frac{b}{a}[\text{V}] \tag{3-32}$$

따라서 무한길이의 동축원통 사이의 단위길이당 정전용량 C는 다음과 같다.

$$C = \frac{\lambda}{V_{AB}} = \frac{\lambda}{\frac{\lambda}{2\pi\varepsilon_0}\ln\frac{b}{a}} = \frac{2\pi\varepsilon_0}{\ln\frac{b}{a}}[\text{F/m}] \tag{3-33}$$

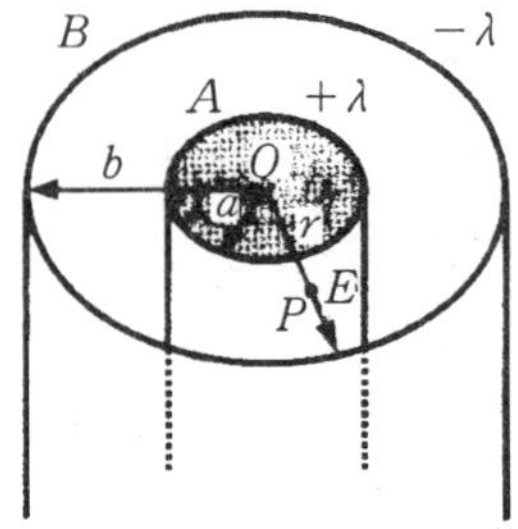

그림 3-6 동심원통

3.3.4 평행 평판도체

그림 3-7과 같이 면적 $S[\mathrm{m}^2]$인 도체 A, B가 서로 거리 $d[\mathrm{m}]$ 떨어져 있다. 거리 d는 면적 S에 비해 매우 작으므로 양 도체 사이에는 평등전계가 존재한다. 먼저 두 평판도체에 면전하밀도는 $\pm\sigma[\mathrm{C/m^2}]$이고, 전속밀도 $\boldsymbol{D} = \sigma$이므로 평판 사이의 전계의 세기 $\boldsymbol{E}$는 다음과 같이 둘 수 있다.

$$\boldsymbol{E} = \frac{\boldsymbol{D}}{\varepsilon_0} = \frac{\sigma}{\varepsilon_0} \tag{3-34}$$

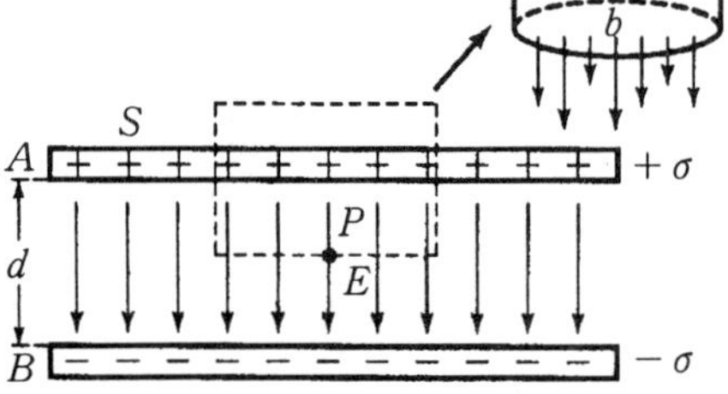

그림 3-7 평행 평판도체(진공 또는 공기)

또한 두 극판 사이의 전위차 V는 $V = \boldsymbol{E}d$이므로 식 (3-34)을 이용하면

$$V = \boldsymbol{E}d = \frac{\sigma}{\varepsilon_0}\,d[\mathrm{V}] \tag{3-35}$$

로 나타낼 수 있다. 따라서 두 극판 사이의 단위면적당 정전용량 C는

$$C_0 = \frac{\sigma}{V} = \frac{\varepsilon_0}{d}\,[\mathrm{F/m^2}] \tag{3-36}$$

이 된다. 또한 극판 간격 d이고 면적 S인 평행 평판도체의 전체 정전용량 C는

$$C = C_0 S = \frac{\varepsilon_0}{d}\,S[\mathrm{F}] \tag{3-37}$$

이 된다. 따라서 평행 평판도체에서의 정전용량은 면적 S가 크고, 극판 간격 d가 작을수록 커지게 된다.

예제 3-3 콘덴서에서 평행판 간격이 6[cm]일 때 정전용량을 120[pF]로 하기 위한 평행판 면적은 얼마가 되어야 하는가?(단, $\varepsilon_0 = 8.854\times10^{-12}$이다.)

풀이 $S = \dfrac{d\cdot C}{8.854\times10^{-12}} = \dfrac{6\times10^{-2}\times120\times10^{-12}}{8.854\times10^{-12}} = \dfrac{7.2}{8.854} \fallingdotseq 0.813\,[\mathrm{m^2}]$

3.3.5 평행 원통도체

그림 3-8과 같이 반경 a[m]인 매우 긴 도선을 간격 d[m]만큼 떨어져 평행상태로 있을 때 도체 A, B에 각각 단위길이당 선전하밀도 $\pm\lambda$로 분포되어 있다. 각 도체의 전하분포는 다른 도체의 영향을 받지 않고 모두 중심에 대하여 대칭인 전하분포로 되어 있다고 하면, 도체 A, B사이에는 방사상으로 전기력선이 분포한다.

임의의 점 P에서 도체 A의 $+\lambda$에 의한 전계의 세기 $\boldsymbol{E}_A$와 도체 B의 $-\lambda$에 의한 전계의 세기 $\boldsymbol{E}_B$는 각각 다음과 같이 둘 수 있다.

$$\boldsymbol{E}_A = \frac{\lambda}{2\pi\varepsilon_0 x},\quad \boldsymbol{E}_B = \frac{-\lambda}{2\pi\varepsilon_0(d-x)} \tag{3-38}$$

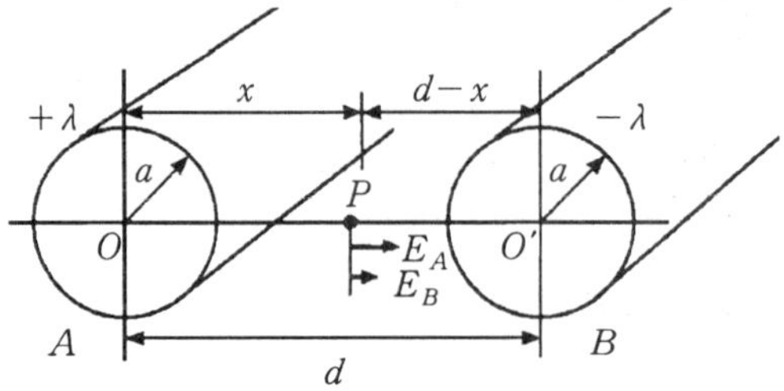

그림 3-8 평행 원통도체

전계 $\boldsymbol{E}_A$, $\boldsymbol{E}_B$는 언제나 도체 A에서 도체 B로 향하므로 이것을 합성한 점 P에서의 합성전계 $\boldsymbol{E}_P$는 전계 $\boldsymbol{E}_A$, $\boldsymbol{E}_B$의 합이 되므로

$$\boldsymbol{E}_P = \boldsymbol{E}_A + \boldsymbol{E}_B = \frac{\lambda}{2\pi\varepsilon_0}\left[\frac{1}{x} + \frac{1}{(d-x)}\right][\text{V/m}] \tag{3-39}$$

가 된다. 따라서 두 도체 A, B 사이의 전위차 V는

$$\begin{aligned} V &= -\int_{d-a}^{a} \boldsymbol{E}\, d\boldsymbol{x} = -\int_{d-a}^{a} \boldsymbol{E}_P\, d\boldsymbol{x} \\ &= \frac{\lambda}{2\pi\varepsilon_0}\left(\int_a^{d-a} \frac{1}{x}\, dx + \int_a^{d-a} \frac{1}{d-x}\, dx\right) \\ &= \frac{\lambda}{2\pi\varepsilon_0}\left([\ln x]_a^{d-a} - [\ln(d-x)]_a^{d-a}\right) \\ &= \frac{\lambda}{\pi\varepsilon_0} \ln \frac{d-a}{a} [\text{V}] \end{aligned} \tag{3-40}$$

가 된다. 따라서 단위길이당 평행도선 사이의 정전용량 C는

$$C = \frac{\lambda}{V} = \frac{\lambda}{\dfrac{\lambda}{\pi\varepsilon_0} \ln \dfrac{d-a}{a}} = \frac{\pi\varepsilon_0}{\ln \dfrac{d-a}{a}} [\text{F/m}] \tag{3-41}$$

가 된다. 여기서 도체 사이 간격 d와 도체 반경 a는 $d \gg a$이므로 식 (3-41)의 분모 $\ln \frac{b-a}{a} \fallingdotseq \ln \frac{b}{a}$로 둘 수 있다. 따라서 $d \gg a$일 때 정전용량 C는

$$C = \frac{\pi\varepsilon_0}{\ln\frac{d}{a}}\ [\mathrm{F/m}] \tag{3-42}$$

가 되고, 식 (3-42)에서 자연로그 대신 상용로그로 바꾸고 단위를 변경하면 정전용량 C는 다음과 같이 나타낼 수 있다.

$$C = \frac{\pi\varepsilon_0}{\ln\frac{d}{a}} = \frac{\pi\varepsilon_0 \log e}{\log\frac{d}{a}} = \frac{1.207\times10^{-11}}{\log\frac{d}{a}} = \frac{0.01207}{\log\frac{d}{a}}\ [\mu\mathrm{F/km}] \tag{3-43}$$

이 식이 송전선로에서의 선간정전용량을 구하는데 사용된다.

3.4 콘덴서

두 개의 도체 사이에 정전용량을 이용하여 두 도체 각각에 $+Q$[C], $-Q$[C]의 전하를 축적할 수 있도록 만든 장치를 콘덴서(condenser)라 한다. 콘덴서는 두 전극간에 절연물을 삽입하여 사용하는데 이는 절연을 유지할 뿐만 아니라, 정전용량의 값을 증가시킬 목적도 있다. 보통 전극판으로는 알루미늄박, 주석박 등이 사용되고 절연물로는 종이, 운모, 전해액을 포함한 산화피막, 공기 등이 사용된다.

절연물의 종류에 따라 종이콘덴서, 전해콘덴서, 세라믹콘덴서, 마일러콘덴서 등의 이름이 붙여진다. 또한 두 전극의 대향면적을 변화시켜 용량을 변화시킬 수 있는 것을 가변콘덴서 또는 바리콘이라 하며, 콘덴서에 사용하는 절연물의 종류와 치수 및 구조에 따라 콘덴서에 가할 수 있는 전위차에 제한이 있다. 그림 3-9는 콘덴서의 기호를 나타낸 것이다.

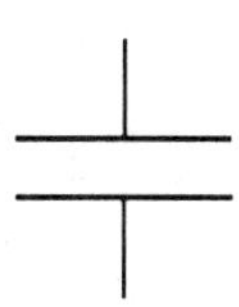

(a) 고정형

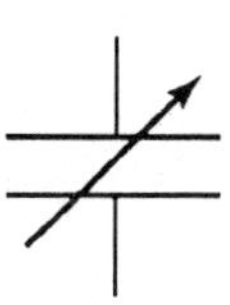

(b) 가변형

그림 3-9 콘덴서 기호

그림 3-10과 같이 직류전압을 인가하면 전극 A, B에 각각 $+Q$, $-Q$ 전하가 축전된다. 전하가 축적되고 있을 때는 전류가 흐르지만 축적이 완료된 상태에서는 전류는 흐르지 않게 된다. 따라서 직류전압이 콘덴서에 인가되는 경우 순간적으로 전류가 흐르지만 나중에는 흐르지 않기 때문에 직류를 통과시키지 않으려는 직류 차단 용도로 사용된다.

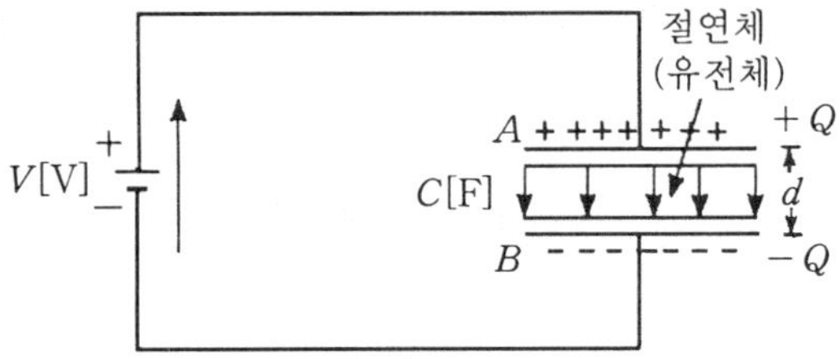

그림 3-10 콘덴서 원리

그러나 교류전압을 인가할 경우에는 교류 특성상 항상 극성이 교대로 바뀌므로 그 때마다 전류가 흐르게 되어 교류전류는 통과시키게 된다. 이와 같이 콘덴서에 전하가 축적되는 것을 **충전**(charge)이라 하고, 축적된 전하를 내어 보내는 것을 **방전**(discharge)이라 한다.

콘덴서가 전하를 축적하는 용량을 **정전용량** 또는 **커패시턴스**라 하며, 기호는 C, 단위는 [F]을 사용한다. 실용상 콘덴서의 단위는 피코패럿[pF]이 많이 사용되고 있다.

그림 3-10과 같이 유전체(절연체)의 유전율을 ε, 전극판의 면적을 S, 전극간 거리를 d라 하면, 정전용량 C는 다음과 같이 나타낸다.

$$C = \varepsilon \frac{S}{d} = \varepsilon_0 \varepsilon_s \frac{S}{d} \text{[F]} \tag{3-44}$$

전압 V[V]로 인가하였을 때 정전용량이 C[F]인 콘덴서에 축적되는 전하량 Q[C]는 다음 식으로 구할 수 있다.

$$Q = CV \text{[C]} \tag{3-45}$$

3.4.1 콘덴서의 직렬접속

그림 3-11 (a)와 같이 정전용량 C_1, C_2, C_3의 콘덴서를 직렬로 접속한 회로에서 단자 A, B 사이에 전압 V[V]을 인가하면, 각 콘덴서의 두 전극에 정전유도에 의해 정·부의 동일한 전하 $+Q$와 $-Q$가 나타나 각 콘덴서에 일정한 전하량으로 충전된다.

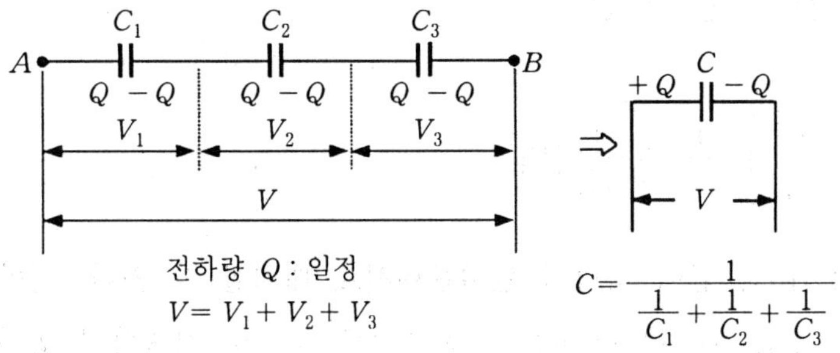

(a) 직렬접속 (b) 등가회로

그림 3-11 콘덴서 직렬접속

이때 각 콘덴서의 단자전압 V_1, V_2, V_3는 식 (3-45)의 식을 변형한 $V = Q/C$를 이용하여 구하면 다음과 같다.

$$V_1 = \frac{Q}{C_1}, \ V_2 = \frac{Q}{C_2}, \ V_3 = \frac{Q}{C_3} \tag{3-46}$$

직렬회로이므로 단자 A, B 사이의 전체 인가전압 V는 각 콘덴서에 걸리는 단자전압의 합과 같으므로

$$V = V_1 + V_2 + V_3 \tag{3-47}$$

이다. 따라서 식 (3-46)를 식 (3-47)에 대입하면 다음과 같다.

$$V = V_1 + V_2 + V_3 = \frac{Q}{C_1} + \frac{Q}{C_2} + \frac{Q}{C_3} = Q\left(\frac{1}{C_1} + \frac{1}{C_2} + \frac{1}{C_3}\right) \tag{3-48}$$

이때 단자 A, B에서 본 합성정전용량 C는

$$C = \frac{Q}{V} = \frac{Q}{Q\left(\frac{1}{C_1} + \frac{1}{C_2} + \frac{1}{C_3}\right)} = \frac{1}{\frac{1}{C_1} + \frac{1}{C_2} + \frac{1}{C_3}} [\mathrm{F}] \tag{3-49}$$

이 된다. 따라서 직렬접속의 경우 합성정전용량 C는

$$C = \frac{1}{\frac{1}{C_1} + \frac{1}{C_2} + \frac{1}{C_3}} [\mathrm{F}] \tag{3-50}$$

또는

$$\frac{1}{C} = \frac{1}{C_1} + \frac{1}{C_2} + \frac{1}{C_3} [\mathrm{F}] \tag{3-51}$$

로 되어 그림 (b)와 같이 하나의 단일콘덴서로 대치할 수 있다. 일반적으로 정전용량 C_1, C_2, C_3, $\cdots$, C_n인 n개의 콘덴서를 직렬로 접속하면 합성정전용량 C는 다음과 같이 나타낼 수 있다.

$$\frac{1}{C} = \frac{1}{C_1} + \frac{1}{C_2} + \frac{1}{C_3} + \cdots + \frac{1}{C_n} = \sum_{k=1}^{n} \frac{1}{C_k} [\mathrm{F}] \tag{3-52}$$

즉, 콘덴서를 직렬접속하는 경우 합성정전용량의 역수는 콘덴서 정전용량의 역수의 합과 같다. 따라서 합성정전용량은 각 콘덴서의 정전용량보다 작아진다.

합성정전용량 C을 이용하여 각 콘덴서에 걸리는 전압을 구해보면 다음과 같이 나타낸다.

$$V_1 = \frac{Q}{C_1} = \frac{CV}{C_1},\ V_2 = \frac{CV}{C_2},\ V_3 = \frac{CV}{C_3} \tag{3-53}$$

여기서, 전하량 Q는 $Q = CV$이다.

예제 3-4 내압과 용량이 각각 200[V] 5[μF], 300[V] 4[μF], 400[V] 3[μF], 500[V] 3[μF]인 4개의 콘덴서를 직렬연결하고 양단에 직류전압을 가하여 전압을 서서히 상승시키면 최초로 파괴되는 콘덴서와 파괴시 전체 내압을 구하라.

풀이 각 콘덴서의 전하량은

$$Q_1 = C_1 V_1 = 5\times10^{-6}\times200 = 1\times10^{-3}[C]$$

$$Q_2 = C_2 V_2 = 4\times10^{-6}\times300 = 1.2\times10^{-3}[C]$$

$$Q_3 = C_3 V_3 = 3\times10^{-6}\times400 = 1.2\times10^{-3}[C]$$

$$Q_4 = C_4 V_4 = 3\times10^{-6}\times500 = 1.5\times10^{-3}[C]$$

따라서 Q_1이 제일 작으므로 $C_1(5[\mu F])$이 최초로 파괴된다.

$$V_1 = 200[V],\quad V_2 = \frac{Q_1}{C_2} = \frac{1\times10^{-3}}{4\times10^{-6}} = 250[V]$$

$$V_3 = \frac{Q_1}{C_3} = \frac{1\times10^{-3}}{3\times10^{-6}} \fallingdotseq 333[V],\quad V_4 = \frac{Q_1}{C_4} = \frac{1\times10^{-3}}{3\times10^{-6}} \fallingdotseq 333[V]$$

$$\therefore\ V = V_1 + V_2 + V_3 + V_4 = 200 + 250 + 333 + 333 \fallingdotseq 1,116[V]$$

3.4.2 콘덴서의 병렬접속

그림 3-12 (a)와 같이 정전용량 C_1, C_2, C_3의 콘덴서를 병렬접속한 회로의 단자 A, B 사이에 전압 V[V]을 인가하면 각 콘덴서에 걸리는 전압은 일정하다.

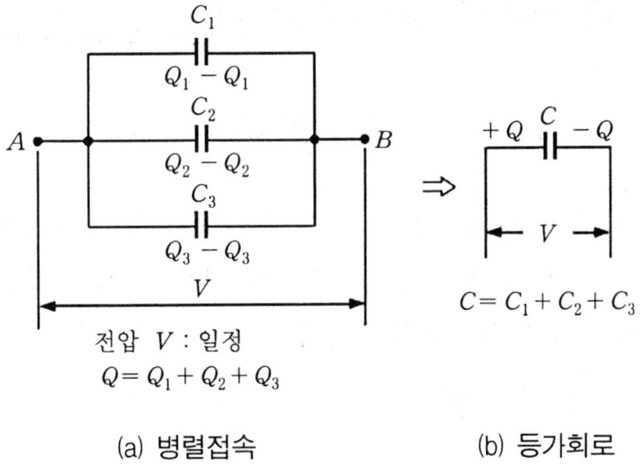

그림 3-12 콘덴서 병렬접속

이때 각 콘덴서에 축적되는 전하 Q_1, Q_2, Q_3는 식 (3-45)을 이용하면

$$Q_1 = C_1 V,\ Q_2 = C_2 V,\ Q_3 = C_3 V \tag{3-54}$$

가 된다. 따라서 단자 A, B의 총전하량 Q는

$$Q = Q_1 + Q_2 + Q_3 [\mathrm{C}] \tag{3-55}$$

이므로, 총전하량 Q는 식 (3-54)을 이용하여 다음과 같이 나타낼 수 있다.

$$Q = Q_1 + Q_2 + Q_3 = C_1 V + C_2 V + C_3 V \tag{3-56}$$

따라서 단자 A, B 사이의 전체 합성정전용량 C는 $C = Q/V$을 이용하면 다음과 같다.

$$C = \frac{Q}{V} = \frac{(C_1 + C_2 + C_3)V}{V} = C_1 + C_2 + C_3 [\mathrm{F}] \tag{3-57}$$

따라서 병렬접속시 합성정전용량 C는

$$C = C_1 + C_2 + C_3 [\mathrm{F}] \tag{3-58}$$

가 되므로 그림 (b)와 같이 등가회로로 만들 수 있다. 일반적으로 콘덴서 C_1, C_2, C_3, $\cdots$, C_n의 n개를 병렬로 접속하면 합성정전용량 C는

$$C = C_1 + C_2 + C_3 + \cdots\cdots + C_n = \sum_{k=1}^{n} C_k [\mathrm{F}] \tag{3-59}$$

가 되어 콘덴서를 병렬로 접속할 경우 합성정전용량은 각 콘덴서의 정전용량의 합과 같다. 따라서 합성정전용량은 각 콘덴서의 정전용량보다 커진다.

또한 각 콘덴서에 축적되는 전하 Q_1, Q_2, Q_3을 총전하량 Q와 콘덴서를 이용하여 다음과 같이 구할 수 있다.

$$Q_1 = C_1 V = C_1 \times \frac{Q}{C} = \frac{C_1}{C_1 + C_2 + C_3} Q [\mathrm{C}] \tag{3-60}$$

$$Q_2 = C_2 V = C_2 \times \frac{Q}{C} = \frac{C_2}{C_1 + C_2 + C_3} Q [\mathrm{C}] \tag{3-61}$$

$$Q_3 = C_3 V = C_3 \times \frac{Q}{C} = \frac{C_3}{C_1 + C_2 + C_3} Q[\mathrm{C}] \qquad (3\text{-}62)$$

예제 3-5 전하 Q로 대전된 용량 C의 콘덴서 용량 C_0를 병렬연결한 경우 C_0가 분배 받는 전기량은?

풀이 병렬연결 후 합성정전용량 $C' = C_1 + C_2 = C + C_0$[F]이고, 병렬연결 후 합성전하량은 $Q' = Q_1 + Q_2 = Q + 0 = Q$[C]이다.

그러므로 공통전위는 $V = \frac{Q'}{V'} = \frac{Q}{C + C_0}$[V]가 된다. 이때, C_0가 분배 받는 전기량은 $Q_0 = C_0 V = \frac{C_0}{C + C_0} Q$[C]가 된다.

3.5 정전차폐

그림 3-13 (a)와 같이 정전하로 대전된 대전체 A에 중공도체 C를 가까이 놓으면 정전하로 대전된 대전체 A에 가까운쪽은 정(+)전하와 반대극성이면서 같은 크기의 부(−)전하가 유도되고, 부전하의 반대쪽에는 같은 크기의 정전하가 유도된다.

그러나 중공도체 C 전체는 등전위이기 때문에 C내부에는 전계를 발생하지 않는다. 그러나 이 경우에는 도체 B와 중공도체 C는 같은 전위로 된다. B와 C가 같은 전위로 되려면 중공도체 C의 내부에서 전계에 의한 전기력선을 발생시키면 안 되기 때문이다.

그림 (b)와 같이 중공도체 C를 대지에 접지하면 C표면에 있는 정전하는 대지로 향해 방전되며 중공도체 C의 전위는 "0"전위가 된다. 따라서 도체 B의 전위도 C의 전위와 같게 되므로 영향을 받지 않는다.

그림 (c)와 같이 대전체 B를 도체 C로 감싸고 있을 때, 도체 C를 대지에 접지하면 대전체 B의 전하에 의해 유도되어 도체 C에 분포하는 전하가 대지로 흘러감으로서 도체 C의 외부로는 어떠한 전계도 발생되지 않으므로, 외부에 있는 도체 A에는 아무런 영향을 미치지 못하게 된다. 이와 같은 방법을 **정전차폐**

(electrostatic shielding)라 한다.

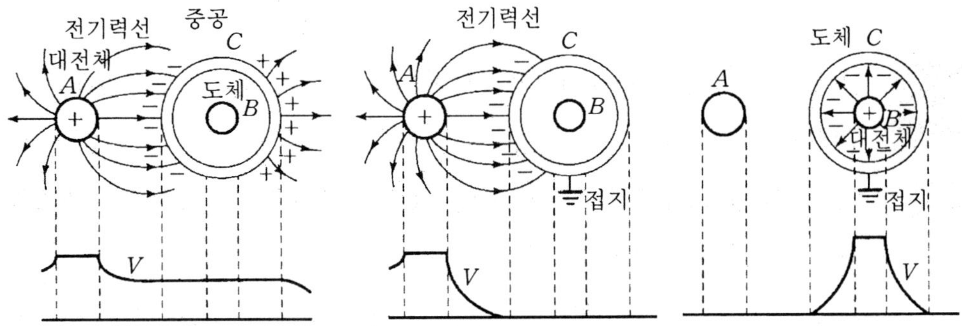

그림 3-13 정전차폐 원리

3.6 정전에너지

3.6.1 콘덴서에 축적되는 정전에너지

정전용량이 C[F]인 콘덴서에 전압 V[V]를 인가하면 콘덴서에는 전하량이 0인 상태에서 점차 증가하여 일정량의 Q[C]이 될 때까지 축적된다. 이때 전하량은 $Q = CV$로 축적되는데 콘덴서에 전하를 공급하기 위해서는 에너지가 필요하다. 이와 같이 콘덴서에 전하를 축적시키는데 필요한 에너지를 **정전에너지**라 한다.

고립된 도체가 전하 q로 대전된 상태의 전위를 v라 하면 이 전하를 무한원점에서 이 도체로 이동시키는데 필요한 일이 있으므로 미소전하 dq를 무한원점에서 가져오는데 필요한 일을 dW이라 하면

$$dW = v\,dq \tag{3-63}$$

가 된다. 이때 정전용량 C는 $C = \dfrac{q}{v}$이므로, 전압은 $v = \dfrac{q}{C}$가 된다. 이 식을 식 (3-63)에 대입하면 필요한 일은 다음과 같게 된다.

$$dW = \frac{q}{C}\, dq \tag{3-64}$$

그러면 이 도체에 전하를 "0"에서 Q까지 주기 위한 필요한 일 W는 식 (3-64)에 적분을 취하여 구하면

$$W = \int dW = \int_0^Q \frac{q}{C}\, dq = \frac{1}{C}\int_0^Q q\, dq = \frac{1}{C}\left[\frac{1}{2}q^2\right]_0^Q$$

$$= \frac{1}{2}\frac{Q^2}{C} = \frac{1}{2}CV^2 = \frac{1}{2}QV[\mathrm{J}] \tag{3-65}$$

가 된다. 이 식은 정전용량을 가진 모든 도체에 일반적으로 성립한다.

이것은 콘덴서에 전하를 축적하기 위한 일로서 콘덴서에 축적되는 정전에너지가 된다.

예제 3-6 공기 중에서 콘덴서의 정전용량이 10[μF]이고, 가해준 전압이 2[V]라면 콘덴서에 축적되는 정전에너지는 얼마인가?

풀이 $W = \frac{1}{2}CV^2 = \frac{1}{2} \times 10 \times 10^{-6} \times 2^2 = 2.0 \times 10^{-5}[\mathrm{J}]$

3.6.2 정전에너지 밀도

그림 3-14와 같이 평행평판콘덴서에서 두 극판 A, B 사이의 전위차를 V[V], 간격을 d[m], 면적을 S[m^2], 극판 사이 유전체의 유전율을 ε이라 하면, 전위차 V와 정전용량 C는 다음과 같다.

$$\left.\begin{aligned} V &= \boldsymbol{E}d[\mathrm{V}] \\ C &= \frac{\varepsilon}{d}S = \frac{\varepsilon_0\varepsilon_s}{d}S[\mathrm{F}] \end{aligned}\right\} \tag{3-66}$$

여기서, 유전율 ε은 $\varepsilon = \varepsilon_0\varepsilon_s$이다. 만약 유전체가 진공 또는 공기라면, 비유전율 $\varepsilon_s = 1$이므로 식 (3-66)의 정전용량 C는 $C = \frac{\varepsilon_0}{d}S$[F]로 표현된다.

따라서 유전체가 있는 평행평판콘덴서의 정전에너지 W는 식 (3-65)를 이용하면 다음과 같이 나타낸다.

$$W=\frac{1}{2}CV^2=\frac{1}{2}\varepsilon \boldsymbol{E}^2 \cdot Sd[\mathrm{J}] \tag{3-67}$$

또한 식 (3-67)에서 $Sd[\mathrm{m}^3]$는 평행평판콘덴서 사이의 체적이므로, 단위체적당 축적되는 정전에너지 w는 정전에너지 W를 단위체적으로 나눈다.

$$w=\frac{W}{Sd}=\frac{1}{2}\varepsilon \boldsymbol{E}^2[\mathrm{J/m^3}] \tag{3-68}$$

이 식을 **정전에너지 밀도**라 하며 콘덴서뿐만 아니라 일반적으로 전계 내에서 성립하는 식이다.

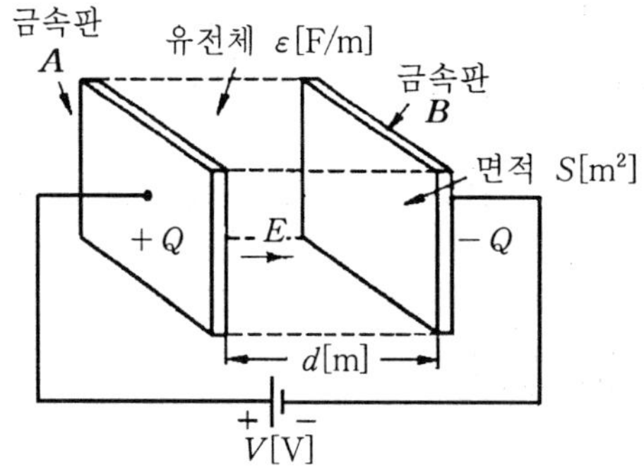

그림 3-14 평행평판콘덴서

또한 식 (3-68)에 $\boldsymbol{D}=\varepsilon\boldsymbol{E}$, $\boldsymbol{E}=\boldsymbol{D}/\varepsilon$을 이용하면 유전체에서 정전에너지 밀도는 다음과 같이 나타낼 수 있다.

$$w=\frac{1}{2}\varepsilon\boldsymbol{E}^2=\frac{1}{2}\varepsilon\boldsymbol{E}\cdot\boldsymbol{E}=\frac{1}{2}\boldsymbol{DE}=\frac{1}{2}\frac{\boldsymbol{D}^2}{\varepsilon}[\mathrm{J/m^3}] \tag{3-69}$$

만약 그림 3-14의 유전체가 진공 또는 공기라면 유전율 $\varepsilon=\varepsilon_0\varepsilon_s$에서 비유전율 $\varepsilon_s=1$이기 때문에 $\varepsilon=\varepsilon_0$가 되어 정전에너지 밀도 w는 다음과 같이 나타낼 수 있다.

$$w = \frac{1}{2}\varepsilon_0 \boldsymbol{E}^2 = \frac{1}{2}\boldsymbol{DE} = \frac{1}{2}\frac{\boldsymbol{D}^2}{\varepsilon_0}\,[\mathrm{J/m^3}] \tag{3-70}$$

3.7 콘덴서의 충전과 방전

그림 3-15 (a)와 같이 저항과 콘덴서로 구성된 회로에 전압 V를 인가하면 저항 R을 통해 콘덴서 양단에 $\pm Q$[C]가 축적된다. 이렇게 전하가 콘덴서에 축적되는 현상을 충전이라 한다. 이 충전속도는 콘덴서의 정전용량 C[F]가 일정하다면 저항의 크기에 따라 결정되어 진다. 즉 저항 R이 작으면 충전속도는 빠르고, 저항이 크면 그 만큼 충전속도는 느리게 된다. 이 충전속도를 나타내는 척도가 시정수이며, 기호는 τ(타우), 단위는 [s]로 다음과 같이 나타낸다.

$$\tau = RC\,[\mathrm{s}] \tag{3-71}$$

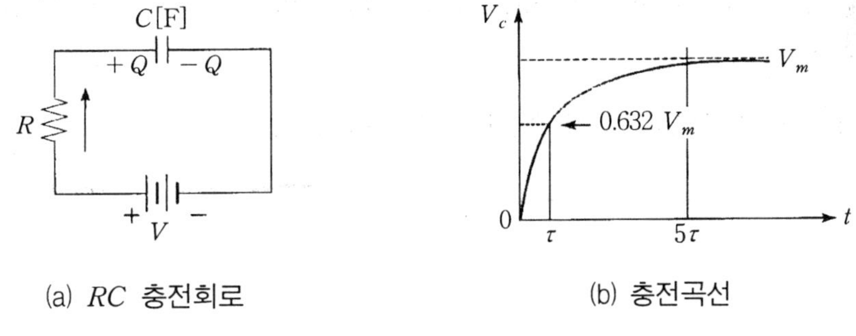

(a) RC 충전회로 (b) 충전곡선

그림 3-15 콘덴서에 충전

그림 (b)의 콘덴서에 대한 충전곡선을 보면 시정수 값이 최대 충전전압 V_m의 약 63.2[%]에 도달하는 시간, 즉 시정수 τ의 5배 시간에 해당하는 5τ 경과 후에 최대 충전전압값 V_m에 도달되면 충전이 완료된다.

그림 3-16 (a)와 같이 충전이 완료된 후, 인가전압을 끊으면, 콘덴서에 충전된 전하가 저항 R을 통해 서서히 소멸하게 되는데, 이러한 현상을 방전이라 한다. 이때 방전 방향은 콘덴서에 충전되는 방향과 반대이다.

그림 3-16 (b)의 방전곡선에 나타나듯이, 시정수 값이 작으면 빨리 방전되고,

시정수 값이 크면 느리게 방전하게 된다. 방전시에는 시정수 τ값 시간에 충전된 전압 V_m의 약 36.9[%]에 도달하고, 시정수가 5배, 즉 5τ의 시간이 경과하면 완전 방전이 이루어져 전압은 "0"이 된다. 이와 같은 충·방전 현상을 이용한 건전지, 축전지 등과 같은 다양한 전원용 제품을 우리는 사용하고 있다.

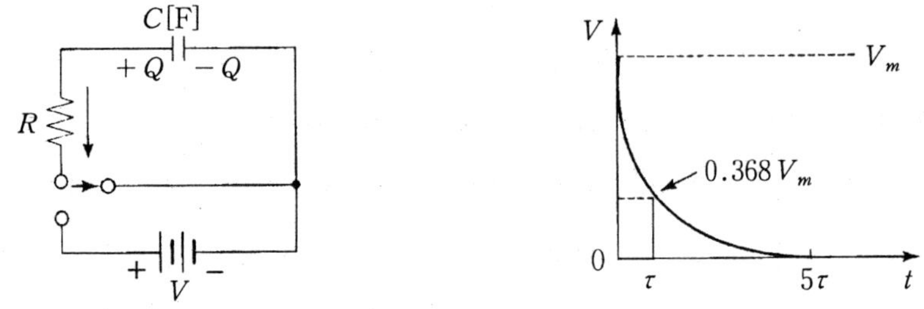

(a) RC 방전회로 (b) 방전곡선

그림 3-16 콘덴서로부터 방전

예제 3-7 R, C회로에서 $R = 15[\text{k}\Omega]$, $C = 10[\mu\text{F}]$일 때 시정수는 몇 초가 되는가?

풀이 $\tau = RC = 15\times10^3\times10\times10^{-6} = 150\times10^{-3} = 0.15[\text{s}]$

연 습 문 제

1. 엘라스턴스(elastance)란?

① $\frac{90}{전위차\times전기량}$ ② 전위차×전기량

③ $\frac{전위차}{전기량}$ ④ $\frac{전기량}{전위차}$

2. 반지름 a[m]인 구의 정전용량[F]은?

① $4\pi\varepsilon_0 a$ ② $\varepsilon_0 a$ ③ a ④ $\frac{1}{4\pi\varepsilon_0 a}$

3. 내구의 반지름 $a=10$[cm], 외구의 반지름 $d=20$[cm]인 동심구콘덴서의 용량을 구하면?

① 11[pF] ② 22[pF] ③ 33[nF] ④ 22[μF]

4. 평행판콘덴서의 양극판 면적을 3배로 하고 간격을 1/2배로 하면 정전용량은 처음의 몇 배가 되는가?

① 3/2 ② 2/3 ③ 1/6 ④ 6

5. 간격 d[m]인 무한히 넓은 평행판의 단위 면적당 정전용량[F/m^2]은?

① $\frac{1}{4\pi\varepsilon_0 d}$ ② $\frac{4\pi\varepsilon_0}{d}$ ③ $\frac{\varepsilon_0}{d}$ ④ $\frac{\varepsilon_0}{d^2}$

6. 정전용량이 10[μF]인 콘덴서의 양단에 100[V]의 일정 전압을 가하고 있다. 지금 이 콘덴서의 극판간의 거리를 1/10로 변화시키면 콘덴서에 충전되는 전하량은 어떻게 변화되는가?

① 1/10배로 감소 ② 1/100배로 감소

③ 10배로 증가 ④ 100배로 증가

7. 공기 중에 1변 40[cm]의 정방형 전극을 가진 평형 평판콘덴서가 있다. 극판의 간격을 4[mm]로 할 때 극판간에 100[V]의 전위차를 주면 축적되는 전하

[C]는?

① 3.54×10^{-9} ② 3.54×10^{-8} ③ 6.56×10^{-9} ④ 6.56×10^{-8}

8. 내구의 반지름 a, 외구의 반지름 b인 두 동심구 사이의 정전용량[F]은?

① $2\pi\varepsilon_0 \dfrac{ab}{b-a}$ ② $4\pi\varepsilon_0 \left(\dfrac{1}{a} - \dfrac{1}{b}\right)$

③ $\dfrac{4\pi\varepsilon_0}{\dfrac{1}{a} - \dfrac{1}{b}}$ ④ $2\pi\varepsilon_0 \left(\dfrac{1}{a} - \dfrac{1}{b}\right)$

9. 반지름 a[m], 선간거리 d[m]인 평행 도선간의 정전용량[F/m]은?(단, $d \gg a$이다.)

① $\dfrac{2\pi\varepsilon_0}{\ln \dfrac{d}{a}}$ ② $\dfrac{1}{2\pi\varepsilon_0 \ln \dfrac{d}{a}}$ ③ $\dfrac{1}{2\varepsilon_0 \ln \dfrac{d}{a}}$ ④ $\dfrac{\pi\varepsilon_0}{\ln \dfrac{d}{a}}$

10. 간격이 2[mm], 단면적이 10[mm^2]인 평행 전극에 500[V]의 전극에 전압을 공급할 때 전극 사이의 전계의 세기[V/m]는?

① 2.5×10^5 ② 5×10^6 ③ 5×10^7 ④ 5×10^8

11. 도체 1, 2 및 3이 있을 때 도체 2가 도체 1에 완전 포위되어 있음을 나타내는 것은?

① $p_{11} = p_{21}$ ② $p_{11} = p_{31}$ ③ $p_{11} = p_{33}$ ④ $p_{12} = p_{22}$

12. 두 도체 1, 2가 있다. 1도체만 2[C]의 전하를 주면 1 및 2 도체의 전위가 각각 4[V] 및 6[V]가 되었다. 두 도체에 같은 전하 1[C]를 주면 1도체의 전위[V]는?

① 0 ② 3 ③ 5 ④ 7

13. 두 개의 도체를 $+Q$[C]과 $-Q$[C]으로 대전했을 때 이 두 도체간의 정전용량을 전위계수로 표시하면 어떻게 되는가?

① $\dfrac{p_{11}p_{22} - p_{12}{}^2}{p_{11} + 2p_{12} + p_{22}}$ ② $\dfrac{p_{11}p_{22} + p_{22}{}^2}{p_{11} + 2p_{12} + p_{22}}$

③ $\dfrac{1}{p_{11}+2p_{12}+p_{22}}$ ④ $\dfrac{1}{p_{11}-2p_{12}+p_{22}}$

14. 용량계수와 유도계수의 성질 중 옳지 않은 것은?

① $q_{rs} \geqq 0$ ② $q_{rr} > 0$

③ $q_{11} \geqq -(q_{21}+q_{31}\cdots+q_{n1})$ ④ $q_{rs}=q_{sr}$

15. 전위계수에 있어서 $p_{11}=p_{21}$의 관계가 의미하는 것은?

① 도체 1과 2는 멀리 있다. ② 도체 2가 1속에 있다.

③ 도체 2가 도체 3속에 있다. ④ 도체 1과 2는 가까이 있다.

16. 각각 $\pm Q$[C]으로 대전된 두 개의 도체간의 전위차를 전위계수로 표시하면?

① $(p_{11}+p_{12}+p_{22})Q$ ② $(p_{11}+2p_{12}+p_{22})Q$

③ $(p_{11}-p_{12}+p_{22})Q$ ④ $(p_{11}-2p_{12}+p_{22})Q$

17. 1[C]의 정전하를 대전시켰을 때 도체 1의 전위는 5[V], 도체 2의 전위는 12[V]로 되는 두 도체가 있다. 도체 1에만 1[C]을 대전하였을 때 도체 2의 전위는 0.5[V]로 된다면, 이 두 도체간의 정전용량[F]는?

① 0.02 ② 0.05 ③ 0.07 ④ 0.1

18. 반지름 3[cm] 및 2[cm]의 도체구에 각각 4[μC] 및 -6[μC] 전하가 대전되어 있다. 두 구를 접속시키면 반지름 3[cm]의 도체구에 남는 전기량[μC]는?

① -1 ② -1.2 ③ -0.8 ④ 0.8

19. 반지름 R인 도체구에 전하 Q가 분포되어 있다. 이에 반지름 $R/2$인 작은 도체구를 접속시켰을 때 이 작은구로 이동하는 전하를 구하면?

① Q ② $\dfrac{1}{2}Q$ ③ $\dfrac{1}{3}Q$ ④ $\dfrac{1}{4}Q$

20. 전하 Q로 대전된 용량 C의 콘덴서에 용량 C_0를 병렬로 연결한 경우 C_0가 분배받는 전기량[C]은?

① $\dfrac{C+C_0}{C_0}Q$ ② $\dfrac{C+C_0}{C}Q$ ③ $\dfrac{C}{C+C_0}Q$ ④ $\dfrac{C_0}{C+C_0}Q$

21. 반지름이 2, 3, 4[m]인 3개의 절연 도체구 전위가 각각 5, 6, 7[V]가 되도록 충전한 후 이들을 도선으로 접속할 때의 공통전위[V]는 대략 얼마인가?

① 6.22 ② 6.88 ③ 8.75 ④ 9.33

22. 1[μF]의 콘덴서를 80[V], 2[μF]의 콘덴서를 50[V]로 충전하고 둘을 병렬로 연결할 때의 전위차는 몇 [V]인가?

① 75 ② 70 ③ 65 ④ 60

23. 전압 V로 충전된 용량 C의 콘덴서에 동일용량 C의 콘덴서 n개를 병렬 연결한 후의 콘덴서 양단간의 전압[V]는?

① V ② nV ③ V/n ④ $\frac{V}{n^2}$

24. 1[μF]와 2[μF]인 두 개의 콘덴서가 직렬로 연결된 양단에 150[V]의 전압이 가해졌을 때 1[μF]의 콘덴서에 걸리는 전압[V]은?

① 30 ② 50 ③ 100 ④ 120

25. 콘덴서의 전위차와 축적되는 에너지의 관계를 그림으로 나타내면 다음의 어느 것인가?

① 쌍곡선 ② 타원 ③ 포물선 ④ 직선

26. 두 도체의 전위 및 전하가 각각 V_1, Q_1 및 V_2, Q_2일 때 도체가 갖는 에너지[J]는?

① $\frac{1}{2}(V_1Q_1 + V_2Q_2)$ ② $\frac{1}{2}(Q_1 + Q_2)(V_1 + V_2)$

③ $V_1Q_1 + V_2Q_2$ ④ $(Q_1 + Q_2)(V_1 + V_2)$

27. 정전용량 1[μF], 2[μF]의 콘덴서에 각각 2×10^{-4}[C] 및 3×10^{-4}[C]의 전하를 주고 극성을 같게 하여 병렬로 접속할 때 콘덴서에 축적된 에너지[J]는 얼마인가?

① 약 0.025 ② 약 0.303 ③ 약 0.042 ④ 약 0.525

28. 10[μF]의 콘덴서를 100[V]로 충전한 것을 단락시켜 0.1[m/sec]에 방전시켰

다고 하면 평균전력[W]는?

① 450 ② 500 ③ 550 ④ 600

29. 대전된 구도체를 반지름이 2배 되는 무대전 구도체에 가는 도선으로 연결할 때 에너지의 손실비는 얼마나 되겠는가?(단, 두 도체는 충분히 떨어져 있는 것으로 본다.)

① 2/3 ② 5/9 ③ 3/2 ④ 9/5

30. 반지름이 각각 3[cm], 4[cm]인 2개의 절연도체구의 전위가 각각 5[V], 8[V] 되도록 충전한 후 가는 도선으로 연결할 때, 공통전위[V]는 얼마인가?

① 5.69 ② 5.71 ③ 6.69 ④ 6.71

31. W_1, W_2의 에너지를 갖는 두 콘덴서를 병렬로 연결한 경우 총에너지 W는?(단, $W_1 \neq W_2$이다.)

① $W_1 + W_2 = W$ ② $W_1 + W_2 > W$

③ $W_1 + W_2 < W$ ④ $W_1 - W_2 = W$

32. 서로 같은 두 개의 비누방울에 Q[C]의 전하가 대전되어 있다. 만일 두 비누방울이 하나의 비누방울로 합쳐졌을 경우 정전에너지 W와의 관계는?(단, 처음의 비누방울의 에너지는 $W_1 = W_2$이다.)

① $W = W_1 + W_2$ ② $W > W_1 + W_2$

③ $W < W_1 = W_2$ ④ $W = W_1 = W_2$

33. 3[μF]의 콘덴서에 9×10^{-4}[C]의 전하를 저축할 때의 정전에너지[J]는?

① 0.135 ② 1.35 ③ 1.22×10^{12} ④ 1.35×10^{7}

34. 평행판콘덴서에 100[V]의 전압이 걸려 있다. 이 전원을 제거한 후 평행판 간격을 처음의 2배로 증가시키면?

① 용량은 1/2배로, 저장되는 에너지는 2배로 된다.

② 용량은 2배로, 저장되는 에너지는 1/2배로 된다.

③ 용량은 1/4배로, 저장되는 에너지는 4배로 된다.

④ 용량은 4배로, 저장되는 에너지는 1/4배로 된다.

35. 내압이 1[kV]이고 용량이 각각 0.01[μF], 0.02[μF], 0.05[μF]인 콘덴서를 직렬로 연결했을 때의 전체내압[V]은?

① 3000 ② 1750 ③ 1700 ④ 1500

36. 내압 1,000[V] 정전용량 3[μF], 내압 500[V] 정전용량 5[μF], 내압 250[V] 정전용량 6[μF]인 3개의 콘덴서를 직렬로 접속하고 양단에 가한 전압을 서서히 증가시키면 최초로 파괴되는 콘덴서는?

① 3[μF] ② 5[μF] ③ 6[μF] ④ 동시에 파괴

37. 면적 S[m^2], 간격 d[m]인 평행판콘덴서에 Q[C]의 전하를 충전시킬 때 흡인력은?

① $\dfrac{Q^2}{2\varepsilon_0 S}$ ② $\dfrac{Q^2 d}{2\varepsilon_0 S}$ ③ $\dfrac{Q^2}{4\varepsilon_0 S}$ ④ $\dfrac{Q^2 d}{4\varepsilon_0 S}$

38. 그림과 같이 정사각형의 전극을 가진 평행판콘덴서에서 지금 한쪽의 전극이 30° 회전하면 콘덴서 용량은 양전극이 전부 겹쳤을 때의 대략 몇 [%]인가?

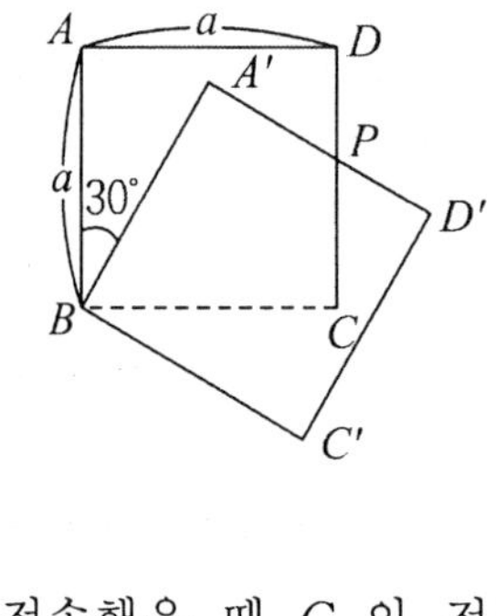

39. 콘덴서를 그림과 같이 접속했을 때 C_x의 정전용량[μF]은?(단, $C_1 = 3$[μF], $C_2 = 3$[μF], $C_3 = 3$[μF]이고 ab사이의 합성정전용량은 5[μF]이다.)

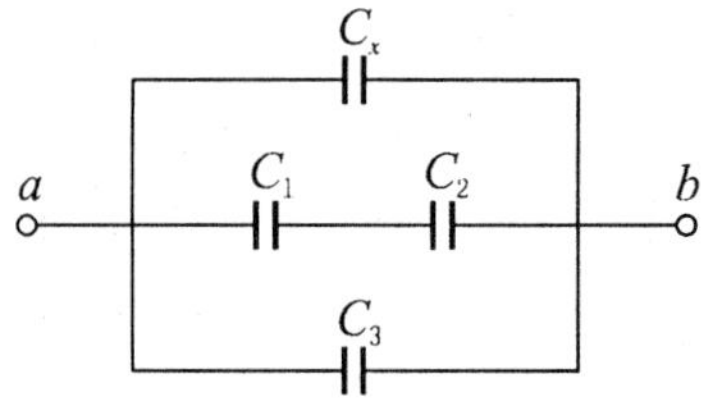

40. 그림과 같이 최대용량 C_0인 라디오용 바리콘의 정전용량이 회전각도에 비례하여 변한다고 할 때 전압 V를 충전하면 회전자에 작용하는 회전력[N·m/rad]은?

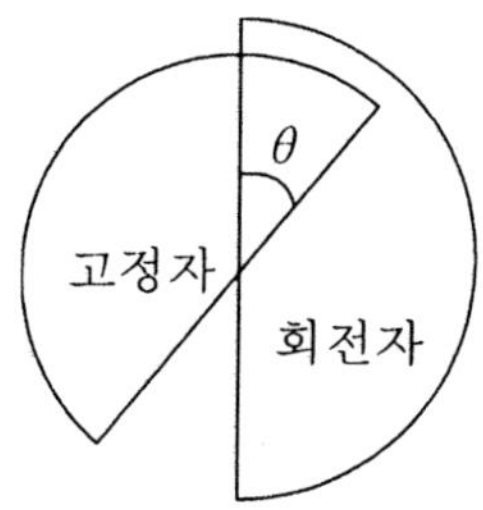

제 4 장 유전체와 전기영상법

4.1 유전체와 유전율

유전체란 두 전극판의 전계 내에 절연체(유전체)를 놓았을 때 전극 표면에 전하가 유기되는 전기분극 현상이 일어나지만, 직류전류에는 생기지 않는 절연체를 말한다. 따라서 본 장에서는 전기장치의 구성요소인 절연체 중에서의 정전계에 대하여 논하고 있다.

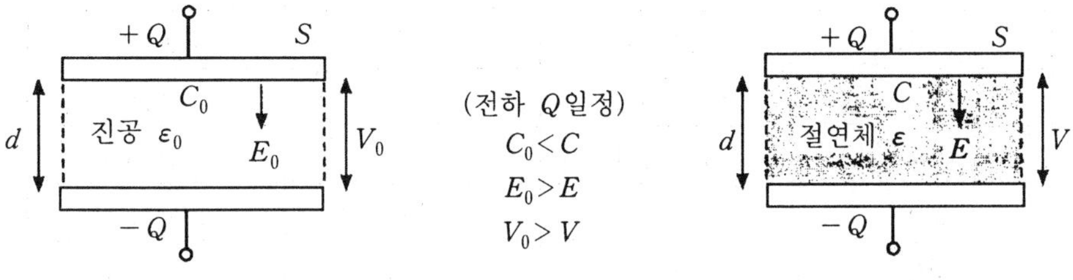

(a) 진공 (b) 유전체

그림 4-1 평행평판콘덴서

그림 4-1과 같이 두 종류의 평행평판콘덴서 사이에 진공 또는 절연물을 삽입하면 정전용량의 변화가 발생한다. 절연체 삽입 전, 즉 진공콘덴서의 정전용량을 C_0(그림 (a)), 절연체 삽입 후 콘덴서의 정전용량을 C(그림 (b))라 하면 두 정전용

량의 크기 및 정전용량의 비는 다음의 관계가 있다.

$$C > C_0 \tag{4-1}$$

$$\frac{C}{C_0} = \varepsilon_s, \ (\varepsilon_s > 1) \tag{4-2}$$

즉 두 전극판 사이에 유전체를 삽입하였을 때와 하지 않았을 때의 정전용량 비 ε_s(또는 ε_r로도 나타냄)를 **유전체의 비유전율**(relative permitivity)이라 한다. 비유전율 ε_s인 유전체가 전극판 사이에 삽입되면 정전용량이 진공일 때의 ε_s배가 된다. 이 비유전율은 매질이 없는 진공 또는 공기 중일 때는 $\varepsilon_s = 1$로 취급되어, 진공 또는 공기 중일 때의 유전율은 $\varepsilon = \varepsilon_0$가 된다. 그러나 두 전극판 사이에 유전체가 삽입되면 유전체의 유전율은 $\varepsilon = \varepsilon_0 \, \varepsilon_s$[F/m]으로 표현되며, 비유전율 ε_s은 전극판의 형상에 관계없이 절연물의 종류에 의해 정해지는 상수로 표 4-1에 나타냈다.

표 4-1 각종 유전체의 비유전율 ε_s값

물질	비유전율 ε_s	물질	비유전율 ε_s
진공	1	파라핀	2.0~2.3
공기	1.0006	산소	1.00053
운모	2.5~6.6	수소	1.00027
유리	6.0~10.0	물	80.7
자기(磁器)	5.0~6.9	고무	2.0~3.5
종이	1.2~2.6	목재	2.5~7.7
석영	8.3	변압기유	2.2~2.4

그림 4-1 (a)와 같이 전극면적 S[m^2], 극판거리 d[m], **진공 중의 콘덴서** 정전용량 C_0는 다음과 같다.

$$C_0 = \frac{\varepsilon_0}{d} S \text{[F]} \tag{4-3}$$

그림 4-1 (b)와 같이 **절연물이 삽입된 콘덴서의** 정전용량 C는

$$C = \varepsilon_s C_0 = \frac{\varepsilon_0 \varepsilon_s}{d} S = \frac{\varepsilon}{d} S[\mathrm{F}] \qquad (4\text{-}4)$$

가 된다. 여기서 ε은 진공 중의 유전율 ε_0와 비유전율 ε_s의 곱으로 다음과 같이 나타낸다.

$$\varepsilon = \varepsilon_0 \varepsilon_s [\mathrm{F/m}] \qquad (4\text{-}5)$$

여기서 ε을 임의의 절연체에 대한 **유전율**(permitivity)이라 한다. 이와 같이 절연체에 의하여 정전용량이 변화하는 것은 절연체에 의해 전계 등의 전기적 성질이 변화하기 때문이며, 이러한 절연체를 **유전체**(dielectric)라 한다.

그림 4-1과 같이 진공과 유전체 삽입콘덴서에 동일한 전하 $\pm Q$를 주었을 때, 진공일 때 정전용량을 C_0, 유전체일 때 정전용량을 C, 두 전극 사이의 전위차를 각각 V_0, V, 전계의 세기를 각각 $\boldsymbol{E}_0$, $\boldsymbol{E}$라 하면 전하 Q는

$$Q = C_0 V_0 = CV = \varepsilon_s C_0 V \qquad (4\text{-}6)$$

가 되며, 식 (4-6)을 비유전율 ε_s로 정리하면 다음과 같은 관계가 성립한다.

$$\varepsilon_s = \frac{V_0}{V} = \frac{\boldsymbol{E}_0}{\boldsymbol{E}} = \frac{C}{C_0} \qquad (4\text{-}7)$$

이때 식 (4-7)의 값은 "1"보다 크다. 즉 "**유전체를 삽입하면 전위차 및 전계의 세기는 감소하지만, 정전용량은 증가한다**"는 것을 알 수 있다. 또한 식 (4-7)을 공기 중일 때에 대하여 유전체의 전위차 V, 전계 $\boldsymbol{E}$, 정전용량 C로 나타내면

$$V = \frac{1}{\varepsilon_s} V_0, \quad \boldsymbol{E} = \frac{1}{\varepsilon_s} \boldsymbol{E}_0, \quad C = \varepsilon_s C_0 \qquad (4\text{-}8)$$

가 되어, 유전체를 넣지 않은 경우와 유전체를 넣은 경우에 전위차와 전계는 $1/\varepsilon_s$배 만큼 감소하고, 정전용량은 ε_s배 만큼 증가함을 알 수 있다.

4.2 유전체 분극

4.2.1 분극현상

일반적으로 절연체는 전압이 가해져도 전류가 흐르지 않지만, 정전계가 가해지면 표면에 전하가 유기되는 절연체를 유전체라 한다. 콘덴서와 같이 양극판 사이에 유전체를 삽입하면 극판의 전하는 증가하므로 콘덴서의 정전용량이 커지게 된다. 즉 더 많은 전기량을 축적할 수 있다는 것이다.

그림 4-2와 같은 유전체 원자(+전하)는 그림 (a)와 같이 전계 $\boldsymbol{E}=0$, 즉 전계가 가해지지 않을 때에는 원자핵이 중심에 있고, 그 주위에 전자(−전하)가 원자핵을 중심으로 일정한 궤도를 가지면 돌고 있다.

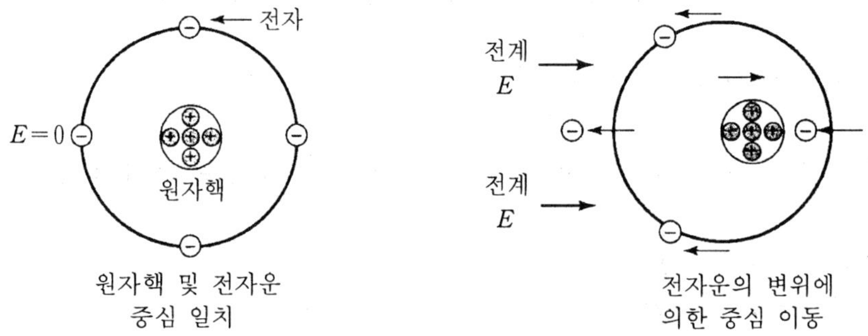

(a) 전계 인가전 (b) 전계 인가

그림 4-2 유전체 원자

그림 (b)와 같이 외부에서 전계 $\boldsymbol{E}$를 가해주면, 전자는 전계와 반대방향으로 움직이고 원자핵은 전계의 방향으로 힘을 받아 움직이게 된다. 이와 같이 원자핵의 양자와 외각전자들이 그 위치에 변화를 일으키는데 이를 변위 또는 분극했다고 한다.

그림 4-3과 같이 유전체를 전계 중에 놓으면 유전체를 구성하는 원자 또는 분자중의 양(+)전하는 전계방향으로, 음(−)전하는 전계와 반대방향으로 변위를 일으켜 전기쌍극자를 형성한다. 또한 유전체 내부에는 무수한 원자나 분자가 존재하

므로 무수히 많은 전기쌍극자가 생긴다.

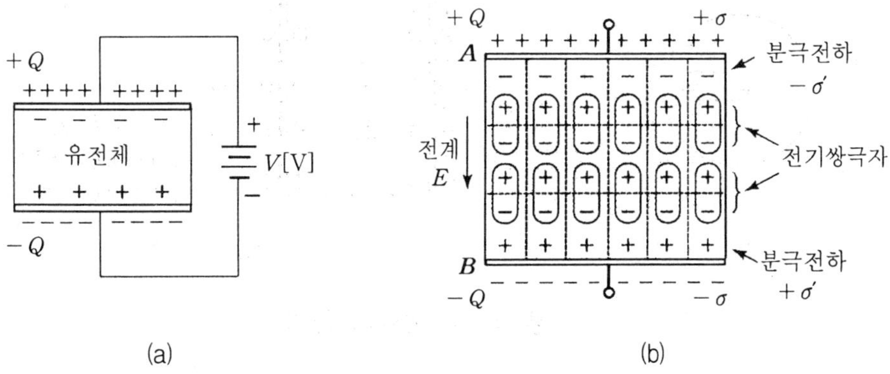

그림 4-3 분극현상

그러나 유전체 내부는 서로 이웃하는 양(+)과 음(−)의 전하는 서로 상쇄되어 전기적으로 중성이지만, 유전체 표면의 양단에는 상쇄되지 않고 전극과 반대부호의 전하가 나타난다.

이와 같이 단위면적당 유전체 단면에 $\pm\rho'$ [C/m^2]의 면전하가 나타나게 된다. 이러한 현상을 분극현상이라 하며, 분극작용에 의해 유도된 전하를 분극전하(polarization charge) 또는 분극전하밀도라 하고, 도체판 A, B에 대전된 전하 $\pm\rho$[C/m^2]을 진전하 또는 진전하밀도라 한다.

4.2.2 분극의 세기와 전계

유전체는 분자, 원자, 이온 등으로 구성되어 있고, 각각 양자나 전자를 가지고 있다. 원자는 원자핵과 전자로 구성되어 있지만, 이 원자에 외부전계를 가해도 전자는 원자핵에서 분리되지 않는다. 이것은 유전체 속에서 전류가 흐르기 어렵기 때문이다.

그러나 전계작용으로 그림 4-4 (a)와 같이 양자(+)와 전자(−)가 반대방향으로 힘을 받아 변위하여 각각 그 위치를 약간씩 이동하게 된다. 그 결과 쌍극자를 형성하게 되는 것이다.

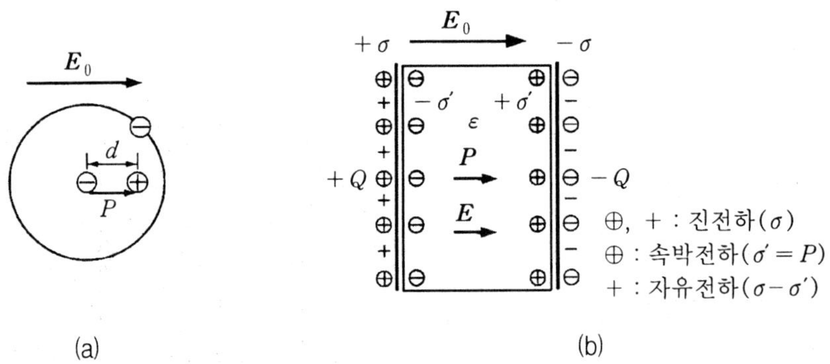

그림 4-4 분극의 세기

그림 (a)와 같이 정(+)전하가 변위하는 방향의 크기를 갖는 벡터량 $\boldsymbol{P}$를 분극의 세기라 하고, 물질이 분극하는 것은 전계 속에 놓아둔 결과이기 때문에 분극의 세기 $\boldsymbol{P}$의 방향과 전계 $\boldsymbol{E}_0$의 방향은 일치한다.

즉, 분극의 세기 또는 **분극도는 "유전체내의 한 점에서 전계방향에 수직인 단위면적을 통과하여 변위되는 분극의 전하량"**이며, 그 크기는 다음과 같다.

$$\boldsymbol{P} = \lim_{\Delta S \to 0} \frac{\Delta Q}{\Delta S} \, [\mathrm{C/m^2}] \tag{4-9}$$

그림 4-4 (b)와 같이 분극전하는 유전체 표면에 나타나므로 이때 분극전하밀도 ρ'는 분극의 세기 $\boldsymbol{P}$와 같아지므로

$$\boldsymbol{P} = \rho' \, [\mathrm{C/m^2}] \tag{4-10}$$

의 관계를 가진다.

또한 식 (4-9)에서 미소면적 $\Delta S\,[\mathrm{m^2}]$에 $\pm\Delta Q$의 분극전하가 나타나 전기쌍극자를 이루게 되는데, $+\Delta Q$와 $-\Delta Q$ 사이의 거리를 $d\,[\mathrm{m}]$(그림 (a))라 하면 분극의 세기는 단위체적당의 전기쌍극자 모멘트로 다음과 같이 나타낼 수 있다.

$$\boldsymbol{P} = \lim_{\Delta S \to 0} \frac{\Delta Q}{\Delta S} = \lim_{\Delta S \to 0} \frac{\Delta Q \cdot d}{\Delta S \cdot d} = \lim_{\Delta v \to 0} \frac{\Delta \boldsymbol{M}}{\Delta v} \, [\mathrm{C/m^2}] \tag{4-11}$$

식 (4-11)에서 분극의 세기 $\boldsymbol{P}$의 방향은 **전기쌍극자 모멘트** $\boldsymbol{M}$의 방향과 같으

므로 $-Q$의 분극전하에서 $+Q$의 분극전하로 향하는 량으로 전계방향과도 같다.

그림 4-4 (b)와 같이 외부전계 $\boldsymbol{E}_0$을 인가하면 유전체 표면에 분극전하에 의한 분극의 세기 $\boldsymbol{P}$가 전계와 동일한 방향으로 작용하고, 이 분극의 세기에 의해 유전체의 내부전계 $\boldsymbol{E}$도 변하게 된다.

그림 (b)와 같이 양 전극에 공급된 전하 $\pm\sigma$를 진전하, 유전체 내의 분극전하와 같은 전하량이 전극상에서 분극을 보상하는데 이용되는 전하를 속박전하라 한다. 이 속박전하는 유전체의 원자 또는 분자들의 내부현상으로 끌어낼 수 없는 분극전하 σ'와 같기 때문에 식 (4-10)과 같이 분극의 세기 $\boldsymbol{P}$로 나타낼 수 있다. 즉 $\sigma' = \boldsymbol{P}$가 된다. 또한 유전체 내부전계 $\boldsymbol{E}$의 형성에 기여하는 전하는 진전하 σ에서 속박전하 σ'를 제외한, 즉 $\sigma - \sigma'$의 전하를 자유전하라 한다.

그림 4-5 (a)는 그림 4-4 (b)의 전하 $\pm\sigma$을 준 유전체의 평행평판 전극을 진공 콘덴서 전극에 겉보기 전하인 자유전하 $\sigma - \sigma'$가 있는 구조로 바꾼 것이다.

진공중의 전계의 세기 $\boldsymbol{E}_0$는 다음과 같이 구할 수 있다.

$$\boldsymbol{E}_0 = \sigma/\varepsilon_0 [\mathrm{V/m}] \tag{4-12}$$

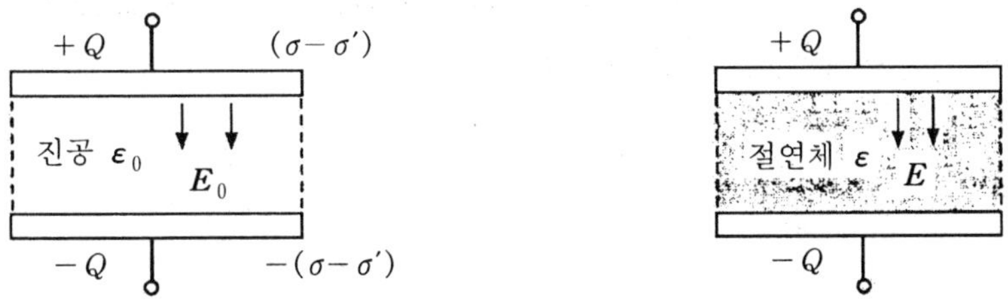

(a) 진공 (b) 유전체

그림 4-5 분극과 전계

이것이 유전체의 내부전계 $\boldsymbol{E}$와 같으므로 유전체 내부에서 전계의 세기 $\boldsymbol{E}$는 자유전하 $\sigma - \sigma'$와 $\sigma' = \boldsymbol{P}$을 이용하여 식 (4-12)는 다음과 같이 나타낸다.

$$\boldsymbol{E} = \frac{\sigma - \sigma'}{\varepsilon_0} = \frac{\sigma - \boldsymbol{P}}{\varepsilon_0} \tag{4-13}$$

유전체의 전계 $\boldsymbol{E}$와 진공에서의 전계 $\boldsymbol{E}_0$와 관계는 식 (4-7)을 사용하여

$$\boldsymbol{E} = \frac{\boldsymbol{E}_0}{\varepsilon_s} = \frac{\sigma}{\varepsilon_0 \varepsilon_s} = \frac{\sigma}{\varepsilon} [\text{V/m}] \tag{4-14}$$

가 되므로, 진전하밀도 σ는 식 (4-14)로 다음과 같이 나타낼 수 있다.

$$\sigma = \varepsilon_0 \varepsilon_s \boldsymbol{E} \tag{4-15}$$

따라서 식 (4-15)을 식 (4-13)에 대입하여 분극의 세기 $\boldsymbol{P}$와 전계의 세기 $\boldsymbol{E}$와의 관계는 다음과 같이 된다.

$$\boldsymbol{P} = \varepsilon_0 (\varepsilon_s - 1) \boldsymbol{E} = (\varepsilon - \varepsilon_0) \boldsymbol{E} \tag{4-16}$$

식 (4-16)를 크기(스칼라량)로 나타내면 다음과 같이 표현된다.

$$P = \varepsilon_0 (\varepsilon_s - 1) E = (\varepsilon - \varepsilon_0) E \tag{4-17}$$

결국 분극의 세기 $\boldsymbol{P}$와 전계의 세기 $\boldsymbol{E}$는 서로 비례하므로, 비례상수 카이(χ)를 도입하여 다음과 같이 표현할 수 있다.

$$\boldsymbol{P} = \chi \boldsymbol{E}, \quad \chi = \frac{\boldsymbol{P}}{\boldsymbol{E}} \tag{4-18}$$

여기서 비례상수 χ를 **분극률**이라 하고 다음과 같이 나타낸다.

$$\chi = \varepsilon_0 (\varepsilon_s - 1) = \varepsilon - \varepsilon_0 \tag{4-19}$$

유전체 내부에서의 분극의 세기 $\boldsymbol{P}$는 식 (4-14)를 식 (4-16)에 대입하면

$$\boldsymbol{P} = \varepsilon_0 (\varepsilon_s - 1) \boldsymbol{E} = (\varepsilon - \varepsilon_0) \cdot \left(\frac{\sigma}{\varepsilon_0 \varepsilon_s} \right) = \sigma \left(1 - \frac{1}{\varepsilon_s} \right) \tag{4-20}$$

이 된다. 따라서 분극의 세기 $\boldsymbol{P}$는 "유전율이 큰 물질일수록 잘 발생한다"는 것을 알 수 있다.

예제 4-1 비유전율이 5인 등방 유전체의 한 점에서의 전계의 세기가 10^5[V/m]일 때 이 점의 분극의 세기는 몇 [C/m²]인가?

풀이 $P = \varepsilon_0(\varepsilon_s - 1)E = \dfrac{10^{-9}}{36\pi} \times (5-1) \times 10^5 = \dfrac{10^{-4}}{9\pi}$ [C/m²]

4.2.3 유전체에서 전속밀도

전속밀도 $\boldsymbol{D}$는 $\boldsymbol{D} = \varepsilon \boldsymbol{E} = \varepsilon_0 \varepsilon_s \boldsymbol{E}$이므로 이 식을 식 (4-16)에 대입하면 분극의 세기 $\boldsymbol{P}$와 전속밀도 $\boldsymbol{D}$의 관계는

$$\boldsymbol{P} = \varepsilon_0(\varepsilon_s - 1)\boldsymbol{E} = \varepsilon \boldsymbol{E} - \varepsilon_0 \boldsymbol{E} = \boldsymbol{D} - \varepsilon_0 \boldsymbol{E} = \boldsymbol{D}\left(1 - \frac{1}{\varepsilon_s}\right) \tag{4-21}$$

이 된다. 위 식을 전속밀도 $\boldsymbol{D}$에 관해 정리하고 식 (4-15)을 적용하면

$$\boldsymbol{D} = \varepsilon_0 \boldsymbol{E} + \boldsymbol{P} = \varepsilon_0 \boldsymbol{E} + \varepsilon_0(\varepsilon_s - 1)\boldsymbol{E} = \varepsilon_0 \varepsilon_s \boldsymbol{E} = \sigma \tag{4-22}$$

가 되어, 유전체내의 전속밀도 $\boldsymbol{D}$는 진전하밀도 σ와 같게 되므로 전속밀도는 분극전하에는 영향을 받지 않는다.

진공일 때는 분극의 세기 $\boldsymbol{P}$가 $\boldsymbol{P} = 0$이 되므로 식 (4-22)을 이용하면 전속밀도는 다음과 같이 나타낸다.

$$\boldsymbol{D} = \varepsilon_0 \boldsymbol{E} \tag{4-23}$$

4.3 유전체의 경계조건

4.3.1 전속밀도의 경계조건

그림 4-6과 같이 유전율이 각각 ε_1, ε_2인 2종류의 경계면 양측에 평행한 면적 dS를 가지고, 측면은 전속의 출입을 무시할 정도 높이가 충분히 작은 원통면을 가상한다.

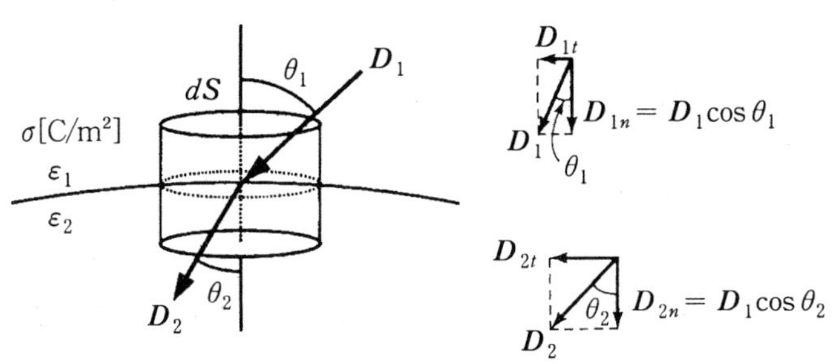

그림 4-6 전속의 굴절

여기에 경계면의 면전하밀도 σ, 전속 $\boldsymbol{D}_1$, $\boldsymbol{D}_2$의 법선성분을 $\boldsymbol{D}_{1n}$, $\boldsymbol{D}_{2n}$이라 하면, 가우스법칙 $\int_S \boldsymbol{D} \cdot \boldsymbol{n}\, dS = Q$을 이용하면 다음과 같이 나타낼 수 있다.

$$\int_S \boldsymbol{D} \cdot \boldsymbol{n} dS = \int_S \boldsymbol{D}_n dS = -\int_{S_1} \boldsymbol{D}_{1n} dS_1 + \int_{S_2} \boldsymbol{D}_{2n} dS_2 = \sigma \int dS \tag{4-24}$$

가상원통면의 상부와 하부의 미소면적은 $dS_1 = dS_2 = dS$이므로 식 (4-24)는

$$\boldsymbol{D}_{2n} - \boldsymbol{D}_{1n} = \sigma \tag{4-25}$$

가 된다. 그러나 일반적으로 완전 유전체에서는 자유전하가 없기 때문에 면전하밀도는 $\sigma = 0$, 즉 경계면에 전하가 존재하지 않으므로 전속밀도 $\boldsymbol{D}$는

$$\left.\begin{aligned} \boldsymbol{D}_{1n} &= \boldsymbol{D}_{2n} \\ D_1\cos\theta_1 &= D_2\cos\theta_2 \end{aligned}\right\} \qquad (4\text{-}26)$$

의 관계가 성립한다. 따라서 서로 다른 유전체 경계면에서 전속밀도의 법선성분(수직성분)은 "서로 같고 연속적이라는 것을 의미"한다.

4.3.2 전계의 경계조건

그림 4-7과 같이 유전율이 서로 다른 경계면에 접하는 직사각형 $ABCD$모양의 경로를 취하고, 전계 $\boldsymbol{E}$에 대한 일주적분을 생각한다.

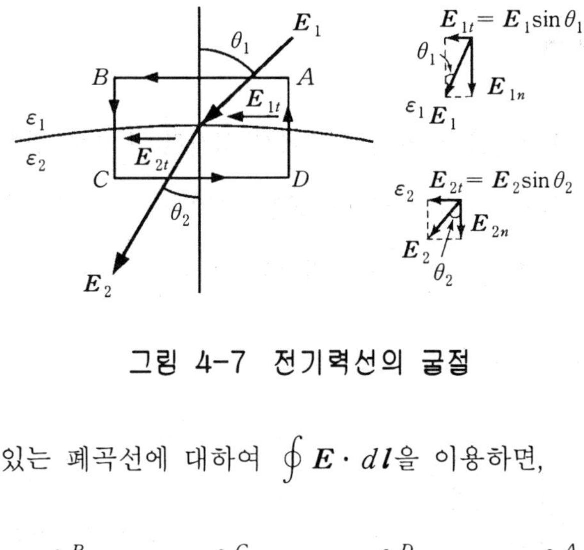

그림 4-7 전기력선의 굴절

경계면에 걸쳐있는 폐곡선에 대하여 $\oint \boldsymbol{E}\cdot d\boldsymbol{l}$을 이용하면,

$$\oint \boldsymbol{E}\cdot d\boldsymbol{l} = \int_A^B \boldsymbol{E}\cdot d\boldsymbol{l} + \int_B^C \boldsymbol{E}\cdot d\boldsymbol{l} + \int_C^D \boldsymbol{E}\cdot d\boldsymbol{l} + \int_D^A \boldsymbol{E}\cdot d\boldsymbol{l} \qquad (4\text{-}27)$$

이 된다. 여기서 경로 BC와 DA는 매우 짧기 때문에 무시할 수 있으므로 식(4-27)은 다음과 같다.

$$\oint \boldsymbol{E}\cdot d\boldsymbol{l} = \int_A^B \boldsymbol{E}\cdot d\boldsymbol{l} + \int_C^D \boldsymbol{E}\cdot d\boldsymbol{l}$$

$$= \int_A^B \boldsymbol{E}_{1t} \cdot d\boldsymbol{l} - \int_C^D \boldsymbol{E}_{2t} \cdot d\boldsymbol{l} = \int (\boldsymbol{E}_{1t} - \boldsymbol{E}_{2t}) d\boldsymbol{l} \qquad (4\text{-}28)$$

따라서 벡터장에서 선적분의 물리적 의미는 벡터장 $\boldsymbol{E}$가 한 일을 의미하고, 보존장의 조건과 같이 일주적분하면 $\oint \boldsymbol{E} \cdot d\boldsymbol{l} = 0$이 되므로 전계 $\boldsymbol{E}$에 대해 다음과 같은 관계가 성립한다.

$$\left. \begin{aligned} &\boldsymbol{E}_{1t} = \boldsymbol{E}_{2t} \\ &E_1 \sin\theta_1 = E_2 \sin\theta_2 \end{aligned} \right\} \qquad (4\text{-}29)$$

이것은 서로 다른 유전체의 경계면에서 전계의 접선성분, 즉 "평행성분은 서로 같고 연속적이라는 것을 의미"한다.

4.3.3 굴절각

그림 4-8 (a)와 유전율이 ε_1인 유전체에서 입사각 θ_1으로 전속선 $\boldsymbol{D_1}$이 경계면에 들어와서 굴절각 θ_2로 $\boldsymbol{D_2}$와 같이 굴절하여 유전율 ε_2인 유전체로 향할 때, 전속밀도의 경계조건 $\boldsymbol{D}_{1n} = \boldsymbol{D}_{2n}$에 따라 다음과 같이 된다.

$$D_1 \cos\theta_1 = D_2 \cos\theta_2 \qquad (4\text{-}30)$$

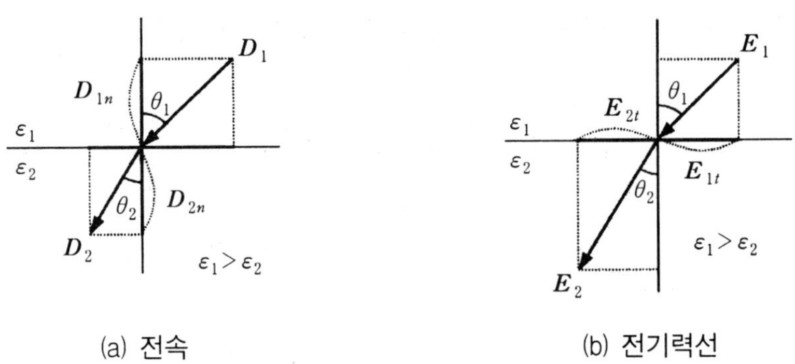

(a) 전속 (b) 전기력선

그림 4-8 경계면에서의 굴절

또한 그림 4-8 (b)와 같이 전계도 접선성분이 서로 같기 때문에 경계조건($\boldsymbol{E}_{1t} = \boldsymbol{E}_{2t}$)에 의해 다음과 같이 된다.

$$E_1 \sin\theta_1 = E_2 \sin\theta_2 \tag{4-31}$$

여기서, 식 (4-30)으로 식 (4-31)을 나누면

$$\frac{E_1 \sin\theta_1}{D_1 \cos\theta_1} = \frac{E_2 \sin\theta_2}{D_2 \cos\theta_2} \tag{4-32}$$

이 된다.

따라서 전속밀도와 전계의 관계식은 다음과 같으므로

$$\left.\begin{aligned} \boldsymbol{D}_1 &= \varepsilon_1 \boldsymbol{E}_1 \\ \boldsymbol{D}_2 &= \varepsilon_2 \boldsymbol{E}_2 \end{aligned}\right\} \tag{4-33}$$

이 식을 식 (4-32)에 대입하면 다음과 같다.

$$\frac{E_1 \sin\theta_1}{\varepsilon_1 E_1 \cos\theta_1} = \frac{E_2 \sin\theta_2}{\varepsilon_2 E_2 \cos\theta_2} \tag{4-34}$$

또한 $\dfrac{\sin\theta}{\cos\theta} = \tan\theta$이므로, 식 (4-34)를 정리하면 다음의 관계를 얻을 수 있다.

$$\frac{\tan\theta_1}{\tan\theta_2} = \frac{\varepsilon_1}{\varepsilon_2} \tag{4-35}$$

이 식을 전속 및 전기력선이 유전율이 다른 유전체의 경계면에서 굴절한다는 것을 의미하며, 이것이 전속 및 전기력선의 **굴절법칙**이다.

그림 4-8과 같이 유전체 경계면에서의 유전율이 $\varepsilon_1 > \varepsilon_2$이면, 입사각과 굴절각의 관계는 $\theta_1 > \theta_2$, 전속밀도의 관계는 $\boldsymbol{D}_1 > \boldsymbol{D}_2$, 전계는 $\boldsymbol{E}_1 < \boldsymbol{E}_2$의 관계가 성립하므로 경계면에서 모두 불연속적인 것을 알 수 있다.

또한 유전율이 $\varepsilon_1 < \varepsilon_2$이면 입사각과 굴절각도 $\theta_1 < \theta_2$가 되므로 유전율이 적은 유전체에서 유전율이 큰 유전체로 전속이나 전기력선이 들어가면 굴절각 θ_2가 크게 되는 것을 알 수 있다.

만약에 유전율이 $\theta_1 > \theta_2$의 관계이더라도 유전율에 관계없이 입사각과 굴절각이 $\theta_1 = \theta_2 = 0$이라면 전속밀도는 $D_1 \cos\theta_1 = D_2 \cos\theta_2$에 의해 $\boldsymbol{D}_1 = \boldsymbol{D}_2$로 되어, 경계면에서 연속을 하지만, 전계는 $\boldsymbol{E}_1 < \boldsymbol{E}_2$가 되어 경계면에서 불연속이 된다.

예제 4-2 공기주위 전계 $\boldsymbol{E}_1 = 10[\text{kV/cm}]$이 30°의 입사각으로 기름의 경계에 닿을 때 굴절각 θ_2와 기름중의 전계 $\boldsymbol{E}_2[\text{V/m}]$는?(단, 기름의 비유전율은 3이다.)

풀이 경계면 조건에서 $\dfrac{\tan\theta_1}{\tan\theta_2} = \dfrac{\varepsilon_1}{\varepsilon_2} \rightarrow \tan\theta_2 = \dfrac{\varepsilon_2}{\varepsilon_1}\tan\theta_1 = \dfrac{\varepsilon_0\varepsilon_s}{\varepsilon_0}\tan\theta_1$이므로

여기에 $\varepsilon_s = 3$, $\theta = 30°$를 대입하면 $\tan\theta_2 = \varepsilon_s \tan\theta_1 = 3 \times \dfrac{1}{\sqrt{3}} = \sqrt{3}$이므로

$\theta_2 = \tan^{-1}\sqrt{3} = 60°$가 된다. 또한 $\boldsymbol{E}_1 \sin\theta_1 = \boldsymbol{E}_2 \sin\theta_2$에서 전계 $\boldsymbol{E}_2$를 구하면

$$\boldsymbol{E}_2 = \frac{\sin\theta_1}{\sin\theta_2}\boldsymbol{E}_1 = \frac{\frac{1}{2}}{\frac{\sqrt{3}}{2}} \times 10^6 = \frac{10^6}{\sqrt{3}}[\text{V/m}]$$가 된다.

4.4 유전체내의 정전용량 계산

도체 사이에 유전체가 있으면 전계는 진공일 때보다 낮아지고, 정전용량 C는 증가한다. 도체가 갖는 전하의 크기가 $Q[\text{C}]$, 전위가 $V[\text{V}]$이면 정전용량 $C[\text{F}]$는 $C = Q/V$를 이용하여 계산할 수 있다. 본 장에서는 대표적인 도체계의 매질 일부 또는 전부가 어떤 비유전율 ε_s인 유전체가 존재할 경우의 정전용량 C을 계산하여 본다.

4.4.1 직렬 복합유전체

그림 4-9 (a)와 같이 평행평판전극 사이에 면적 S, 두께 d_1, d_2, 유전율 ε_1, ε_2인 2종의 유전체로 채워져 있고, 양 도체판에 $\pm Q$[C]의 전하를 주면 전극의 단위 면적당 σ의 전하가 분포한다고 하면 이 양 도체판 사이의 정전용량을 구해보자.

양 도체판에 $\pm Q$의 전하를 주면 전속 및 전기력선은 평행으로 분포되고, 2개의 유전체내에서 연속이므로 전속밀도 $\boldsymbol{D}$는 경계면 조건에서 전속밀도의 법선방향(수직성분)과 서로 같으므로

$$\boldsymbol{D}_1 = \boldsymbol{D}_2 = \boldsymbol{D} = \sigma \tag{4-36}$$

와 같이 모두 일정하고, 극판의 전하밀도 σ와 같다. 따라서 유전체내의 각 전계의 세기 $\boldsymbol{E}_1$, $\boldsymbol{E}_2$는 다음과 같이 된다.

$$\boldsymbol{E}_1 = \frac{\boldsymbol{D}}{\varepsilon_1} = \frac{\sigma}{\varepsilon_1}, \quad \boldsymbol{E}_2 = \frac{\boldsymbol{D}}{\varepsilon_2} = \frac{\sigma}{\varepsilon_2} \tag{4-37}$$

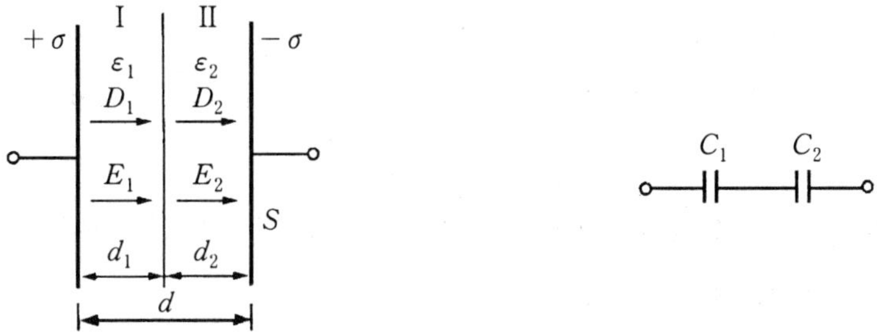

(a) 구조 (b) 등가회로

그림 4-9 직렬 복합유전체

각 유전체내의 전계의 세기는 다르지만, 전속밀도 $\boldsymbol{D}$는 일정하다. 또한 극판 상의 전전하 Q는 $Q = \sigma S$이므로 식 (4-37)을 다음과 나타낼 수 있다.

$$\left.\begin{aligned} \boldsymbol{E}_1 = \frac{\boldsymbol{D}}{\varepsilon_1} = \frac{\sigma}{\varepsilon_1} = \frac{Q}{\varepsilon_1 S} \\ \boldsymbol{E}_2 = \frac{\boldsymbol{D}}{\varepsilon_2} = \frac{\sigma}{\varepsilon_2} = \frac{Q}{\varepsilon_2 S} \end{aligned}\right\} \tag{4-38}$$

이때 각 전극의 전위를 각각 V_1, V_2라 하면, $V = \boldsymbol{E}d$의 공식에 의해 식 (4-38)을 적용하면 두 전극의 전위차 V는

$$\begin{aligned} V &= V_1 + V_2 = E_1 d_1 + E_2 d_2 \\ &= \frac{Q}{\varepsilon_1 S} d_1 + \frac{Q}{\varepsilon_2 S} d_2 = \frac{Q}{S}\left(\frac{d_1}{\varepsilon_1} + \frac{d_2}{\varepsilon_2}\right) \end{aligned} \tag{4-39}$$

가 된다. 따라서 정전용량 C는

$$C = \frac{Q}{V} = \frac{Q}{\frac{Q}{S}\left(\frac{d_1}{\varepsilon_1} + \frac{d_2}{\varepsilon_2}\right)} = \frac{S}{\frac{d_1}{\varepsilon_1} + \frac{d_2}{\varepsilon_2}} \text{ [F]} \tag{4-40}$$

이 되고, 단위면적당 정전용량을 C_S라 하면 다음과 나타낼 수 있다.

$$C_S = \frac{C}{S} = \frac{1}{\frac{d_1}{\varepsilon_1} + \frac{d_2}{\varepsilon_2}} \tag{4-41}$$

직렬로 접속한 직렬복합유전체의 각 정전용량을 C_1, C_2라 하면, 식 (4-41)에 의해 합성정전용량은 다음과 같이

$$\frac{1}{C} = \frac{1}{S}\left(\frac{d_1}{\varepsilon_1} + \frac{d_2}{\varepsilon_2}\right) = \frac{1}{C_1} + \frac{1}{C_2} \tag{4-42}$$

또는

$$C = \frac{1}{C_1} + \frac{1}{C_2} = \frac{C_1 C_2}{C_1 + C_2} \text{ [F]} \tag{4-43}$$

로 나타낸다. 식 (4-42)에서 정전용량 C는 C_1과 C_2의 직렬접속이 되고, 그림

4-9 (b)와 같이 콘덴서의 직렬등가회로로 치환할 수 있다.

여기서, 각 유전체의 정전용량 C_1, C_2는 다음과 같다.

$$C_1 = \frac{\varepsilon_1 S}{d_1}, \qquad C_2 = \frac{\varepsilon_2 S}{d_2} \tag{4-44}$$

예제 4-3 그림과 같은 평행판 공기콘덴서 극판간격의 1/2 두께되는 종이를 전극에 평행하게 넣으면 처음에 비하여 정전용량은 몇 배가 되는가?

풀이 콘덴서의 직렬접속이므로

$$C = \frac{\varepsilon_1 \varepsilon_2 S}{\varepsilon_1 d_2 + \varepsilon_2 d_1} = \frac{\varepsilon_0 \varepsilon_0 \varepsilon_s S}{\varepsilon_0 \frac{d}{2} + \varepsilon_0 \varepsilon_s \frac{d}{2}} = \frac{\varepsilon_0^2 \varepsilon_s S}{\varepsilon_0 \frac{d}{2}(1+\varepsilon_s)} = \frac{2\varepsilon_0 \varepsilon_s S}{d(1+\varepsilon_s)}$$

$= \frac{2\varepsilon_s S}{(1+\varepsilon_s)} C_0$[F]가 되므로 여기에 수치를 대입하면 $C = \frac{2 \times 3}{1+3} C_0 = 1.5 C_0$가 된다. 그러므로 1.5배가 된다.

4.4.2 병렬 복합유전체

그림 4-10과 같이 평행도체판 사이에 유전율이 각각 ε_1, ε_2인 2종류의 유전체를 나란히 넣었을 경우 도체판 사이의 정전용량을 구해보자.

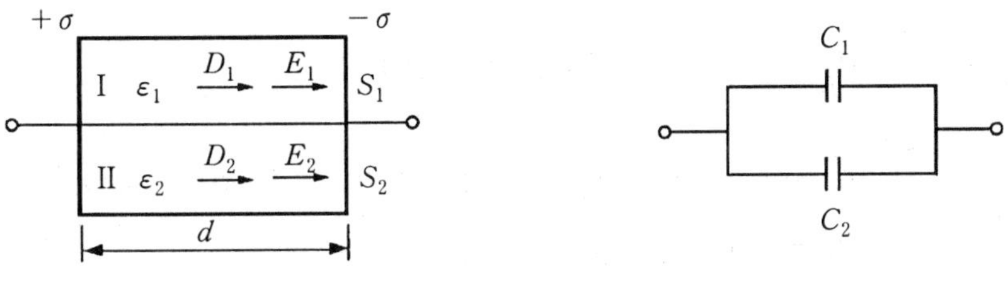

(a) 구조 (b) 등가회로

그림 4-10 병렬 복합유전체

먼저 각 유전체내의 전계를 $\boldsymbol{E}_1$, $\boldsymbol{E}_2$, 전속밀도를 $\boldsymbol{D}_1$, $\boldsymbol{D}_2$라 하면, 전계의 세기는 경계조건(경계면에 접선방향)에 따라 경계면과 평형으로 작용하기 때문에 각 유전체내에서 일정하므로, 즉 $E_1 \sin\theta_1 = E_2 \sin\theta_2$에서 $\theta_1 = 90°$(수직)이므로

$$\boldsymbol{E} = \boldsymbol{E}_1 = \boldsymbol{E}_2 \tag{4-45}$$

가 되어, 각 유전체내에서의 전계의 세기 $\boldsymbol{E}_1$과 $\boldsymbol{E}_2$는 다음과 같다.

$$\boldsymbol{E}_1 = \frac{\boldsymbol{D}_1}{\varepsilon_1},\ \boldsymbol{E}_2 = \frac{\boldsymbol{D}_2}{\varepsilon_2} \tag{4-46}$$

따라서 전계의 세기 $\boldsymbol{E}$는 식 (4-45)을 이용하면 식 (4-46)을 다음과 같이 바꿀 수 있다.

$$\boldsymbol{E} = \frac{\boldsymbol{D}_1}{\varepsilon_1} = \frac{\boldsymbol{D}_2}{\varepsilon_2} = \frac{V}{d} \tag{4-47}$$

여기서, V는 전위, d는 극판거리이다. 위의 식에서 알 수 있듯이 각 유전체내의 전계의 세기는 일정하고, 전속밀도는 다른 것을 알 수 있다.

전극판상의 전 전하를 Q라 하면 가우스법칙에 의하여

$$Q = \int \boldsymbol{D} \cdot d\boldsymbol{S} = D_1 S_1 + D_2 S_2 = \frac{V}{d}(\varepsilon_1 S_1 + \varepsilon_2 S_2) \tag{4-48}$$

가 된다. 따라서 합성정전용량 C는 $C = Q/V$에 의해 식 (4-48)은

$$C = \frac{Q}{V} = \frac{1}{d}(\varepsilon_1 S_1 + \varepsilon_2 S_2) = C_1 + C_2 [\mathrm{F}] \tag{4-49}$$

가 되어, 그림 4-10 (b)와 같이 병렬 등가회로로 만들 수 있다. 각 유전체의 정전용량 C_1, C_2는 다음과 같이 표현된다.

$$C_1 = \frac{\varepsilon_1 S_1}{d},\quad C_2 = \frac{\varepsilon_2 S_2}{d} \tag{4-50}$$

예제 4-4 그림과 같이 유전율이 ε_1, ε_2인 두 유전체의 경계면에 중심을 둔 반지름 a인 도체구의 정전용량은?

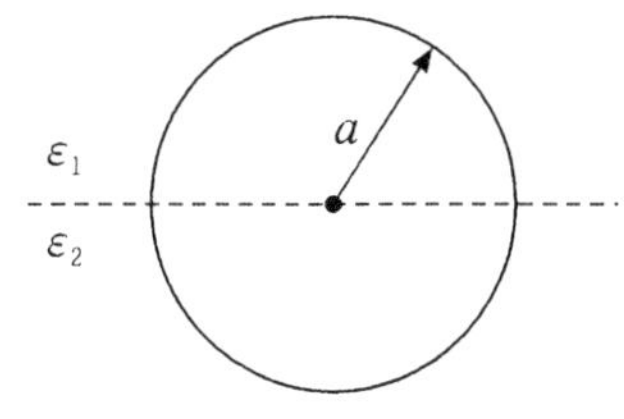

풀이 유전율 ε인 유전체 내부 도체의 전위 $V=\frac{Q}{4\pi\varepsilon a}$[V]이므로, 고립 도체구의 정전용량 $C=\frac{Q}{V}=4\pi\varepsilon a$[F]이다. 따라서 반구의 정전용량은 $2\pi\varepsilon a$[F]이므로 위 반구의 정전용량 C_1과 아래 반구의 정전용량 C_2의 병렬연결로 취급할 수 있다.

$C_1=2\pi\varepsilon_1 a$[F], $C_2=2\pi\varepsilon_2 a$[F]이므로 병렬 합성정전용량 C_0는 다음과 같다.

$\therefore\ C_0=C_1+C_2=2\pi\varepsilon_1 a+2\pi\varepsilon_2 a=2\pi a(\varepsilon_1+\varepsilon_2)$[F]

4.4.3 도체구

그림 4-11과 같이 반경 a인 도체구에 전하 Q[C]이 균일하게 분포되어 있고, 도체구 주위 $a\le r_1<b$인 공간에 유전율 ε의 유전체가 있을 경우, 도체 a에 전하 Q를 주면 거리 r만큼 떨어진 점 P에서의 전속밀도 $\boldsymbol{D}_P$는 다음과 같다.

$$\boldsymbol{D}_P=\frac{Q}{4\pi r^2}\,[\mathrm{C/m^2}] \tag{4-51}$$

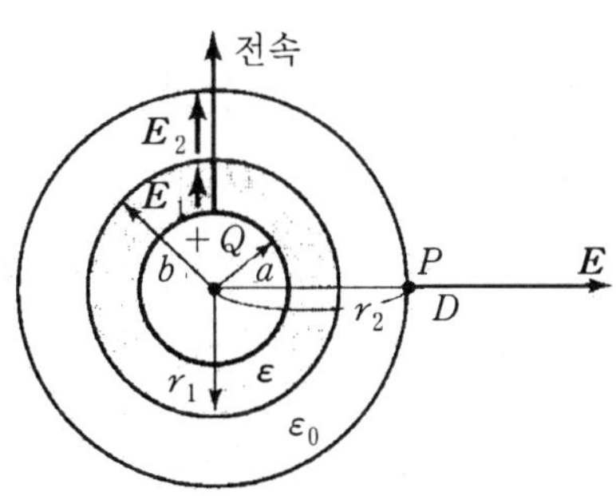

그림 4-11 도체구

따라서 도체구의 전하 Q에 의해 전속은 방사상으로 연속적인 분포가 되므로

각 구간별로 전계의 세기 $\boldsymbol{E}_1$, $\boldsymbol{E}_2$을 구해보면

$$a \le r_1 < b \text{ 구간 : } \boldsymbol{E}_1 = \frac{\boldsymbol{D}}{\varepsilon} = \frac{Q}{4\pi\varepsilon {r_1}^2} \tag{4-52}$$

$$b \le r_2 < \infty \text{ 구간 : } \boldsymbol{E}_1 = \frac{\boldsymbol{D}}{\varepsilon_0} = \frac{Q}{4\pi\varepsilon_0 {r_2}^2} \tag{4-53}$$

가 되어, 도체구 표면의 전위 V는 다음과 같이 구할 수 있다.

$$\begin{aligned} V &= -\int_{\infty}^{b} \boldsymbol{E}_2 d\boldsymbol{r} - \int_{b}^{a} \boldsymbol{E}_1 d\boldsymbol{r} \\ &= \int_{\infty}^{b} \frac{Q}{4\pi\varepsilon_0 r^2} dr - \int_{b}^{a} \frac{Q}{4\pi\varepsilon r^2} dr \\ &= \frac{Q}{4\pi\varepsilon_0} \frac{1}{b} + \frac{Q}{4\pi\varepsilon}\left(\frac{1}{a} - \frac{1}{b}\right) = \frac{Q}{4\pi\varepsilon_0}\left[\frac{1}{\varepsilon_s}\left(\frac{1}{a} - \frac{1}{b}\right) + \frac{1}{b}\right] \end{aligned} \tag{4-54}$$

따라서 도체구의 정전용량 C는 다음과 같이 구할 수 있다.

$$C = \frac{Q}{V} = \frac{4\pi\varepsilon_0}{\frac{1}{\varepsilon_s}\left(\frac{1}{a} - \frac{1}{b}\right) + \frac{1}{b}} = \frac{4\pi\varepsilon ab}{b + a(\varepsilon_s - 1)} \text{ [F]} \tag{4-55}$$

4.4.4 동축 원통도체

그림 4-12와 같이 동축 원통도체 사이에 유전율 ε_1, ε_2인 두 종류의 유전체가 있을 경우의 정전용량을 구해보자.

단위길이당 내부 도체에 $+\lambda$[C/m], 외부 도체에 $-\lambda$[C/m]의 선전하밀도를 부여하면, 유전율 ε_1, ε_2의 경계면에서 전속과 전기력선은 수직 입사를 하므로 경계 조건에 따라 전속밀도 $\boldsymbol{D}$는 연속하고, 전계의 세기 $\boldsymbol{E}$는 불연속임을 알 수 있다.

따라서 중심에서 거리 r_1[m], r_2[m] 떨어진 점의 전속밀도 $\boldsymbol{D}_1$과 $\boldsymbol{D}_2$는 각각

$$\boldsymbol{D}_1 = \frac{\lambda}{2\pi r_1} \text{ [C/m}^2\text{]} \tag{4-56}$$

$$\boldsymbol{D}_2 = \frac{\lambda}{2\pi r_2} \text{[C/m}^2\text{]} \tag{4-57}$$

가 된다.

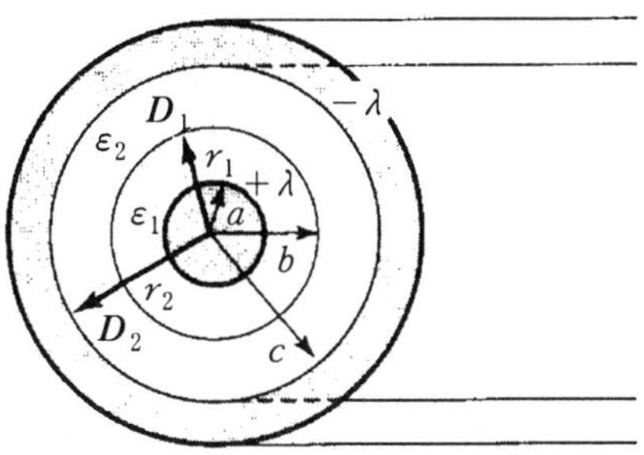

그림 4-12 동축 원통도체

이때 각 유전체내의 전계의 세기를 $\boldsymbol{E}_1$, $\boldsymbol{E}_2$라 하면

$$\boldsymbol{E}_1 = \frac{\boldsymbol{D}_1}{\varepsilon_1} = \frac{\lambda}{2\pi\varepsilon_1 r_1} \text{[V/m]}, \ (a < r_1 < b) \tag{4-58}$$

$$\boldsymbol{E}_2 = \frac{\boldsymbol{D}_2}{\varepsilon_2} = \frac{\lambda}{2\pi\varepsilon_2 r_2} \text{[V/m]}, \ (b < r_2 < c) \tag{4-59}$$

가 되므로, 내 · 외 도체 사이의 전위차 V는 다음과 같이 구할 수 있다.

$$\begin{aligned} V &= -\int_c^b \boldsymbol{E}_2 d\boldsymbol{r} - \int_b^a \boldsymbol{E}_1 d\boldsymbol{r} = -\int_c^b \frac{\lambda}{2\pi\varepsilon_2 r} dr - \int_b^a \frac{\lambda}{2\pi\varepsilon_1 r} dr \\ &= \frac{\lambda}{2\pi}\left[\frac{1}{\varepsilon_2}\int_b^c \frac{1}{r} dr + \frac{1}{\varepsilon_1}\int_a^b \frac{1}{r} dr\right] \\ &= \frac{\lambda}{2\pi}\left(\frac{1}{\varepsilon_2}\ln\frac{c}{b} + \frac{1}{\varepsilon_1}\ln\frac{b}{a}\right)\text{[V]} \end{aligned} \tag{4-60}$$

따라서 단위길이당 동축 원통도체의 정전용량 C[F/m]는

$$C = \frac{\lambda}{V} = \frac{2\pi}{\dfrac{1}{\varepsilon_2}\ln\dfrac{c}{b} + \dfrac{1}{\varepsilon_1}\ln\dfrac{b}{a}} \tag{4-61}$$

가 된다. 또한 식 (4-61)에 의해 선전하밀도 λ는

$$\lambda = \frac{2\pi V}{\frac{1}{\varepsilon_2}\ln\frac{c}{b} + \frac{1}{\varepsilon_1}\ln\frac{b}{a}} \text{[C/m]} \tag{4-62}$$

이므로 각 유전체 층에서의 전계의 세기 $\boldsymbol{E}_1$, $\boldsymbol{E}_2$는

$$\boldsymbol{E}_1 = \frac{\lambda}{2\pi\varepsilon_1 r} = \frac{CV}{2\pi\varepsilon_1 r} = \frac{V}{r}\cdot\frac{V}{\ln\frac{b}{a} + \frac{\varepsilon_1}{\varepsilon_2}\ln\frac{c}{b}} \text{[V/m]},\ (a < r < b) \tag{4-63}$$

$$\boldsymbol{E}_2 = \frac{\lambda}{2\pi\varepsilon_2 r} = \frac{CV}{2\pi\varepsilon_2 r} = \frac{V}{r}\cdot\frac{V}{\frac{\varepsilon_2}{\varepsilon_1}\ln\frac{b}{a} + \ln\frac{c}{b}} \text{[V/m]},\ (b < r < c) \tag{4-64}$$

가 된다.

유전율이 $\varepsilon_1 > \varepsilon_2$인 경우의 전계분포를 그림 4-13에 나타냈다. 그림 4-13에서 점선의 경우는 $\varepsilon_1 = \varepsilon_2$인 단일유전체를 나타낸 것으로 이 경우에 내부원통도체 표면에서 전계가 가장 높기 때문에 전압을 인가하면, 내부원통 표면에서부터 절연 파괴가 일어나기 쉽다.

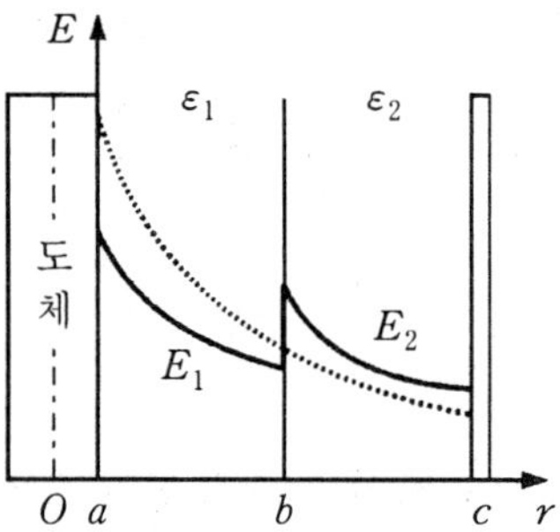

그림 4-13 단절연

그러나 $\varepsilon_1 > \varepsilon_2$인 복합유전체는 실선과 같이 내부의 최대전계가 감소하기 때문

에 단일유전체를 사용하였을 때보다 내부전계분포를 거의 균일하게 할 수 있고, 또한 같은 크기의 원통간에 인가하는 전위차를 높일 수 있다.

이와 같이 다른 유전체를 조합하여 전계분포를 균일하게 하는 것을 **단절연**(graded insulation) 또는 **계층절연**이라 한다. 이것은 고압 송전용케이블의 절연효과를 높이는 원리로 이용되고 있다.

4.5 유전체 사이에 작용하는 힘

4.5.1 유전체내의 에너지밀도

그림 4-14와 같이 두 개의 도체에 전하 Q_1, Q_2, 전위 V_1, V_2가 각각 있다면 이 도체계가 갖는 에너지는 다음과 같다.

$$W = \frac{1}{2}(V_1 Q_1 + V_2 Q_2)[\mathrm{J}] \tag{4-65}$$

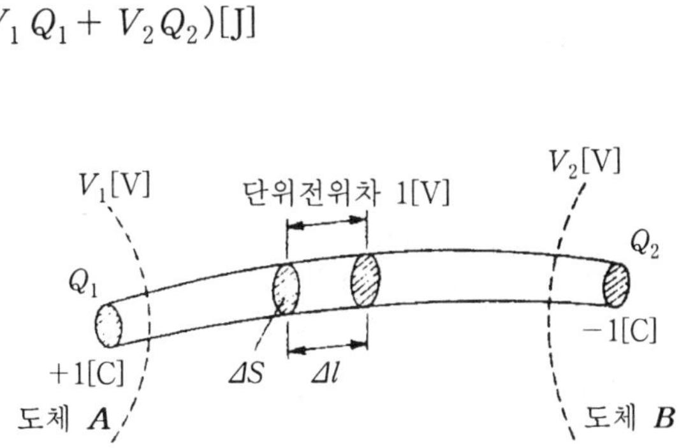

그림 4-14 두 개의 도체를 연결한 패러데이관

도체 A에서는 Q_1개의 패러데이관이 나오지만 현재 도체 B에 도달하는 1개의 패러데이관만을 생각하면, 그림 4-14와 같이 양 도체에 $Q_1 = +1$[C]과 $Q_2 = -1$[C]의 전하만 존재하기 때문에 이 전하 값을 식 (4-65)에 대입하면 패러데이관에 축적되는 에너지 ΔW를 알 수 있다.

$$\Delta W = \frac{1}{2}(V_1 - V_2)[\mathrm{J}] \tag{4-66}$$

즉, 페러데이관 내의 매질 중에서 단위전위차당 1/2[J]의 에너지를 갖게 된다.

그림 4-14와 같이 페러데이관이 1[V]의 전위차를 갖는 부분, 즉 길이 Δl, 단면적 ΔS라 하면 이 부분에 축적되는 에너지는 1/2[J]이므로 에너지밀도를 w라 하면 다음과 같이 나타낼 수 있다.

$$w = \frac{1}{2}\frac{1}{\Delta l \cdot \Delta S}\,[\mathrm{J/m^3}] \tag{4-67}$$

여기서 $\frac{1}{\Delta l}$[V/m]은 이 부분의 전위경도를 표시하므로 이것은 전계의 세기 $\boldsymbol{E}$에 상당하고, $\frac{1}{\Delta S}$[C/m^2]은 페러데이관의 밀도를 나타내므로 전속밀도 $\boldsymbol{D}$에 상당한다. 따라서 에너지밀도 w는 다음과 같이 표현할 수 있다.

$$w = \frac{1}{2}\boldsymbol{ED} = \frac{1}{2}\frac{\boldsymbol{D}^2}{\varepsilon} = \frac{1}{2}\varepsilon\boldsymbol{E}^2\,[\mathrm{J/m^3}] \tag{4-68}$$

여기서 $\boldsymbol{D} = \varepsilon\boldsymbol{E}$, $\boldsymbol{E} = \frac{\boldsymbol{D}}{\varepsilon}$ 이다.

식 (4-68)을 스칼라량으로 표시하면 다음과 같다.

$$w = \frac{1}{2}ED = \frac{1}{2}\frac{D^2}{\varepsilon} = \frac{1}{2}\varepsilon E^2\,[\mathrm{J/m^3}] \tag{4-69}$$

따라서 전계 내에 두 종류의 유전체가 접해 있을 때는 유전체내의 단위체적당 $\frac{1}{2}\boldsymbol{ED}$ 또는 $\frac{1}{2}\varepsilon\boldsymbol{E}^2$의 에너지가 축적되어 있으며, 이 에너지는 외부전계와 유전체에 따라 두 유전체 사이에 축적에너지의 차이가 생기며, 이 에너지 차이에 의해서 유전체 사이에 작용하는 힘이 발생한다.

예제 4-5 평행판콘덴서에 비유전율이 2와 6인 유전체를 삽입하고, 20[cm^2]의 경계면에 수직으로 140[V/m]인 전계가 가해졌을 때 작용하는 힘의 크기는 몇 [N]인가?(단, 공기의 유전율 $\varepsilon_0 = 8.854\times10^{-12}$이다.)

풀이 $\varepsilon_1 = \varepsilon_0\times6$, $\varepsilon_2 = \varepsilon_0\times2$, $D = \varepsilon E$를 대입하고, 이 식에 평행판의 면적 $S = 20\times10^{-4}$을 곱하면 되므로

$$F=\frac{1}{2}(\varepsilon_2 E^2-\varepsilon_1 E^2)\cdot S=\frac{1}{2}(\varepsilon_2-\varepsilon_1)\varepsilon_0 E^2\cdot S$$

$$=\frac{1}{2}\times(6-2)\times 8.854\times 10^{-12}\times 140^2\times 20\times 10^{-4}\fallingdotseq 6.942\times 10^{-10}[\mathrm{N}]$$

4.5.2 전계가 유전체 경계면에 수직인 경우

그림 4-15와 같이 유전율이 다른 두 종류의 유전체가 채워져 있고, 그 경계면에 전계 $\boldsymbol{E}$가 수직으로 입사하는 경우 경계면에서 작용하는 힘을 알아보자.

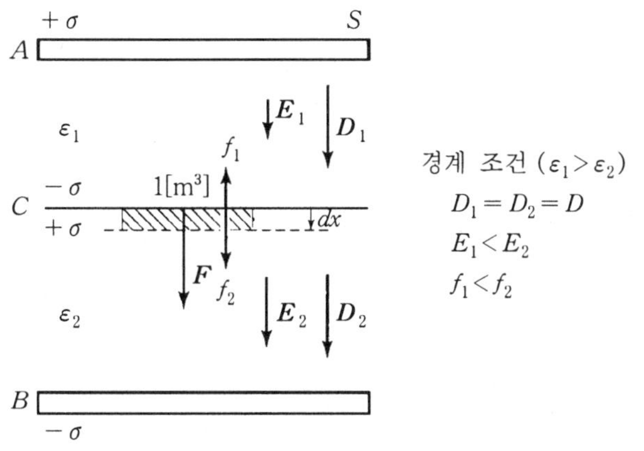

그림 4-15 전계가 유전체 경계면에 수직인 경우

이때 유전체의 유전율의 조건 $\varepsilon_1>\varepsilon_2$이며, 인가된 전기력 $\boldsymbol{F}$에 의해서 경계면이 dx만큼 전계방향으로 변위하였다면, 전속밀도 $\boldsymbol{D}$는 경계면에 수직 $(\theta_1=\theta_2=90°)$으로 작용하므로 경계조건, 즉 $D_1\cos\theta_1=D_2\cos\theta_2$이므로

$$\boldsymbol{D}_1=\boldsymbol{D}_2=\boldsymbol{D} \tag{4-70}$$

가 성립된다. 또한 전계 $\boldsymbol{E}$도 경계조건에 따라 다음과 같이 표현된다.

$$\boldsymbol{E}_1=\frac{\boldsymbol{D}}{\varepsilon_1},\ \boldsymbol{E}_2=\frac{\boldsymbol{D}}{\varepsilon_2}\ (\boldsymbol{E}_1<\boldsymbol{E}_2) \tag{4-71}$$

또한 그림 4-15는 유전율이 다른 AC와 BC의 두 콘덴서를 복합한 유전체를 직렬접속한 것이다. 따라서 콘덴서의 두 전극 사이에는 흡인력이 작용하기 때문에 AC 전극 중에 전극판 C는 위로 힘을 발생된다.

이때 전속밀도 $\boldsymbol{D}$는 $\boldsymbol{D}=\sigma$, 전계는 $\boldsymbol{E}_1=\boldsymbol{D}/\varepsilon_1$이므로 단위면적당 작용하는 힘을 $\boldsymbol{f}_1$이라 하면

$$\boldsymbol{f}_1=\frac{1}{2}\boldsymbol{DE}_1=\frac{1}{2}\frac{\boldsymbol{D}^2}{\varepsilon_1}=\frac{1}{2}\frac{\sigma^2}{\varepsilon_1}[\mathrm{N/m^2}] \tag{4-72}$$

가 된다. 또한 콘덴서 BC의 전극 중에서 전극 C는 아래로 힘이 작용한다. 이때 전속밀도는 $\boldsymbol{D}=\sigma$, 전계는 $\boldsymbol{E}_2=\boldsymbol{D}/\varepsilon_2$이므로 단위면적당 작용하는 힘을 $\boldsymbol{f}_2$라 하면

$$\boldsymbol{f}_2=\frac{1}{2}\boldsymbol{DE}_2=\frac{1}{2}\frac{\boldsymbol{D}^2}{\varepsilon_2}=\frac{1}{2}\frac{\sigma^2}{\varepsilon_2}[\mathrm{N/m^2}] \tag{4-73}$$

가 된다. 따라서 유전체의 경계면 C에서는 인장응력이 작용하므로, 경계면에 작용하는 전체 힘을 $\boldsymbol{F}$라 하면 다음과 같이 표현될 수 있다.

$$\begin{aligned}\boldsymbol{F}&=\boldsymbol{f}_2-\boldsymbol{f}_1=\frac{1}{2}\boldsymbol{DE}_2-\frac{1}{2}\boldsymbol{DE}_1=\frac{1}{2}(\boldsymbol{E}_2-\boldsymbol{E}_1)\boldsymbol{D}\\&=\frac{1}{2}\left(\frac{1}{\varepsilon_2}-\frac{1}{\varepsilon_1}\right)\boldsymbol{D}\\&=\frac{1}{2}\left(\frac{1}{\varepsilon_2}-\frac{1}{\varepsilon_1}\right)\sigma^2[\mathrm{N/m^2}]\end{aligned} \tag{4-74}$$

이 힘의 방향은 유전율이 $\varepsilon_1>\varepsilon_2$이면 $\boldsymbol{f}_1<\boldsymbol{f}_2$, $\boldsymbol{E}_1<\boldsymbol{E}_2$의 관계가 성립하므로 유전율이 작은 유전체가 큰 유전체를 흡인하는 방향으로 힘이 작용한다. 유전율이 $\varepsilon_1<\varepsilon_2$일 때는 반대방향으로 힘이 작용하게 된다.

4.5.3 전계가 유전체 경계면에 평행인 경우

그림 4-16과 같이 간격 d[m]인 극판간에 유전율 ε_1, ε_2이 다른 2종류의 유전체가 놓인 경우에는 전계와 경계면이 평행이 되며, 이때 경계면에 작용하는 단위 면적당 힘을 구해본다. 이때 유전율은 $\varepsilon_1 > \varepsilon_2$의 조건을 가진다.

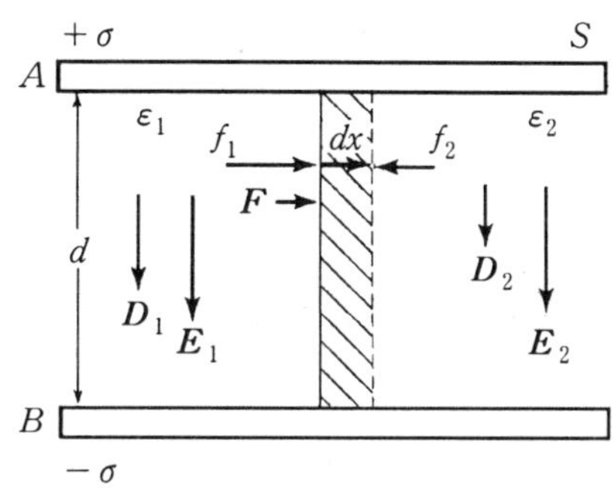

경계 조건 ($\varepsilon_1 > \varepsilon_2$)
$E_1 = E_2 = E$
$D_1 > D_2$
$f_1 > f_2$

그림 4-16 전계가 유전체 경계면에 평행인 경우

전계가 경계면에 대해 평행($\theta_1 = \theta_2 = 0°$)으로 작용하므로, 경계면 조건 즉 $E_1 \sin\theta_1 = E_2 \sin\theta_2$에 따라 전계 $\boldsymbol{E}$는

$$\boldsymbol{E}_1 = \boldsymbol{E}_2 = \boldsymbol{E} \tag{4-75}$$

가 되고, 전속밀도 $\boldsymbol{D}$는 경계조건에 따라 다음과 같이 표현된다.

$$\left.\begin{aligned} \boldsymbol{D}_1 &= \varepsilon_1 \boldsymbol{E} \\ \boldsymbol{D}_2 &= \varepsilon_2 \boldsymbol{E}\ (\boldsymbol{D}_1 > \boldsymbol{D}_2) \end{aligned}\right\} \tag{4-76}$$

그림 4-16은 유전율이 다른 두 개의 콘덴서를 병렬로 접속한 한 개의 콘덴서로 생각할 경우 도체 전극은 흡인력이 작용하므로 전극 내부에 있는 유전체의 경계면에서 받는 힘은 전극에서 받는 힘과 수직방향으로 작용하게 된다. 그러므로 도체전극에서 작용하는 힘은 유전체의 경계면으로 전달된다고 할 수 있다.

이때 유전율 ε_1의 유전체의 경계면에서 단위면적당 작용하는 힘을 $\boldsymbol{f}_1$이라 하면

$$f_1 = \frac{1}{2}\boldsymbol{D}_1\boldsymbol{E} = \frac{1}{2}\varepsilon_1\boldsymbol{E}^2[\text{N/m}^2] \tag{4-77}$$

이 되고, 또한 유전율 ε_2의 유전체 경계면에서 단위면적당 작용하는 힘을 f_2라 하면

$$f_2 = \frac{1}{2}\boldsymbol{D}_2\boldsymbol{E} = \frac{1}{2}\varepsilon_2\boldsymbol{E}^2[\text{N/m}^2] \tag{4-78}$$

가 된다. 따라서 유전체의 경계면에서는 압축응력이 발생하므로 경계면에 작용하는 전체힘 $\boldsymbol{F}$는 다음과 같다.

$$\begin{aligned}\boldsymbol{F} = f_1 - f_2 &= \frac{1}{2}\boldsymbol{D}_1\boldsymbol{E} - \frac{1}{2}\boldsymbol{D}_2\boldsymbol{E} = \frac{1}{2}(\boldsymbol{D}_1 - \boldsymbol{D}_2)\boldsymbol{E}\\ &= \frac{1}{2}(\varepsilon_1 - \varepsilon_2)\boldsymbol{E}^2[\text{N/m}^2]\end{aligned} \tag{4-79}$$

따라서 유전율이 $\varepsilon_1 > \varepsilon_2$이면 $f_1 > f_2$, $\boldsymbol{D}_1 > \boldsymbol{D}_2$의 관계가 성립하므로 유전율이 큰 유전체가 유전율이 작은 유전체의 방향으로 밀어내는 힘이 작용하게 된다.

예제 4-6 $\varepsilon_1 > \varepsilon_2$의 두 유전체의 경계면에 전계가 수직으로 입사할 때 경계면에 작용하는 힘은?

풀이 힘은 유전율이 큰 곳에서 작은 곳으로 작용하므로 ε_1에서 ε_2로 작용한다.

또한 전계가 수직 입사시 $D_1 = D_2 = D[\text{C/m}^2]$가 되므로

$f = f_2 - f_1 = \dfrac{D^2}{2\varepsilon_2} - \dfrac{D^2}{\varepsilon_1} = \dfrac{1}{2}\left(\dfrac{1}{\varepsilon_2} - \dfrac{1}{\varepsilon_1}\right)D^2[\text{N/m}^2]$의 값을 갖는다.

4.5.4 도체 표면에 작용하는 힘

그림 4-15에서 유전율이 ε_1의 유전체, 즉 극판 AC가 도체라 가정하면, 도체 표면에서는 전계가 표면에 수직이므로, 도체 내부에서는 전계는 "0"이기 때문에 전계 $\boldsymbol{E}_1 = 0$이 된다. 이때 작용하는 힘 $\boldsymbol{F}$는 식 (4-79)를 이용하면

$$F = \frac{1}{2} D_2 E_2 - \frac{1}{2} D_1 E_1 = \frac{1}{2} D_2 E_1 = \frac{1}{2} \frac{{D_2}^2}{\varepsilon_2} [\text{N/m}^2], \ (E_1 = 0) \tag{4-80}$$

가 된다. 또한 전속밀도 D_2는 도체 표면의 전하밀도 σ와 같고, 유전율 ε_2를 ε로 놓으면 힘 F를 다음과 같이 표현할 수 있다.

$$F = \frac{1}{2} \frac{\sigma^2}{\varepsilon} [\text{N/m}^2] \tag{4-81}$$

따라서 식 (4-81)이 대전체가 가벼운 물체를 끌어당기는 힘으로 작용한다.

4.6 유전체의 특수 현상

4.6.1 접촉전기

도체와 도체, 유전체와 도체 등과 같이 두 종류의 유전체 또는 도체를 강하게 접촉시키면 한 쪽의 전하가 다른 쪽으로 이동하여 대전현상이 일어나 전기를 발생시킨다. 이때 나타나는 이 전기를 **접촉전기**(contact electricity)라 하며 마찰 전기도 이 접촉전기의 일종이라 생각할 수 있다.

특히 도체와 도체의 접촉에 의해 전기가 발생하면 두 도체 사이에 전위차가 생긴다. 이 전위차를 **접촉전위차**라고 하며, 이러한 현상을 이탈리아 물리학자 볼타에 의해 발견되었다고 해서 **볼타효과**(volta effect)라 한다.

4.6.2 초전효과

로셀염, 티탄산바륨, 수정 등과 같은 결정을 가열하면 한쪽 면에는 정(+)전하가 다른 쪽 면에는 부(−)전하가 발생하여 전기 분극을 일으킨다. 또한 온도를 내리면 반대로 분극이 나타난다. 이러한 현상을 **초전효과**(pyroelectricity effect)라 하며, 가열된 결정면에 서로 다른 부호의 전하의 발생으로 생성된 전기를 **초전기**(pyro electricity) 또는 **파이로전기**(pyro electricity)라 한다. 이것은 결정(結晶)에 따라 결정되는 것이다.

4.6.3 압전효과

로셀염, 티탄산 바륨 등과 같은 결정체에 기계적 응력을 가하면 그 내부에 분극현상이 발생하고, 결정체의 양 단면에 분극전하 즉, (+), (−)전하에 의해 전압이 발생한다. 이러한 전기적 현상을 **압전현상**(piezo electric phenomenon)이라 하고, 이때 나타나는 분극전하를 **압전기**(piezo electric)라 한다.

이러한 압전현상은 방향성을 갖는데, 그림 4-17과 같이 기계적 힘과 같은 방향으로 전기가 발생하는 현상을 종효과(그림 (a)), 기계적 힘의 방향과 수직방향으로 전기가 나타날 때를 횡효과(그림 (b))라 한다.

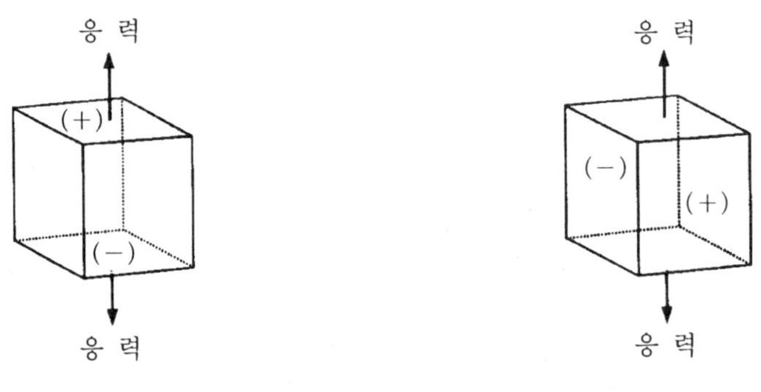

(a) 종효과-응력과 동일 방향 (b) 횡효과-응력과 수직방향

그림 4-17 압전효과

또한 반대로 결정체를 전계속에 넣으면 전계에 비례한 기계적 변형이 일어난다. 이러한 현상을 **압전기의 역효과**라 한다. 이 현상을 이용하는 대표적인 것은 마이크로폰, 초음파 발생, 전기진동 발생 등 여러 방면에 응용되고 있다.

4.7 전기영상법

일반적으로 전계를 구하는 방법으로는 쿨롱의 법칙, 가우스법칙, 라플라스 방정식, 포아송의 방정식 등을 사용하였지만, 전계 내에 도체가 있거나 여러 종류의 유전체가 서로 접해 있을 경우에는 도체계의 전하분포가 변화하기 때문에 전위분포도 변하므로 전계를 간단히 구하기는 쉽지 않다.

따라서 도체계의 전하분포 및 경계조건을 교란시키지 않는 전하를 가상함으로써 간단히 도체 주위의 전계를 해석하는 방법의 하나가 영상법(image method)이다. 이 영상법을 **전기영상법**(electric image method)이라 하며, 도체 또는 유전체 주위에 점전하 또는 선전하가 존재할 때 정전계를 해석하는데 사용하는 방법이다.

4.7.1 무한평면 도체와 점전하

그림 4-18 (a)와 같이 도체 표면 AB에서 거리 a인 점 O에 점전하 $+Q$[C]이 있을 때 전계의 세기를 구해보자. 도체 표면 AB에서 $+Q$에 의해 $-Q$[C]이 정전유도되어 지면 도체 표면의 전하분포가 달라져 정전계를 해석하는데 어려움이 있다. 도체 표면 AB에 같은 크기의 두 전하 $+Q$와 $-Q$가 분포되어 있으므로 도체 표면은 전기적으로 중성이며 전위는 "0"이라고 볼 수 있다.

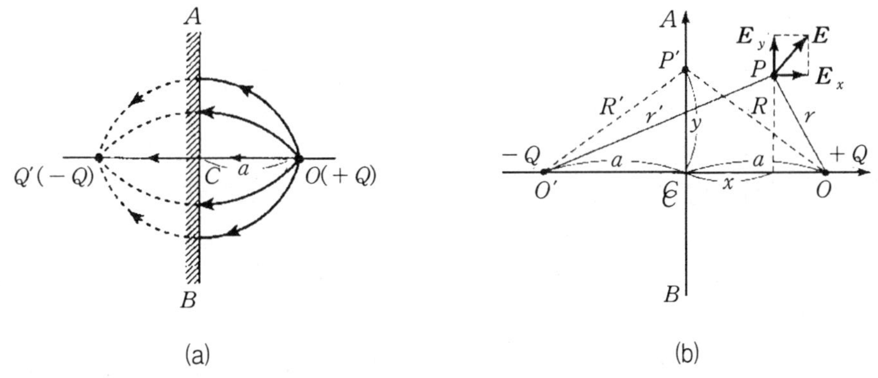

그림 4-18 무한평판 도체와 점전하

그림 (b)와 같이 도체 표면 AB을 중심으로 거리가 같고 크기가 다른 두 전하가 존재한다면 도체 표면 AB상의 임의의 점 P'의 전위 $V_{P'}$는

$$V_{P'} = \frac{Q}{4\pi\varepsilon_0}\left(\frac{1}{R} - \frac{1}{R'}\right) = 0 \tag{4-82}$$

이므로 도체 표면의 어떤 위치에서도 전위는 "0"이 된다는 것을 알 수 있다.

그러므로 이와 같은 문제를 해결하기 위해 O점의 $+Q$ 전하에 대해 점 O'에 점전하 $-Q$를 가상하고 도체 표면을 제거하여 두 도체 사이에 전위와 전계를 간단히 구할 수 있다. 이때 가상하는 전하 $-Q$를 영상전하(image charge)라 하며 도체 표면에 유도된 (−)전하의 크기와 같다. 또한 영상전하가 위치하는 점 O'를 영상점(image point)이라 한다.

그림 4-18 (b)와 같이 두 $\pm Q$[C]의 점전하가 존재할 경우 점 P에서의 전위 V_P는 다음과 같이 나타낼 수 있다.

$$V_P = \frac{Q}{4\pi\varepsilon_0}\left(\frac{1}{r} - \frac{1}{r'}\right) \tag{4-83}$$

여기서 거리 r, r'를 각각 다음과 같이 나타낼 수 있다.

$$r = \sqrt{(a-x)^2 + y^2}, \quad r' = \sqrt{(a+x)^2 + y^2} \tag{4-84}$$

식 (4-83)을 다음과 같이 변경할 수 있다.

$$V_P = \frac{Q}{4\pi\varepsilon_0}\left(\frac{1}{\sqrt{(a-x)^2 + y^2}} - \frac{1}{\sqrt{(x+a)^2 + y^2}}\right) \tag{4-85}$$

또한 점 P에서의 전계 $\boldsymbol{E}$는 x축 전계 $\boldsymbol{E}_x$와 y축의 전계 $\boldsymbol{E}_y$성분의 합이므로

$$\boldsymbol{E} = \boldsymbol{E}_x + \boldsymbol{E}_y \tag{4-86}$$

가 된다. 따라서 전계 $\boldsymbol{E}_x$와 $\boldsymbol{E}_y$는 식 (4-85)를 이용하여 다음과 같이 각각 구할 수 있다.

$$\begin{aligned}\boldsymbol{E}_x &= -\frac{\partial V}{\partial x} = -\frac{\partial V_P}{\partial x}\\ &= -\frac{Q}{4\pi\varepsilon_0}\frac{\partial}{\partial x}\left(\frac{1}{\sqrt{(a-x)^2 + y^2}} - \frac{1}{\sqrt{(a+x)^2 + y^2}}\right)\\ &= -\frac{Q}{4\pi\varepsilon_0}\left[\frac{a-x}{[(a-x)^2 + y^2]^{3/2}} - \frac{a+x}{[(a+x)^2 + y^2]^{3/2}}\right]\text{[V/m]}\end{aligned} \tag{4-87}$$

$$\boldsymbol{E}_y = -\frac{\partial V}{\partial y} = -\frac{\partial V_P}{\partial y}$$
$$= -\frac{Q}{4\pi\varepsilon_0}\frac{\partial}{\partial y}\left(\frac{1}{\sqrt{(a-x)^2+y^2}} - \frac{1}{\sqrt{(a+x)^2+y^2}}\right)$$
$$= -\frac{Q}{4\pi\varepsilon_0}\left[\frac{-y}{[(a-x)^2+y^2]^{3/2}} - \frac{-y}{[(a+x)^2+y^2]^{3/2}}\right] \text{[V/m]} \quad (4\text{-}88)$$

또한 도체 표면 AB상의 점 P'에서 전계는 $x=0$이므로 전위 V_P 또는 식 (4-87)을 이용하면 전계 $\boldsymbol{E}_x$는

$$\boldsymbol{E}_x = -\left(\frac{\partial V}{\partial y}\right)_{x=0} = -\left(\frac{\partial V_P}{\partial y}\right)_{x=0}$$
$$= -\frac{Q}{4\pi\varepsilon_0}\left[\frac{a}{(a^2+y^2)^{3/2}} - \frac{a}{(a^2+y^2)^{3/2}}\right]$$
$$= -\frac{2aQ}{4\pi\varepsilon_0(a^2+y^2)^{3/2}} = -\frac{aQ}{2\pi\varepsilon_0(a^2+y^2)^{3/2}} \text{[V/m]} \quad (4\text{-}89)$$

가 되며, 여기선 부호 (−)는 전계방향이 x축의 양의 방향과 반대임을 나타낸다. 도체 표면에서의 y성분의 전계 $\boldsymbol{E}_y$는 다음과 같이 "0"이 된다.

$$\boldsymbol{E}_y = 0 \quad (4\text{-}90)$$

이때 도체 표면상의 전하밀도는 $\boldsymbol{D} = \sigma = \varepsilon_0 \boldsymbol{E}$와 식 (4-89)를 이용하면

$$\sigma = \varepsilon_0 \boldsymbol{E}_{x=0} = -\varepsilon_0 \frac{aQ}{2\pi\varepsilon_0(a^2+y^2)^{3/2}} = -\frac{aQ}{2\pi(a^2+y^2)^{3/2}} \text{[C/m}^2\text{]} \quad (4\text{-}91)$$

가 된다. 따라서 전하분포가 최대가 되는 표면전하밀도($\sigma_{\max}$)는 $y=0$일 때 이므로 식 (4-91)은 다음과 같이 나타낼 수 있다.

$$\sigma_{\max} = -\frac{Q}{2\pi a^2} \text{[C/m}^2\text{]} \quad (4\text{-}92)$$

도체 표면에서의 전하분포를 그림 4-19에 나타냈다. 유도전하 σ는 부(−)전하이고, OO'선상의 중심부근에서 전하밀도가 최대로 집중하고 있음을 알 수 있다.

또한 점전하 $+Q$[C]과 도체 표면에 유도된 유도전하 σ 사이에 작용하는 정전인력 $\boldsymbol{F}$는 점전하 $+Q$와 영상전하 $-Q$와의 사이에 작용하는 힘과 같으므로

$$\boldsymbol{F} = -\frac{Q^2}{4\pi\varepsilon_0(2a)^2} = -\frac{Q^2}{16\pi\varepsilon_0 a^2}\,[\mathrm{N}] \tag{4-93}$$

로 된다. 여기서 $\boldsymbol{F}$를 영상력(image force)이라 하고, 무한평판 도체가 받는 힘에 해당되며, 영상력 $\boldsymbol{F}$는 전하의 종류에 관계없이 항상 흡인력이 작용함을 알 수 있다.

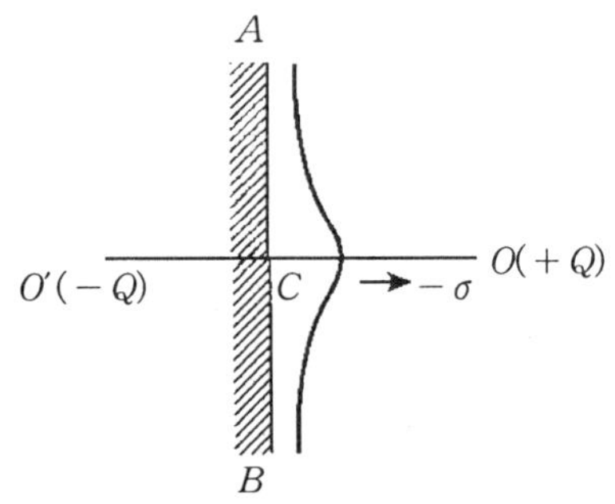

그림 4-19 유도전하분포

예제 4-7 평면도체 표면에서 d[m]의 거리에 점전하 Q[C]이 있을 때, 이 전하를 무한원까지 운반하는데 요하는 일은 몇 [J]인가?

풀이 $W = -\int_{\infty}^{d} F dr = \int_{d}^{\infty} F dr = \int_{d}^{\infty}\left(\frac{Q^2}{16\pi\varepsilon_0 r^2}\right)dr$

$$= \frac{Q^2}{16\pi\varepsilon_0}\int_{d}^{\infty}\frac{1}{r^2}\,dr = \frac{Q^2}{16\pi\varepsilon_0}\left[-\frac{1}{r}\right]_{d}^{\infty} = \frac{Q^2}{16\pi\varepsilon_0 d}\,[\mathrm{J}]$$

4.7.2 접지된 도체구와 점전하

그림 4-20과 같이 반지름이 a[m]인 접지된 도체구의 중심에서 거리 d[m] 떨어진 점 P에 점전하 $+Q$[C]이 있을 때 전기영상법을 이용하여 전계를 구한다.

점 P의 점전하 $+Q$에 의한 정전유도현상에 의해 접지된 도체구의 표면에는 (−)전하가 분포하게 될 것이며, 도체구에 분포하는 (−)전하는 도체구의 표면에 균일하게 분포되지 않고 점전하 $+Q$에 가까운 표면에 집중하여 분포할 것이다.

이때 접지된 도체구 표면은 전위가 "0"으로 유지되어 있으므로 이 조건을 만족하는 도체구 내부의 임의의 위치점 B에 영상전하 Q'[C]를 가상하여 놓고 두 점전하 $+Q$[C]와 Q'[C] 사이의 전계를 해석하면 된다.

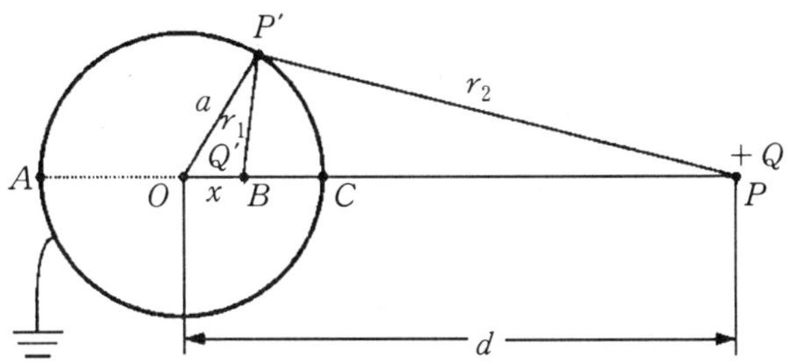

그림 4-20 접지된 도체구와 점전하

먼저 두 전하에 의한 도체구 표면의 임의의 한 점 P'에서의 전위 $V_{P'}$는

$$V_{P'} = \frac{1}{4\pi\varepsilon_0}\left(\frac{Q'}{r_1} + \frac{Q}{r_2}\right) = 0 \tag{4-94}$$

로 점 P'에서 전위는 "0"이 되므로 이 조건을 만족하기 위해서는 식 (4-94)의 괄호안의 값이 다음과 같이 되어야 한다.

$$\frac{Q'}{r_1} + \frac{Q}{r_2} = 0, \quad \frac{Q'}{r_1} = -\frac{Q}{r_2} \tag{4-95}$$

따라서 영상전하 Q'와 점전하 $+Q$의 관계는 식 (4-95)에 의해 다음과 같다.

$$Q' = -\frac{r_1}{r_2}Q \tag{4-96}$$

또한 접지된 도체구 표면의 점 A와 C의 전위 V_A, V_C도 각각 다음과 같다.

$$V_A = \frac{1}{4\pi\varepsilon_0}\left(\frac{Q}{d+a} + \frac{Q'}{a+x}\right) = 0 \tag{4-97}$$

$$V_C = \frac{1}{4\pi\varepsilon_0}\left(\frac{Q}{d-a} + \frac{Q'}{a-x}\right) = 0 \tag{4-98}$$

도체구 표면의 점 A와 C의 전위는 "0"이므로 식(4-97)과 식 (4-98)에서

$$\frac{Q'}{Q} = \frac{a-x}{d-a} = \frac{a+x}{d+a} \tag{4-99}$$

가 되며, 여기서 x는 도체구 중심에서 영상전하 Q'까지의 거리이며, 영상전하의 위치는 도체구의 표면전위가 "0"이 되는 위치점에 있다. 따라서 식 (4-99)에 의해 도체구 중심에서 영상전하가 있는 점까지의 거리 x는 다음과 같다.

$$x = \frac{a^2}{d}\,[\mathrm{m}] \tag{4-100}$$

거리 r_1과 r_2는 삼각함수의 여현법칙공식을 이용하여 구할 수 있다. 거리 r_1은 $\triangle BOP'$에서 $r_1^2 = a^2 + \left(\frac{a^2}{d}\right)^2 - 2a\frac{a^2}{d}\cos\theta = \frac{a^2}{d^2}(d^2 + a^2 - 2ad\cos\theta)$이므로

$$r_1 = \frac{a}{d}\sqrt{d^2 + a^2 - 2ad\cos\theta} \tag{4-101}$$

가 되고, 거리 r_2는 $\triangle P'OP$에서 ${r_2}^2 = a^2 + d^2 - 2ad\cos\theta$가 되므로

$$r_2 = \sqrt{a^2 + d^2 - 2ad\cos\theta} \tag{4-102}$$

가 된다. 따라서 식 (4-101)과 식 (4-102)에 의해 거리 r_1과 r_2의 관계는

$$r_1 = \frac{a}{d}r_2 \tag{4-103}$$

로 되므로 이 식을 식 (4-96)에 대입하면 영상전하 Q'는 다음과 같이 된다.

$$Q' = -\frac{a}{d}Q \tag{4-104}$$

따라서 접지된 도체구 대신에 도체구 중심에서 $x = \frac{a^2}{d}$[m] 떨어진 점에 영상전하 $Q'\left(Q' = -\frac{a}{d}Q\right)$를 놓고 전계를 구하면 된다.

접지된 도체구와 점전하 $+Q$ 사이에 작용하는 힘도 영상전하 Q'와 점전하 Q 사이에 작용하는 힘을 구하면 된다. 따라서 쿨롱의 법칙에 따라 두 전하 사이에 작용하는 영상력 $\boldsymbol{F}$는

$$\boldsymbol{F} = \frac{QQ'}{4\pi\varepsilon_0(d-x)^2} = \frac{Q\left(-\frac{a}{d}Q\right)}{4\pi\varepsilon_0\left(d-\frac{a^2}{d}\right)^2} = -\frac{adQ^2}{4\pi\varepsilon_0(d^2-a^2)^2}\,[\mathrm{N}] \quad (4\text{-}105)$$

로 흡입력이 작용하게 된다.

만약에 도체구가 접지되어 있지 않다면 정전유도현상에 의해 전하가 분리되어 발생하기 때문에 총전하는 "0"이 되어야 한다. 따라서 접지된 도체구와 같은 위치에 점전하 $+Q$에 의해 유도된 영상전하 $Q'\left(=-\frac{a}{d}Q\right)$를 고려해야 하고 또한 도체구의 표면상은 등전위이므로 도체구의 중심에도 영상전하 $Q'\left(=+\frac{a}{d}Q\right)$도 고려해야 한다. 이때 전계의 세기는 점전하와 도체구 표면의 영상전하 및 도체구 중심의 영상전하로 모두 세 개의 전하에 의한다. 따라서 도체구와 점전하 $+Q$ 사이에 작용하는 영상력 $\boldsymbol{F}$는

$$\boldsymbol{F} = \frac{1}{4\pi\varepsilon_0}\left[\frac{Q\left(-\frac{a}{d}Q\right)}{\left(d-\frac{a^2}{d}\right)^2} + \frac{Q\left(+\frac{a}{d}Q\right)}{d^2}\right] = -\frac{a^3Q^2(2d^2-a^2)}{4\pi\varepsilon_0 d^3(d^2-a^2)^2}\,[\mathrm{N}]$$

(4-106)

로 흡입력으로 작용하게 된다.

4.7.3 평등전계중의 유전체구

그림 4-21과 같이 유전율이 ε_1인 유전체내의 평등전계 $\boldsymbol{E}_0$중에 유전율이 ε_2이고 반경이 a[m]인 유전체구가 있는 경우에 대하여 전계 및 전속분포에 대하여 구하여 보자. 평등전계 중에 유전체구를 놓으면 이 부근의 전계는 평등한 상태를 유지하지 못하지만 유전체구에서 매우 먼 거리에서는 평등전계로 볼 수 있다.

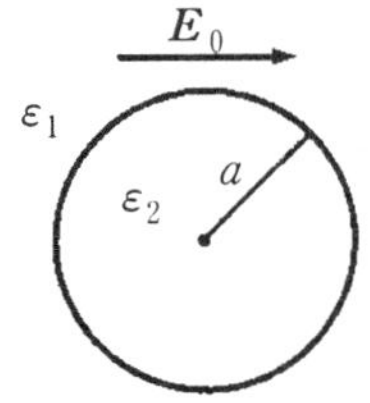

그림 4-21 평등전계중의 유전체구

그림 4-22와 같이 유전체구의 내부와 외부로 전계분포를 따로따로 고려하여, 유전체구 외부의 전계는 평등전계 $\boldsymbol{E}_0$와 유전체구 중심에 놓은 쌍극자 모멘트 $\boldsymbol{M}$에 의한 전계와의 합성이라 생각하고, 유전체구의 내부는 평등전계 $\boldsymbol{E}_i$라 가정한다. 따라서 쌍극자 모멘트 $\boldsymbol{M}$과 내부전계 $\boldsymbol{E}_i$를 경계조건으로 결정하면 유전체구의 내부와 외부의 전계분포 상태를 알 수 있다.

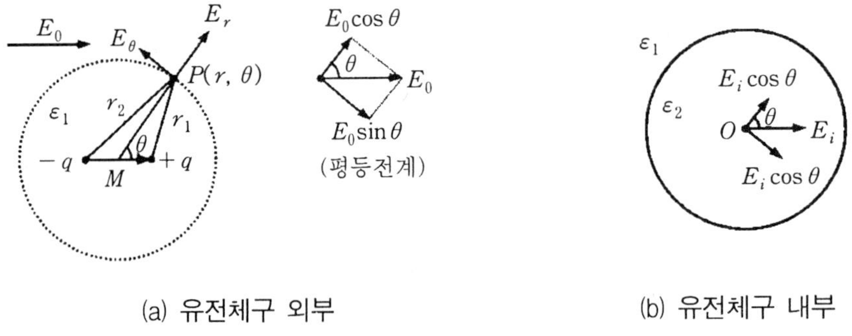

그림 4-22 평등전계중의 유전체구

그림 4-22 (a)와 같이 유전체구의 외부에 있는 점 P에서 r방향의 전계 $\boldsymbol{E}_r$과 θ방향의 전계 $\boldsymbol{E}_\theta$는 식 (2-92)에 의해 다음과 같이 각각 나타낼 수 있다.

$$\boldsymbol{E}_r = \frac{\boldsymbol{M}\cos\theta}{2\pi\varepsilon_1 r^3}\,[\text{V/m}] \tag{4-107}$$

$$\boldsymbol{E}_\theta = \frac{\boldsymbol{M}\sin\theta}{4\pi\varepsilon_1 r^3}\,[\text{V/m}] \tag{4-108}$$

전기쌍극자에 의한 r, θ방향의 전계 $\boldsymbol{E}_r$, $\boldsymbol{E}_\theta$와 함께 점 P에서 같은 방향으로 각각 분해한 평등전계 $\boldsymbol{E}_0$의 전계성분은 각각 $E_0\cos\theta$와 $E_0\sin\theta$가 되므로 점 P에서 유전체구의 외부전계는 각 방향성분의 합성에 의한 것이다. 따라서 경계조건에 따라 r방향으로의 전속밀도의 법선성분 $\boldsymbol{D}_{1n}$과 θ방향으로의 전계의 접선성분 $\boldsymbol{E}_{1t}$을 다음과 같이 각각 나타낼 수 있다.

$$\boldsymbol{D}_{1n} = \boldsymbol{E}_r + \boldsymbol{E}_0\cos\theta = \frac{\boldsymbol{M}\cos\theta}{2\pi r^3} + \varepsilon_0\boldsymbol{E}_0\cos\theta \tag{4-109}$$

$$\boldsymbol{E}_{1t} = \boldsymbol{E}_\theta - \boldsymbol{E}_0\sin\theta = \frac{\boldsymbol{M}\sin\theta}{4\pi\varepsilon_1 r^3} - \boldsymbol{E}_0\sin\theta \tag{4-110}$$

또한 그림 4-22 (b)와 같이 유전체구의 내부에서의 내부전계 $\boldsymbol{E}_i$의 r, θ방향으로의 각 성분, 즉 r방향의 법선성분인 전속밀도 $\boldsymbol{D}_{2n}$과 θ방향의 접선성분의 전계 $\boldsymbol{E}_{2t}$는 다음과 같이 나타낼 수 있다.

$$\boldsymbol{D}_{2n} = \varepsilon_2\boldsymbol{E}_i\cos\theta \tag{4-111}$$

$$\boldsymbol{E}_{2t} = -\boldsymbol{E}_i\sin\theta \tag{4-112}$$

여기서 유전체구의 내부접선성분 $\boldsymbol{E}_{2t}$의 방향이 유전체구 외부의 $\boldsymbol{E}_\theta$방향과 반대이므로 부호가 (−)임에 주의해야 한다.

따라서 유전체구의 표면, 즉 $r = a$에서 경계조건에 의해 다음과 같이 성립한다. 먼저 전속밀도의 법선성분은 식 (4-109)와 식 (4-111)에 의해

$$\varepsilon \boldsymbol{E}_0 + \frac{\boldsymbol{M}}{4\pi a^3} = \varepsilon_2 \boldsymbol{E}_i \qquad (4\text{-}113)$$

가 성립하고, 전계의 접선성분은 식 (4-110)과 식 (4-112)에 의해

$$-\boldsymbol{E}_0 + \frac{\boldsymbol{M}}{4\pi\varepsilon_1 a^3} = -\boldsymbol{E}_i \qquad (4\text{-}114)$$

가 성립한다. 따라서 식 (4-113)과 식 (4-114)로부터 내부전계 $\boldsymbol{E}_i$를 소거하면 전기쌍극자 모멘트 $\boldsymbol{M}$은 다음과 같이 구할 수 있다.

$$\boldsymbol{M} = 4\pi a^2 \frac{\varepsilon_1(\varepsilon_2 - \varepsilon_1)}{2\varepsilon_1 + \varepsilon_2} \boldsymbol{E}_0 \qquad (4\text{-}115)$$

또한 식 (4-115)를 식 (4-114)에 대입하면 풀면 다음과 같이 내부전계 $\boldsymbol{E}_i$는

$$\boldsymbol{E}_i = \frac{3\varepsilon_1}{2\varepsilon_1 + \varepsilon_2} \boldsymbol{E}_0 \qquad (4\text{-}116)$$

를 구할 수 있는데, 이러한 값을 갖는 전기쌍극자 모멘트 $\boldsymbol{M}$과 내부전계 $\boldsymbol{E}_i$ 및 외부전계 $\boldsymbol{E}_0$를 사용하면 전계분포 또는 전속분포를 구할 수 있다. 이 경우에 유전체구 내부에서 평등전계를 형성하며, 유전체구는 평등하게 분극된다. 이때의 분극의 세기 $\boldsymbol{P}$는 식 (4-16)과 식 (4-116)에 의해 다음과 같이 나타낼 수 있다.

$$\boldsymbol{P} = \frac{3\varepsilon_1(\varepsilon_2 - \varepsilon_1)}{2\varepsilon_1 + \varepsilon_2} \boldsymbol{E}_0 \qquad (4\text{-}117)$$

유전체구의 내부전속밀도를 $\boldsymbol{D}_i$라 하면 내부전속밀도는 내부전계 $\boldsymbol{E}_i$의 ε_2배이므로 다음과 같이 나타낼 수 있다.

$$\boldsymbol{D}_i = \varepsilon_2 \boldsymbol{E}_i = \frac{3\varepsilon_2\varepsilon_1}{2\varepsilon_1 + \varepsilon_2} \boldsymbol{E}_0 = \frac{3\varepsilon_2}{2\varepsilon_1 + \varepsilon_2} \boldsymbol{D}_0 \qquad (4\text{-}118)$$

여기서 $\boldsymbol{D}_0$는 유전체구를 놓기 전의 평등전계에 의한 전속밀도이다. 따라서

$$
\left.\begin{array}{l} \varepsilon_1 > \varepsilon_2 \text{일 때 : } \boldsymbol{E}_i > \boldsymbol{E}_0, \quad \boldsymbol{D}_i < \boldsymbol{D}_0 \\ \varepsilon_1 < \varepsilon_2 \text{일 때 : } \boldsymbol{E}_i < \boldsymbol{E}_0, \quad \boldsymbol{D}_i > \boldsymbol{D}_0 \end{array}\right\} \tag{4-119}
$$

가 된다. 식 (4-119)에서 같이 전속분포는 그림 4-23과 같이 유전율이 $\varepsilon_1 > \varepsilon_2$일 때 유전율이 작은 유전체구의 내부는 적고, 유전율이 $\varepsilon_1 < \varepsilon_2$일 때는 유전율이 큰 유전체구 내부에 많이 분포하는 것을 알 수 있다. 전속은 유전율이 큰 부분으로 집중한다는 것을 알 수 있다.

그러나 그림 4-24와 같이 전계는 전속과 반대의 현상이 나타내고 있는데, $\varepsilon_1 > \varepsilon_2$일 때는 유전율이 작은쪽인 유전체구의 내부가 크고, $\varepsilon_1 < \varepsilon_2$일 때는 유전율이 큰 유전체구의 내부에 적게 분포한다는 것을 알 수 있다.

(a) $\varepsilon_1 > \varepsilon_2$ (b) $\varepsilon_1 < \varepsilon_2$

그림 4-23 평등전계중의 유전체구에 의한 전속분포

(a) $\varepsilon_1 > \varepsilon_2$ (b) $\varepsilon_1 < \varepsilon_2$

그림 4-24 평등전계중의 유전체구에 의한 전계분포

연 습 문 제

1. 아래에서 분극현상과 관계가 적은 것은?

① 절연체 ② 콘덴서 ③ 유전체 ④ 이온

2. 동일 규격 콘덴서의 극판간에 유전체를 넣으면?

① 용량이 증가하고 극판간 전계는 감소한다.

② 용량이 증가하고 극판간 전계는 불변이다.

③ 용량이 감소하고 극판간 전계는 불변이다.

④ 용량이 불변하고 극판간 전계는 증가한다.

3. 전계 E, 전속밀도 D, 유전율 ε, 분극율 P 사이의 관계를 올바로 표시한 것은?

① $P=D+\varepsilon E$ ② $P=D-\varepsilon_0 E$ ③ $\varepsilon P=D-\varepsilon P$ ④ $\varepsilon P=D-E$

4. 비유전율 ε_r의 설명으로 틀린 것은?

① 진공의 비유전율은 0이다. ② 공기의 비유전율은 1이다.

③ ε_r은 항상 1보다 크다. ④ ε_r은 절연물의 종류에 따라 다르다.

5. 정전용량이 C인 콘덴서의 극판 사이에 삽입한 비유전율이 4인 유전체를 제거하고, 공기로 대체하였을 때의 용량을 C_0라고 하면 C와 C_0의 관계는?

① $C=4C_0$ ② $C=2C_0$ ③ $C=\frac{C_0}{4}$ ④ $C=\frac{C_0}{2}$

6. 비유전율이 4이고, 전계의 세기가 50[kV/m]인 유전체내의 전속밀도 D는 몇 [μC/m^2]인가?(단, $\varepsilon_0=8.854\times10^{-12}$이다.)

① 0.70832 ② 0.8854 ③ 1.7708 ④ 7.0832

7. 1[μF], 2[μF], 3[μF]인 3개의 콘덴서를 병렬로 연결하고, 모든 콘덴서에 6[μC]의 전하량이 충전되었을 때 2[μF]의 콘덴서에 축적되는 정전에너지는 몇 [μJ]

인가?

① 1 ② 2 ③ 3 ④ 5

8. 비유전율 $\varepsilon_s = 5$인 유전체내의 한 점에서 전계의 세기가 $\boldsymbol{E} = 10^4$[V/m]일 때, 이 점의 분극의 $\boldsymbol{P}$[C/m²]는?

① $\dfrac{10^{-5}}{9\pi}$ ② $\dfrac{10^{-9}}{9\pi}$ ③ $\dfrac{10^{-9}}{18\pi}$ ④ $\dfrac{10^{-5}}{18\pi}$

9. 전계 $\boldsymbol{E}$, 전속밀도 $\boldsymbol{D}$, 유전율 ε 사이의 관계를 옳게 표시한 것은?

① $\boldsymbol{P} = \boldsymbol{D} + \varepsilon_0 \boldsymbol{E}$ ② $\boldsymbol{P} = \boldsymbol{D} - \varepsilon_0 \boldsymbol{E}$

③ $\varepsilon_0 \boldsymbol{P} = \boldsymbol{D} + \boldsymbol{E}$ ④ $\varepsilon_0 \boldsymbol{P} = \boldsymbol{D} - \boldsymbol{E}$

10. 전기석과 같은 결정체를 냉각시키거나 가열시키면 전기분극이 일어난다. 이와 같은 것을 무엇이라 하는가?

① 압전기현상 ② Pyro전기 ③ 톰슨효과 ④ 강유전성

11. 비유전율이 4이고, 전계의 세기가 20[kV/m]인 유전체내의 전속밀도[μC/m²]는?

① 0.708 ② 0.168 ③ 6.28 ④ 2.83

12. 두 종류의 유전율 ε_1, ε_2를 가진 유전체 경계면에 전하가 존재하지 않을 때 경계조건이 아닌 것은?

① $\varepsilon_1 \boldsymbol{E}_1 \cos\theta_1 = \varepsilon_2 \boldsymbol{E}_2 \cos\theta_2$ ② $\varepsilon_1 \boldsymbol{E}_1 \sin\theta_1 = \varepsilon_2 \boldsymbol{E}_2 \sin\theta_2$

③ $\boldsymbol{E}_1 \sin\theta_1 = \boldsymbol{E}_2 \sin\theta_2$ ④ $\dfrac{\tan\theta_1}{\tan\theta_2} = \dfrac{\varepsilon_1}{\varepsilon_2}$

13. 공기중 두 점전하 사이에 작용하는 힘이 5[N]이었다. 두 전하 사이에 유전체를 넣었더니 힘이 2[N]으로 되었다면 유전체의 비유전율은 얼마인가?

① 15 ② 10 ③ 5 ④ 2.5

14. 콘덴서에 비유전율 ε_s인 유전율로 채워져 있을 때 정전용량 C와 공기로 채워져 있을 때의 정전용량 C_0와의 비 C/C_0는?

① ε_s ② $1/\varepsilon_s$ ③ $\sqrt{\varepsilon_s}$ ④ $1/\sqrt{\varepsilon_s}$

15. 극판의 면적이 10[cm^2], 극판간의 간격이 1[mm], 극판간에 채워진 유전체의 비유전율이 2.5인 평행판콘덴서에 100[V]의 전압을 가할 때 극판의 전하[C]는?

① 1.2×10^{-9} ② 1.25×10^{-12} ③ 2.21×10^{-9} ④ 4.25×10^{10}

16. 평행평판콘덴서에서 원형전극의 지름이 60[cm], 극판 간격이 0.1[cm], 유전체의 비유전율이 16이다. 이 콘덴서의 정전용량[μF]은?

① 0.04 ② 0.03 ③ 0.02 ④ 0.01

17. 그림과 같이 면적이 S[m^2]인 평행판 도체 사이에 두께가 각각 l_1[m] 및 l_2[m], 유전율이 각각 ε_1[F/m], ε_2[F/m]인 두 종류의 유전체를 삽입하였을 때의 정전용량[F]은?

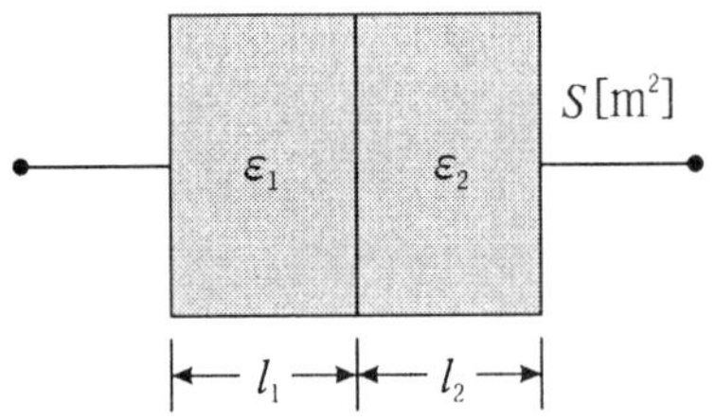

① $\dfrac{\varepsilon_2 l_1+\varepsilon_1 l_2}{\varepsilon_1\varepsilon_2}S$ ② $\dfrac{\varepsilon_1+\varepsilon_2 S}{l_1+l_2}$

③ $\dfrac{\varepsilon_1\varepsilon_2 S}{\varepsilon_2 l_1+\varepsilon_1 l_2}$ ④ $\dfrac{\varepsilon_1\varepsilon_2 S}{l_1+l_2}$

18. 다음은 전계강도와 전속밀도에 대한 경계조건을 설명한 것이다. 옳지 않은 것은?(단, 경계면의 전전하분포는 없으며 $\varepsilon_1>\varepsilon_2$로 한다.)

① 전속은 유전율이 큰 쪽으로 집속되려는 성질이 있다.

② 유전율이 큰 ε_1의 영역에서 전속밀도($\boldsymbol{D}_1$)는 유전율이 작은 ε_2의 영역에서의 전속밀도($\boldsymbol{D}_2$)와 $\boldsymbol{D}_1\geq\boldsymbol{D}_2$의 관계를 갖는다.

③ 경계면 사이의 정전력은 유전율이 작은 쪽에서 큰 쪽으로 작용한다.

④ 전계가 ε_1의 영역에서 ε_2의 영역으로 입사될 때 ε_2에서 전계강도가 더 커진다.

19. 유전율이 서로 다른 두 종류의 경계면에 전속과 전기력선이 수직으로 도달할 때 맞지 않은 것은?

① 전속과 전기력선은 굴절하지 않는다.

② 전속밀도는 불변이다.

③ 전계의 세기는 연속이다.

④ 전속선은 유전율이 큰 유전체 중으로 모이려는 성질이 있다.

20. 전계 $\boldsymbol{E}$[V/m]가 두 유전체의 경계면에 평행으로 작용하는 경우 경계면의 단위면적당 작용하는 힘 [N/m²]은?(단, ε_1, ε_2는 두 유전체의 유전율이다.)

① $f=\frac{1}{2}(\varepsilon_1-\varepsilon_2)\boldsymbol{E}^2$　　② $f=(\varepsilon_1-\varepsilon_2)\boldsymbol{E}^2$

③ $f=(\varepsilon_1-\varepsilon_2)\frac{1}{2\boldsymbol{E}^2}$　　④ $f=(\varepsilon_1-\varepsilon_2)\frac{1}{\boldsymbol{E}^2}$

21. 단절연된 절연케이블이 있다. 심선과 연피를 절연시키는 유전체의 유전율이 각각 ε_1, ε_2, ε_3일 때 절연 효과를 높이기 위하여 중심부에서부터 채워야 되는 순서가 맞는 것을 고르면?(단, $\varepsilon_1>\varepsilon_2>\varepsilon_3$이다.)

① ε_1, ε_2, ε_3　　② ε_2, ε_1, ε_3

③ ε_3, ε_2, ε_1　　④ ε_1, ε_3, ε_2

22. 유전체(유전율=9)내의 전계의 세기가 100[V/m]일 때 유전체내에 저장되는 에너지 밀도[J/m³]는?

① 5.55×10^4　② 4.5×10^4　③ 9×10^9　④ 4.05×10^5

23. 전계 $\boldsymbol{E}$[V/m], 전속밀도 $\boldsymbol{D}$[C/m²], 유전율 ε[F/m]인 유전체내에 저장되는 에너지 밀도[J/m³]는?

① $\boldsymbol{ED}$　② $\frac{1}{2}\boldsymbol{ED}$　③ $\frac{1}{2\varepsilon}\boldsymbol{E}^2$　④ $\frac{1}{2}\varepsilon\boldsymbol{D}^2$

24. 그림과 같은 유전속의 분포에서 ε_1과 ε_2의 관계는?

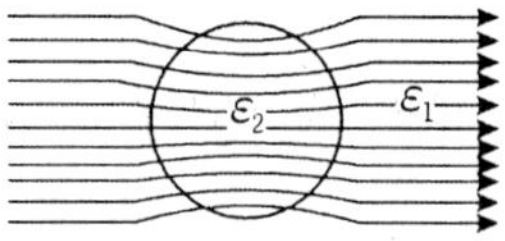

① $\varepsilon_1 > \varepsilon_2$　② $\varepsilon_2 > \varepsilon_1$　③ $\varepsilon_1 = \varepsilon_2$　④ $\varepsilon_2 \leqq \varepsilon_1$

25. 그림과 같이 단심연피케이블의 내외도체를 단절연할 경우, 두 도체간의 절연내력을 최대로 하기 위한 조건은?(단, ε_1, ε_2는 각각의 유전율이다.)

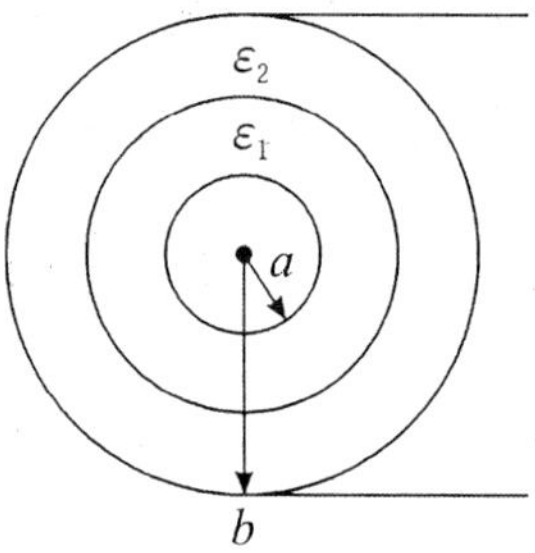

① $\varepsilon_1 < \varepsilon_2$로 한다.　② $\varepsilon_1 > \varepsilon_2$로 한다.
③ $\varepsilon_1 = \varepsilon_2$로 한다.　④ 유전율과는 관계없다.

26. 점전하 Q[C]에 의한 무한평면 도체의 영상전하는?

① $-Q$[C]보다 작다.　② Q[C]보다 크다.
③ $-Q$[C]과 같다.　④ Q[C]과 같다.

27. 같은 전계, 같은 크기의 콘덴서에 삽입된 유전체의 비유전율이 2인 경우에 비해서 비유전율이 6인 경우 유전체의 정전에너지는 몇 배가 큰가?

28. 균등전계와 수직으로 비유전율이 $\varepsilon_r = 4$인 유전체판을 놓았을 때 유전체 판 내의 전속밀도가 2×10^{-6}[C/m]이라면 유전체내의 분극의 세기는 얼마인가?

29. 콘덴서에 어떤 유전체를 넣었을 때 전속밀도가 2.4×10^{-5}[C/m^2]이고, 단위 체적당 에너지가 5.3×10^{-3}[J/m^3]이라면 이 유전체의 유전율은 얼마인가?

30. 그림과 같은 정전용량 C_0[F]되는 평행판 공기콘덴서의 판 면적의 2/3되는 공간에 비유전율 ε_s인 유전체를 채우면 공기콘덴서의 정전용량[F]은?

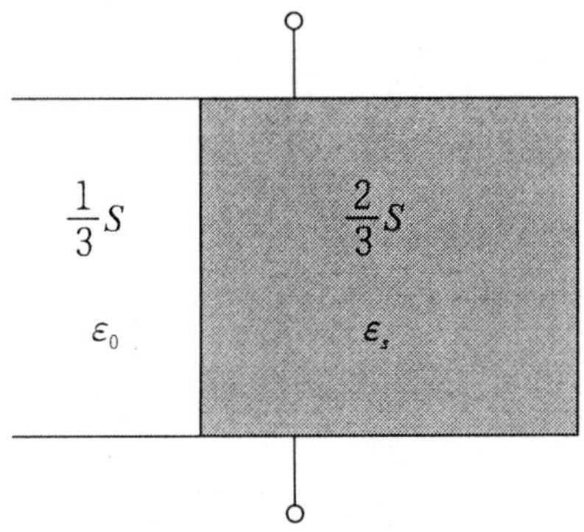

제 5 장

전류와 저항

5.1 전 류

5.1.1 전류의 정의

그림 5-1과 같이 정(+)전하로 대전된 도체와 부(−)전하로 대전된 도체를 도선으로 연결하면 두 정·부의 전하 사이에는 흡인력이 발생하여 부전하는 도선을 통해 정전하 쪽으로 이동한다.

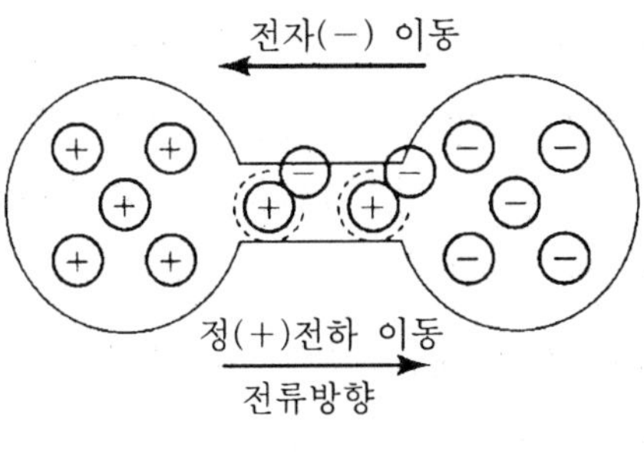

그림 5-1 전류와 전자의 이동

이때 이동하는 부(−)전하를 자유전자라 부르며, 이 "자유전자의 이동"이 곧 전류라 정의하였지만, 관습적으로 전류의 방향은 전자의 이동방향과 반대인 정(+)

전하가 이동하는 방향으로 정하고 있다. 결국 이 "**전하의 이동을 전류**(electric current)"라고 한다.

전류의 방향은 정전하의 이동방향으로 결정되므로 그 크기는 전류의 이동방향에 직각인 단면을 단위시간에 통과하는 전하량으로 정의하고 있다. 따라서 어떤 도선의 단면에 t[sec] 동안에 전하 Q[C]이 이동하면 전류 I는

$$I=\frac{Q}{t}\ [\mathrm{C/sec}] \qquad (5\text{-}1)$$

가 된다. 여기서 전류의 단위[C/sec]는 일반적으로 암페어[A]로 나타낸다. 또 그림 5-2와 같이 단면과 직각으로 도체 속을 통과하는 전하량이 시간에 따라 변하는 경우 전류는 미소시간 dt 사이에 단면 S을 통과하는 미소전하량 dQ의 비율로 정의되면, 다음과 같이 나타낸다.

$$I=\frac{dQ}{dt}\ [\mathrm{A}] \qquad (5\text{-}2)$$

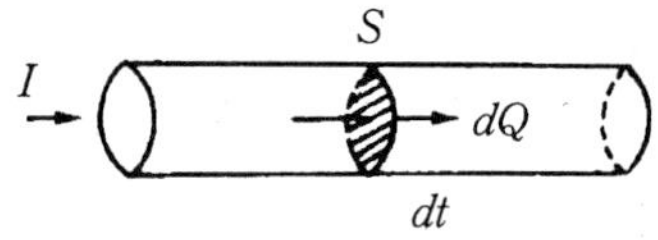

그림 5-2 전류와 전자의 이동

그러므로 "1[A]의 전류는 1초당 1[C]의 비율로 이동하는 전하"이다.

전류는 시간에 따라 크기와 방향이 변하지 않는 전류를 **정상전류** 또는 **직류**(dircet current : DC)라 하고, 시간에 따라 크기와 방향이 변하는 전류를 **교류**(alternating current : AC)라 한다.

또한 전류가 금속도체로 흐를 때를 전도전류, 전해액 또는 공간적으로 분포되어 있는 대전된 하전입자의 이동에 의한 것이 대류전류이며, 진공관내의 전자빔은 대류전류의 한 예이다. 진공 또는 유전체내에서 전속밀도의 시간적 변화에 따라 발생하는 변위전류가 있다.

예제 5-1 전자가 매초 10^{10}개의 비율로 전선 내를 통과하면 이것은 몇 [A]의 전류에 해당하는가?

풀이 전체 전하량이 되므로 전류 $i=\frac{Q}{t}$[A]이므로 수치를 대입하면

$$i=\frac{1.602\times10^{-9}}{1}=1.602\times10^{-9}\text{[A]가 된다.}$$

5.1.2 전류밀도

(1) 대류전류밀도

그림 5-3과 같이 단면적 dS를 가진 도체속의 전하가 속도 u로 미소거리 dl만큼 이동하였다. 이때 한 개 입자의 전하량을 q[C], 단위체적당 전하의 수를 n이라 하면 미소길이 dl 중에 포함된 전하 dQ는 다음과 같이 나타낼 수 있다.

$$dQ=nq\cdot dS\cdot dl \tag{5-3}$$

그러므로 전류 I는 식 (5-2)와 같이 $I=dQ/dt$이므로, 이 식을 이용하면 전류 I는 다음과 같이 구해진다.

$$I=nqS\cdot\frac{dl}{dt}=nqS\cdot u \tag{5-4}$$

여기서 dl/dt는 속도 $\boldsymbol{u}$이다.

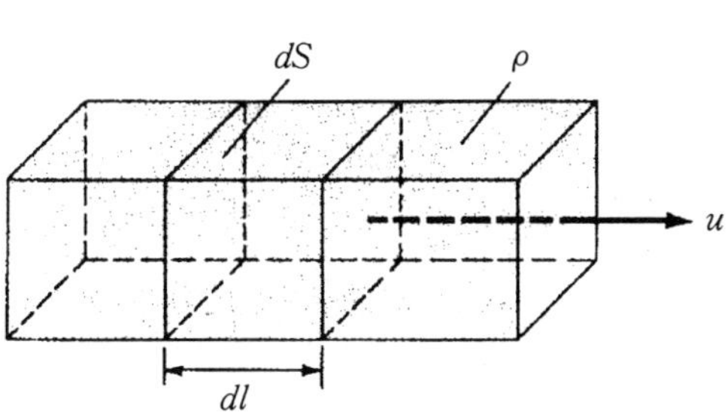

그림 5-3 대류전류밀도

따라서 단위면적당의 전류를 나타내는 전류밀도 $\boldsymbol{J}$는

$$\boldsymbol{J}=\frac{I}{S}=nq\boldsymbol{u}=\rho\boldsymbol{u}[\mathrm{A/m^2}] \tag{5-5}$$

이 된다. 여기서 $\rho=nq[\mathrm{C/m^3}]$은 체적전하밀도, $\boldsymbol{u}$는 전하의 이동속도, 전류 I는 대류전류, $\boldsymbol{J}$는 대류전류밀도이다.

(2) 전도전류밀도

전도전류는 도체를 필요로 한다. 도체는 많은 수의 자유전자를 갖고 있으며, 그림 5-4와 같이 인가된 전기장에 의해 전도전류가 흐르게 된다. 전계 $\boldsymbol{E}$을 인가할 때 전하량이 $-e$인 전자에 작용하는 힘 $\boldsymbol{F}$는

$$\boldsymbol{F}=-e\boldsymbol{E} \tag{5-6}$$

이므로 전자는 자유공간에는 없으므로 전기장의 영향으로 가속되지는 않는다. 오히려 원자격자와 충돌하여 한 원자에서 다른 원자로 표동하게 된다. 질량 m인 전자가 평균표동속도 $\boldsymbol{u}$로 전기장 $\boldsymbol{E}$ 내에서 움직인다면 뉴튼의 법칙에 의해 자유전자의 운동량의 평균변화는 인가력과 같아야 하므로

$$\frac{m\boldsymbol{u}}{\tau}=-e\boldsymbol{E} \tag{5-7}$$

또는

$$\boldsymbol{u}=-\frac{e\tau}{m}\boldsymbol{E} \tag{5-8}$$

로 나타낼 수 있다. 여기서 τ(타우)는 충돌 사이의 평균시간 간격을 말하며, 이 식은 전자의 표동속도가 인가되는 전계 $\boldsymbol{E}$에 직접 비례한다는 것을 나타낸 것이다.

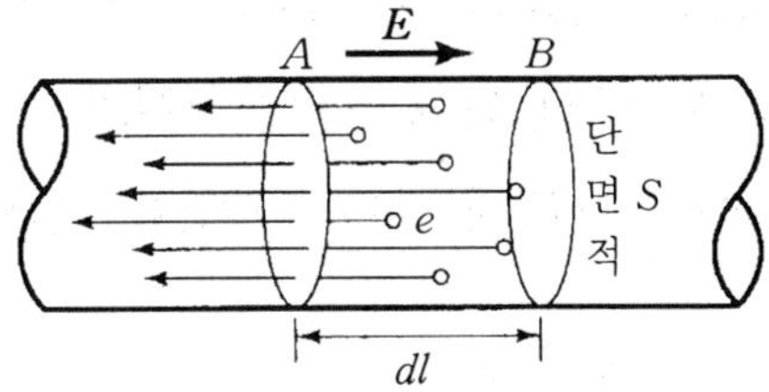

그림 5-4 전도전류밀도

따라서 단위체적당 전자수를 n이라 하면 전자의 전하밀도 ρ는

$$\rho = -ne \tag{5-9}$$

가 되므로, 전도전류밀도 $\boldsymbol{J}$는 식 (5-5)를 이용하면 스칼라량과 벡터량으로 다음과 같이 나타낼 수 있다.

$$\left.\begin{aligned} J &= \rho u = \frac{ne^2\tau}{m}E = \sigma E \\ \boldsymbol{J} &= \sigma \boldsymbol{E} \end{aligned}\right\} \tag{5-10}$$

여기서 $\sigma = \dfrac{ne^2\tau}{m}$은 도체의 도전율을 나타낸다. 또한 식 (5-10)이 옴의 법칙의 점형으로 알려져 있다.

5.2 전기저항

5.2.1 저항률과 도전율

그림 5-5와 같이 전류가 흐르고 있는 금속선에 있어서 임의의 두 점간의 전위차 V는 전류 I에 비례한다. 따라서 전위차 V는

$$V = RI \tag{5-11}$$

이며, "일정한 온도에서 R은 비례상수이고, 전류는 전위차에 비례한다." 이것을

옴의 법칙이라고 하고, R은 두 점간의 전기저항 또는 저항이며, 단위는 옴[Ω]을 사용한다. "1[Ω]은 1[V]의 전위차에 대해 1[A]의 전류가 흐를 때의 저항"을 말하며, R의 역수를 콘덕턴스 $G(=1/R)$라 하고 단위는 모오[℧] 또는 지멘스[S : siemens]를 사용한다.

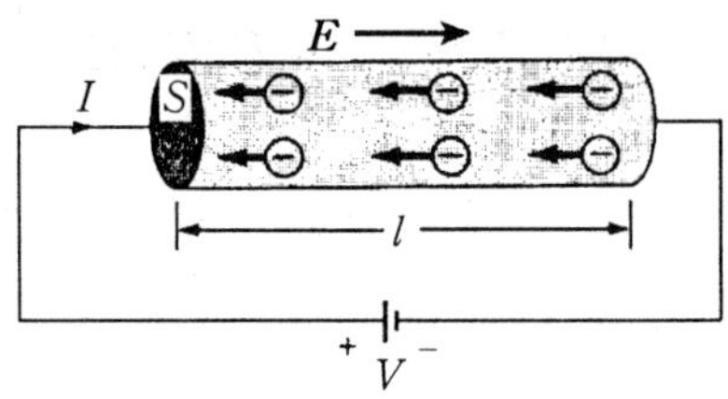

그림 5-5 도체의 저항

전기저항은 전류의 흐름을 방해하는 정도를 나타낸 것으로 저항이 클수록 전류가 흐르기 어렵다. 저항의 크기는 물질의 종류와 크기 및 형태에 따라 달라진다.

그림 5-5와 같이 도체 단면적을 $S[\mathrm{m}^2]$, 길이를 $l[\mathrm{m}]$라 하면, 전기장 $\boldsymbol{E}$는 정전하의 이동방향, 즉 전류의 방향과 같도록 작용한다. 이 방향은 전자들의 이동방향과는 반대이다. 이때 인가된 전기장 $\boldsymbol{E}$은 균일하고 그 크기는

$$E=\frac{V}{l} \tag{5-12}$$

가 되고, 도체가 균일한 단면을 가졌으므로 전류밀도 $\boldsymbol{J}$와 전류 I의 크기는

$$J=\frac{I}{S}, \quad I=JS \tag{5-13}$$

가 된다. 따라서 식 (5-10)의 $J=\sigma E$와 식 (5-12)을 식 (5-13)에 대입하면

$$\frac{I}{S}=\sigma E=\frac{\sigma V}{l} \tag{5-14}$$

이 된다. 따라서 식 (5-14)를 정리하면

$$\frac{V}{I}=R=\frac{l}{\sigma S} \tag{5-15}$$

또는

$$R=\rho\frac{l}{S} \tag{5-16}$$

가 된다. 여기서 $\rho=1/\sigma$는 단위체적당의 저항이다. 이것을 재료의 **저항률** 또는 **고유저항**이라 하며, 단위는 [Ω・m]를 사용한다.

저항률 ρ는 도전율 σ의 역수로서 다음과 같다.

$$\left.\begin{aligned}\rho&=\frac{1}{\sigma}[\Omega\cdot\mathrm{m}]\\ \sigma&=\frac{1}{\rho}[℧\cdot\mathrm{m}]\end{aligned}\right\} \tag{5-17}$$

저항률과 도전율을 저항 R의 역수인 콘덕턴스 G로 나타내면 다음과 같다.

$$G=\frac{1}{R}=\sigma\frac{S}{l}=\frac{S}{\rho l}[\mathrm{S}] \tag{5-18}$$

여기서, 단위 [S]를 지멘스라 하고, **지멘스**는 [S]=[1/Ω]=[℧]의 관계가 있다.

일반적으로 도전율을 나타낼 때는 퍼센트([%]) 도전율을 사용한다. 이는 밀도 8.89[g/cm^3], 단면적 1[mm^2], 길이 1[m]의 표준연동의 도전율을 기준으로 다른 도체의 도전율을 백분율로 나타낸다.

표준연동의 저항은 20[℃]에서 1/58=0.01724[Ω]을 갖는다. 표 5-1에 각종 금속의 저항률을 나타냈다.

표 5-1 금속의 저항률($\times10^{-8}$[Ω・m], 20[℃])

금속	저항률	금속	저항률
금	2.4	철	10.0
은	1.6	백금	10.5
구리	1.69	주석	11.4
알루미늄	2.62	납	21.9
텅스텐	5.48	망간	35~100
아연	6.1	니크롬	100~110

예제 5-2 전선을 균일하게 3배의 길이로 당겨 늘였을 때 전선의 체적이 불변이라면 저항은 몇 배가 되는가?

풀이 체적이 불변이므로 길이를 3배로 하면 단면적은 $\frac{1}{3}$배가 된다. 그러므로

$$R' = \rho\frac{l'}{S'} = \rho\frac{3l}{\frac{1}{3}S} = 9\rho\frac{l}{S} = 9R$$이므로 9배로 증가한다.

5.2.2 저항의 온도계수

그림 5-6과 같이 금속과 같은 도체의 전기저항은 일반적으로 온도의 상승과 함께 증가한다. 이와 같이 온도상승과 함께 저항이 점차 직선적으로 증가하는 것을 **정특성 저항**이라 한다. 이것은 열에너지에 의해 결정격자의 진동이나 자유전자의 열운동이 격렬하게 되고 전계에 의하여 가속된 전자의 충돌 횟수가 증가하기 때문이다.

그러나 절연체 또는 반도체는 온도의 상승과 저항이 감소하는 부(−)의 온도계수를 가지므로 이것을 **부특성 저항**이라 한다. 즉 반도체 등은 높은 온도에 견디지 못하는 단점을 가진다.

금속도체에서는 온도 −20～200[℃] 범위에서 온도변화에 대하여 저항이 일정한 계수로 변하는데, 온도 20[℃]의 저항 R_{20}을 기준으로 하여 온도가 1[℃]씩 상승할 때의 저항을 구한다.

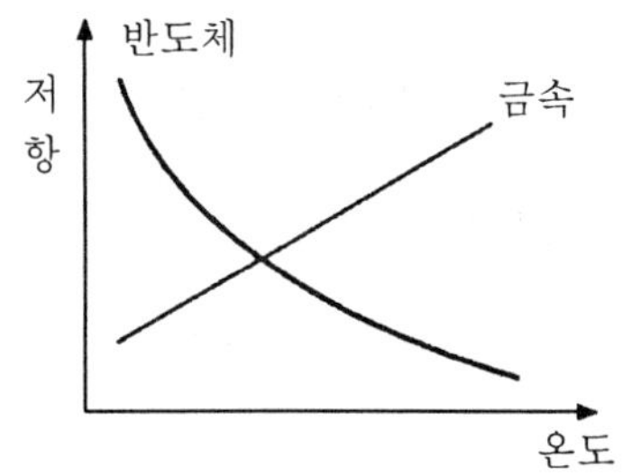

그림 5-6 저항과 온도특성

금속도체가 임의의 온도 t[℃]에서의 고유저항 ρ_t는 다음과 같이 나타낸다.

$$\rho_t = \rho_{t0}[1 + \alpha_{t0}(t - t_0) + \beta_{t0}(t - t_0)^2 + \cdots] \tag{5-19}$$

여기서 α_{t0}와 β_{t0}는 온도 t_0(20[℃]기준)일 때의 온도계수로서, 보통 β는 α에 비해 작기 때문에 무시한다. 따라서 식 (5-19)을 다시 근사하여 나타내면

$$\rho_t = \rho_{20}[1 + \alpha_{t0}(t - t_0)] \tag{5-20}$$

가 된다. 저항온도계수 α는 임의의 온도에서 온도가 1[℃]씩 상승할 때 저항의 증가율을 의미한다.

기준온도 $t_0 = 20$[℃]일 때 저항을 R_{20}, 임의의 온도가 t[℃]일 때 저항을 R_t라 하면 저항과 온도계수와의 관계식은 다음과 같다.

$$R_t = R_{20}[1 + \alpha_{20}(t - t_0)] \tag{5-21}$$

여기서 α_{20}은 온도가 20[℃]일 때의 저항온도계수, t[℃]는 변한 온도값이다. 일반적으로 금속의 경우 저항률의 온도계수는 표 5-2와 같이 보통 3×10^{-3}에서 5×10^{-3}의 범위에 있다. 온도계수의 값은 온도에 따라 변화지만 일반적으로 온도 20[℃]에서 측정한 값을 사용한다.

일반적으로 금속의 경우에는 온도가 낮아지면 저항도 감소하지만, 어떤 전이 온도 T[°K] 이하에서 급격히 감소하여 전기저항값이 "0"이 되는 것이다. 이 온도 T 이하의 상태를 초도전상태(super conductive state) 또는 초전도상태라 한다.

표 5-2 금속의 온도계수(α_{20}, 20[℃])

금속	저항률	금속	저항률
금	0.0034	철	0.005
은	0.0038	백금	0.003
구리	0.00393	주석	0.0042
알루미늄	0.0039	납	0.0039
텅스텐	0.0045	망간	0.00001
아연	0.0037	니크롬	0.0002

예 제 5-3 20[℃]에서 동(銅)의 저항이 10[Ω]이다. 이 동의 온도가 35[℃]인 때의 저항은 몇 [Ω]인가?(단, 동의 온도계수는 4.0×10^{-3}이다.)

풀이 $R_T = 20[1+(4.0\times10^{-3})\times(35-20)] = 20(1+6\times10^{-2}) = 20\times1.06 = 21.2[\Omega]$

예 제 5-4 저항 10[Ω]인 구리선과 30[Ω]인 망간선을 직렬접속하면 합성저항 온도계수는 몇 [%]인가?

풀이 합성저항 온도계수 $\alpha_t = \dfrac{\alpha_1 R_1 + \alpha_2 R_2}{R_1 + R_2}$

여기서, α_1 : 동선의 저항 온도계수, α_2 : 망간선의 저항 온도계수

동선과 망간선이 1[℃] 상승할 때의 저항값을 r_1, r_2라 하면,

$r_1 = \alpha_1 R_1 = 0.004\times10 = 0.04[\Omega]$, $r_2 = \alpha_2 R_2 = 0\times30 = 0[\Omega]$

$\therefore\ \alpha_t = \dfrac{\alpha_1 R_1 + \alpha_2 R_2}{R_1 + R_2} = \dfrac{0.04}{10+30} = 0.001 = 0.1[\%]$

5.2.3 전기저항과 정전용량

그림 5-7과 같이 정전용량이 C[F]인 평행평판 전극의 극판에 각각 $+Q$[C]와 $-Q$[C]의 전하로 대전되어 있다면 도체 내부의 전계의 세기 $\boldsymbol{E}$는 가우스법칙에 의해

$$\int_S \boldsymbol{E}\cdot d\boldsymbol{S} = \frac{Q}{\varepsilon} \tag{5-22}$$

이 된다. 이때 유전체의 도전율을 σ이라 하면 전류밀도 $\boldsymbol{J}$와 전계 $\boldsymbol{E}$의 관계는

$$\boldsymbol{J} = \frac{1}{\rho}\boldsymbol{E} = \sigma\boldsymbol{E} \tag{5-23}$$

이 된다. 여기서 ρ는 유전체의 고유저항이다.

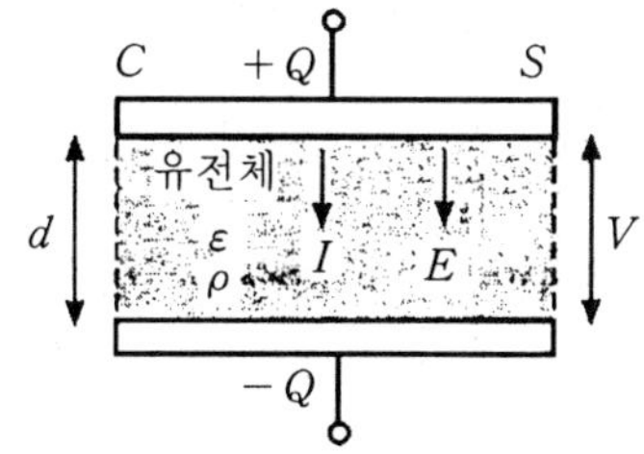

그림 5-7 전기저항과 정전용량

일반적으로 유전체는 절연체이기 때문에 전류가 잘 흐르지 않지만, 도전율을 갖고 있다면 강한 전계에 의해 어느 정도 미소한 누설전류가 흐른다.

이때 누설전류를 I라 하면 식 (5-13)과 식 (5-23)에 의해

$$I = JS = \int_S JdS = \frac{1}{\rho}\int_S \boldsymbol{E}\cdot d\boldsymbol{S} = \frac{1}{\rho}\cdot\frac{Q}{\varepsilon} \tag{5-24}$$

이 된다. 식 (5-24)의 전하 Q에 $Q = CV$를 대입하여 풀면

$$I = \frac{1}{\rho}\cdot\frac{CV}{\varepsilon} \tag{5-25}$$

가 되고, 식 (5-25)를 전기저항과 정전용량의 관계로 변환하면

$$\rho\varepsilon = C\frac{V}{I} = RC \tag{5-26}$$

또는

$$RC = \rho\varepsilon = \frac{\varepsilon}{\sigma} \tag{5-27}$$

로 나타낼 수 있다. 이 식은 단순히 저항 $R = \rho\frac{l}{S}$와 정전용량 $C = \varepsilon\frac{S}{l}$을 곱하여 얻을 수 있다. 이 식은 콘덴서의 정전용량을 구하고자 할 때 유전율과 도전율을 알고 있으면, 유전체 또는 고체 매질의 전극 사이의 저항을 측정하면 정전용량을 구할 수 있다.

예제 5-5 액체 유전체를 넣은 콘덴서의 용량이 20[μF]이다. 여기에 550[kV]의 전압을 가하면 누설 전류는?(단, $\varepsilon_s = 2.2$, $\rho = 10^{11}[\Omega \cdot \text{m}]$)

풀이 누설전류 $I = \dfrac{V}{R} = \dfrac{V}{\frac{\rho\varepsilon}{C}} = \dfrac{CV}{\rho\varepsilon}$[A]이므로 수치를 대입하면

$$I = \frac{CV}{\rho\varepsilon_0\varepsilon_s} = \frac{20\times10^6\times500\times10^3}{10^{11}\times8.855\times10^{12}\times2.2} = 5.133\text{[A]}$$가 된다.

5.3 기전력과 전압

그림 5-8과 같이 전류가 흐르는 통로를 **전기회로**라 한다. 저항에 전류가 흐르면 주울의 법칙에 의해 전기에너지가 소비됨에 따라 전압원은 점차 감소하게 된다. 따라서 감소되는 에너지원을 보충하고, 항상 일정한 전류를 회로에 흘리기 위한 에너지원이 필요하다.

이와 같이 전기회로에 전기에너지를 공급하는 원천이 전압원이다. 전압원으로는 건전지 또는 발전기가 있으며 이들은 전류를 흘리는 힘을 갖고 있다. 이 힘을 **기전력**이라 하며, 기전력의 크기는 전위차로 표시할 수 있다. 둘 다 단위를 [V]로 나타낸다는 점에서 전위차와 기전력이 같으므로 전위차 및 기전력의 크기를 **전압**이라 한다.

따라서 전압은 전위의 크기로서 두 점 a, b간의 전위차이며, 도선에 전하를 흐르게 하는 힘이다. 단위는 [V]로서 "1[C]의 전하가 1[J]의 일을 할 수 있게 하는 전위차의 크기를 1[V]"로 정의하고 있다.

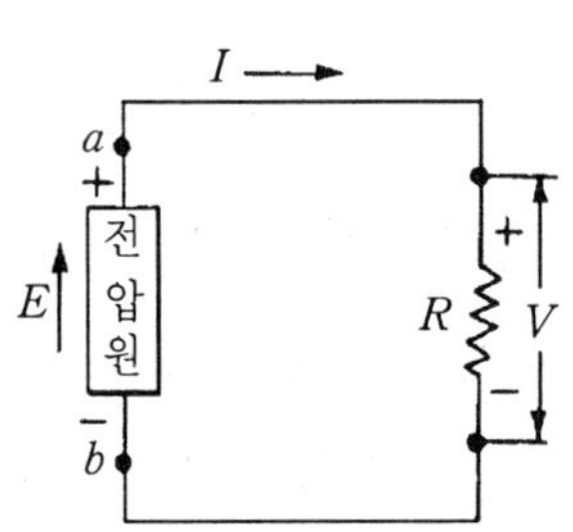

그림 5-8 전기회로

그림 5-8과 같이 기전력 E[V]를 갖는 전압원에서 부하저항 R[Ω]에 연속적으로 전류 I[A]를 공급하는 전기회로가 있다. 이 회로에서 전력의 소비는 저항 R에서 일어나므로 저항에서의 전력손실은 주울의 법칙에 의하여 I^2R이고, 전원으로부터 공급되는 전력 EI와 서로 같으므로

$$EI = I^2R \tag{5-28}$$

이 되어, 결국

$$E = IR = V\,[\mathrm{V}] \tag{5-29}$$

로 옴의 법칙이 되며, 또한 전류 I와 전기저항 R로 나타내면

$$I = \frac{E}{R}\,[\mathrm{A}], \quad R = \frac{E}{I}\,[\Omega] \tag{5-30}$$

로 된다. 이것은 전원의 내부저항이 "0"인 경우 기전력 E와 저항 R의 단자전압 또는 전압강하 성분 V[V]와 서로 같다는 것을 의미한다. 이와 같이 전압원의 내부저항이 "0"으로서 전기회로에 공급하는 전류를 항상 일정한 기전력을 발생시키는 전압원을 **정전압원**이라 한다.

그러나 실제 전압원은 내부에 얼마간의 내부저항 r을 가지고 있다. 그림 5-9 (a)와 같이 점선으로 된 전압원은 기전력 E[V]와 내부저항 r[Ω]을 갖는 건전지를 부하저항 R[Ω]에 접속한 전기회로이다.

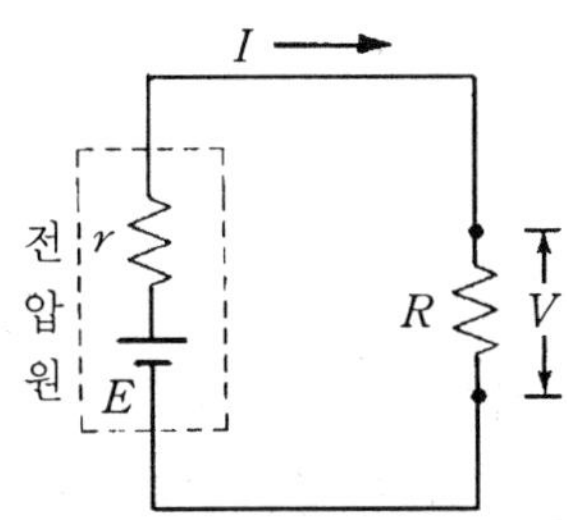

(a)

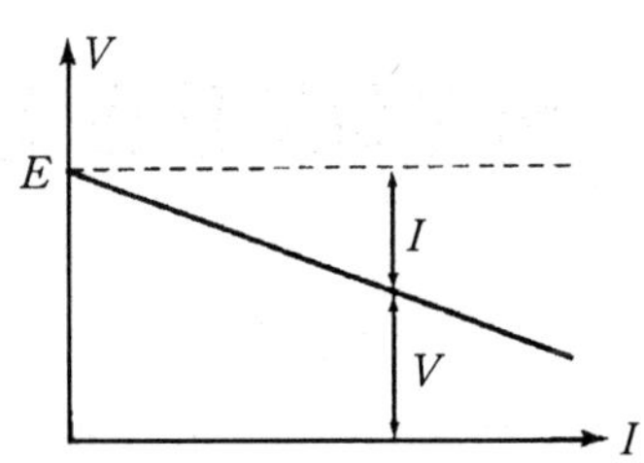

(b)

그림 5-9 내부저항

이 회로의 전체저항은 $(R+r)[\Omega]$이고, 이 회로에 전류 I[A]가 흐른다면, 전류 I는 옴의 법칙에 의해

$$I=\frac{E}{R}=\frac{E}{R+r}\,[\mathrm{A}] \tag{5-31}$$

가 되고, 이 식을 기전력 E[V]로 나타내면 다음과 같다.

$$E=I(R+r)\,[\mathrm{V}] \tag{5-32}$$

또는

$$E-Ir=IR=V\,[\mathrm{V}] \tag{5-33}$$

따라서 건전지의 단자전압은 $(E-Ir)$[V]이므로 전압원에 내부저항이 있는 경우 부하에 전류를 흘리면, 그 단자전압은 기전력보다 전류에 비례하여 그림 5-9 (b)와 같이 감소하는 것을 알 수 있다.

만약 부하전류 I가 $I=0$, 즉 무부하시에는 기전력과 전원의 단자전압은 같아지게 된다. 내부저항 r이 매우 큰 전압원인 경우 전류 I는

$$I=\frac{E}{R+r}=\frac{E}{r\left(\dfrac{R}{r}+1\right)}\simeq\frac{E}{r}\,[\mathrm{A}] \tag{5-34}$$

로 되어, 부하저항 $R[\Omega]$값에 상관없이 거의 일정한 전류를 부하에 흘릴 수 있다. 이와 같은 전압원을 **정전류원**이라 한다.

5.4 키르히호프의 법칙

전기회로에서 전압, 전류 및 저항 계산은 **옴의 법칙**을 이용하면 쉽게 구할 수 있지만, 몇 개의 전원과 저항 등이 여러 형태로 접속되어 있는 복잡한 회로의 경우에는 전류와 전압을 **키르히호프의 전류법칙**과 **키르히호프의 전압법칙**을 이용하면 더욱 쉽게 구할 수 있다.

5.4.1 키르히호프의 전류법칙

그림 5-10의 병렬접속 전기회로에서 점 ⓐ, ⓑ를 분기점이라 하고, 점 ⓐ에서 전류가 나누어지고, 점 ⓑ에서 전류가 합쳐진다. 키르히호프의 전류법칙(제1 법칙)은 "임의의 분기점에서 들어오는 전류의 합과 나가는 전류의 합은 같다"라는 것이다.

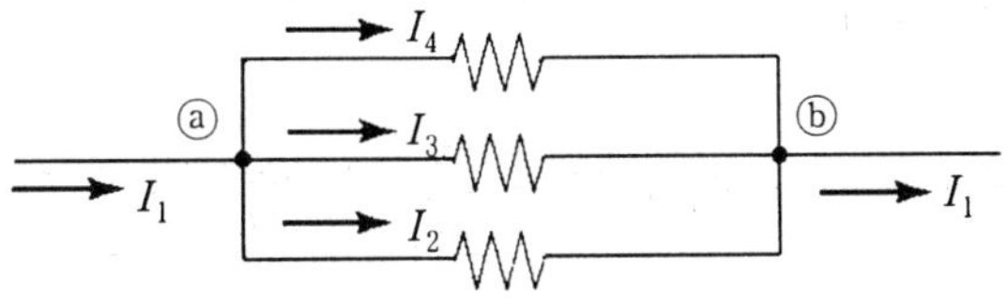

그림 5-10 키르히호프의 전류법칙

따라서 분기점 ⓐ로 들어오는 전류 I_1과 유출되는 전류 I_2, I_3, I_4의 관계는

$$I_1 = I_2 + I_3 + I_4 \tag{5-35}$$

가 된다. 분기점 ⓑ에서도 유입하는 전류와 유출하는 전류는

$$I_2 + I_3 + I_4 = I_1 \tag{5-36}$$

이 되므로 위 식을 수학적으로 정리하면 다음과 같다.

$$I_1 - (I_2 + I_3 + I_4) = 0 \tag{5-37}$$

따라서 키르히호프의 전류법칙은 "임의의 분기점에서의 전류의 총합은 0이다"라는 것이다.

5.4.2 키르히호프의 전압법칙

이 법칙은 회로망중의 "임의의 폐회로를 따라 한 방향으로 일주하면서 저항에서 소비되는 전압강하의 합은 그 폐회로에 공급하는 공급전압 즉, 기전력의 합과 같다"라는 것이 키르히호프의 전압법칙(제2 법칙)이다.

그림 5-11과 같이 저항 R_1, R_2, R_3에서의 전압강하는 각 저항에서의 전류×저항, 즉 IR_1, IR_2, IR_3이므로 이들의 합이 공급전압 E와 같으므로

$$E = IR_1 + IR_2 + IR_3 \tag{5-38}$$

또는

$$E - (IR_1 + IR_2 + IR_3) = 0 \tag{5-39}$$

가 된다. 따라서 "폐회로에서 공급전압과 각 저항에서의 전압강하의 총 합은 0이다"라는 의미이다.

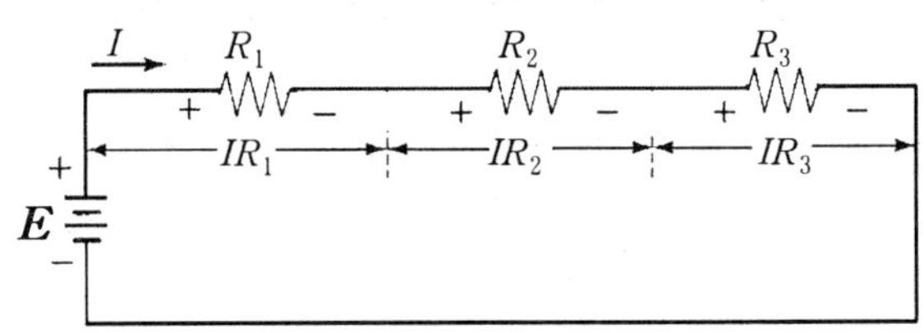

그림 5-11 키르히호프의 전압법칙

5.5 저항접속

5.5.1 직렬접속

그림 5-12는 저항 R_1, R_2, R_3을 직렬로 접속한 회로이다. 이 회로에 공급되는 공급전압을 E[V], 회로에 흐르는 전류를 I[A]라 하면, 각 저항에 걸리는 전압 강하를 각각 V_1, V_2, V_3라 하면, 각 단자전압은 다음과 같다.

$$V_1 = IR_1,\ V_2 = IR_2,\ V_3 = IR_3 \tag{5-40}$$

가 된다. 공급전압 E는 각 저항의 단자전압 합과 같으므로, 전압 E는

$$E = V_1 + V_2 + V_3 = IR_1 + IR_2 + IR_3$$
$$= I(R_1 + R_2 + R_3)[\mathrm{V}] \quad (5\text{-}41)$$

가 된다.

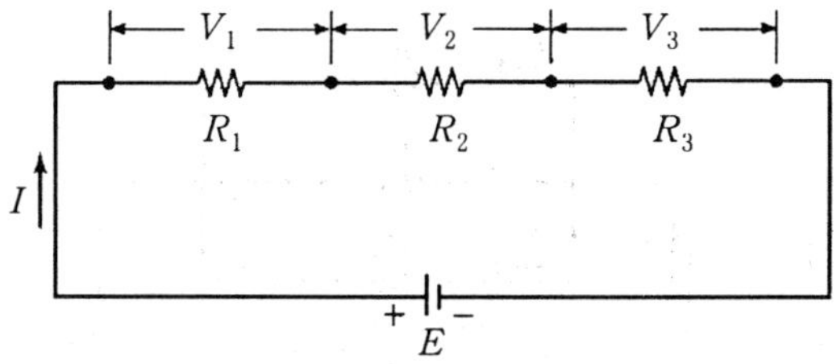

그림 5-12 저항의 직렬접속회로

따라서 회로 전체저항 R은 $R=E/I$이므로 식 (5-41)을 이용하면 전체저항 R은 다음과 같다.

$$R = \frac{E}{I} = R_1 + R_2 + R_3[\Omega] \quad (5\text{-}42)$$

5.5.2 병렬접속

그림 5-13과 같이 저항 R_1, R_2, R_3을 병렬로 접속하였다. 병렬접속된 회로의 양단에 전압 E[V]를 인가해 주었을 때, 각 저항에 흐르는 전류를 I_1, I_2, I_3라 하면 옴의 법칙에 의해 저항에 흐르는 전류 I는 $I=E/R$이므로 각 저항에 흐르는 분기전류는 다음과 같다.

$$I_1 = \frac{E}{R_1},\ I_2 = \frac{E}{R_2},\ I_3 = \frac{E}{R_3} \quad (5\text{-}43)$$

회로에서 전체전류 I는 각 분기저항에 흐르는 전류의 합과 같으므로 다음과 같이 나타낼 수 있다.

$$I = I_1 + I_2 + I_3 = \frac{E}{R_1} + \frac{E}{R_2} + \frac{E}{R_3}$$

$$= \left(\frac{1}{R_1} + \frac{1}{R_2} + \frac{1}{R_3} \right) E[\mathrm{A}] \tag{5-44}$$

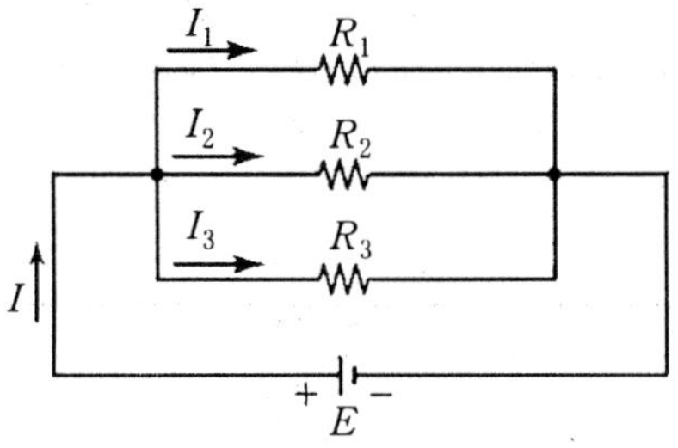

그림 5-13 저항 병렬접속회로

따라서 병렬접속회로에서 전체저항 R은 $R = E/I$ 이므로 식 (5-44)를 이용하면 다음과 같이 표현된다.

$$R = \frac{E}{I} = \frac{1}{\frac{1}{R_1} + \frac{1}{R_2} + \frac{1}{R_3}} [\Omega] \tag{5-45}$$

예제 5-6 두 개의 저항 R_1, R_2를 직렬연결하면 16[Ω], 병렬연결하면 3.75[Ω]이 된다. 두 저항값은 각각 몇 [Ω]인가?

풀이 $R_s = R_1 + R_2 = 16[\Omega]$ ①

$$R_p = \frac{R_1 R_2}{R_1 + R_2} = 3.75[\Omega]$$ ②

에서 $R_1 R_2 = 3.75(R_1 + R_2) = 3.75 \times 16 = 60[\Omega]$

$$\therefore R_2 = \frac{60}{R_1}$$ ③

식 ③을 식 ①에 대입하면, $R_1 + \frac{60}{R_1} = 16$, $(R_1 - 6)(R_1 - 10) = 0$

$\therefore R_1 = 6[\Omega]$, $R_2 = 10[\Omega]$ 또는 $R_1 = 10[\Omega]$, $R_2 = 6[\Omega]$

5.6 전력과 줄열

5.6.1 전 력

전력이란 일률로서 도체의 두 점 사이에 전위차 V[V]를 인가하고, 시간 t[s] 동안에 전하 Q[C]을 이동시켜 전류 I[A]를 흘릴 경우 도체 내에서 소비되는 단위시간당 일 P는 다음과 같이 나타낼 수 있다.

$$P = \frac{W}{t} = V\frac{Q}{t} = VI[\mathrm{W}] \tag{5-46}$$

이것이 전기회로에서 전력이다. 즉, "전력은 전계가 1초 동안 한 일"로 정의되며, 일률에 해당한다.

전력의 단위는 [W]를 사용하며, 1[W]=1[J/s]=1[VA]의 관계가 있다.

또한 옴의 법칙 $V=IR$을 식 (5-46)에 적용하면 전력 P는 다음과 같다.

$$P = VI = I^2R = \frac{V^2}{R}[\mathrm{W}] \tag{5-47}$$

일정한 전력 P[W]가 공급되었을 때, 시간 t[s] 동안 소비되는 일 W는

$$W = Pt = VIt = I^2Rt = \frac{V^2}{R}t[\mathrm{W \cdot s}] \tag{5-48}$$

가 된다. 전력 P와 시간 t의 곱을 일 또는 에너지로서 전력량이라 하며, 단위는 [W · s]=[J]이 된다. 그러나 일반적으로 전력량은 [Wh] 또는 [kWh]를 사용하며 1[kWh]를 [J]로 표시하면 다음과 같다.

$$1[\mathrm{kWh}] = 1{,}000[\mathrm{W}]\times 3{,}600[\mathrm{s}] = 3.6\times 10^6[\mathrm{J}] \tag{5-49}$$

예제 5-7 내부저항 r이 2[Ω]이고, 전압 E가 24[V]인 축전지에서 최대전력을 흡수하기 위한 부하저항 R[Ω]값을 구하고 그때의 전력 P[W]는 얼마인가?

풀이 $P = I^2R = \left(\frac{E}{r+R}\right)^2 R = \frac{R}{(r+R)^2}E^2[\mathrm{W}]$

여기서, 최대 전력전달 조건이 되는 것은 $\frac{R}{(r+R)^2}$이 이차함수이므로 미분값이 0일 때이다. 따라서

$$\frac{d}{dR}\frac{R}{(r+R)^2} = \frac{r\cdot(r+R)^2 - R\cdot 2(r+R)}{(r+R)^4}$$

$$= \frac{(r+R)-2R}{(r+R)^3} = \frac{r-R}{(r+R)^3} = 0$$

이 때, $r=R$일 때 최대 전력을 얻는다.

그러므로 $R=2[\Omega]$, $P = \frac{V^2}{r+R} = \frac{24^2}{2+R} = 144[\mathrm{W}]$

5.6.2 주울의 법칙

영국의 주울(Joule)은 1840년에 "도체에 전류 I가 t초 동안 흘렀을 때 발생하는 발열량 H는 전류의 제곱과 도체저항 R과의 곱에 비례한다"라는 것을 실험을 통해 발견하였다. 즉 발열량 H는

$$H = I^2Rt\,[\mathrm{J}] \tag{5-50}$$

가 된다. 이 식을 **주울의 법칙**이라 하고, 이때 발생되는 열을 줄열이라 한다. 이 줄열이 전력손실을 일으키는 하나의 요인이다.

또한 1[J]의 일은 0.24[cal]로 환산되므로 식 (5-50)의 [J] 단위를 [cal] 단위로 환산하면 다음과 같이 표현할 수 있다.

$$H = 0.24\,I^2Rt\,[\mathrm{cal}] \tag{5-51}$$

예제 5-8 100[V]의 전압으로 2[A]의 전류를 흘리는 전열기를 30분 동안 사용했을 때 전기 에너지는 몇 [J]인가?

풀이 $R = \frac{100}{2} = 50\,[\Omega]$, 30[분] = 30×60 [s]이므로

$H = I^2Rt = 2^2\times 50\times(30\times 60) = 360{,}000[\mathrm{J}] = 360[\mathrm{kJ}]$

5.7 열전현상

5.7.1 제벡효과

그림 5-14와 같이 서로 종류가 다른 이종의 두 금속 A, B를 접합하여 폐회로를 만든 후 두 접합점의 온도차이에 의해 이 폐회로에 열기전력이 온도가 높은 쪽에서 낮은 쪽으로 열전류 I가 흐르는 현상을 제벡효과라 한다.

이 제벡효과는 1821년 독일의 제벡(T.J. Seebeck)에 의해 발견되었다. 제벡효과에 의해 발생한 기전력을 **열기전력**, 전류를 **열전류**라 하고 이때 사용한 이종의 금속쌍을 **열전대**(thermo couple)라 한다. 열전대는 열에너지를 전기에너지로 변환하는 소자로서 전압계를 접속시켜 열기전력을 측정할 수 있다.

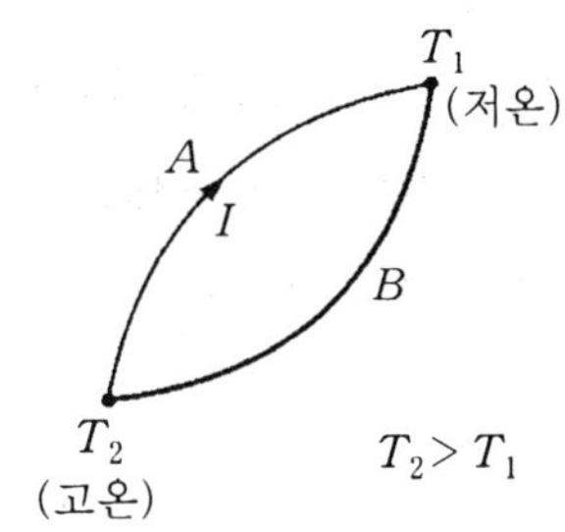

그림 5-14 열전대

그림 5-14에서 열전대의 두 접점이 미소한 온도차 ΔT일 때의 열기전력을 ΔV라 하면

$$\frac{\Delta V}{\Delta T} = Q \tag{5-52}$$

로 나타낸다. 여기서 Q는 **열전능**(theromoelectric power)으로 일반적인 상수가 아니라 온도에 관해서 다음과 같은 1차식으로 나타낸다.

$$Q = a + bT \tag{5-53}$$

그러므로 두 접점의 온도가 T_1, T_2일 때 열기전력 V는 다음과 같다.

$$V = \int_{T_1}^{T_2} Q dT = \int_{T_1}^{T_2} (a + bT) dT$$

$$= a(T_2 - T_1) + \frac{1}{2} b(T_2{}^2 - T_1{}^2) \quad (5\text{-}54)$$

여기서 a, b는 열전상수로 열전대를 구성하는 두 종류의 금속에 의해 정해진다. 대표적인 열전대로는 구리-콘스탄탄(−200~400[℃]), 크로멜-아루멜(−100~1,400[℃]), 백금-백금로듐(0~1,760[℃]) 등이 있으며, 주로 용광로속의 온도측정이나 온도제어 등에 사용된다.

5.7.2 펠티에효과

서로 다른 이종의 금속 두 개를 접속시켜 폐회로를 만들고 온도를 일정하게 유지하면서 전류 I를 흘리면 접합부에서 줄열 이외의 열의 발생 또는 흡수가 일어난다. 또한 전류의 방향을 반대로 하면 그 접점에서 열의 발생과 흡수가 바뀌어진다. 이와 같은 현상을 **펠티에효과**(peltier effect)라 하며, 제벡효과의 역효과로 이때의 총열량 H[cal]는 다음과 같이 나타낸다.

$$H = P \int_0^t I dt \text{ [cal]} \quad (5\text{-}55)$$

여기서 P는 펠티에계수로, 1834년 프랑스의 펠티에(J.C.A Peltier)에 의해 발견되었다. 이 현상을 이용한 대표적인 것이 전자냉동 등에 이용되고 있으며, 이 효과를 이용한 소자를 펠티에소자, 전자냉각소자라고도 한다.

펠티에소자를 이용한 **전자냉동**은 그림 5-15와 같이 n형과 p형의 반도체를 동판으로 연결하고, 전류를 n형→동판→p형 방향으로 흘리면 동판과의 접점에서 흡열(냉동)이 생긴다. 발열은 전류의 입력・출력부에 있는 구리와의 접점에서 생긴다. 사용하는 p형 반도체에는 비스무트・안티몬・텔루르의 합금이 쓰이고, n형 반도체에는 비스무트・텔루르・셀렌의 합금이 쓰이고 있다.

특성은 합금에 첨가하는 불순물의 종류나 양에 의해 변동시킬 수 있으며, 합금을 적당히 조합하여 겹쳐서 최고 60~70[℃]의 온도 강하를 얻을 수 있다. 펠티에소자는 보통 냉동장치와 달라서 모터나 프레온 가스도 필요없고 잡음이 적고 수

명이 길며, 전류방향을 반대로 하면 발열소자도 되므로 냉·온 양용장치로 쓸 수 있는 장점이 있다. 그러나 효율이 나쁘고 소자도 값이 비싸고 온도급변에 대해 약하다는 결점도 있다.

현재 소형이면서 그다지 흡열량이 요구되지 않는 냉·온 양용의 항온조(恒溫槽), 휴대용 냉각상자, 사진현상용 냉각배트 외에 국소 냉각에도 적합하다는 이점을 이용하여 현미경 시료 냉각장치, 이슬점식 습도계의 피검(被檢)가스 냉각부 등이 제품화되고 있지만, 대규모의 설비로는 이용되고 있지 않다.

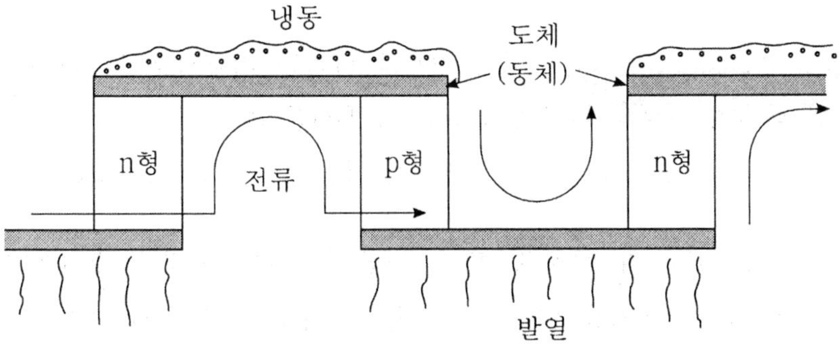

그림 5-15 전자냉동의 원리

5.7.3 톰슨효과

그림 5-16과 같이 동종의 금속 속에서 두 접점간의 온도차가 있을 때, 전류의 통과에 의해 줄열 이외에 도선 속에서 열의 발생 또는 흡수가 일어난다. 이 현상을 **톰슨효과**(thomson effect)라 한다.

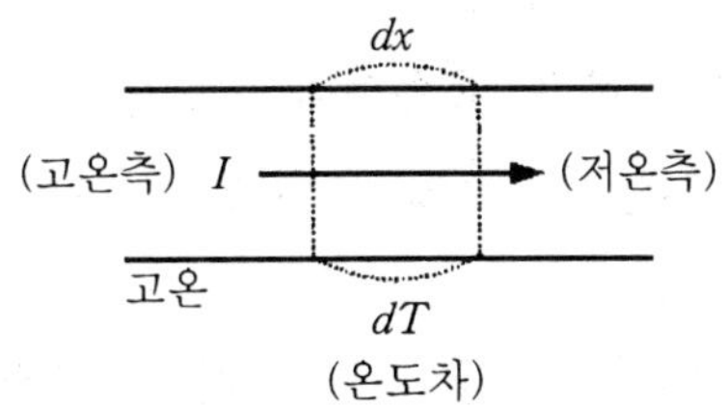

그림 5-16 톰슨효과

연 습 문 제

1. 전류가 잘 흐르는 정도를 나타내는 정수는?

① 도전율 ② 저항율 ③ 유전율 ④ 분극율

2. 도체 내에서 4[초] 동안 몇 [C]의 전하가 움직일 때 전류가 5[A]가 되는가?

① 0.8 ② 1.2 ③ 9 ④ 20

3. 들어오는 전류가 5[A], 2[A]이고, 3개의 나가는 전류가운데 2개가 1.5[A], 5[A]라면 나머지 하나의 나가는 전류는 몇 [A]인가?

① 0.5 ② 1 ③ 2 ④ 2.5

4. 전자가 매초 10^{10}개의 비율로 전선 내를 통과하면 이것은 몇 [A]의 전류에 해당하는가?(단, 전기량은 1.602×10^{-19}[C]이다.)

① 1.602×10^{9} ② 1.602×10^{29} ③ $\frac{1}{1.602}\times10^{9}$ ④ $\frac{1}{1.602}\times10^{-29}$

5. 반지름 5[mm]의 구리선에 10[A]의 전류가 단위시간에 흐르고 있을 때 구리선의 단면을 통과하는 전자의 개수는 단위길이당 얼마인가?(단, 전자의 전하량은 $e=1.602\times10^{19}$[C]이다.)

① 6.24×10^{18} ② 6.24×10^{19} ③ 1.28×10^{22} ④ 1.28×10^{23}

6. 지멘스(Siemens)는 무엇의 단위인가?

① 자기저항 ② 리액턴스 ③ 컨덕턴스 ④ 도전율

7. 일정전압의 직류전원에 저항을 접속하여 전류를 흘릴 때 저항값을 10[%] 감소시키면 흐르는 전류는 본래저항에 흐르는 전류에 비해 어떤 관계를 가지는가?

① 10[%] 감소 ② 10[%] 증가 ③ 11[%] 감소 ④ 11[%] 증가

8. MKS 단위계로 고유저항의 단위는?

① [Ω · m] ② [Ω · mm^2/m] ③ [μΩ · cm] ④ [Ω · cm]

9. 다음은 도체의 전기저항에 대한 설명이다. 틀린 것은?

① 고유저항은 백금보다 구리가 크다.

② 단면적에 반비례하고 길이에 비례한다.

③ 도체 반경의 제곱에 반비례한다.

④ 같은 길이, 같은 단면적에서도 온도가 상승하면 저항이 증가한다.

10. 0[℃]일 때 저항률이 0.004인 도체의 저항이 0[℃]일 때 저항의 2배로 될 때의 온도는 몇 [℃]가 되는가?(단, 저항률은 온도상승에 비례해서 증가한다고 한다.)

① 100 ② 150 ③ 250 ④ 500

11. 저항 300[Ω]인 전류계에 배율기를 연결하여 20배의 배율을 얻고자 한다. 저항은 약 몇 [Ω]인가?

① 2.5 ② 15.8 ③ 5700 ④ 6700

12. 직류전원의 단자전압을 내부저항 250[Ω]의 전압계로 측정하니 50[V]이고, 750[Ω]의 전압계로 측정하니 75[V]였다. 전원의 기전력 E[V] 및 내부저항 r[Ω]의 값은 얼마인가?

① 100, 250 ② 100, 25 ③ 250, 100 ④ 125, 5

13. 공간 도체중의 정상전류밀도가 i, 전하밀도가 ρ일 때, 키르히호프의 전류법칙을 나타낸 것은?

① $i=\frac{\partial \rho}{\partial t}$ ② $\text{div}\ \boldsymbol{i}=0$ ③ $i=0$ ④ $\text{div}\ \boldsymbol{i}=\frac{\partial \rho}{\partial t}$

14. 다음 중 옴의 법칙은 어느 것인가?(단, k는 도전율, ρ는 고유 저항, $\boldsymbol{E}$는 전계의 세기이다.)

① $i=k\boldsymbol{E}$ ② $i=\frac{\boldsymbol{E}}{k}$ ③ $i=\rho\boldsymbol{E}$ ④ $i=-k\boldsymbol{E}$

15. 1[kW]의 전열기가 1시간 동안 행한 일[J]는?

① 3.6×10^5 ② 3.6×10^6 ③ 3.6×10^7 ④ 3.6×10^8

16. 15[℃]의 물 4[l]를 용기에 넣어 1[kW]의 전열기로 이것을 가열하여 물의

온도를 90[℃]로 올리는데 30분이 필요하였다. 이 전열기의 효율[%]은?

① 50 ② 60 ③ 70 ④ 80

17. 다른 종류의 금속선으로 된 폐회로의 두 접합점의 온도를 달리하였을 때 전기가 발생하는 효과는?

① 톰슨효과 ② 핀치효과 ③ 펠티에효과 ④ 제벡효과

18. 두 종류의 금속선으로 된 회로에 전류를 통하면 각 접속점에서 열의 흡수 또는 발생이 일어나는 현상은?

① 톰슨효과 ② 제벡효과 ③ 볼타효과 ④ 펠티에효과

19. 전류가 흐르고 있는 도체에 자계를 가하면 도체 측면에는 정부의 전하가 나타나 두 면간에 전위차가 발생하는 현상은?

① 핀치효과 ② 톰슨효과 ③ 홀효과 ④ 제벡효과

20. 평행평판콘덴서에 유전율 9×10^{-8}[F/m], 고유저항 $\rho=10^6$[Ω · m]인 액체를 채웠을 때 정전용량이 3[μF]이었다. 이 양극판 사이의 저항은 몇[kΩ]인가?

① 37.6 ② 30 ③ 18 ④ 15.4

21. 액체 유전체를 넣은 콘덴서의 용량이 20[μF]이다. 여기에 500[kV]의 전압을 가하면 누설전류[A]는?(단, 비유전율 $\varepsilon_s=2.2$, 고유저항 $\rho=10^{11}$[Ω · m])

① 4.2 ② 5.13 ③ 54.5 ④ 61

22. 그림에 표시한 반구형 도체를 전극으로 한 경우의 접지저항[Ω]은?(단, ρ는 대지의 고유저항이며 전극의 고유저항에 비해 매우 크다.)

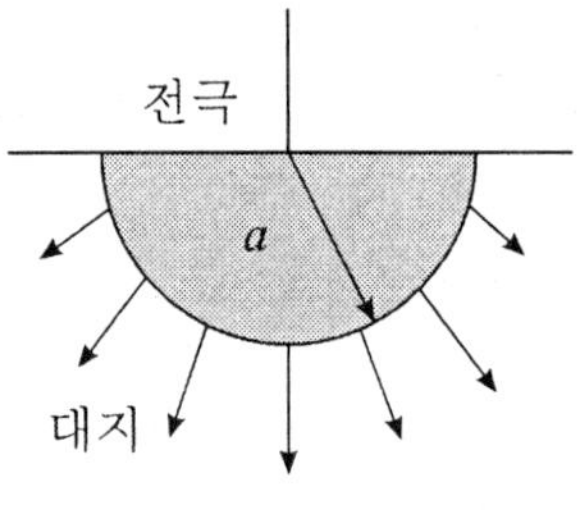

① $4\pi a\rho$ ② $\frac{\rho}{4\pi a}$ ③ $\frac{\rho}{2\pi a}$ ④ $2\pi a\rho$

23. 그림과 같이 반지름 a인 반구도체 2개가 대지에 매설되어 있다. 이 경우 양 반구도체 사이의 저항[Ω]은?(단, 대지의 고유저항을 ρ라 하고 도체의 고유저항은 0이며, $l \gg a$이다.)

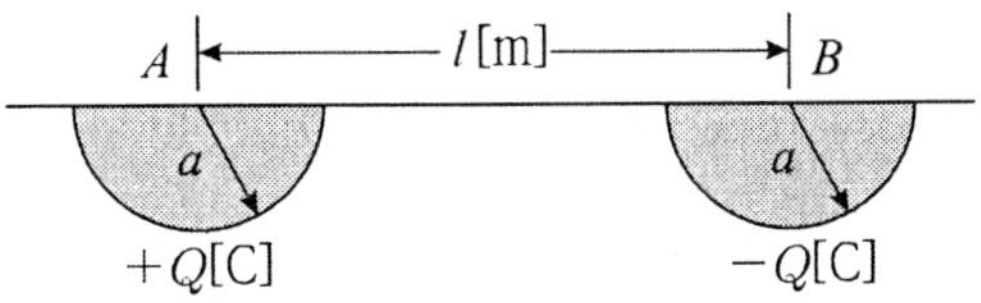

① $\frac{\rho}{2\pi a}$ ② $\frac{\rho}{\pi a}$ ③ $2\pi\rho$ ④ $\pi\rho$

24. 20[°C]에서 온도계수 $\alpha_{20} = 0.004$인 인청동(燐靑銅)의 온도가 50[°C]로 올라가면 저항값은 얼마가 되는가?(단, 20[°C]에서 인청동의 저항값은 25[Ω]이다.)

25. 저항체에 전압 200[V]를 가할 때 전류 1[A]가 흐르고, 240[cal]의 열량이 발생한다면 전류가 흐른 시간은 몇 초가 되는가?

26. 내경이 2[cm], 외경이 3[cm]인 동심구 도체간에 고유저항이 1.884×10^2[Ω-m]인 저항물질로 채워져 있는 경우 내외구간의 합성저항은 약 몇 [Ω] 정도 되는가?

27. 2[Ω]과 4[Ω]의 병렬회로 양단에 40[V]를 가했을 때 2[Ω]에서 발생하는 열은 4[Ω]에서의 열의 몇 배인가?

제 6 장

정자계

6.1 자기의 성질

6.1.1 자기현상

자석(磁石)은 고대 그리스나 중국에서 자연상태로 발견된 하나의 광물이며, 영어로 magnet는 마그네시아라는 지역에서 발견된 광석의 이름 magnetite에서 유래했다고 한다.

자석은 자철광이라는 천연자석과 인공자석인 전자석으로 구분된다. 이들은 철, 니켈 등을 끌어당기는 성질이 있는데, 이 성질을 **자성**(magnetic)이라 하고, 자성을 띈 물체를 **자석**이라 한다. 하나의 영구자석은 그 주위의 공간에 자기적 작용을 미치며, 그 작용이 강한 부분은 자석의 양끝에 있다. 이것을 **자극**(magnetic pole)이라 하며, 자극의 극성은 정반대이다.

그림 6-1과 같이 자석을 수평으로 자유롭게 움직일 수 있도록 매달아 두면 남북을 가리키고 정지한다. 이때 북쪽을 가리키는 쪽의 자극을 N극(북극, +극), 남쪽을 가리키는 쪽을 S극(남극, −극)이라 하며, 같은 극끼리는 반발하고, 다른 극끼리는 서로 흡입하는 성질을 가지고 있다. 이러한 현상을 **자기현상**이라 하고, 서로 흡입하거나 반발하는 힘을 **자기력**이라 한다.

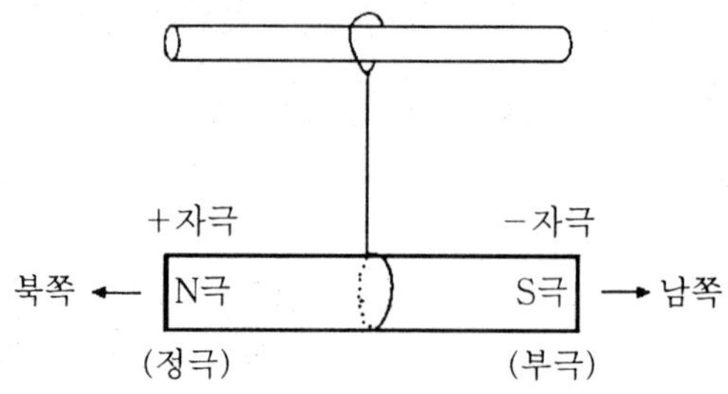

그림 6-1 자석

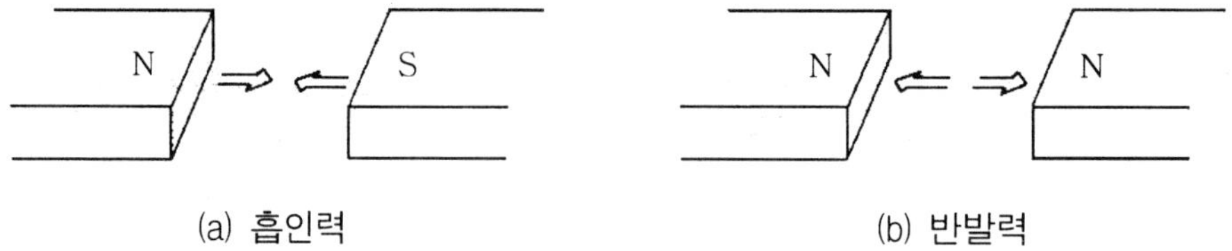

그림 6-2 자석의 흡인력과 반발력

6.1.2 자기유도현상

그림 6-3과 같이 자석의 N극 또는 S극에 못을 붙여보면, 자석의 N극에 가까운 쪽에는 S극이, 먼 쪽에는 N극이 생긴다. 이러한 현상을 **자기유도현상**이라 하며, 못은 자성의 극성을 가지므로 **자화되었다**고 한다. 못과 같이 자석이 되는 물체를 **자성체**라 하고, 자석이 되지 못하는 물체를 **비자성체**라 한다.

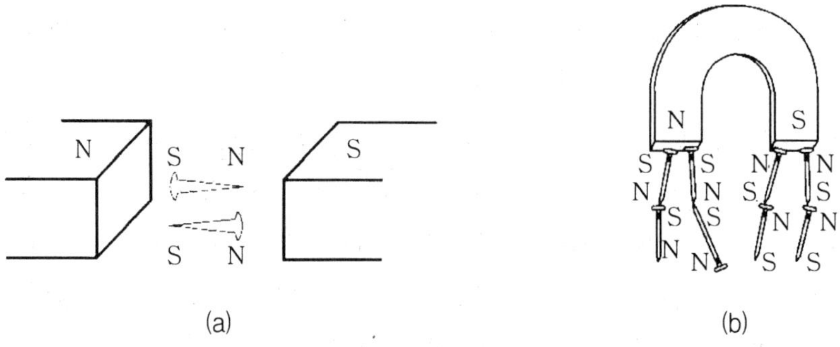

그림 6-3 자기유도현상

그림 6-4와 같이 자석 사이에 물체를 두면 자석의 자성에 의해 물체에 자석의 극성과 다른 자극이 유도되는 물질을 상자성체라 하며, 백금, 알루미늄 등이 이에 속한다. 상자성체와 반대로 같은 자극이 유도되는 물질을 반자성체라 하며, 철, 니켈, 코발트, 망간 등이 있다. 또한 자화된 후에도 자석의 성질이 오랜 시간이 지나도 자기가 변화지 않고 강하게 남아있는 물질을 강자성체라 하며, 은, 구리, 금, 인 등이 있다. 이러한 자석을 영구자석이라고도 한다.

그림 6-4 상자성체와 반자성체

그림 6-5 (a)와 같이 막대자석의 가운데를 자르면 N, S극이 완전히 따로 분리되지 않고, 분리된 막대자석에 또 N, S극이 새로 생겨서 N, S 극성을 갖는 완전한 자석이 두 개가 된다. 분리된 자석을 계속해서 분리해도 새로운 N, S극이 생긴다.

그림 6-5 분자자석

이것은 그림 (b)와 같이 자성체 내부에 무수히 많은 자기분자 또는 분자자석이 질서정연하게 정돈되어 있다는 가설이 자화현상을 쉽게 설명하는데 도움이 되기 때문에 오래 전부터 사용되어 왔다. 결국 자석은 쪼개어져도 자석의 N, S극은 N극만 또는 S극으로만 나눌 수 없다는 것을 알 수 있다.

그림 6-6과 같이 아주 작게 분할된 미소자석을 하나의 등가적으로 나타내면 아주 작은 미소자극의 세기 $+m$과 $-m$이 미소거리 l[m] 떨어져 있다고 볼 수 있다. 이 한 쌍의 자극을 **자기쌍극자**(magnetic dipole)라 하며, 단위는 **웨버**(Wb)를 사용한다.

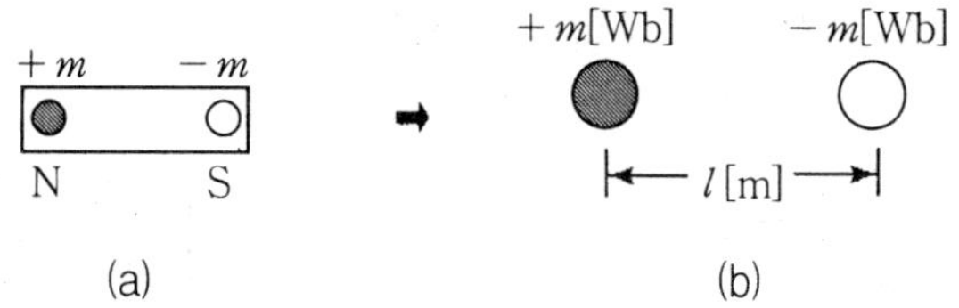

그림 6-6 자기쌍극자

6.2 자기 모멘트

그림 6-7 (a)와 같이 균등자계 중에 자침을 놓으면 자침은 자계와 직각으로 힘을 받아 회전하다가, 자축이 자계의 방향과 일치하면 정지한다. 이때 자계방향이 N극이 된다.

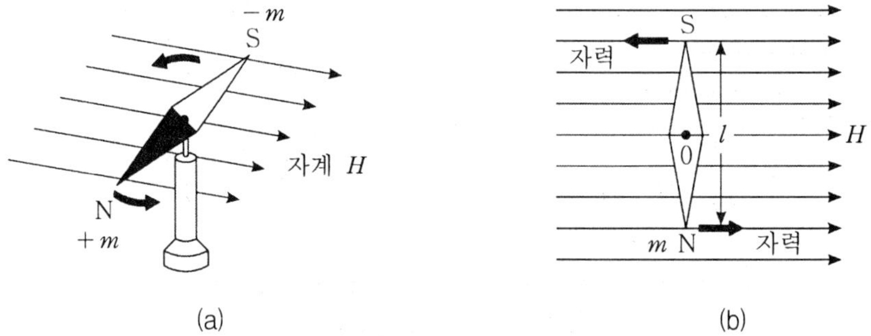

그림 6-7 자계 내에서 자침의 회전

그림 6-7 (b)와 같이 균등자계 중에 자계와 직각으로 자침을 두었을 때, 길이 l[m]인 자침이 중심점 O을 중심으로 해서 90[°] 회전하여 자계 $\boldsymbol{H}$의 방향으로 향하였다. 자침의 N극의 자기량이 m[Wb]일 때 자침에 작용하는 힘 $\boldsymbol{F}$는

$$\boldsymbol{F} = m\boldsymbol{H}[\mathrm{N}] \tag{6-1}$$

이 된다. 이때 N극에 생기는 토크(회전력)를 $\boldsymbol{T}_0$라 하면, $\boldsymbol{T}_0$는 전체힘 $\boldsymbol{F}$에 대해 반길이($l/2$)에 해당하므로 토크(회전력) $\boldsymbol{T}_0$는

$$\boldsymbol{T}_0 = \boldsymbol{F} \times \frac{l}{2} = \frac{m\boldsymbol{H}l}{2}[\mathrm{N \cdot m}] \tag{6-2}$$

가 된다. 따라서 자침 S극에도 N극에 걸리는 토크와 같으므로 전체 토크 $\boldsymbol{T}$는 2배가 되므로 전체 토크 $\boldsymbol{T}$는 다음과 같이 나타낼 수 있다.

$$\boldsymbol{T} = 2\boldsymbol{T}_0 = 2 \times \frac{m\boldsymbol{H}l}{2} = ml\boldsymbol{H}[\mathrm{N \cdot m}] \tag{6-3}$$

만약, 그림 6-8과 같이 균일한 자계 $\boldsymbol{H}$[A/m]내에 자극의 세기가 $+m$[Wb]과 $-m$[Wb], 길이 l[m]인 막대자석을 자계방향과 θ 각도로 놓여 있을 때 각 자극에서의 힘 $\boldsymbol{F}$는 $\boldsymbol{F} = m\boldsymbol{H}$의 힘이 작용하고 있다.

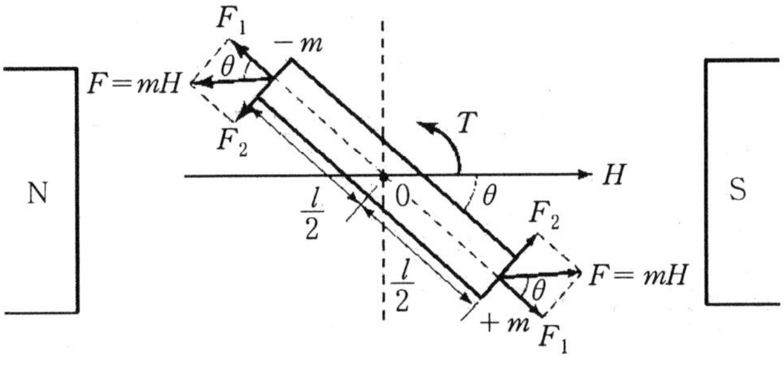

그림 6-8 자계와 θ일 때 막대자석의 회전력

여기서 힘 $\boldsymbol{F}$는 자축방향 성분인 $\boldsymbol{F}_1$과 자축의 수직성분인 $\boldsymbol{F}_2$로 나누어지고, 축 방향 성분인 $\boldsymbol{F}_1$은 서로 상쇄되고, 수직성분인 $\boldsymbol{F}_2$만이 막대자석을 회전시키는 성분이므로 수직성분인 $\boldsymbol{F}_2$는

$$\boldsymbol{F}_2 = F\sin\theta = mH\sin\theta \tag{6-4}$$

가 된다. 따라서 각 자극 $+m$[Wb]과 $-m$[Wb]에 작용하는 힘 $\boldsymbol{F}_2$는 크기는 같고, 방향은 서로 반대로 작용하기 때문에 막대자석을 회전시키는 총 회전력 $\boldsymbol{T}$는 다음과 같이 나타낸다.

$$\boldsymbol{T} = \boldsymbol{F}_2 \cdot l = mHl\sin\theta = mlH\sin\theta = MH\sin\theta \,[\mathrm{N \cdot m}] \tag{6-5}$$

식 (6-5)에서 ml은 하나의 자석에 있어서의 정수로서 자석에 따라 m과 l은 변한다고 해도 일정자석에서 m과 l의 곱은 항상 일정하므로 토크는 변하지 않는다. 이 ml은 자석의 능력을 표시하는 값으로서 **자기 모멘트**라 하며, 기호는 $\boldsymbol{M}$, 단위는 [Wb · m]을 사용하며 다음과 같이 나타낸다.

$$\boldsymbol{M} = ml\,[\mathrm{Wb \cdot m}] \tag{6-6}$$

예 제 6-1 자극의 세기 8×10^{-6}[Wb], 길이가 50[cm]인 막대자석을 1500[AT/m]의 평등 자계 내에 자계와 30°의 각도로 놓았다면 자석이 받는 회전력[N · m]은?

풀이 $T = mHl\sin\theta = 8\times10^{-6}\times0.5\times150\times\sin30°$ 이므로 $T = 3\times10^{-4}$[N · m]가 된다.

6.3 자 계

6.3.1 자기력선

그림 6-9 (a)와 같이 자석 주변에 철분을 뿌려 놓으면 철분이 선상의 배열 모양을 띠는데, 이것을 보고 N극과 S극 사이에는 자력이 작용하는 선이 존재함을 알 수 있다. 이를 **자력선** 또는 **자기력선**이라 하며, 자력선이 존재하는 공간을 자계 또는 **자장**이라 한다. 이와 같이 자계분포를 알기 쉽도록 하기 위해 그림 (b)와 같이 자기력선이라는 가상적인 선을 이용하고 있다.

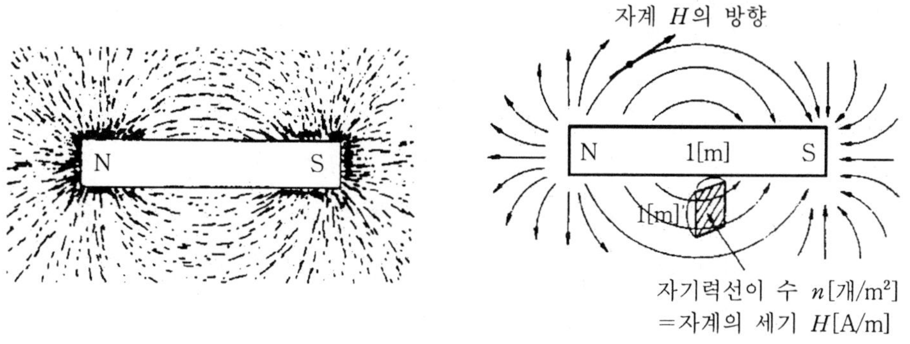

(a) (b)

그림 6-9 자기력선

그림 6-10은 다양한 자기력선의 모양을 나타낸 예로서 이와 같은 가상적인 자기력선을 이용하여 자계의 분포를 알 수 있으며, 자기력선은 다음과 같은 성질을 가지고 있다.

① 자기력선은 N극에서 나와 S극으로 향한다.
② 자극부분에서 자력선 밀도가 가장 크다.
③ 자기력선의 방향은 한 점에서의 접선방향과 일치한다.
④ 자기력선의 밀도는 그 점에서의 자계의 세기와 같다.
⑤ 자기력선은 서로 교차하거나 꺾이거나 비틀어지지 않는다.
⑥ 자기력선은 서로 반발한다.

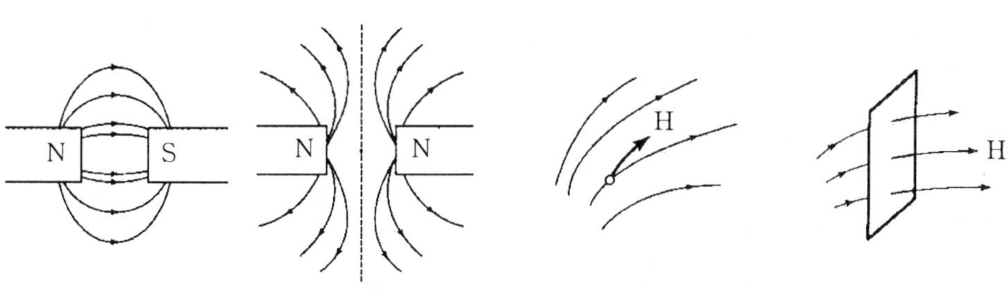

(a) (b) (c) (d)

그림 6-10 자기력선의 성질

6.3.2 쿨롱의 법칙

그림 6-11과 같이 두 개의 자석에서 서로 다른 자극끼리는 끌어당기는 흡인력이, 같은 자극끼리는 밀어내는 반발력이 생긴다. 또한 이들 자석을 가까이 할수록 또는 자극의 세기가 커질수록 자극간에 작용한 힘이 더 커진다는 것을 알 수 있다. 이와 같이 "자극 사이의 힘은 자극의 세기의 곱에 비례하고, 자극간의 거리의 제곱에 반비례한다"라는 것이 쿨롱의 법칙이다.

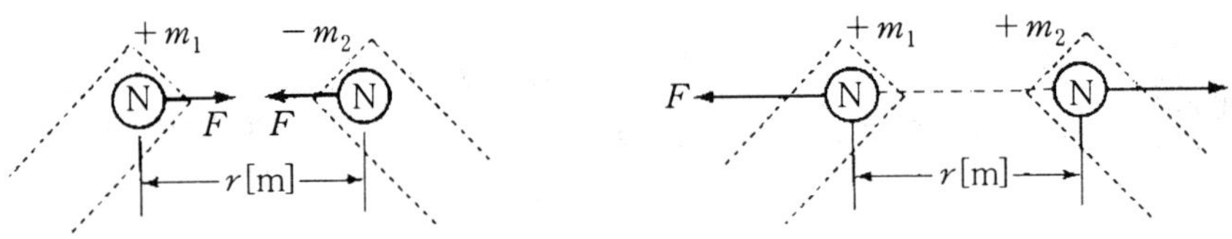

(a) 흡인력 (b) 반발력

그림 6-11 쿨롱의 법칙

그림 6-11과 같이 진공중에 N극과 S극을 거리 r[m] 떨어진 위치에 놓으면 흡인력 또는 반발력이 작용한다. 이때 거리 r[m]에 비해서 자극의 크기가 매우 작기 때문에 이 자극을 점자극이라 한다.

여기서 극성표시에 상관없이 자화 m_1과 m_2는 자극의 세기로 단위는 [Wb]를 사용한다. 이 경우 자극 사이에 작용하는 힘 $\boldsymbol{F}$는 쿨롱의 법칙에 따라 다음과 같이 나타낸다.

$$\boldsymbol{F} = k\frac{m_1 \cdot m_2}{r^2} \text{ [N]} \tag{6-7}$$

여기서, 비례정수 k는 $k = 1/(4\pi\mu_0\mu_s)$이며, $\mu_0\mu_s$의 곱을 투자율이라 하며 $\mu = \mu_0\mu_s$(또는 $\mu_0\mu_r$)로 나타낸다. 진공일 때는 $\mu_s = 1$이므로 μ_0는 진공 중의 투자율로 그 값은 $\mu_0 = 4\pi\times10^{-6}$[H/m]이므로 $k = 6.33\times10^4$[m/H]가 된다.

따라서 식 (6-7)을 진공 중일 때 힘 $\boldsymbol{F}$로 고치면

$$F = \frac{1}{4\pi\mu_0} \times \frac{m_1 \cdot m_2}{r^2} = 6.33\times10^4 \times \frac{m_1 \cdot m_2}{r^2}\ [N] \qquad (6\text{-}8)$$

가 된다. 만약 일반매질일 경우에 자극 사이에 작용하는 힘 F는

$$F = \frac{1}{4\pi\mu} \times \frac{m_1 \cdot m_2}{r^2} = \frac{1}{4\pi\mu_0\mu_s} \times \frac{m_1 \cdot m_2}{r^2}\ [N] \qquad (6\text{-}9)$$

여기서, $\mu = \mu_0\mu_s$이고, μ_s은 매질의 비투자율로서 자성재료에 따라 다르다.

예제 6-2 공기중에서 같은 자하량 1[Wb]를 11[m]의 거리를 두고 놓았을 때 두 자하 사이에 작용하는 힘은?

풀이 두 자하 사이에 작용하는 힘 $F = 6.33\times10^4 \frac{m_1 m_2}{r^2}$[N]이므로 수치를 대입하면 다음과 같이 구할 수 있다. $F = 6.33\times10^4 \frac{1\times1}{1^2} = 6.33\times10^4$[N]

예제 6-3 공기중에서 2.5×10^{-4}[Wb]와 4×10^{-3}[Wb]의 두 자극 사이에 작용하는 힘이 6.33[N]이었다면 두 자극간의 거리[m]는?

풀이 두 자하 사이에 작용하는 힘 $F = 6.33\times10^4 \frac{m_1 m_2}{r^2}$[N]이므로

거리 r에 대해서 정리하면 $r = \sqrt{\frac{6.33\times10^4 m_1 m_2}{F}}$[m]가 되므로 수치를 대입하면

$r = \sqrt{\frac{6.33\times10^4\times2.5\times10^4\times10^3}{6.33}} = 0.1$[m]이 된다.

6.3.3 자계의 세기

그림 6-12 (a)와 같이 자계 H내의 임의의 위치에 단위 점자극 m을 +1[Wb]로 놓았을 때 +1[Wb]가 받는 힘 F[N]을 그 점에서의 자계의 세기(intensity of magnetic field)로 정의한다.

자계 H내에 자극 m을 놓으면 작용하는 힘 F는 다음과 같이 나타낼 수 있다.

$$\left.\begin{aligned} \boldsymbol{F} &= m\boldsymbol{H}[\mathrm{N}] \\ \boldsymbol{F} &= \boldsymbol{H}[\mathrm{N}],(\ m=1) \end{aligned}\right\} \tag{6-10}$$

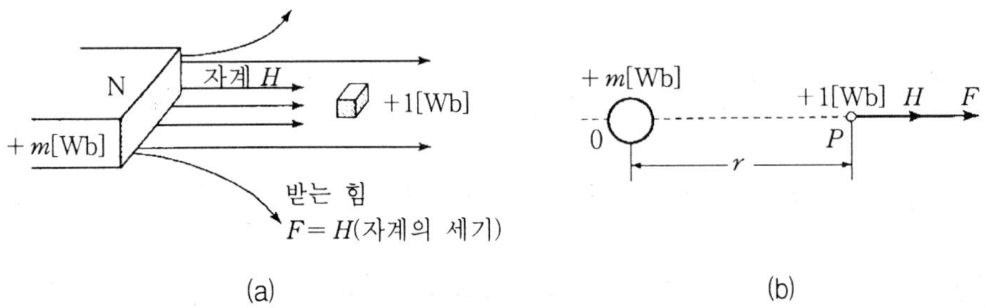

그림 6-12 자계의 세기

그림 6-12 (b)와 같이 자극 O점에서 거리 r[m] 떨어진 점 P에 +1[Wb]의 자극을 놓았을 때 여기에 작용하는 힘 $\boldsymbol{F}$는 자극 $m=1$이므로 식 (6-9)와 식 (6-10)을 이용하면, 일반매질에서 힘 $\boldsymbol{F}$는 다음과 같이 된다.

$$\boldsymbol{F} = \frac{1}{4\pi\mu} \times \frac{1 \times m}{r^2} = \frac{1}{4\pi\mu_0\mu_s} \times \frac{m}{r^2}[\mathrm{N}] \tag{6-11}$$

이때 자계의 세기 $\boldsymbol{H}$는 자극 $m=1$이므로 식 (6-11)에서 단위만 바꾸면 된다.

$$\boldsymbol{H} = \frac{1}{4\pi\mu} \times \frac{1 \times m}{r^2} = \frac{1}{4\pi\mu_0\mu_s} \times \frac{m}{r^2}[\mathrm{A/m}] \tag{6-12}$$

따라서 진공 또는 공기 중에서 자계의 세기 $\boldsymbol{H}$는 다음과 같다.

$$\boldsymbol{H} = \frac{1}{4\pi\mu_0} \times \frac{1 \times m}{r^2} = \frac{1}{4\pi\mu_0} \times \frac{m}{r^2} = 6.33 \times 10^4 \times \frac{m}{r^2}[\mathrm{A/m}] \tag{6-13}$$

따라서 1[Wb]란 "자계 1[A/m]내의 임의의 위치에 자극을 놓았을 때 1[N]의 힘이 작용하는 자극의 세기"라 할 수 있다. 자계의 세기는 단위자극 1[Wb]가 받는 힘으로 M.K.S. 단위계에서 자계의 세기의 단위는 [N/Wb]이지만, 실제 자계의 단위로 사용되는 것은 [A/m]이다.

그림 6-13과 같이 막대자석의 자극에 의해 임의의 점 P에 놓여 있는 +1[Wb]

의 자극이 받는 힘과 자계의 세기는 구할 수 있다.

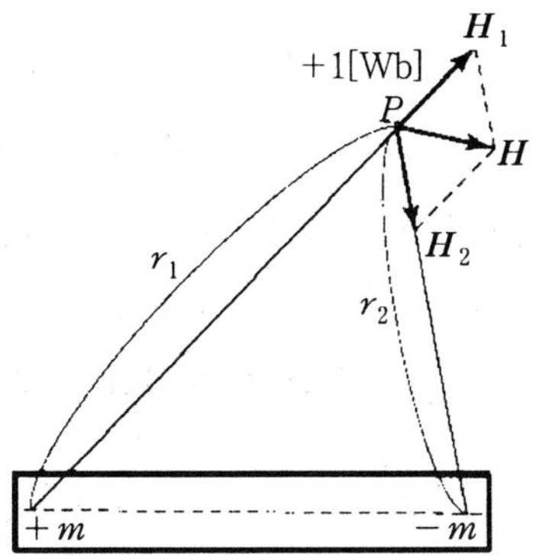

그림 6-13 막대자석에서의 자계의 세기

점 P의 자극 $+1$[Wb]와 N극에 해당하는 자극 $+m$간은 반발력 $\boldsymbol{F}_1$이, S극에 해당하는 자극 $-m$ 간은 흡입력 $\boldsymbol{F}_2$가 작용하므로 쿨롱의 법칙에 따라 힘 $\boldsymbol{F}_1$과 $\boldsymbol{F}_2$는 다음과 같이 구할 수 있다.

$$\boldsymbol{F}_1 = \frac{1}{4\pi\mu_0} \cdot \frac{m}{{r_1}^2} = \boldsymbol{H}_1 \tag{6-14}$$

$$\boldsymbol{F}_2 = \frac{1}{4\pi\mu_0} \cdot \frac{m}{{r_2}^2} = \boldsymbol{H}_2 \tag{6-15}$$

따라서 자계 $\boldsymbol{H}_1$과 H_2의 합이 점 P에서의 합성자계의 세기 $\boldsymbol{H}$가 된다.

$$\boldsymbol{H} = \boldsymbol{H}_1 + \boldsymbol{H}_2 \text{[A/m]} \tag{6-16}$$

예제 6-4 자극의 크기 $m = 4$[Wb]의 점자극으로 부터 거리 4[m] 떨어진 점의 자계의 세기[AT/m]는?

풀이 자계의 세기 $\boldsymbol{H} = 6.33 \times 10^4 \frac{m}{r^2}$ [AT/m]에 수치를 대입하면

$\boldsymbol{H} = 6.33 \times 10^4 \frac{4}{4^2} = 1.6 \times 10^4$[AT/m]가 된다.

6.4 자속과 자속밀도

여러 개의 자기력선을 합친 것을 자속(magnetic flux)이라 한다. 1[Wb]의 자극으로부터 1개의 자속이 나온다고 하면, 그 자속의 단위는 [Wb]가 된다.

자기력선 대신 자속을 사용하는 이유는 같은 크기의 자극이라고 해도 어느 매질속에 놓이느냐에 따라 자력기선의 수가 다를 수 있기 때문에 매질에 관계없이 1[Wb]의 자극에서 1개의 자속이 나온다고 가정하면 해석하는데 편리하다.

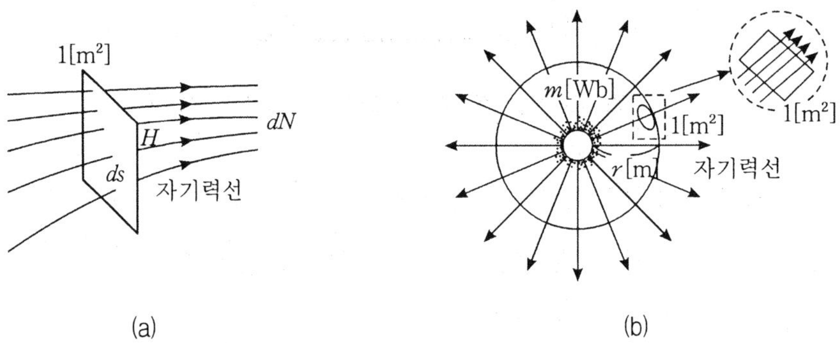

그림 6-14 자기력선의 수

그림 6-14 (a)와 같이 자계 $\boldsymbol{H}$내에서 단위면적 dS을 수직으로 통과하는 자기력선의 수 dN를 자기력선의 밀도라 하고 자기력선의 밀도를 그 점에 대한 자계의 세기 $d\boldsymbol{H}$로 정의하므로 다음과 같이 나타낼 수 있다.

$$d\boldsymbol{H} = \frac{dN}{ds}\,[\text{Wb/m}^2], \quad \boldsymbol{H} = \frac{N}{S}\,[\text{Wb/m}^2] \tag{6-17}$$

그림 6-14 (b)와 같이 진공 또는 공기 중에서 $+m$[Wb]의 자극을 중심으로 반지름 r[m]의 구면이 있다면, 구면상의 어느 점이라도 자계의 세기 $\boldsymbol{H}$는 같기 때문에 자계의 세기 $\boldsymbol{H}$는 식 (6-13)에 의해 다음과 같이 나타낼 수 있다.

$$\boldsymbol{H} = \frac{1}{4\pi\mu_0} \cdot \frac{m}{r^2}\,[\text{A/m}] \tag{6-18}$$

이것은 반지름을 r로 하는 구면상의 단위면적 S[m²]에 대하여 자계의 세기 $\boldsymbol{H}$

개의 자기력선이 통과하는 것과 같으므로 자계의 세기 $\boldsymbol{H}$에 구의 면적을 곱한 것이 자기력선의 수가 된다. 즉 $N=\boldsymbol{HS}$이다.

따라서 구면의 면적 S은 $4\pi r^2$이므로 구면 전체를 통과하는 자기력선의 수 N은 $N=\boldsymbol{HS}$이므로 식 (6-18)을 대입하면 진공 또는 공기 중에서 자기력선의 수 N은

$$N=\boldsymbol{H}\times 4\pi r^2=\frac{1}{4\pi\mu_0}\cdot\frac{m}{r^2}\times 4\pi r^2=\frac{m}{\mu_0}\,[\text{개}] \tag{6-19}$$

가 된다. 어떤 매질에서의 자기력선의 수 N은 다음과 같이 나타낼 수 있다.

$$N=\frac{m}{\mu_0\mu_s}\,[\text{개}] \tag{6-20}$$

따라서 공기 중에서 자기력선의 수는 $\mu_0=4\pi\times 10^{-7}$, 자극 m이 $m=1$이라면 식 (6-20)을 이용하면 다음과 같이 구할 수 있다.

$$N=\frac{m}{\mu_0}=\frac{1}{4\pi\times 10^{-7}}=7.9618\times 10^5[\text{개}] \tag{6-21}$$

위 식에서 자극이 $+1$[Wb]에서 나오는 자기력선의 수는 7.9618×10^5[개]가 되므로 자속 1개는 자기력선 7.9618×10^5[개]에 해당하는 것이다.

그림 6-15 (a)와 공기 중에서 자극의 세기 $+m$ [Wb], 자극면적이 $S[\text{m}^2]$인 자기력선의 분포는 균등자계 내에서는 평행으로 고르게 나온다. 균등자계 내에서 자계의 세기 $\boldsymbol{H}$는 단위면적 $1[\text{m}^2]$에 대해 총 자기력선의 수 N은 자계의 세기 $\boldsymbol{H}$와 같으므로 다음과 같이 나타낼 수 있다.

$$N=\boldsymbol{H}=\frac{m}{\mu_0}\,[\text{A/m}] \tag{6-22}$$

따라서 식 (6-22)에서 자극 m과 자계의 세기 $\boldsymbol{H}$와는 다음의 관계식을 얻을 수 있다.

$$m=\mu_0\boldsymbol{H}\,[\text{Wb}] \tag{6-23}$$

이것은 그림 6-15 (a)에 나타낸 것과 같이 자극 $+m$[Wb]로부터 m[개]의 자속이 나오는 것으로 m은 자극의 단위면적당 자속수 Φ에 해당한다.

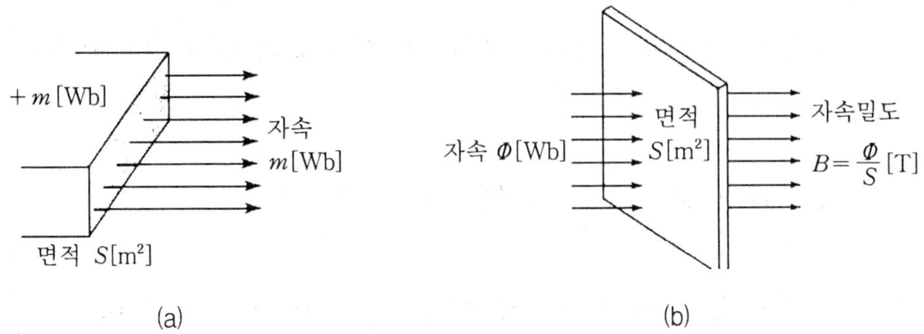

그림 6-15 자속밀도

따라서 "점자극 1[Wb]에서 1개의 자기력선 또는 선속이 나오는 것을 자속 Φ라 정의"한다. 그러므로 $+m$[Wb]의 자극에서 나오는 자속 Φ는 자극의 단위면적당 자속수 m과 같으므로 다음과 같이 둘 수 있다.

$$\Phi = m\,[\mathrm{Wb}] \tag{6-24}$$

또한 자속밀도 $\boldsymbol{B}$는 그림 6-15 (b)와 같이 단위면적 $S[\mathrm{m}^2]$에서 자속수를 의미하므로 다음과 같이 나타낼 수 있다.

$$\boldsymbol{B} = \frac{\Phi}{S} = \frac{m}{S}\,[\mathrm{Wb/m^2}] \tag{6-25}$$

자속밀도 $\boldsymbol{B}$의 단위는 [$\mathrm{Wb/m^2}$] 또는 [T](테슬라)로 나타낸다. 또한 식 (6-25)을 이용하여 자속 Φ와 자속밀도 $\boldsymbol{B}$와의 관계는 다음과 같이 표현할 수 있다.

$$\Phi = \boldsymbol{B} \cdot S\,[\mathrm{Wb}] \tag{6-26}$$

일반매질에서 자속밀도 $\boldsymbol{B}$와 자계의 세기 $\boldsymbol{H}$의 관계는 다음과 같다.

$$\boldsymbol{B} = \mu \boldsymbol{H} = \mu_0 \mu_s \boldsymbol{H}\,[\mathrm{Wb/m^2}] \tag{6-27}$$

공기 중일 때는 다음과 같이 나타낸다.

$$\boldsymbol{B} = \mu_0 \boldsymbol{H} \,[\mathrm{Wb/m^2}] \qquad (6\text{-}28)$$

그림 6-16과 같이 자계가 평등하지 않은 불균일한 계에서 미소면적 dS와 면적 S에 관통하는 자속 $\boldsymbol{\Phi}$와 자속밀도 $\boldsymbol{B}$는 식 (6-26)에 의해 다음과 같이 나타낼 수 있다.

$$\left.\begin{aligned} d\Phi &= \boldsymbol{B} \cdot d\boldsymbol{S} \\ \Phi &= \int_S \boldsymbol{B} \cdot d\boldsymbol{S} \end{aligned}\right\} \qquad (6\text{-}29)$$

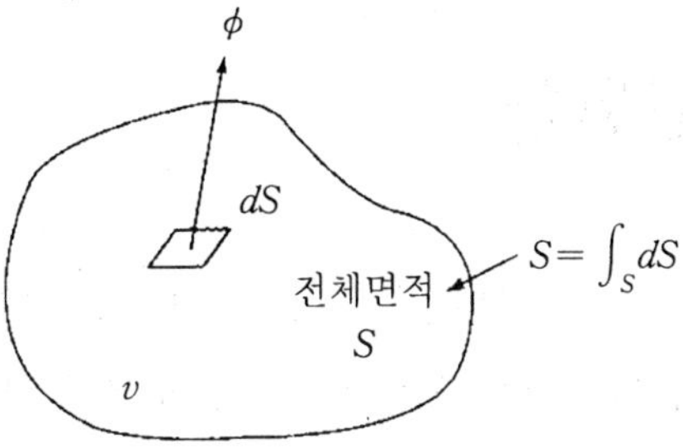

그림 6-16 불균일계에서 자속밀도

그러나 자석은 아무리 쪼개도 항상 N극과 S극이 항상 같이 존재하므로 폐곡면 S을 취하면 식 (6-29)는 항상 다음 조건을 성립한다.

$$\int_S \boldsymbol{B} \cdot d\boldsymbol{S} = 0 \qquad (6\text{-}30)$$

이 식에 발산정리를 적용하면 다음과 같이 표현할 수 있다.

$$\int_S \boldsymbol{B} \cdot d\boldsymbol{S} = \oint_v \mathrm{div}\, \boldsymbol{B} \cdot dv, (\,\mathrm{div}\boldsymbol{B} = 0) \qquad (6\text{-}31)$$

따라서 자속선은 발산의 원천이 없고, 연속하는 폐곡선을 형성하며, 전하가 단독으로 존재하는 것과 달리 고립된 하나의 자극이 존재하지 않고 항상 두 개의 자극이 존재한다는 것을 의미한다.

예제 6-5 자극으로부터 나온 12[Wb]의 자속과 직각으로 놓인 가로 1.2[m], 세로 50[cm]의 철판에서의 자속밀도는 얼마인가?

풀이 자속밀도 $B = \dfrac{12}{1.2 \times 0.5} = \dfrac{12}{0.6} = 20[\mathrm{T}]$

예제 6-6 단면적 4[cm²]의 철심에 6×10^{-4}[Wb]의 자속을 통하게 하려면 2800 [AT/m]의 자계가 필요하다. 이 철심의 비투자율은?

풀이 자속밀도 $\boldsymbol{B} = \mu_0 \mu_s \boldsymbol{H}$에서 $\mu_s = \dfrac{\boldsymbol{B}}{\mu_0 \boldsymbol{H}} = \dfrac{\frac{\phi}{S}}{\mu_0 \boldsymbol{H}} = \dfrac{\phi}{\mu_0 \boldsymbol{H} S}$가 되므로 이것에 수치를

대입하면 비투자율은 $\mu_s = \dfrac{6 \times 10^{-4}}{4\pi \times 10^{-7} \times 2800 \times 4 \times 10^{-4}} = 426$이 된다.

6.5 자위와 자위차

그림 6-17과 같이 자극 $+m$[Wb]에 의한 자계 $\boldsymbol{H}$내에 있는 자극 +1[Wb]를 무한원점에서 거리 r[m]되는 점까지 이동시키는데 소용되는 일을 그 점에서의 자위(magnetic potential)라 정의한다. 그러면 점 P에서의 자위 U는

$$U = -\int_{\infty}^{r} \boldsymbol{H} \cdot d\boldsymbol{r} \tag{6-32}$$

가 표현되며, 자위 U는 스칼라량이며, 단위는 +1[Wb]의 자극을 운반하는데 소요되는 일[J], 즉 [J/Wb]로 정의되지만, 실용상 [A] 단위를 많이 사용한다.

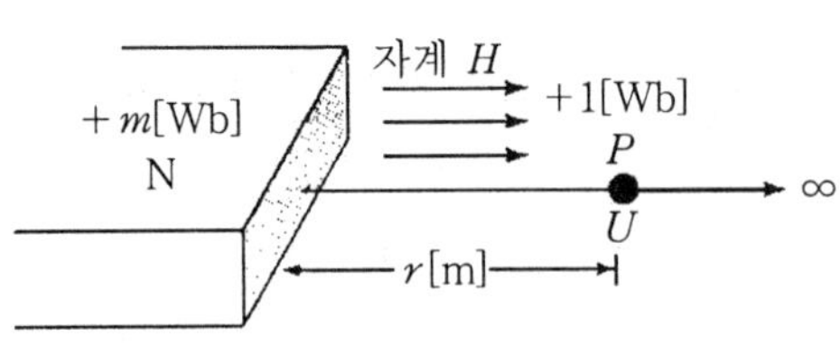

그림 6-17 자위

따라서 공기 중일 때 $+m$[Wb]의 점자극에 의한 점 P에서의 자위 U는 식

(6-32)의 자계의 세기 $\boldsymbol{H}$는 식 (6-18)의 자계의 세기 $\boldsymbol{H}=\frac{1}{4\pi\mu_0}\cdot\frac{m}{r^2}$[A/m]를 대입하면 다음과 같이 구할 수 있다.

$$U=-\int_{\infty}^{r}\boldsymbol{H}\cdot d\boldsymbol{r}=-\int_{\infty}^{r}\frac{m}{4\pi\mu_0 r^2}\cdot dr=-\frac{m}{4\pi\mu_0}\int_{\infty}^{r}\frac{1}{r^2}\cdot dr$$

$$=-\frac{m}{4\pi\mu_0}\left[-\frac{1}{r}\right]_{\infty}^{r}=\frac{m}{4\pi\mu_0 r}$$

$$=6.33\times10^4\times\frac{m}{r}\text{[A]} \quad (6\text{-}33)$$

따라서 자계의 세기 $\boldsymbol{H}$와 자위 U의 관계를 다음과 같이 표현할 수 있다.

$$U=\frac{m}{4\pi\mu_0 r^2}\times r=\boldsymbol{H}\cdot r\text{[A]} \quad (6\text{-}34)$$

그림 6-18과 같이 자계 $\boldsymbol{H}$ 내의 +1[Wb]의 단위 정(+)자극을 한 점 B에서 점 A까지 이동시키는데 소요되는 일을 자위차라 한다.

먼저 공기 중일 때 점 A와 점 B에서의 자위를 각각 U_A, U_B라 하면 다음과 같이 나타낼 수 있다.

$$U_A=\frac{m}{4\pi\mu_0 r_2}\text{[A]} \quad (6\text{-}35)$$

$$U_B=\frac{m}{4\pi\mu_0 r_1}\text{[A]} \quad (6\text{-}36)$$

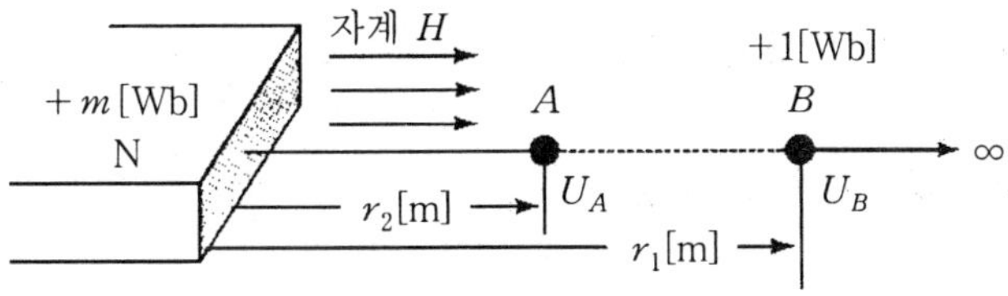

그림 6-18 자위차

점 B에서 점 A까지 자위차 U_{AB}는 다음과 같이 표현된다.

$$U_{AB}=U_A-U_B=-\int_{\infty}^{A}\boldsymbol{H}\cdot d\boldsymbol{r}-\left(-\int_{\infty}^{B}\boldsymbol{H}\cdot d\boldsymbol{r}\right)$$
$$=\int_{A}^{\infty}\boldsymbol{H}\cdot d\boldsymbol{r}+\int_{\infty}^{B}\boldsymbol{H}\cdot d\boldsymbol{r}=\int_{A}^{B}\boldsymbol{H}\cdot d\boldsymbol{r}=-\int_{B}^{A}\boldsymbol{H}\cdot d\boldsymbol{r} \qquad (6\text{-}37)$$

따라서 점 A와 점 B의 자위차는 식 (6-35)와 식 (6-36)을 이용하면

$$U_{AB}=U_B-U_A=\frac{m}{4\pi\mu_0 r_1}-\frac{m}{4\pi\mu_0 r_2}=\frac{m}{4\pi\mu_0}\left(\frac{1}{r_1}-\frac{1}{r_2}\right)[\mathrm{A}] \qquad (6\text{-}38)$$

로 나타낼 수 있으며, 일반매질에서의 자위차 U_{AB}는 다음과 같다.

$$U_{AB}=U_B-U_A=\frac{m}{4\pi\mu}\left(\frac{1}{r_1}-\frac{1}{r_2}\right)=\frac{m}{4\pi\mu_0\mu_s}\left(\frac{1}{r_1}-\frac{1}{r_2}\right)[\mathrm{A}] \qquad (6\text{-}39)$$

그림 6-19와 같이 점 A와 B가 미소한 거리 dx[m]로 떨어져 있을 때 두 점간의 자위차를 dU라 하면, +1[Wb]의 자극이 자계 $\boldsymbol{H}$방향으로 점 A에서 B까지 미소거리 dx 이동하는데 소요된 일 dw는 $dw=\boldsymbol{H}\cdot dx$가 된다.

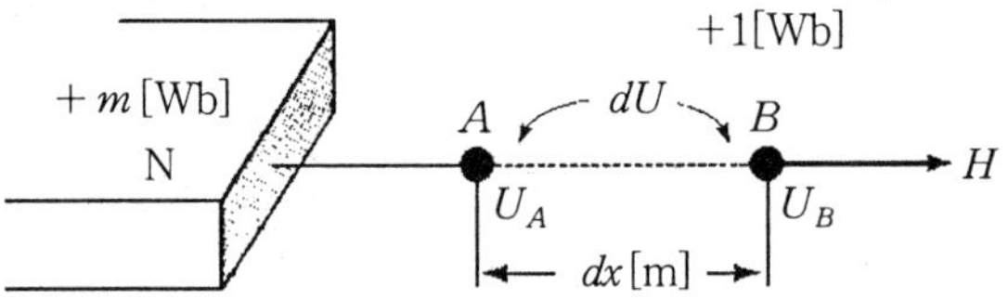

그림 6-19 자위경도

이것은 정(+)자극이 가지는 에너지 감소량으로 미소 자위차 dU와 같다고 볼 수 있으므로 다음과 같이 표현된다.

$$\boldsymbol{H}\cdot dx=-dU=U_A-U_B \qquad (6\text{-}40)$$

자계의 세기 $\boldsymbol{H}$로 나타내면 다음과 같다.

$$\boldsymbol{H}=-\frac{dU}{dx}=-\nabla U=-\operatorname{grad}U \qquad (6\text{-}41)$$

따라서 자계의 세기 $\boldsymbol{H}$는 자위경도(기울기)와 같고, 자위가 감소하는 방향(−부호)이 자계의 방향과 같다는 것을 나타내고 있다.

예제 6-7 공기 중에서 자극 10[Wb]의 자계로부터 2[m] 떨어진 점 자극의 자위는 얼마인가?

풀이 $U = 6.33\times10^4\times\dfrac{m}{r} = 6.33\times10^4\times\dfrac{10}{2} = 3.165\times10^5[\mathrm{A}]$

6.6 자기 쌍극자의 자위와 자계

자기 쌍극자는 막대자석의 N, S극의 미소한 자극 $+m$[Wb]와 $-m$[Wb]가 미소거리 l[m]만큼 떨어져 있을 때 이 한 쌍의 $\pm m$[Wb] 자극을 말한다. 이때 자기 쌍극자의 세기를 나타내는 양인 자기 모멘트 $\boldsymbol{M}$의 크기는 $M = ml$이다.

그림 6-20과 같이 공기 중일 때 자기 쌍극자의 중심점 O에서 거리 r[m], 자축과 θ각을 이루는 방향에 있는 점 P에서 자위 U와 자계의 세기를 구해본다.

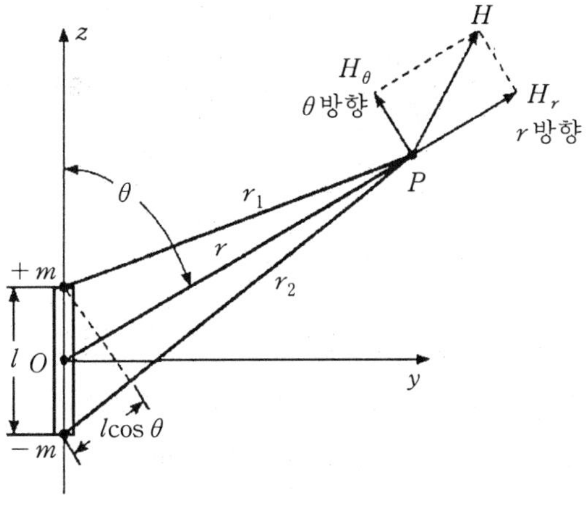

그림 6-20 자기 쌍극자

자극 $\pm m$[Wb]과 점 P와의 거리는 각각 r_1, r_2만큼 떨어져 있으므로 식 (6-38)에 의해 점 $P(r, \theta)$에서의 자위 U는 다음과 같이 나타낼 수 있다.

$$U = \frac{m}{4\pi\mu_0}\left(\frac{1}{r_1} - \frac{1}{r_2}\right) = \frac{m}{4\pi\mu_0}\left(\frac{r_2 - r_1}{r_1 r_2}\right)[\mathrm{A}] \tag{6-42}$$

여기서 r_1과 r_2은 자극 사이의 거리 l과는 $r_1 \gg l$, $r_2 \gg l$이므로 $r_1 r_2 \simeq r^2$, $r_2 - r_1 = l\cos\theta$로 둘 수 있다. 따라서 식 (6-42)에 대입하여 정리하면

$$U = \frac{ml\cos\theta}{4\pi\mu_0 r^2} = \frac{M\cos\theta}{4\pi\mu_0 r^2}[\mathrm{A}] \tag{6-43}$$

이 된다. 여기서 $M = ml$은 자기 쌍극자의 자기 모멘트의 크기이다.

따라서 점 P의 자계는 r방향의 자계 H_r과 r에 직각인 θ방향의 자계를 H_θ라 하면 각 성분의 자계는 다음과 같이 나타낼 수 있다.

$$H_r = -\frac{\partial U}{\partial r} = -\frac{M\cos\theta}{4\pi\mu_0} \cdot \frac{\partial}{\partial r}\left(\frac{1}{r^2}\right) = -\frac{2M\cos\theta}{4\pi\mu_0 r^3}[\mathrm{A/m}] \tag{6-44}$$

$$H_\theta = -\frac{1}{r}\frac{\partial U}{\partial \theta} = -\frac{M}{4\pi\mu_0 r^3} \cdot \frac{\partial}{\partial \theta}\cos\theta = \frac{M\sin\theta}{4\pi\mu_0 r^3}[\mathrm{A/m}] \tag{6-45}$$

점 P에서의 합성자계 $\boldsymbol{H}$는 다음과 같다.

$$\boldsymbol{H} = \sqrt{H_r^2 + H_\theta^2} = \frac{M}{4\pi\mu_0 r^3}\sqrt{\sin^2\theta + (2\cos\theta)^2}$$

$$= \frac{M}{4\pi\mu_0 r^3}\sqrt{1 + 3\cos^2\theta}[\mathrm{A/m}] \tag{6-46}$$

예제 6-8 길이 $l = 10$[cm], 자극의 세기 $\pm 8\times10^{-6}$[Wb]인 막대자석이 있다. 자석의 중심 0에서 수직으로 $r = 2$[m]만큼 떨어진 점 P의 자계의 세기 [N/Wb]는?(단, $l \gg r$의 관계로 계산하라.)

풀이 $\boldsymbol{H} = \frac{M}{4\pi\mu_0 r^3}\sqrt{1+3\cos^2\theta}$에서 $\theta = 90°$이므로 $\cos\theta$의 값은 0이다.

이를 대입하면 $\boldsymbol{H} = \frac{M}{4\pi\mu_0 r^3} = 6.33\times10^4 \frac{8\times10^{-6}\times0.1}{2^3} = 6.33\times10^{-3}$가 된다.

6.7 판자석의 자위와 자계

그림 6-21과 같이 매우 얇은 판 모양의 면에 무수한 전기 쌍극자의 집합을 이루고 있는 판상의 자석을 판자석 또는 자각(magnetic shell)이라 한다.

그림 6-21 (a)와 같이 두께 δ[m]로 매우 얇은 판자석에 표면자하밀도 $\pm\sigma$[Wb/m^2]로 분포되어 있을 때, 단위면적당 판자석의 세기 $\boldsymbol{M}$은 자하밀도와 판자석의 두께의 곱으로 나타내므로 크기는

$$M = \sigma\delta\,[\text{Wb/m}] \tag{6-47}$$

가 된다.

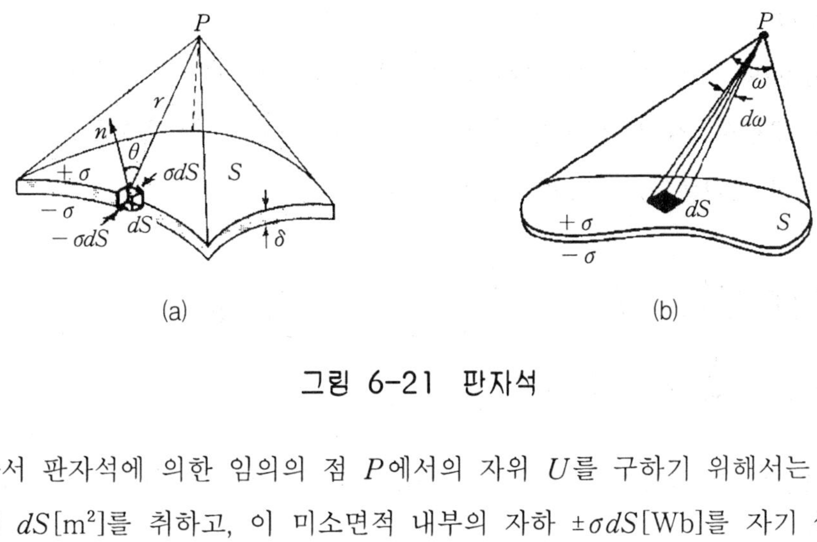

(a) (b)

그림 6-21 판자석

따라서 판자석에 의한 임의의 점 P에서의 자위 U를 구하기 위해서는 먼저 미소면적 dS[m^2]를 취하고, 이 미소면적 내부의 자하 $\pm\sigma dS$[Wb]를 자기 쌍극자로 볼 수 있으므로 미소면적에 의한 점 P의 자위 dU을 구한 후, 전체 면적 S에 대한 점 P에서의 자위 U을 구하면 된다.

미소면적 dS에 의한 점 P의 자위 dU는 식 (6-43)과 식 (6-47)에 의해

$$dU = \frac{\sigma\delta dS\cos\theta}{4\pi\mu_0 r^2} = \frac{\sigma\delta}{4\pi\mu_0}\cdot\frac{dS\cos\theta}{r^2} = \frac{M}{4\pi\mu_0}d\omega\,[\text{A}] \tag{6-48}$$

로 되고, 식 (6-48)에서 $d\omega\left(=\dfrac{dS\cos\theta}{r^2}\right)$는 그림 6-21 (b)와 같이 미소면적 dS

가 점 P에 만드는 입체각으로 자위는 입체각에 의해 정해진다.

따라서 판자석의 면적 S에 대한 점 P의 자위 U는 다음과 같이 표현된다.

$$U = \frac{M}{4\pi\mu_0} \iint_S \frac{dS\cos\theta}{r^2} \tag{6-49}$$

여기서 $\iint_S \frac{dS\cos\theta}{r^2}$는 판의 면적 S가 점 P에 대하여 만드는 입체각 ω에 비례하므로 식 (6-49)을 이용하여 자위 U를 다음과 같이 구할 수 있다.

$$U = \frac{M}{4\pi\mu_0}\omega\,[\mathrm{A}] \tag{6-50}$$

이때 입체각 ω는 점 P가 판자석의 N극 측에 있으면 (+), S극 측에 있으면 (−)가 된다.

그림 6-22와 같이 판자석의 양면의 두 점 P와 Q가 있을 때 이 두 점 사이의 자위차를 구한다. 점 P에 대한 입체각을 ω_1, 점 Q에 대한 입체각을 ω_2라 하면 각 점에서의 자위를 U_P, U_Q라 할 때

$$U_P = \frac{M}{4\pi\mu_0}\omega_1\,[\mathrm{A}] \tag{6-51}$$

$$U_Q = \frac{M}{4\pi\mu_0}(-\omega_2)\,[\mathrm{A}] \tag{6-52}$$

가 되므로, 두 점 사이의 자위차 U는 다음과 같이 구할 수 있다.

$$U = U_P - U_Q = \frac{M}{4\pi\mu_0}\omega_1 - \frac{M}{4\pi\mu_0}(-\omega_2) = \frac{M}{4\pi\mu_0}(\omega_1 + \omega_2)\,[\mathrm{A}] \tag{6-53}$$

따라서 이 판자석의 양면에 대해 무한히 접근시키면 각 입체각의 크기는 각각 $\omega_1 = 2\pi$, $\omega_2 = 2\pi$가 되므로, 이것을 식 (6-53)에 대입하면 판자석의 자위차 U는

$$U = \frac{M}{4\pi\mu_0}(\omega_1 + \omega_2) = \frac{M}{4\pi\mu_0}(2\pi + 2\pi) = \frac{M}{\mu_0}\,[\mathrm{A}] \tag{6-54}$$

와 같이 주어진다.

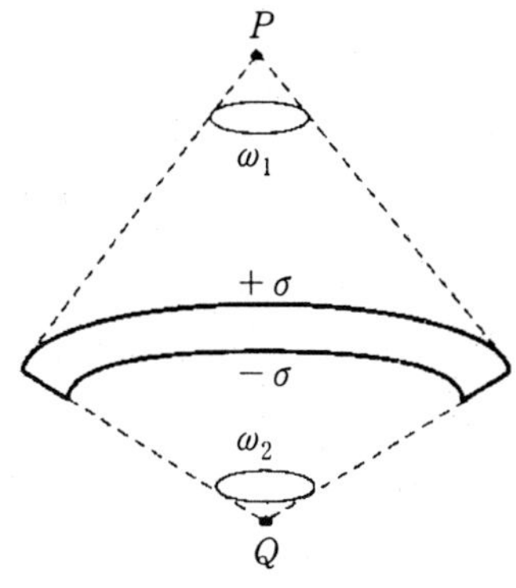

그림 6-22 판자석의 자위차

6.8 정전계와 정자계의 비교

정전계		정자계	
전 하	Q[C]	자 하 (자극의 세기)	m[Wb]
진공의 유전율	$\varepsilon_0 = 8.854\times10^{-12}$[F/m]	진공의 투자율	$\mu_0 = 4\pi\times10^{-7}$[H/m]
쿨롱의 법칙 (전기력)	$\boldsymbol{F} = \dfrac{Q_1Q_2}{4\pi\varepsilon r^2}$[N]	쿨롱의 법칙 (자기력)	$\boldsymbol{F} = \dfrac{m_1m_2}{4\pi\mu_0 r^2}$[N]
전계의 세기	$\boldsymbol{E} = \dfrac{Q}{4\pi\varepsilon_0 r^2}$[V/m] $\boldsymbol{E} = \dfrac{\boldsymbol{D}}{\varepsilon_0}$[V/m]	자계의 세기	$\boldsymbol{H} = \dfrac{m}{4\pi\mu_0 r^2}$[A/m] $\boldsymbol{H} = \dfrac{\boldsymbol{B}}{\mu_0}$[A/m]
힘과 전계	$\boldsymbol{F} = Q\boldsymbol{E}$[N]	힘과 자계	$\boldsymbol{F} = m\boldsymbol{H}$[N]
전속밀도	$\boldsymbol{D} = \dfrac{Q}{4\pi r^2}$[C/m^2] $\boldsymbol{D} = \varepsilon_0\boldsymbol{E}$[C/m^2]	자속밀도	$\boldsymbol{B} = \dfrac{m}{4\pi r^2}$[Wb/m^2] $\boldsymbol{B} = \mu_0\boldsymbol{H}$[Wb/m^2]
전 위	$V_p = -\int_\infty^p \boldsymbol{E}\cdot d\boldsymbol{r} = \dfrac{Q}{4\pi\varepsilon_0 r}$[V]	자 위	$U_p = -\int_\infty^p \boldsymbol{H}\cdot d\boldsymbol{r} = \dfrac{m}{4\pi\mu_0 r}$[A]
전기력선 수	$\int_s \boldsymbol{E}\cdot d\boldsymbol{S} = \dfrac{Q}{\varepsilon_0} = N$[개]	자기력선 수	$\int_s \boldsymbol{H}\cdot d\boldsymbol{S} = \dfrac{m}{\mu_0} = N$[개]

정전계		정자계	
전속 수	$\int_s \boldsymbol{D}\cdot d\boldsymbol{S}=Q=\Phi$[C]	자속 수	$\int_s \boldsymbol{B}\cdot d\boldsymbol{S}=m=\Phi$[Wb]
전위경도	$\boldsymbol{E}=-\text{grad}\,V$	자위경도	$\boldsymbol{H}=-\text{gard}\,U$
전기 쌍극자	$V=\frac{M\cos\theta}{4\pi\varepsilon_0 r^2}$[V]	자기 쌍극자	$U=\frac{M\cos\theta}{4\pi\mu_0 r^2}$[A]
전기 이중층	$V=\frac{M}{4\pi\varepsilon_0}\omega$[V]	판자석	$U=\frac{M}{4\pi\mu_0}\omega$[A]

연 습 문 제

1. 합리화 MKS 단위계로 자계의 세기 단위는?

① [AT/m]　② [Wb/m²]　③ [Wb/m]　④ [AT/m²]

2. 자극의 크기 $m=4$[Wb]의 점자극으로부터 $r=4$[m] 떨어진 점의 자계의 세기[AT/m]를 구하면?

① 7.9×10^{3}　② 6.3×10^{4}　③ 1.6×10^{4}　④ 1.3×10^{3}

3. 10^{-5}[Wb]와 1.2×10^{-5}[Wb]의 점자극을 공기 중에서 2[cm] 거리에 놓았을 때 극간에 작용하는 힘은 몇 [N]인가?

① 1.9×10^{-2}　② 1.9×10^{-3}　③ 3.8×10^{-3}　④ 3.8×10^{-4}

4. CGS 전자단위인 $4\pi\times10^{4}$[gauss]를 MKS 단위계로 환산한다면?

① 4[Wb/m²]　② 4π[Wb/m²]　③ 4[Wb]　④ 4π[Wb/m]

5. 자극의 세기 4×10^{-6}[Wb], 길이 10[cm]인 막대자석을 150[AT/m]의 평등 자계 내에 자계와 60°의 각도로 놓았을 때 자석이 받는 회전력[N·m]은?

① $\sqrt{3}\times10^{-4}$　② $3\sqrt{3}\times10^{-5}$　③ 3×10^{-4}　④ 3×10

6. 평등자장 H인 곳에 자기모멘트 M을 자장과 수직방향으로 놓았을 때 이 자석의 회전력은?

① M/H　② H/M　③ MH　④ $1/MH$

7. 500[g]의 질량에 작용하는 힘은?

① 9.8[N]　② 4.9[N]　③ 9.8×10^{4}[dyne]　④ 4.9×10^{4}[dyne]

8. 1000[AT/m]의 자계 중에 어떤 자극을 놓았을 때 3×10^{2}[N]의 힘을 받았다고 한다. 자극의 세기[Wb]는?

① 0.1　② 0.2　③ 0.3　④ 0.4

9. 비투자율 μ_s, 자속밀도 B인 자계 중에 있는 m[Wb]의 자극이 받는 힘은?

① $\dfrac{Bm}{\mu_0\mu_s}$　② $\dfrac{Bm}{\mu_0}$　③ $\dfrac{\mu_0\mu_s}{Bm}$　④ $\dfrac{Bm}{\mu_s}$

10. 진공 중에서 4π[Wb]의 자하로부터 발산되는 총자력선의 수는?

① 4π　② 10^7　③ $4\pi\times10^7$　④ $\dfrac{10^7}{4\pi}$

11. 자위의 단위 [J/Wb]와 같은 것은?

① [A]　② [A/m]　③ [A · m]　④ [Wb]

12. 판자석의 표면밀도를 $\pm\sigma$[Wb/m²]라고 하고 두께를 δ[m]라 할 때 이 판자석의 세기는?

① $\sigma\delta$　② $\dfrac{1}{2}\sigma\delta$　③ $\dfrac{1}{2}\sigma\delta^2$　④ $\sigma\delta^2$

13. 자기 쌍극자에 의한 자위 U[A]에 해당되는 것은?(단 자기 쌍극자의 자기모멘트는 M[Wb · m], 쌍극자의 중심으로부터의 거리는 r[m], 쌍극자의 정방향과의 각도는 θ라 한다.)

① $6.33\times10^4\times\dfrac{M\sin\theta}{r^3}$　② $6.33\times10^4\times\dfrac{M\sin\theta}{r^2}$

③ $6.33\times10^4\times\dfrac{M\cos\theta}{r^3}$　④ $6.33\times10^4\times\dfrac{M\cos\theta}{r^2}$

14. 자극의 세기가 m인 판자석의 N극으로부터 r[m] 떨어진 점 P에서의 자위를 구하는 식은?(단, 점 P에서 판자석을 보는 입체각을 ω라 한다.)

① $-\dfrac{m}{4\pi\mu_0}\omega$　② $-\dfrac{m}{2\pi\mu_0}\omega$　③ $\dfrac{m}{4\pi\mu_0}\omega$　④ $\dfrac{m}{2\pi\mu_0}\omega$

15. 그림과 같이 공기 중에서 1[m]의 거리를 사이에 둔 2점 A, B에 각각 3×10^{-4}[Wb]와 -3×10^{-4}[Wb]의 점전하를 두었다. 이 때 점 P에 단위플러스(+) 자극을 두었을 경우 이 극에 작용하는 힘의 합력(N)은?

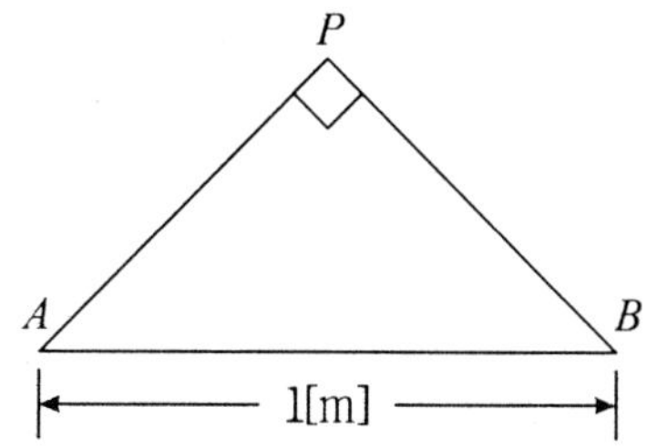

16. 그림과 같이 자기모멘트 M[Wb · m]인 판자석의 N과 S극측에 입체각 ω_1, ω_2인 P점과 Q점이 판에 무한히 접근해 있을 때 두점 사이의 자위차 [J/Wb]는?(단, 판자석의 표면밀도를 $\pm\sigma$[Wb/m²], $M = \sigma \cdot \delta$[Wb/m], 두께가 δ[m]이다.)

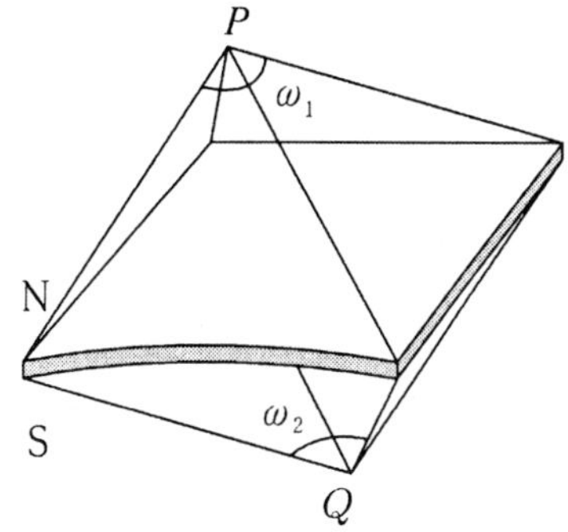

제 7 장

전류와 자기현상

7.1 전류의 자기작용

1820년 덴마크의 물리학자 에르스테드(Oersted)는 그림 7-1 (a)와 같이 종이 위에 철분(철가루)를 뿌리고 도선에 전류를 흘리면, 철분이 일정한 방향으로 회전하며 일정한 방향으로 향하고 있다는 것을 알게 되었는데, 이것은 흐르는 전류 주변에 발생하는 자기장이 도선과 수직인 평면에 대해 동심원을 그리며 생성된다는 것을 실험을 통해 이 사실을 발견하였다.

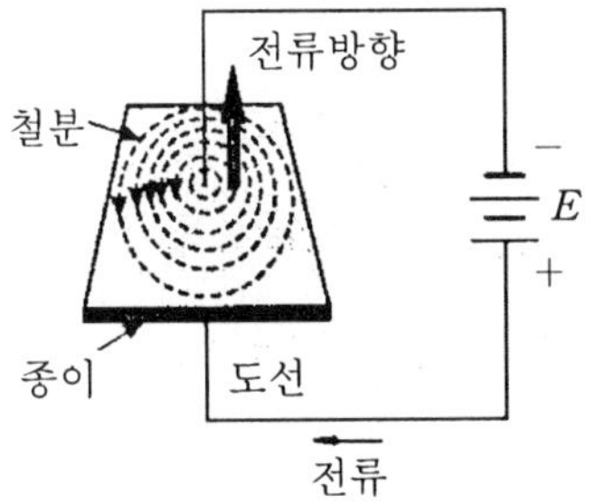

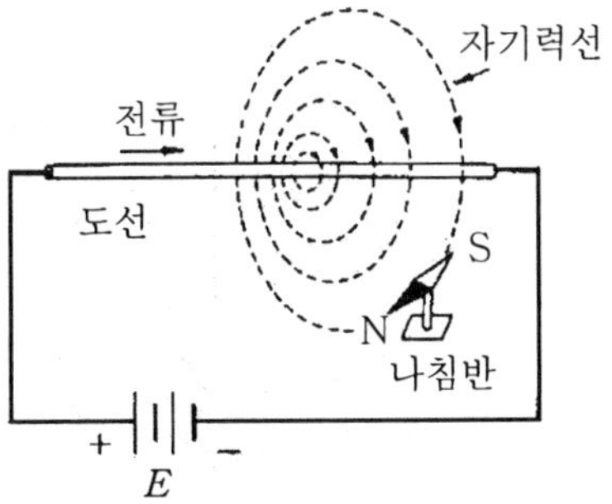

그림 7-1 전류에 의한 자기력선

또한 그림 7-1 (b)와 같이 전류가 흐르는 직선도체 부근에 나침반을 가까이 하면 나침반의 자침은 일정한 방향으로 회전을 한다. 이때 전류의 방향을 바꾸면 자침의 회전방향은 반전하게 된다. 이와 같이 자침의 자극에 힘을 미치게 하는 원천은 또 다른 자계가 있기 때문으로 **전류가 흐르는 도체 주위에 자계가 형성되고** 있다는 것을 알 수 있다.

7.2 암페어의 오른손법칙

1822년 프랑스의 물리학자 암페어가 그림 7-2와 같이 이 전류의 방향을 오른나사의 진행방향으로 잡으면, 자기력선의 방향은 오른나사가 회전하는 방향과 같다는 전류의 방향과 자기력선의 방향 사이의 관계를 발견하였다. 이것을 암페어의 오른나사법칙이라고 한다.

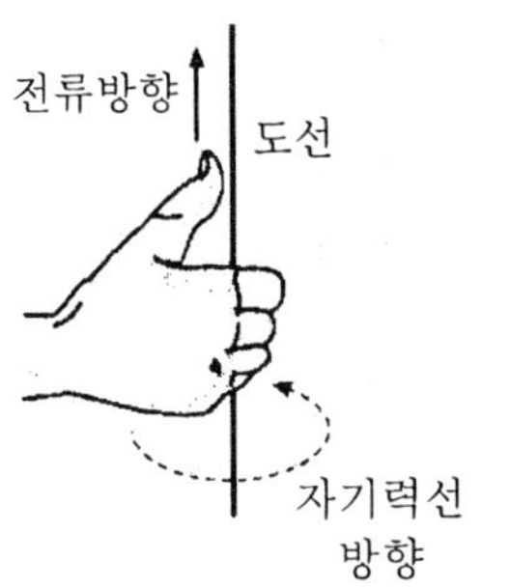

(a) 전류와 자기력선 방향

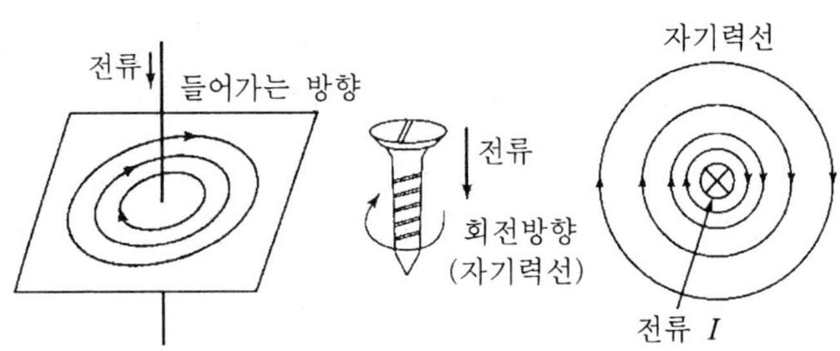

(b) 전류가 들어가는 방향 기준

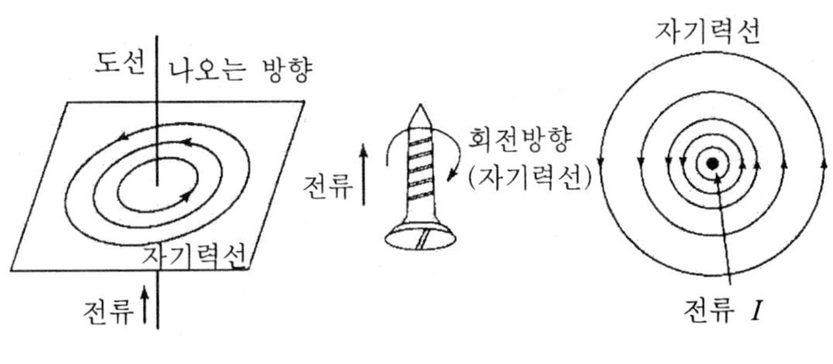

(c) 전류가 나오는 방향 기준

그림 7-2 암페어의 오른나사법칙

그림 7-2 (b)와 (c)는 전류의 방향에서 본 자기력선의 발생 형태를 나타낸 것이

다. 그림에서 보듯이 도선에 전류가 흐르면 각 점의 접선방향으로 연속적인 폐곡선의 자기력선, 즉 자계가 발생된다. 따라서 전류의 방향에 따라 자기력선의 방향도 달라지는데, 이 모양을 지면에 대하여 도선의 전류가 들어가는 방향은 ⊗ 표시, 전류가 나오는 방향은 ⊙ 표시로 나타낸다.

또한 그림 7-3과 같이 도선을 오른손 주먹을 엄지손가락을 세워 잡았을 때 엄지손가락 방향으로 전류가 흐르면 다른 네손가락 방향으로 자기력선, 즉 자계가 발생한다. 이것을 오른손 엄지손가락법칙이라 한다.

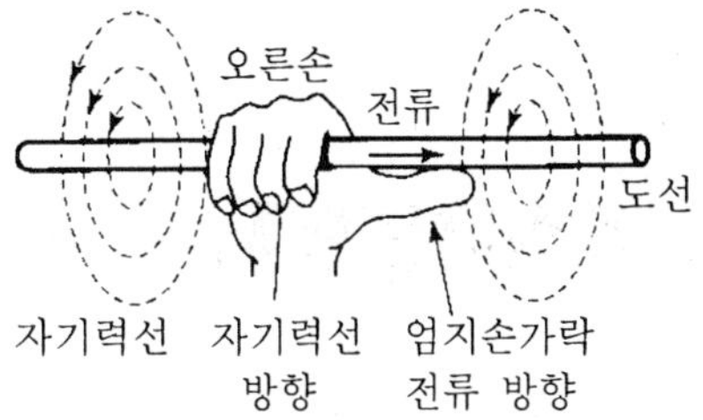

그림 7-3 직선도체에서 오른손 엄지손가락의 법칙

그림 7-4와 같이 원형으로 된 코일에 전류를 흘린 경우의 자기력선의 방향은 네손가락 방향으로 전류가 흐르면 엄지손가락 방향으로 자기력선, 즉 자계가 발생한다. 이것을 오른나사를 이용하면 그림 7-5와 같이 오른나사가 들어가는 방향으로 전류가 흐르면 나사가 돌아가는 방향으로 자계가 발생하게 된다. 전류가 나오는 방향으로 흐르면 자계도 반대방향으로 발생한다. 위의 법칙 모두를 통틀어 암페어의 오른나사의 법칙 또는 암페어의 오른손법칙이라 칭한다.

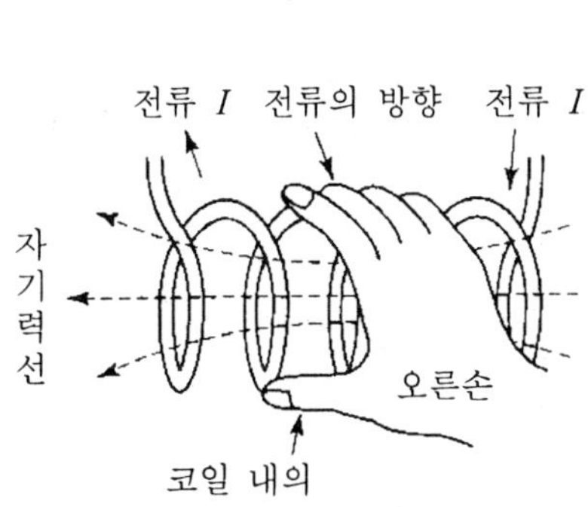

그림 7-4 원형코일에서 오른손 엄지손가락의 법칙

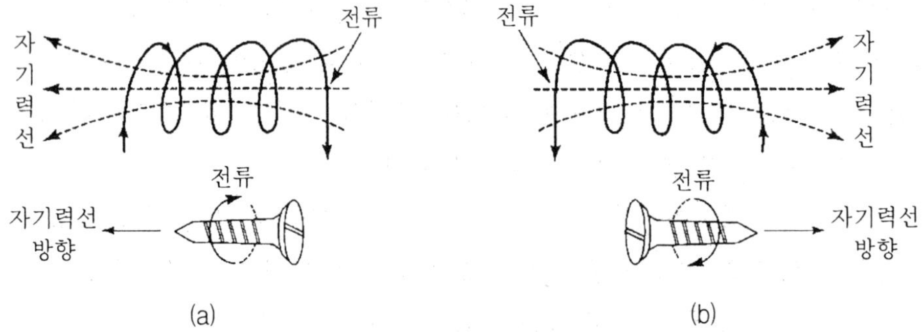

그림 7-5 원형코일에서 오른나사법칙

7.3 암페어의 주회적분법칙

정자계에서 자계문제를 해석하는데 암페어의 주회적분법칙이 이용되고 있다. 이 법칙은 "임의의 폐곡선에 대한 자계의 선적분은 이 폐곡선을 관통하는 전류와 같다"라고 정의하고 있다.

그림 7-6 (a)와 같이 전류 I[A]의 주위에 동심원상의 자계가 생기지만 자계에 접하여 한번 회전한 길이 l[m]을 n등분한 미소길이를 Δl_1, Δl_2, $\Delta l_3, \cdots$, Δl_n의 위치에서 자계의 세기를 각각 ΔH_1, ΔH_2, $\Delta H_3, \cdots$, ΔH_n라 하면 폐곡선의 미소길이에 대한 자계와 전류는 다음과 같이 나타낼 수 있다.

$$H_1 \Delta L_1 + H_2 \Delta l_2 + H_3 \Delta l_3 + \cdots + H_n \Delta l_n = I \qquad (7\text{-}1)$$

따라서 이것을 적분경로에 대해 나타내면 다음과 같이 나타낼 수 있다.

$$\left.\begin{aligned} &\oint_C \boldsymbol{H} \cdot d\boldsymbol{l} = \sum I \\ &\oint_C \boldsymbol{H} \cdot d\boldsymbol{l} = I \end{aligned}\right\} \qquad (7\text{-}2)$$

여기서 $\sum I$는 적분로 C를 관통하는 전류의 대수합이며, "전류가 작용하는 자계에 접하여 일주하는 폐곡선에서 자계에 접한 각 부분의 미소길이와 그 위치에서 자계의 크기의 곱의 합은 폐곡선을 관통하는 전체전류와 같다" 이것을 암페어의 주회적분법칙이라 한다.

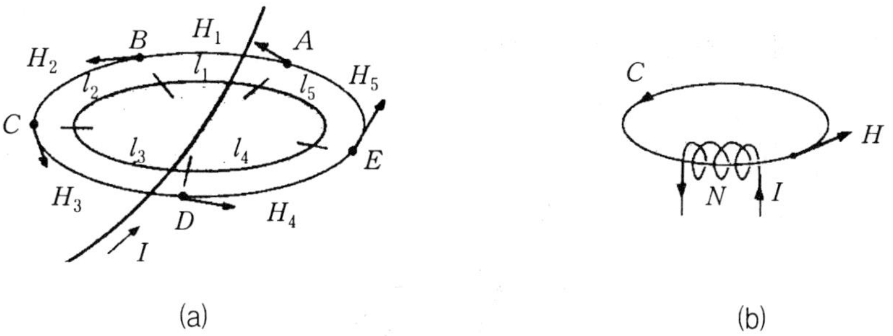

그림 7-6 암페어의 주회적분법칙

그림 7-6 (b)와 같이 전류가 코일과 같이 n회 감겨져 있을 때에 적분로와의 쇄교수를 N회라고 하면 암페어의 주회적분법칙은 다음과 같이 쓸 수 있다.

$$\left.\begin{aligned} \oint_C \boldsymbol{H}\cdot d\boldsymbol{l} &= \sum NI \\ \oint_C \boldsymbol{H}\cdot d\boldsymbol{l} &= NI \end{aligned}\right\} \qquad (7\text{-}3)$$

7.4 암페어 주회적분법칙을 이용한 자계 계산

7.4.1 무한장 직선도체

그림 7-7과 같이 무한장 직선도체에 전류 I[A]가 흐를 때, 중심 O에서 거리 r[m] 떨어진 임의의 점 P에서의 자계의 세기 $\boldsymbol{H}$를 구한다.

자계는 적분로 C를 원주상으로 취하면 모든 원주상에서 자계는 일정하므로 암페어의 주회적분공식을 이용하면 다음과 같이 된다.

$$\oint_C \boldsymbol{H}\cdot d\boldsymbol{l} = \oint H\cdot dl = Hl = I \qquad (7\text{-}4)$$

여기서 l은 적분로의 길이이고, 폐곡선에 대해 $l=2\pi r$이므로

$$H \cdot 2\pi r = I \tag{7-5}$$

따라서 자계의 세기 $\boldsymbol{H}$는 다음과 같다.

$$\boldsymbol{H} = \frac{I}{2\pi r}\,[\text{A/m}] \tag{7-6}$$

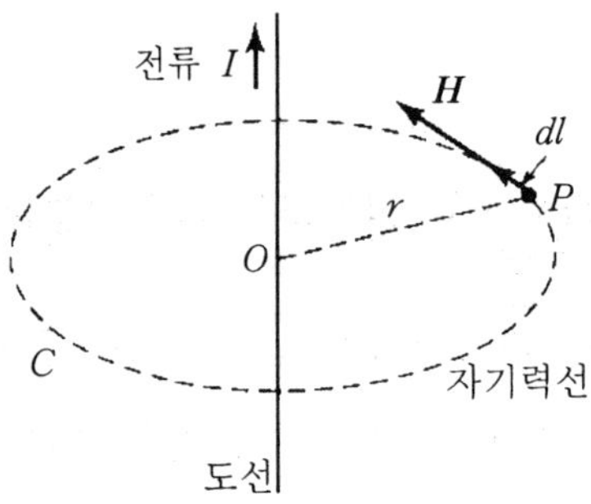

그림 7-7 무한장 직선도체

예제 7-1 10[A]의 무한장 직선도체로부터 10[cm] 떨어진 곳의 자계의 세기는 몇 [AT/m]인가?

풀이 무한장 직선도체에 의한 자계의 세기는 $\boldsymbol{H}=\frac{I}{2\pi r}$ 이므로 여기에 수치를 대입하면

$\boldsymbol{H}=\frac{10}{2\pi\times 0.1}=15.9$[AT/m]가 된다.

예제 7-2 무한 길이의 직선 도선에 6.28[A]의 전류가 흐를 때 자계의 세기가 5[A/m]인 점은 직선 도선으로부터 얼마의 거리에 떨어져 있는가?

풀이 무한장 직선도체에 의한 자계의 세기는 $\boldsymbol{H}=\frac{I}{2\pi r}$ 이므로

$$r=\frac{I}{2\pi H}=\frac{6.28}{2\times 3.14\times 5}=\frac{1}{5}=0.2[\text{m}]$$

예 제 7-3 비투자율 $\mu_s = 1,000$인 매질 속에 길이가 무한대인 직선도체가 있다. 여기에 전류 $I = 10$[A]가 흐르고 있을 때, 도체에서 수직거리 10[m] 떨어진 점의 자속밀도는 몇 [Gauss]인가?

풀이 무한직선도체에서의 자계의 세기는 $H = \frac{I}{2\pi r}$[AT/m]이고,

자속밀도는 $B = \mu H = \frac{\mu_0 \mu_S I}{2\pi r}$이므로

$$B = \frac{4\pi \times 10^{-7} \times 1000 \times 10}{2\pi \times 10} = 2 \times 10^{-4}[\mathrm{Wb/m^2}] = 2[\mathrm{Gauss}]$$

여기서, 1[Gauss]$=10^{-4}$[Wb/m²], 1[Wb/m²]$=10^4$[Gauss]

7.4.2 무한장 원통도체

그림 7-8과 같이 전류 I[A]가 반경 a[m] 무한장 원통도체 내에서 축대칭으로 흐르고 있을 때 원통외부($r > a$) 자계 $\boldsymbol{H}$와 원통내부($a > r'$)의 자계 $\boldsymbol{H}'$를 암페어의 주회적분법칙을 이용하여 구해 본다.

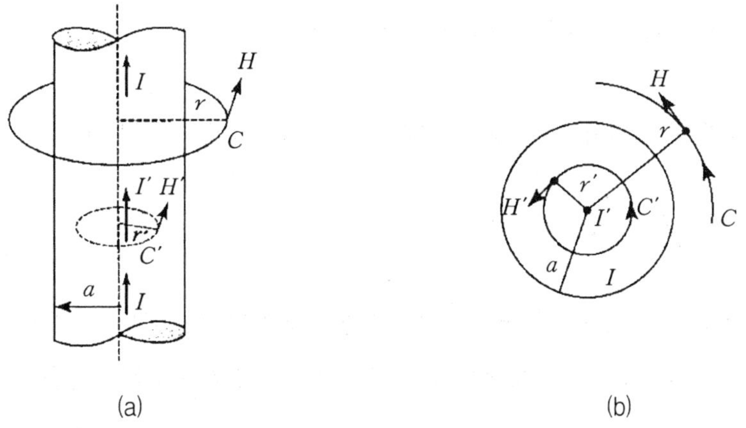

그림 7-8 무한장 원통도체

(1) 원통 외부자계

그림 7-8 (a)와 같이 $r > a$의 영역으로 대칭축에 수직인 반경 r[m]인 폐곡선

C를 주회적분의 적분경로로 취하고, 이 폐곡선상에서 자계의 세기 $\boldsymbol{H}$는 항상 일정하고 방향은 폐곡선의 접선방향이 된다. 또한 적분로내의 총전류는 I[A]이므로 다음과 같이 나타낸다.

$$\oint_C \boldsymbol{H} \cdot d\boldsymbol{l} = \int H \cdot dl = 2\pi r H = I \tag{7-7}$$

따라서 외부에서 자계의 세기 $\boldsymbol{H}$는 식 (7-7)에 의해 다음과 같다.

$$\boldsymbol{H} = \frac{I}{2\pi r}\,[\mathrm{A/m}] \tag{7-8}$$

(2) 원통 내부자계

그림 7-8 (b)같이 $a > r'$의 영역으로 대칭축에 수직인 반경 r'[m]인 폐곡선 C'를 주회적분의 적분경로로 취하고, 이 폐곡선상에서 자계의 세기 $\boldsymbol{H}$는 항상 일정하고 방향은 폐곡선의 접선 방향이 된다. 또한 적분로내의 총전류는 I'[A]이므로 암페어의 주회적분법칙에 의해

$$\oint_{C'} \boldsymbol{H} \cdot d\boldsymbol{l} = \int H' \cdot dl = 2\pi r' H' = I' \tag{7-9}$$

가 된다. 따라서 자계의 세기 $\boldsymbol{H}'$는 다음과 같이 나타낼 수 있다.

$$\boldsymbol{H}' = \frac{I'}{2\pi r'}\,[\mathrm{A/m}] \tag{7-10}$$

여기서 그림 7-9와 같이 반경 a인 원통도체와 반경 r'인 원통도체의 전류는 단면적에 비례하므로 각 도체에서의 전류의 크기 I, I'는 각각 다음과 같이

$$\left.\begin{aligned} I &= \pi a^2 \\ I' &= \pi r'^2 \end{aligned}\right\} \tag{7-11}$$

되므로, 전류의 비는 다음과 같이 나타낼 수 있다.

$$\frac{I'}{I} = \frac{\pi r'^2}{\pi a^2} = \frac{r'^2}{a^2} \tag{7-12}$$

그림 7-9 원통도체에서의 전류

따라서 반경 r'에 흐르는 전류 I'는 식 (7-12)에 의해

$$I' = \frac{r'^2}{a^2} I \tag{7-13}$$

가 된다. 식 (7-13)의 I'를 식 (7-10)에 대입하면 내부전계의 세기 $\boldsymbol{H}'$는

$$\boldsymbol{H}' = \frac{1}{2\pi r'} \; \frac{r'^2}{a^2} I = \frac{I r'}{2\pi a^2} \, [\mathrm{A/m}] \tag{7-14}$$

가 된다. 만약 전류가 원통도체의 표면에만 흐를 경우에는 도체 외부의 자계는 변함이 없지만, 전류가 원통 내부의 폐곡선 C'와 쇄교하는 전류는 "0"이기 때문에 $\int \boldsymbol{H}' \cdot d\boldsymbol{l} = 0$이 되어 결국 내부자계 $\boldsymbol{H}' = 0$이 된다.

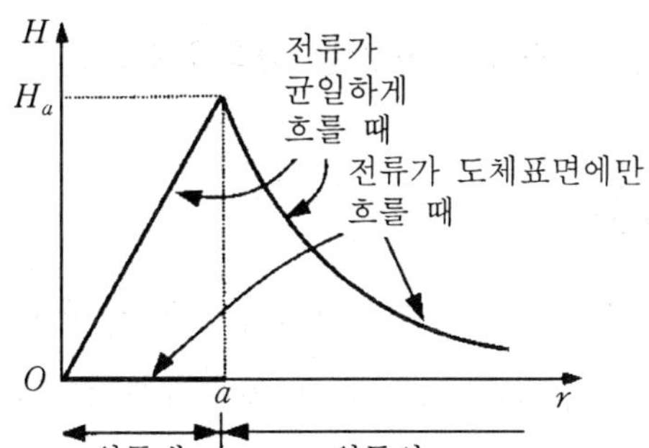

그림 7-10 무한장 원통도체에서의 자계분포

그림 7-10은 무한장 원통도체에서의 자계 분포를 나타낸 것이다. 무한장 원통도체에서 전류에 의한 자계의 세기는 도체 내부에서는 중심축 O으로부터 거리 a에 비례하고, 도체 외부에서는 거리 r에 반비례하는 특성을 보이고 있다.

7.4.3 무한장 원통형 솔레노이드

그림 7-11 (a)은 무한장 원통형솔레노이드를 나타낸 것이다. 솔레노이드에 전류 I[A]가 흐를 때, 내부의 모든 점에서 자계는 균일하다.

그림 7-11 (b)와 같이 원통 솔레노이드에서 내부, 표면, 외부에 대하여 그림 (b)와 같은 장방형의 적분경로를 취할 때 암페어의 주회적분법칙을 이용하여 자계의 세기를 구해 보자.

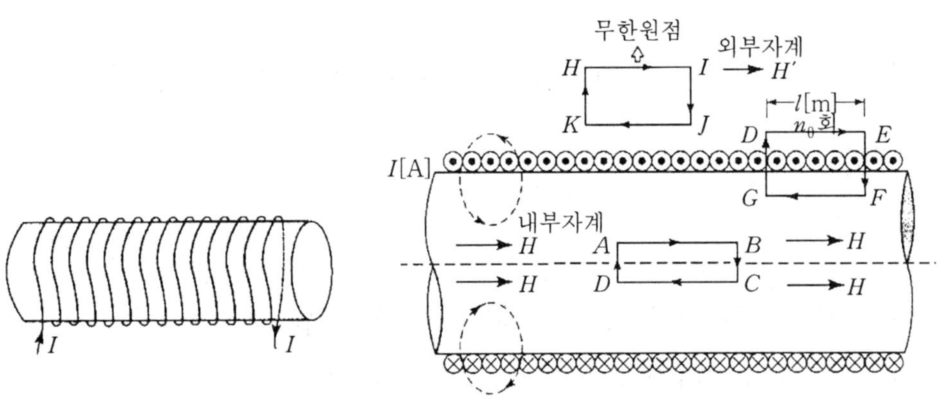

(a) 솔레노이드 (b) 자계분포

그림 7-11 무한장 원통형솔레노이드

(1) 솔레노이드 내부

그림 7-11 (b)와 같이 솔레노이드 내부에는 축 방향과 평행인 $A \rightarrow B$, $C \rightarrow D$ 경로와 축방향과 수직인 $B \rightarrow C$, $D \rightarrow A$의 직사각형 폐적분로로 가정하면, 솔레노이드 내부에서는 쇄교하는 전류가 없으므로, 즉 $\int_{ABCDA} \boldsymbol{H} \cdot d\boldsymbol{l} = 0$이다. 따라서 솔레노이드 내부의 각 경로에 대해 암페어의 주회적분법칙을 적용하면,

$$\int_{ABDCA} \boldsymbol{H} \cdot d\boldsymbol{l} = \int_A^B \boldsymbol{H} \cdot d\boldsymbol{l} + \int_B^C \boldsymbol{H} \cdot d\boldsymbol{l} + \int_C^D \boldsymbol{H} \cdot d\boldsymbol{l} + \int_D^A \boldsymbol{H} \cdot d\boldsymbol{l} = 0 \tag{7-15}$$

가 된다.

그림 7-11 (b)의 내부 적분경로에서 축에 수직인 방향의 자계는 없기 때문에 경로 $B \rightarrow C$, $D \rightarrow A$ 부분의 자계의 세기는 "0"이 된다. 즉, $\theta = 90$이므로 $\int \boldsymbol{H} \cdot d\boldsymbol{l} = \int H \cdot dl \cos\theta$에서 "0"이 되므로 제거된다.

따라서 식 (7-15)를 다시 쓰면

$$\int_A^B \boldsymbol{H} \cdot d\boldsymbol{l} + \int_C^D \boldsymbol{H} \cdot d\boldsymbol{l} = 0 \tag{7-16}$$

또는

$$\int_A^B \boldsymbol{H} \cdot d\boldsymbol{l} = -\int_C^D \boldsymbol{H} \cdot d\boldsymbol{l} = \int_D^C \boldsymbol{H} \cdot d\boldsymbol{l} \tag{7-17}$$

가 된다. 따라서 내부에서 적분로 $A \rightarrow B$와 $C \rightarrow D$는 크기가 같고 방향이 반대이며 자계의 방향을 고려하면 식 (7-17)은 도체 내부의 임의의 위치에서 성립하기 때문에 내부자계는 축방향에 대해 어느 위치에서나 같은 균등자계가 된다.

(2) 외부자계

그림 7-11 (b)에서 솔레노이드 외부의 적분경로 $H \rightarrow I \rightarrow J \rightarrow K \rightarrow H$에 암페어의 주회적분법칙을 적용한다. 솔레노이드 외부에서도 솔레노이드 내부와 마찬가지로 쇄교하는 전류가 없기 때문에, 즉 $\int_{HIJKH} \boldsymbol{H} \cdot d\boldsymbol{l} = 0$가 되므로

$$\int_{HIJKH} \boldsymbol{H} \cdot d\boldsymbol{l} = \int_H^I \boldsymbol{H} \cdot d\boldsymbol{l} + \int_I^J \boldsymbol{H} \cdot d\boldsymbol{l} + \int_J^K \boldsymbol{H} \cdot d\boldsymbol{l} + \int_K^H \boldsymbol{H} \cdot d\boldsymbol{l} = 0 \tag{7-18}$$

가 된다. 식 (7-18)에서 $I \rightarrow J$와 $K \rightarrow H$ 성분은 외부자계와 직각이므로 "0"이 되어 $I \rightarrow J$와 $K \rightarrow H$ 성분은 제거된다. 따라서 식 (7-18)을 다시 쓰면

$$\int_{H}^{I} \boldsymbol{H} \cdot d\boldsymbol{l} + \int_{J}^{K} \boldsymbol{H} \cdot d\boldsymbol{l} = 0 \tag{7-19}$$

또는

$$\int_{H}^{I} \boldsymbol{H} \cdot d\boldsymbol{l} = -\int_{J}^{K} \boldsymbol{H} \cdot d\boldsymbol{l} = \int_{K}^{J} \boldsymbol{H} \cdot d\boldsymbol{l} \tag{7-20}$$

가 되므로, 솔레노이드 외부에서의 자계도 같게 되어 균등자계임을 알 수 있다. 그러나 솔레노이드로부터 무한히 떨어진 무한원점에서는 외부자계가 존재하지 않는다.

(3) 내부와 외부의 경계영역

그림 7-11 (b)와 같이 솔레노이드 권선을 포함한 적분로 $D \to E \to F \to G \to D$인 폐경로를 취하고, 경계영역에서는 도선이 포함되므로 권수가 n회이면 전체전류는 nI가 된다. 따라서 암페어의 주회적분법칙을 적용하면 다음과 같다.

$$\int_{DEFGD} \boldsymbol{H} \cdot d\boldsymbol{l} = nI \tag{7-21}$$

따라서 각 경로에 대해 암페어의 주회적분법칙을 적용하면

$$\int_{DEFGD} \boldsymbol{H} \cdot d\boldsymbol{l} = \int_{D}^{E} \boldsymbol{H} \cdot d\boldsymbol{l} + \int_{E}^{F} \boldsymbol{H} \cdot d\boldsymbol{l} + \int_{F}^{G} \boldsymbol{H} \cdot d\boldsymbol{l} + \int_{G}^{D} \boldsymbol{H} \cdot d\boldsymbol{l} = nI \tag{7-22}$$

가 된다. 여기서 자계와 수직성분인 $E \to F$와 $G \to D$성분은 "0"이고, 또한 외부자계도 "0"이므로 $D \to E$성분도 "0"이 된다. 따라서 식 (7-22)는

$$\int_{E}^{F} \boldsymbol{H} \cdot d\boldsymbol{l} = \int \boldsymbol{H} \cdot d\boldsymbol{l} = H \cdot l = nI \tag{7-23}$$

이 된다. 따라서 자계의 세기 $\boldsymbol{H}$는 다음과 같이 된다.

$$\boldsymbol{H} = \frac{nI}{l} \text{ [A/m]} \tag{7-24}$$

단위길이당 권수를 n_0라 하면 $n_0 = n/l$이므로 식 (7-24)의 자계의 세기 $\boldsymbol{H}$를 단위길이당에 대해 나타내면 다음과 같다.

$$\boldsymbol{H} = n_0 I[\text{A/m}] \tag{7-25}$$

예제 7-4 길이 1[cm]마다 권수 50을 가진 무한장 솔레노이드에 500[mA]의 전류를 흘릴 때, 내부자계는 몇 [AT/m]인가?

풀이 단위길이당 권수 $n = 50[\text{회/cm}] = 50 \times 100[\text{회/m}]$

$\therefore\ H = nI = 50 \times 100 \times 500 \times 10^{-3} = 2,500[\text{AT/m}]$

7.4.4 환상 솔레노이드

그림 7-12 (a)와 같이 솔레노이드 양단을 구부려 둥근 도넛모양의 틀에 코일을 감은 솔레노이드를 환상 솔레노이드, 무단 솔레노이드 또는 트로이드 코일이라 한다.

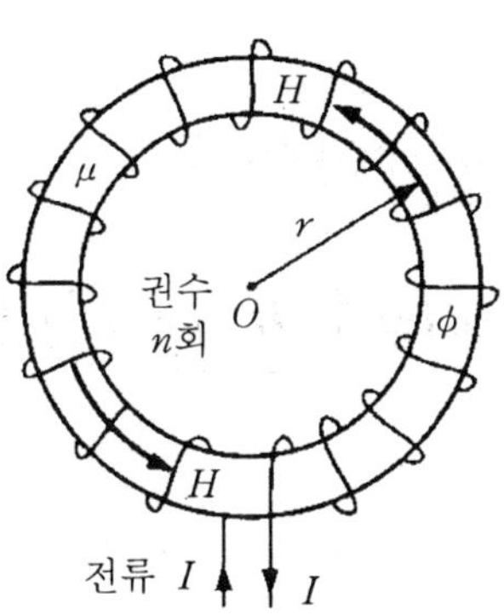

(a) 솔레노이드

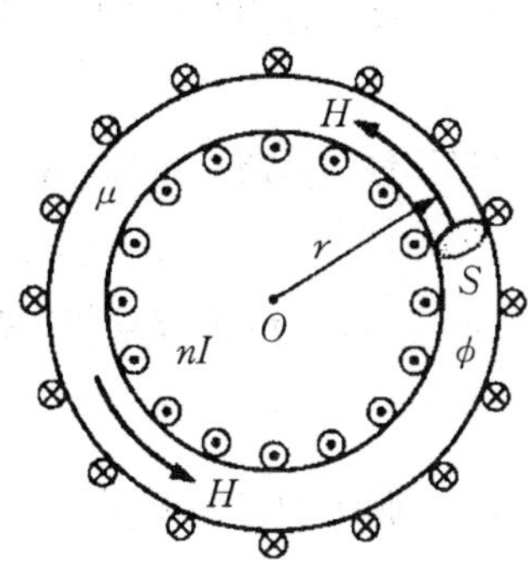

(b) 자계분포

그림 7-12 환상 솔레노이드

그림 7-12에서 투자율이 μ인 철심에 코일을 n회 감고, 환상 솔레노이드에 전류 I[A]를 흘리면, 자속 ϕ는 누설자속을 무시하면 철심의 외부에는 자계가 존재하지 않고, 중심 O에서 철심 내부의 반지름 r[m]인 동심원 형태의 폐로를 취하

므로 암페어의 주회적분법칙을 적용하면

$$\oint \boldsymbol{H} \cdot d\boldsymbol{l} = H \cdot 2\pi r = nI \,[\text{A/m}] \tag{7-26}$$

가 된다. 따라서 자계의 세기 $\boldsymbol{H}$는 다음과 같다.

$$\boldsymbol{H} = \frac{nI}{2\pi r} \,[\text{A/m}] \tag{7-27}$$

환상 솔레노이드 내부의 자계는 투자율 μ, 즉 매질과는 관계가 없고, 솔레노이드 외부에서의 자계는 적분로로 취한 원주와 쇄교하는 전류가 없으므로 외부에서의 자계는 존재하지 않는다. 그러므로 환상 솔레노이드는 내부에만 자계가 존재하며, 매질이 공심 또는 철심에서도 내부의 자계의 세기는 동일하다.

그러나 자계의 세기 $\boldsymbol{H}$와는 달리 자속밀도 $\boldsymbol{B}$는 $\boldsymbol{B} = \mu \boldsymbol{H}$이므로 매질의 투자율 $\mu = \mu_0 \mu_s$에 따라 달라진다. 따라서 공심(진공) 및 철심에서의 자속밀도 $\boldsymbol{B}$는 식 (7-27)을 이용하여 구하면 각각 다음과 같다.

$$\text{공심 : } \boldsymbol{B} = \mu_0 \boldsymbol{H} = \frac{\mu_0 nI}{2\pi r} \,[\text{Wb/m}^2] \tag{7-28}$$

$$\text{철심 : } \boldsymbol{B} = \mu \boldsymbol{H} = \mu_0 \mu_s \boldsymbol{H} = \frac{\mu nI}{2\pi r} = \frac{\mu_0 \mu_s nI}{2\pi r} \,[\text{Wb/m}^2] \tag{7-29}$$

또한 공심 및 철심 내부의 자속 Φ는 $\Phi = BS$이므로 각각 다음과 같다.

$$\text{공심 : } \Phi = BS = \mu_0 HS = \frac{\mu_0 nI}{2\pi r} S \,[\text{Wb}] \tag{7-30}$$

$$\text{철심 : } \Phi = BS = \mu HS = \frac{\mu nI}{2\pi r} S = \frac{\mu_0 \mu_s nI}{2\pi r} S \,[\text{Wb/m}] \tag{7-31}$$

예제 7-5 지름 10[cm]인 원형코일에 1[A]의 전류를 흘릴 때, 코일 중심의 자계를 1000[AT/m]로 하려면 코일을 몇 회 감으면 되는가?

풀이 원형 중심의 자계의 세기는 $H = \dfrac{NI}{2a}$이므로 여기서 권수 $N = \dfrac{2aH}{I}$가 된다. 그러

므로 수치를 대입하면 $N=\frac{2\times5\times10^{-2}\times1000}{1}=100$회가 된다.

예제 7-6 평균 반지름 50[cm]이고 권수 100회인 환상 솔레노이드 내부의 자계가 200[AT/m]가 되도록 하기 위해서 코일에 흐르는 전류는 몇 [A]로 하여야 하는가?

풀이 환상 솔레노이드의 자계의 세기는 $\boldsymbol{H}=\frac{NI}{2\pi r}$이므로, 여기서 전류 I를 구하면

$I=\frac{2\pi r\boldsymbol{H}}{N}=2\times3.14\times0.5\times\frac{200}{100}=6.28$[A]가 된다.

7.5 비오-사바르의 법칙

비오-사바르의 법칙은 임의의 도선에 흐르는 전류 I[A]에 의해 도선 주위의 임의의 한 점 P에 생기는 자계를 구하는 법칙으로 프랑스의 비오(Biot)와 사바르(Savart)에 의해 1820년 실험을 통해 전류와 자계와의 관계를 발견하였다.

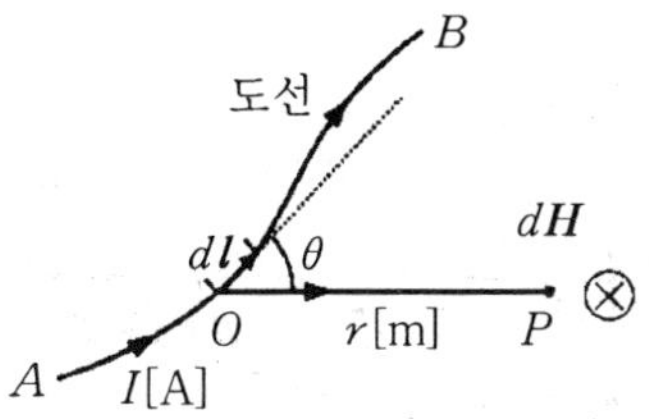

그림 7-13 비오-사바르 법칙

그림 7-13과 같이 도선에 전류 I[A]가 흐를 때, 도선상의 미소길이 dl 부분에 흐르는 전류에 의해 거리 r[m] 떨어진 점 P에서의 자계의 세기 $d\boldsymbol{H}$는

$$d\boldsymbol{H}=\frac{I\,dl}{4\pi r^2}\sin\theta\,[\text{A/m}] \tag{7-32}$$

가 된다. 여기서 Idl은 dl에 흐르는 미소전류 성분이며, 방향은 dl의 접선방향을 나타낸다. 또한 각 θ는 도선 dl의 접선과 OP까지 거리 r과 이루는 각이다.

이때 점 P에서의 자계의 방향은 미소길이 $d\boldsymbol{l}$과 거리 r과 이루는 면에 수직으로 오른나사 법칙을 따른다. 그러므로 점 P에서 지면으로 들어가는 방향, 즉 ⊗ 방향이 된다. 이를 비오-사바르의 법칙이라 한다.

그림 7-13에서 도선의 경로 점 A에서 점 B까지의 자계의 세기 $\boldsymbol{H}$는 식 (7-32)를 적분하면

$$\boldsymbol{H} = \int_A^B d\boldsymbol{H} = \frac{I}{4\pi}\int_A^B \frac{\sin\theta}{r^2}\, d\boldsymbol{l}\,[\mathrm{A/m}] \tag{7-33}$$

가 된다. 위 식을 이용하면 여러 형태의 도선에 흐르는 전류에 의한 자계의 세기를 구할 수 있기 때문에 비오-사바르의 법칙은 대칭성이 아닌 전류분포에 대해서도 적용할 수 있는 장점이 있다.

그림 7-14와 같이 유한장 직선도체가 있다. 이 직선도체 AB에 전류 I[A]가 흐를 때 임의의 점 P에서의 자계의 세기 $\boldsymbol{H}$를 비오-사바르 법칙을 이용하여 구해 본다.

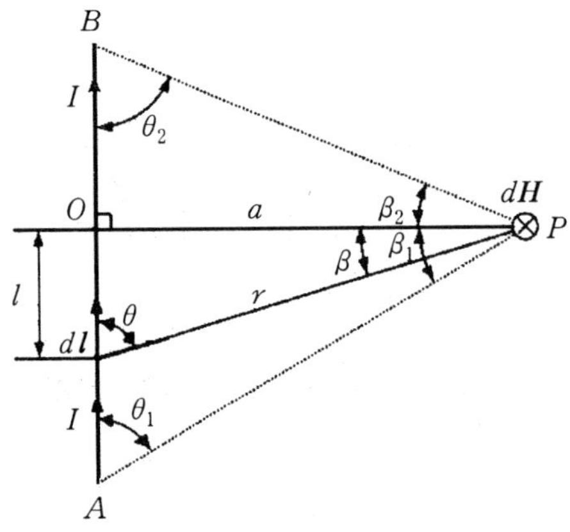

그림 7-14 유한장 직선도선에서의 자계

여기서 도선 AB와 점 P까지 거리를 a, 도선 AB의 양단의 A와 B가 점 P에 대해 이루는 각을 각각 θ_1, θ_2라 한다. 이때 도선 AB에 미소거리 $d\boldsymbol{l}$을 취하면 그 미소부분의 전류 $Id\boldsymbol{l}$에 의해 거리 r만큼 떨어진 점 P에서의 자계의 세기 $d\boldsymbol{H}$는 비오-사바르의 법칙에 의해 다음과 같이 나타낼 수 있다.

$$dH = \frac{Idl\sin\theta}{4\pi r^2} = \frac{Idl\cos\beta}{4\pi r^2} \tag{7-34}$$

여기서 $\sin\theta = \frac{a}{r} = \cos\beta$로 둘 수 있으므로 $\sin\theta$를 $\cos\beta$로 바꿀 수 있다. 따라서 변수변환을 취하면 다음과 같은 관계를 가질 수 있다.

$$\sin\theta = \frac{a}{r} = \cos\beta,\ l = a\tan\beta,\ dl = a\sec^2\beta d\beta,\ r = \sqrt{a^2 + l^2} \tag{7-35}$$

식 (7-35)을 식 (7-34)에 대입하여 정리하면

$$dH = \frac{Ia\sec^2\beta\cos\beta d\beta}{4\pi a^2\sec^2\beta} = \frac{I}{4\pi a}\cos\beta d\beta \tag{7-36}$$

가 된다. 따라서 β의 적분구간을 $-\beta_1$에서 β_2까지 적용하면 점 P에서의 자계의 세기 H를 구할 수 있다.

$$H = \int_{-\beta_1}^{\beta_2} \frac{I}{4\pi a}\cos\beta d\beta = \frac{I}{4\pi a}\int_{-\beta_1}^{\beta_2}\cos\beta\, d\beta$$

$$= \frac{I}{4\pi a}(\sin\beta_1 + \sin\beta_2) = \frac{I}{4\pi a}(\cos\theta_1 + \cos\theta_2)[\text{A/m}] \tag{7-37}$$

직선도선이 무한길이라면 dH는 $-\infty$에서 $+\infty$까지 이므로 위의 식 (7-37)에서 θ와 β는 다음과 같은 조건을 가지게 되므로

$$\beta_1 = \frac{\pi}{2},\ \beta_2 = \frac{\pi}{2},\ \theta_1 = 0,\ \theta_2 = 0 \tag{7-38}$$

따라서 이 식을 식 (7-37)에 적용하면 점 P에서의 자계의 세기 H는

$$H = \int_{-\infty}^{+\infty} dH = \int_{-\frac{\pi}{2}}^{\frac{\pi}{2}} dH = \frac{I}{4\pi a}\int_{-\frac{\pi}{2}}^{\frac{\pi}{2}}\cos\beta d\beta$$

$$= \frac{I}{4\pi a}[\sin\beta]_{-\frac{\pi}{2}}^{\frac{\pi}{2}} = \frac{I}{4\pi a}\left[\sin\left(\frac{\pi}{2}\right) - \sin\left(-\frac{\pi}{2}\right)\right] \tag{7-39}$$

의 관계가 있으므로 식 (7-39)을 풀면 자계의 세기 $\boldsymbol{H}$는

$$\boldsymbol{H} = \frac{I}{2\pi a} \text{ [A/m]} \tag{7-40}$$

이 된다. 자계의 방향은 암페어의 오른나사의 법칙에 의해서 지면으로 들어가는 방향이며, 무한장 직선도체에서의 자계의 세기와 같은 값이다.

7.6 자계내의 전류에 작용하는 힘

7.6.1 로렌쯔의 힘

전기장 내에 존재하는 정지하고 있는, 또는 움직이는 전하에 작용하는 전기력을 $\boldsymbol{F}_e$라 하면 쿨롱의 법칙에 의해 전계의 세기 $\boldsymbol{E}$와 관계는

$$\boldsymbol{F}_e = Q\boldsymbol{E} \tag{7-41}$$

로 주어졌다. 이 식에서 전하 Q가 양(+)이면 전기력과 전계의 세기는 같은 방향임을 보여주고 있다.

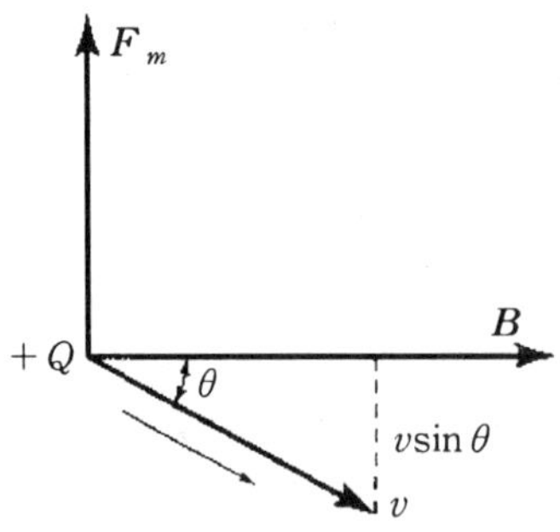

그림 7-15 운동전하가 받는 힘

그림 7-15와 같이 자속밀도 $\boldsymbol{B}$[Wb/m^2]인 균일한 자계 내에서 $+Q$[C]의 전하가 자계에 대하여 각 θ의 방향으로 속도 $\boldsymbol{v}$[m/s]로 운동할 때 이 전하에 작용하

는 자기력을 $\boldsymbol{F}_m$이라 하면 자기력은 다음과 같이 됨을 실험적으로 증명하였다.

$$\boldsymbol{F}_m = QvB\sin\theta\,[\mathrm{N}] \tag{7-42}$$

위 식을 벡터로 표시하면 다음과 같다.

$$\boldsymbol{F}_m = Q\,\boldsymbol{v} \times \boldsymbol{B} \tag{7-43}$$

이 식에서 자기력은 속도 $\boldsymbol{v}$와 자속밀도 $\boldsymbol{B}$로 이루어지는 평면에 대해 수직임을 알 수 있다. 따라서 전기력 $\boldsymbol{F}_e$와 자기력 $\boldsymbol{F}_m$을 비교해 보면, 전기력 $\boldsymbol{F}_e$는 전하의 속도에 무관하며, 전하에 일을 수행하여 운동에너지를 변화시킬 수 있다. 그러나 자기력 $\boldsymbol{F}_m$은 전하의 속도에 의존하며, 속도에 수직이 된다. 또한 자기력은 전하의 운동방향과 직각을 이루기 때문에 일을 할 수 없다. 즉 $\boldsymbol{F}_m \cdot d\boldsymbol{l} = 0$이 되므로 전하의 운동에너지를 증가시킬 수 없다.

전기장과 자기장이 공존하는 공간에서 움직이는 전하 Q에 작용하는 총 힘은

$$\boldsymbol{F} = \boldsymbol{F}_e + \boldsymbol{F}_m \tag{7-44}$$

또는

$$\boldsymbol{F} = Q(\boldsymbol{E} + \boldsymbol{v} \times \boldsymbol{B}) \tag{7-45}$$

이다. 이 식을 로렌쯔(Lorentz)의 힘이라 한다.

예제 7-7 0.2[C]의 점전하가 전계 $E = 5\boldsymbol{j} + \boldsymbol{k}$[V/m] 및 자속 밀도 $B = 2\boldsymbol{j} + 5\boldsymbol{k}$[Wb/m^2]내로 속도 $v = 2\boldsymbol{i} + 3\boldsymbol{j}$[m/s]로 이동할 때 점전하에 작용하는 힘[N]은?(단, $\boldsymbol{i}$, $\boldsymbol{j}$, $\boldsymbol{k}$는 단위 벡터이다.)

풀이 로렌쯔의 힘 F는 $F = Q(v \times B + E)$[N]이므로

$$v \times B = \begin{vmatrix} \boldsymbol{i} & \boldsymbol{j} & \boldsymbol{k} \\ 2 & 3 & 0 \\ 0 & 2 & 3 \end{vmatrix} = 15\boldsymbol{i} - 10\boldsymbol{j} + 4\boldsymbol{k}$$

이를 대입하면

$F = 0.2\times(15\boldsymbol{i} - 10\boldsymbol{j} + 4\boldsymbol{k} + 5\boldsymbol{j} + \boldsymbol{k}) = 3\boldsymbol{i} - \boldsymbol{j} + \boldsymbol{k}$[N]가 된다.

7.6.2 플레밍의 왼손법칙

그림 7-16 (a)와 같이 외부자석에 의한 자계 내에 도체를 놓고, 이 도체에 전류가 흐르면, 그림 (b)와 같이 전류가 흐르는 도체 주위에 동심원으로 형성된 자계를 나타내는 자기력선이 생기게 되고 도체 주위에 생기는 자력선과 자극으로부터 나오는 자기력선들이 서로 간섭을 하게 된다.

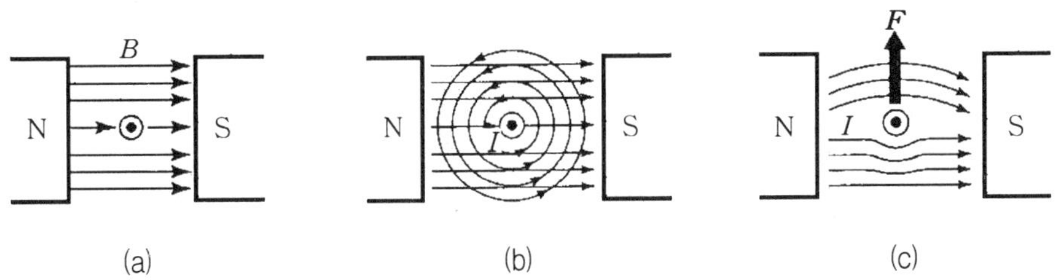

그림 7-16 외부자계와 도체전류에 의한 전자력

따라서 그림 (c)와 같이 도체 위쪽에는 자극에서 나오는 자기력선과 도체 전류에 의한 자기력선이 서로 반대방향이기 때문에 자기력선이 감소하게 되고, 반면에 도체 하부에서는 자극에서 발생하는 자기력선과 전류에 의한 자기력선의 방향이 같기 때문에 자기력선이 증가하게 된다. 이렇게 자기력선의 밀도가 위쪽은 낮고, 아래쪽은 높기 때문에 도체는 위쪽으로 힘 $\boldsymbol{F}$을 받는다. 이러한 힘을 **전자력**이라 한다.

만약 도체 전류가 그림 (c)의 ⊙방향이 아니고 ⊗방향이라면 위의 설명과 반대로 되며, 이때 전자력도 반대가 된다. 이 원리는 전기에너지를 기계적에너지로 변환하는 전동기 등의 전기기기에 많이 응용되고 있다.

그림 7-16 (c)의 외부자계(자속밀도) $\boldsymbol{B}$[Wb/m^2], 전류 $\boldsymbol{I}$[A], 힘 $\boldsymbol{F}$[N]의 관계를 좌표계로 나타낸 것이 그림 7-17 (a)로서, 이때 전류 $\boldsymbol{I}$의 방향, 자기장(자계) $\boldsymbol{B}$의 방향, 전자력 $\boldsymbol{F}$의 방향을 그림 7-17 (b) (c)와 같이 왼손의 가운데 손가락(중지)이 전류방향, 둘째 손가락(검지)이 자기장 방향 및 엄지 손가락이 전자력 방

향을 나타낸다. 이 관계를 플레밍의 왼손법칙이라 한다.

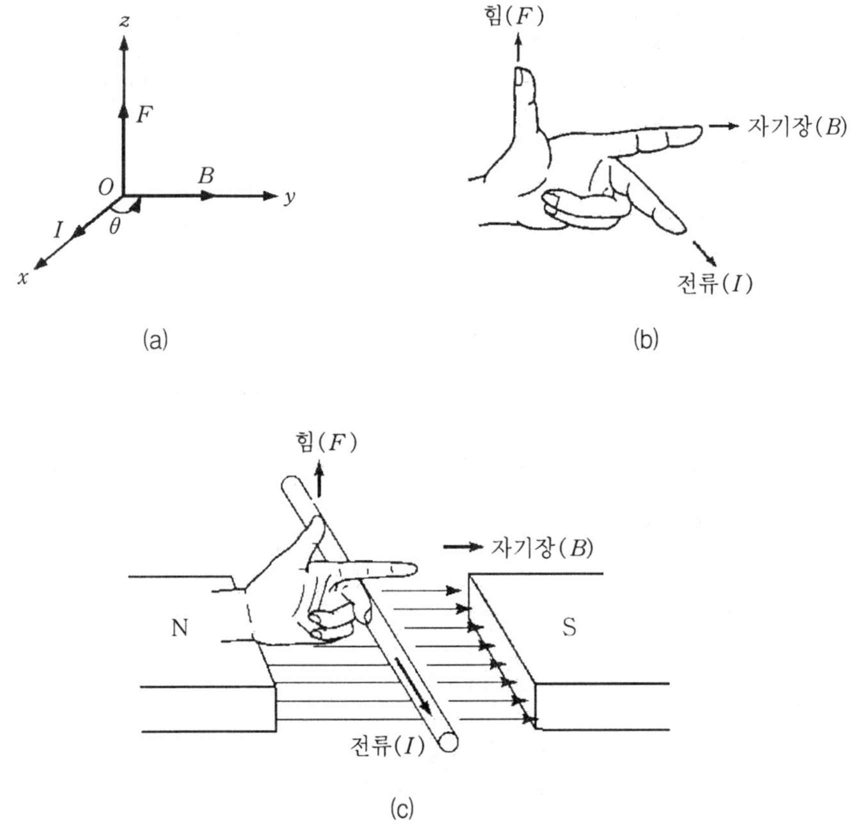

그림 7-17 플레밍의 왼손법칙

그림 7-18 (a)와 같이 자속밀도 $\boldsymbol{B}$[Wb/m^2]인 균등한 자계중에서 자계에 대해 수직으로 길이 l[m]인 도체를 놓았다.

이 도체에 전류 $\boldsymbol{I}$[A]를 흘렸을 때 도체가 받는 힘 $\boldsymbol{F}$를 벡터적으로 표현하면

$$\boldsymbol{F} = \boldsymbol{I} \times \boldsymbol{B}\,[\mathrm{N/m}] \tag{7-46}$$

가 된다. 따라서 도체의 길이를 l[m]라 하면 도체가 받는 힘 $\boldsymbol{F}$와 크기 F는 각각 다음과 나타낼 수 있다.

$$\boldsymbol{F} = (\boldsymbol{I} \times \boldsymbol{B})\, l\,[\mathrm{N}] \tag{7-47}$$

$$F = IBl\,[\mathrm{N}] \tag{7-48}$$

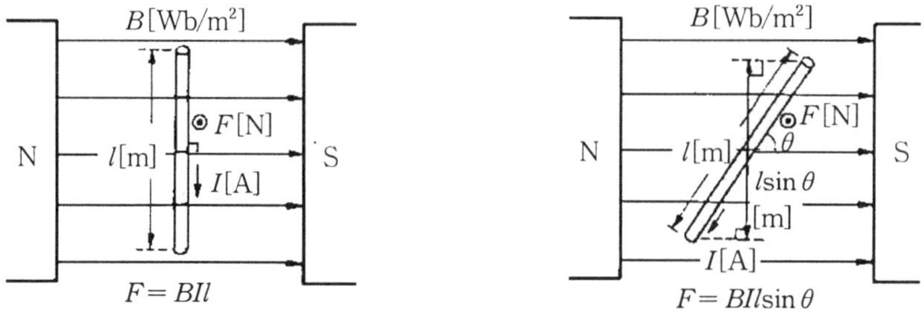

그림 7-18 자계중의 도체에 작용하는 전자력

그러나 그림 7-18 (b)와 같이 자계의 방향과 도체의 방향이 직각이 아니고, 어떤 임의의 각 θ를 이루고 있을 경우에 전자력 $\boldsymbol{F}$는 다음과 같이 나타낸다.

$$\boldsymbol{F} = IBl\sin\theta\,[\mathrm{N}] \tag{7-49}$$

위 식에서 도체와 자계의 방향이 수직, 즉 $\theta = 90°$인 경우에는 도체가 자계를 많이 끊으면서 지나갈 때 전자력 $\boldsymbol{F}$은 가장 세고, $\theta = 0$인 평행상태일 때는 전자력은 작용하지 않는다는 것을 알 수 있다.

예제 7-8 자속밀도 0.8[Wb/m²]인 평등 자계 내에 자계의 방향과 30°의 방향으로 놓여진 길이 10[cm]의 도선에 5[A]의 전류가 통할 때 도체가 받는 힘 [N]은?

풀이 자계내의 도체가 받는 힘 $F = IBl\sin\theta$[N]이므로 수치를 대입하면
$F = 5\times 0.8\times 0.1\times \sin 30° = 0.2$[N]이 된다.

예제 7-9 자계 내에서 도선에 전류를 흘려보낼 때 도선을 자계에 대해 60°의 각도로 놓았을 때 작용하는 힘은 30°의 각으로 놓았을 때 작용하는 힘의 몇 배인가?

풀이 자계내의 도체가 받는 힘 $F = IBl\sin\theta$[N]이므로 60°일 때의 힘은
$F_1 = IBl\sin 60°$이고, 30°일 때의 힘은 $F_2 = IBl\sin 30°$가 된다.

따라서 $\frac{F_1}{F_2} = \frac{\sin 60°}{\sin 30°} = \sqrt{3}$배가 된다.

7.6.3 평행도선의 상호간에 작용하는 힘

그림 7-19와 같이 거리 r[m]로 평행하게 놓인 두 개의 도체에 전류를 흘리면 전류방향에 따라 두 도체 사이에 흡인력과 반발력이 작용하게 된다.

전류가 같은 방향인 그림 (a)의 경우 도체내측의 자계가 소멸되고 외측의 자기력선밀도 보다 작게 되기 때문에 흡인력이 작용한다. 반면에 전류가 서로 역방향인 그림 (b)와 같은 경우에는 도체내측의 자계가 강하게 되어 외측의 자기력선 밀도보다 크게 되므로 반발력이 작용하게 된다.

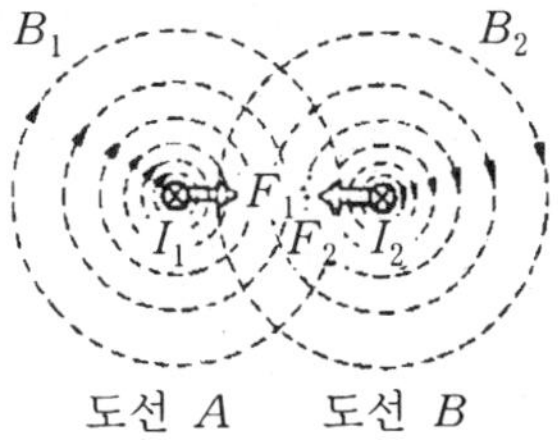

(a) 흡인력

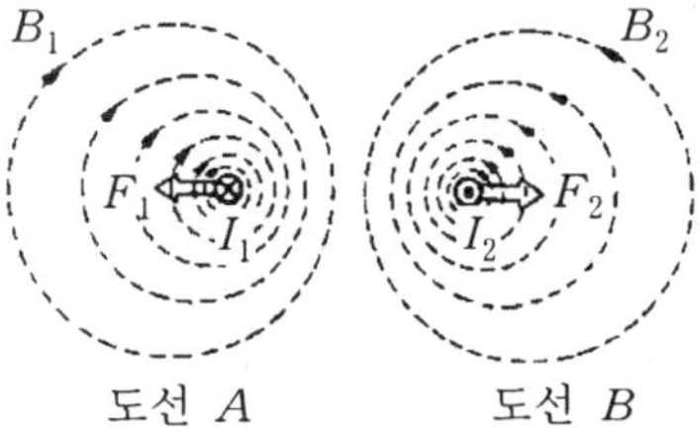

(b) 반발력

그림 7-19 전류방향에 따른 힘의 방향

그림 7-20 (a)와 같이 두 개의 도선 PQ간 거리 r[m]로 이격하여 평행하게 두고, 두 도선에 전류 I_1, I_2을 흘리면 도선 A의 주위에 실선으로 표시한 것과 같은 자기력선이 생긴다.

이 자기력선 안에 도선 B가 있으면 도선 B는 플레밍의 왼손법칙에 의해 힘 $\boldsymbol{F}_2$가 도선 A쪽으로 향하게 된다. 반대로 도선 B에도 전류가 흐르면 점선과 같은 자기력선을 도선 B 주위에 생기게 되는데 이 자기력선 안에 도체 A가 있으면 도체 A의 힘 $\boldsymbol{F}_1$이 도선 B쪽으로 향하게 된다. 결국 서로 끌어당기는 흡인력이 작용하게 되는 것이다.

만약 그림 7-20 (b)와 같이 전류 I_1, I_2의 방향을 서로 반대로 하면 도선 A와 도선 B의 자기력선은 서로 밀어내는 반발력이 작용하게 된다.

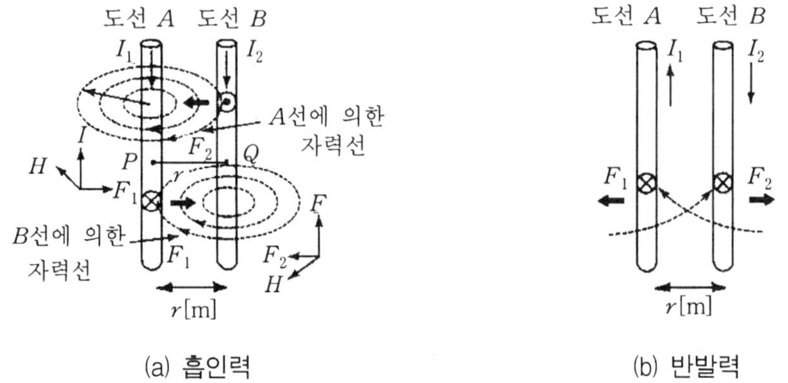

그림 7-20 평행도선 상호간에 작용하는 힘

그림 7-20 (a)에서 도선 B에 흐르는 전류 I_2[A]에 의해서 거리 r[m] 떨어져 있는 도체 A의 점 P에서의 자계의 세기 $\boldsymbol{H}_1$은 식 (7-8)에 의해 다음과 같다.

$$\boldsymbol{H}_1 = \frac{I_2}{2\pi r}\,[\text{A/m}] \tag{7-50}$$

또한 도선 A에 흐르는 전류 I_1[A]에 의해 거리 r[m] 떨어진 도체 B의 점 Q에서의 자계의 세기 $\boldsymbol{H}_2$는 다음과 같이 나타낼 수 있다.

$$\boldsymbol{H}_2 = \frac{I_1}{2\pi r}\,[\text{A/m}] \tag{7-51}$$

따라서 도체 A상의 점 P에 흐르는 전류 I_1[A]에 의해 도선 A의 단위길이당 ($l=1$) 작용하는 힘 $\boldsymbol{F}_1$과 $\boldsymbol{F}_2$는 식 (7-48)의 $\boldsymbol{F} = \boldsymbol{IB}l$에서 $\boldsymbol{F} = \boldsymbol{IB}$을 이용하면

$$\boldsymbol{F}_1 = \boldsymbol{B}_1 I_1 = \mu \boldsymbol{H}_1 I_1, \ \boldsymbol{F}_2 = \boldsymbol{B}_2 I_2 = \mu \boldsymbol{H}_2 I_2 \tag{7-52}$$

으로 각각 둘 수 있다. 여기서 $\boldsymbol{B}_1$은 도선 A에서의 자기력선의 밀도(자속밀도)이

다. 식 (7-50)의 도선 A에서 자계의 세기 $\boldsymbol{H}_1$을 식 (7-52)에 대입하면 힘 $\boldsymbol{F}_1$은 다음과 같이 구할 수 있다.

$$\boldsymbol{F}_1 = \mu \boldsymbol{H}_1 I_1 = \mu \frac{I_2}{2\pi r} I_1 = \frac{\mu I_1 I_2}{2\pi r} [\mathrm{N/m}] \tag{7-53}$$

마찬가지로 도체 B의 점 Q에 흐르는 전류 I_2에 의해 도선 B에 작용하는 단위길이당 힘 $\boldsymbol{F}_2$는 다음과 같이 나타낼 수 있다.

$$\boldsymbol{F}_2 = \boldsymbol{B}_2 I_2 = \mu \boldsymbol{H}_2 I_2 = \mu \frac{I_1}{2\pi r} I_2 = \frac{\mu I_1 I_2}{2\pi r} [\mathrm{N/m}] \tag{7-54}$$

식 (7-53)과 식 (7-54)는 크기는 같지만($\boldsymbol{F}_1 = \boldsymbol{F}_2$) 방향은 서로 상대방쪽으로 향하는 흡인력이 작용하게 된다. 만약 두 도선의 전류방향이 서로 다른 경우에는 식 (7-53)과 식 (7-54)의 힘의 크기는 같지만 서로 반발하는 힘으로 작용하게 된다.

일반적으로 도선은 공기 중에 설치되어 운용되므로 식 (7-53)과 식 (7-54)에서 μ는 $\mu = \mu_0 \mu_s$이므로 공기 중에서 $\mu_s = 1$이기 때문에 다음과 같이 고쳐 쓸 수 있다.

$$\boldsymbol{F} = \boldsymbol{F}_1 = \boldsymbol{F}_2 = \frac{\mu_0 I_1 I_2}{2\pi r} = \frac{2 I_1 I_2}{r} \times 10^{-7} [\mathrm{N/m}] \tag{7-55}$$

여기서, $\mu_0 = 4\pi \times 10^{-7}$이다.

예제 7-10 간격 $d = 4[\mathrm{cm}]$인 2개의 평행한 도선에 각각 전류 $I = 10[\mathrm{kA}]$가 흐르고 있을 경우 도선의 단위길이당 작용하는 힘[N/m]은?

풀이 단위길이당 작용하는 힘은 $F = \dfrac{2I_1 I_2}{d} \times 10^{-7}[\mathrm{N/m}]$이므로 수치를 대입하면 다음과 같다. $F = \dfrac{2 \times 10 \times 10^3 \times 10 \times 10^3}{4 \times 10^{-2}} \times 10^{-7} = 50[\mathrm{N/m}]$

예 제 7-11 1[m]의 간격을 가진 선간전압 66,000[V]인 2개의 평행 왕복 도선에 10 [kA]의 전류가 흐를 때, 도선 1[m] 마다에 작용하는 힘의 크기는 몇 [N/m]인가?

풀이 $F = \frac{2I_1I_2}{r} \times 10^{-7} = \frac{2\times(10\times10^3)^2}{1} \times 10^{-7} = 20[\mathrm{N/m}]$

7.7 전자력의 특수현상

7.7.1 홀효과

도체 또는 반도체 물질에 전류 I[A]를 흘리고, 전류와 직각방향으로 자계(자속밀도) $\boldsymbol{B}$[Wb/m²]를 가하면 전류와 자계가 이루는 면에 직각방향으로 기전력이 발생하게 된다. 이러한 현상을 1879년 미국의 물리학자 홀(Edwin Herbert Hall)이 발견하였기에 홀효과(Hall effect)라 한다.

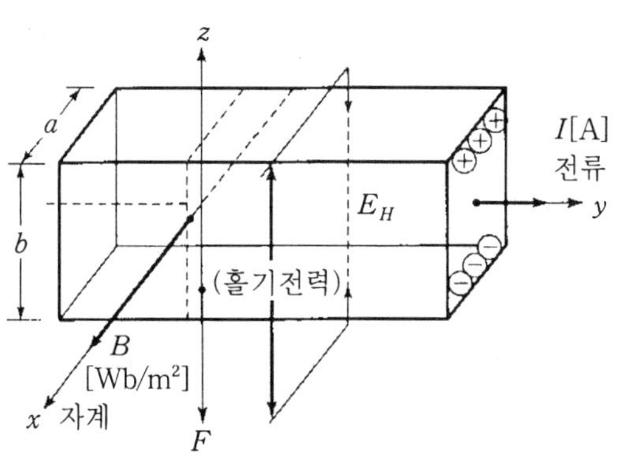

그림 7-21 홀효과

그림 7-21과 같이 x축 방향으로 자속밀도 $\boldsymbol{B}$[Wb/m²]인 균일한 자계 안에 도체를 놓고, 전류를 y축의 양(+)방향으로 흘리면, 전류의 음(−)전하인 전자 e는 속도 $\boldsymbol{v}$[m/sec]로 y축의 (−)방향으로 이동하게 된다. 이때 전자는 z축의 (−)의 방향으로 전자력 $\boldsymbol{F}$는 $\boldsymbol{F} = e\boldsymbol{v}\boldsymbol{B}$[N · m]를 받게 된다.

이 전자력이 도체내의 자유전자를 도체 아래면 쪽으로 이동시키게 되므로 도체 윗면에는 전자가 부족하게 됨에 따라 결국 도체 윗면에는 양전하만 존재하게 된다. 따라서 도체의 내부에서 정(+)과 부(−)전하가 분리되어 양 단면에 전계가 발생하는데 이를 홀효과라 하고, 이 홀효과에서 나타나는 기전력을 **홀기전력**이라 한다.

홀효과에 의하여 도체 내부에 생기는 전계의 세기를 $\boldsymbol{E}_H$라 하면 전자가 받는 힘 $\boldsymbol{F}$는

$$\boldsymbol{F} = e\boldsymbol{E}_H = e\boldsymbol{v}\boldsymbol{B}[\mathrm{N} \cdot \mathrm{m}] \tag{7-56}$$

가 된다. 따라서 도체 내부의 전계의 세기 $\boldsymbol{E}_H$는 다음과 같이 둘 수 있다.

$$\boldsymbol{E}_H = \boldsymbol{v}\boldsymbol{B} \tag{7-57}$$

또한 도체내의 전류밀도 $\boldsymbol{J}$는 $\boldsymbol{J} = ne\boldsymbol{v}[\mathrm{A/m^2}]$이므로 전하의 이동속도 $\boldsymbol{v}$로 변환하면

$$\boldsymbol{v} = \frac{\boldsymbol{J}}{ne} \tag{7-58}$$

가 된다. 여기서 n은 단위체적당 이동전하의 수이다. 따라서 식 (7-53)을 식 (7-58)에 대입하면 전계의 세기 $\boldsymbol{E}_H$는 다음과 같다.

$$\boldsymbol{E}_H = \frac{1}{ne}\boldsymbol{J}\boldsymbol{B} = R_H\boldsymbol{J}\boldsymbol{B}[\mathrm{V/m}] \tag{7-59}$$

여기서 R_H를 홀정수라 하고, 이것은 물질에 따라 정해진 상수값이다. 이 효과는 전류가 일정할 때 자계와 비례하므로 자계의 강도 측정 등에 이용된다.

7.7.2 핀치효과

그림 7-22와 같이 유동 도체에 전류 I가 흐르면, 이 전류방향과 수직방향으로 원형자계 $\boldsymbol{H}$가 생겨서 전류에 의한 자계와의 사이에 플레밍의 왼손법칙에 의해 중심방향으로 구심력의 전자력 $\boldsymbol{F}$가 작용하게 된다.

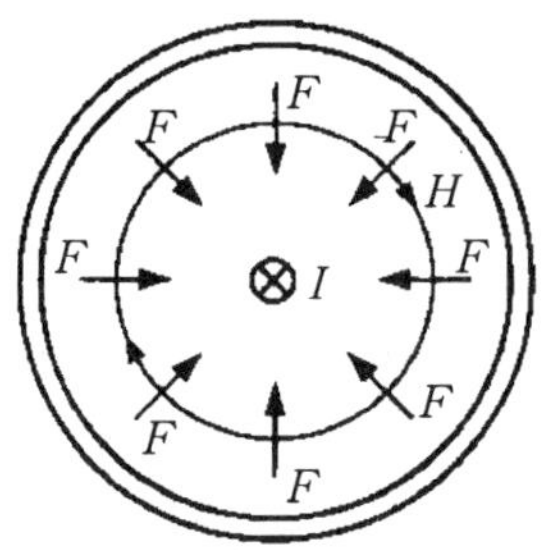

그림 7-22 핀치효과

그 결과 유동 도체 단면적이 수축하여 저항이 크게 됨에 따라 전류의 흐름을 감소시키게 된다. 전류가 감소되면 수축력도 감소하므로 액체 단면은 원상태로 돌아가고 그에 따라 전류도 다시 커짐에 따라 수축력도 커지게 된다. 이와 같이 같은 수축력의 증가와 감소가 반복적으로 작용하는 현상을 핀치효과(pinch effect)라 한다.

이 효과를 이용하면 좁은 공간에 열에너지를 모을 수 있게 되는데, 초고압 수은등, 저주파 유도로, 토카막을 이용한 핵융합에 의한 고온고밀도의 플라즈마 발생 등에 이용되고 있다.

연 습 문 제

1. 비오-사바르의 법칙으로 구할 수 있는 것은?

① 자계의 세기　　② 전계의 세기
③ 전하 사이의 힘　　④ 자하 사이의 힘

2. 반지름 1[m]인 원형코일에 1[A]의 전류를 흐를 때 중심점의 자계의 세기 [AT/m]는?

① 1/4　　② 1/2　　③ 1　　④ 2

3. 반지름 a[m]인 원형코일에 전류 I[A]가 흘렀을 때 코일중심의 자계의 세기 [AT/m]는?

① $\frac{I}{2a}$　　② $\frac{I}{4a}$　　③ $\frac{I}{2\pi a}$　　④ $\frac{I}{4\pi a}$

4. 반지름 25[cm]의 원주형 도선에 π[A]의 전류가 흐를 때 도선의 중심축에서 50[cm] 되는 점의 자계의 세기[AT/m]는?(단, 도선의 길이 l은 매우 길다.)

① 1　　② π　　③ $\frac{1}{2}\pi$　　④ $\frac{1}{4}\pi$

5. 무한장 원주형 도체에 전류가 표면에만 흐른다면 원주내부의 자계의 세기는 몇 [AT/m]인가?(단, r[m]는 원주의 반지름이다.)

① $\frac{I}{2\pi r}$　　② $\frac{NI}{2\pi r}$　　③ $\frac{I}{2r}$　　④ 0

6. 1[cm]마다 권수가 100인 무한장 솔레노이드에 20[mA]의 전류를 유통시킬 때 솔레노이드 내부의 자계의 세기[AT/m]는?

① 10　　② 20　　③ 100　　④ 200

7. 전류에 의한 자계의 방향을 결정하는 법칙은?

① 렌쯔의 법칙　　② 플레밍의 오른손법칙
③ 플레밍의 왼손법칙　　④ 암페어의 오른손법칙

8. 지름 10[cm]인 원형코일에 1[A]의 전류를 흘릴 때, 코일중심의 자계를 1000[AT/m]로 하려면 코일을 몇 회 감으면 되는가?

① 200 ② 150 ③ 100 ④ 50

9. 반지름 a[m]인 단일 원형코일에 전류를 흘려줄 때 원형코일 중심에서의 자계의 세기 $\boldsymbol{H}$[AT/m]와 반지름 a[m]와의 관계는?

① $\boldsymbol{H} \propto \frac{1}{a}$ ② $\boldsymbol{H} \propto \frac{1}{a^2}$ ③ $\boldsymbol{H} \propto a$ ④ $\boldsymbol{H} \propto a^2$

10. 반지름 3[cm], 권수 2회인 원형코일에 1[A]의 전류가 흐를 때 원형코일 중심에서 축상 4[cm]인 P점의 자계의 세기[AT/m]는?

① 3.6 ② 7.2 ③ 1.8 ④ 36

11. 한 변의 길이가 10[cm]인 철선으로 정사각형을 만들고 직류 5[A]를 흘렸을 때, 그 중심점의 자계의 세기[AT/m]는?

① 40 ② 45 ③ 160 ④ 180

12. 한 변의 길이가 2[cm]인 정삼각형 회로에 100[mA]의 전류를 흘릴 때, 삼각형 중심점의 자계의 세기[AT/m]는?

① 3.6 ② 5.4 ③ 7.2 ④ 2.7

13. 그림과 같은 x, y, z의 직각좌표계에서 z축상에 있는 무한길이 직선도선에 $+z$방향으로 직류전류가 흐를 때, $y>0$인 $+y$축상의 임의의 점에서의 자계의 방향은?

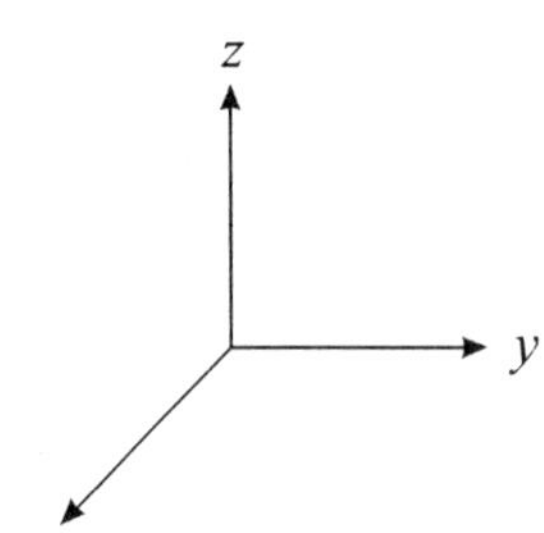

① $-x$축 방향 ② $-y$축 방향

③ $+x$축 방향 ④ $+y$축 방향

14. 반지름 25[cm]인 원주형 도선에 π[A]의 전류가 흐를 때 도선의 중심축 상에서 50[cm] 되는 점의 자계의 세기[AT/m]는?(단, 도선의 길이 l은 매우 길다.)

① 1　② π　③ $\frac{1}{2}\pi$　④ $\frac{1}{4}\pi$

15. 전전류 I[A]가 반지름 a[m]인 원주를 흐를 때 원주 내부중심에서 r[m] 떨어진 원주 내부의 점의 자계의 세기[AT/m]는?

① $\frac{rI}{2\pi a^2}$　② $\frac{I}{2\pi a^2}$　③ $\frac{rI}{\pi a^2}$　④ $\frac{I}{2\pi a^2}$

16. 1[cm]마다 권수가 100인 무한장 솔레노이드에 20[mA]의 전류를 유통시킬 때 솔레노이드 내부의 자계의 세기[AT/m]는?

① 10　② 20　③ 100　④ 200

17. 무한장 솔레노이드에 전류가 흐를 때 발생되는 자장에 관한 설명 중 옳은 것은?

① 내부자장은 평등자장이다.　② 외부와 내부자장의 세기는 같다.
③ 외부자장은 평등자장이다.　④ 내부자장의 세기는 0이다.

18. 반지름 2[m], 권수가 100회인 환상 솔레노이드의 중심에 30[AT/m]의 자계를 발생시키려면 몇 [A]의 전류를 흘려야 하는가?

① $\frac{12}{10}\pi$　② $\frac{300}{2\pi}$　③ $\frac{200}{3\pi}$　④ $\frac{3}{4}\times10^3$

19. 평균반지름 10[cm]의 환상 솔레노이드에 5[A]의 전류가 흐를 때, 내부자계가 1600[AT/m]이었다. 권수는 약 얼마인가?

① 180회　② 190회　③ 200회　④ 210회

20. 자속밀도 B[Wb/m^2]의 자계 내에서 전하량의 크기가 e[C]인 전자가 v[m/sec]의 속도로 이동할 때 전자가 받는 힘 F[N]은?

① $-ev\cdot B$　② $ev\cdot B$　③ $ev\times B$　④ $eB\times v$

21. 전하 q[C]이 진공중의 자계 H[AT/m]에 수직방향으로 v[m/sec]의 속도로

움직일 때 받는 힘[N]은?(단, 진공중의 투자율은 μ_s이다.)

① $\dfrac{qH}{\mu_0 v}$ ② qvH ③ $\dfrac{1}{\mu_0}qvH$ ④ $\mu_0 qvH$

22. 평행도선에 같은 크기의 왕복 전류가 흐를 때 두 도선 사이에 작용하는 힘과 관계되는 것 중 옳은 것은?

① 간격의 제곱에 반비례

② 간격의 제곱에 반비례하고 투자율에 반비례

③ 전류의 제곱에 비례

④ 주위매질의 투자율에 반비례

23. 간격이 1.5[m]인 무한히 긴 송전선로가 가설되었다. 여기에 6600[V], 3[A]를 송전하면, 단위길이당 작용하는 힘[N/m]은?

① 2.64×10^3, 흡인력 ② 5.89×10^5, 흡인력

③ 1.2×10^6, 흡인력 ④ 8×10^7, 반발력

24. 간격 $d=4$[cm]인 2개의 평행한 도선에 각각 전류 $I=10$[kA]가 흐르고 있을 경우 도선의 단위길이당 작용하는 힘[N/m]은?

① 500 ② 600 ③ 700 ④ 800

25. 평등자장 내에 놓여 있는 직선전류 도선이 받는 힘에 대한 설명 중 옳지 않은 것은?

① 힘은 전류에 비례한다.

② 힘은 자장의 세기에 비례한다.

③ 힘은 도선의 길이에 반비례한다.

④ 힘은 전류의 방향과 자장의 방향과의 사이각의 평면에 관계 된다.

26. 2[C]의 점전하가 전계 $\boldsymbol{E}=2\boldsymbol{a}_x+\boldsymbol{a}_y-3\boldsymbol{a}_z$[V/m] 및 자계 $\boldsymbol{B}=-2\boldsymbol{a}_x+2\boldsymbol{a}_y-\boldsymbol{a}_z$[Wb/m²]내에서 속도 $\boldsymbol{V}=4\boldsymbol{a}_x-\boldsymbol{a}_y-2\boldsymbol{a}_z$[m/s]로 운동하고 있을 때 점전하에 작용하는 힘 $\boldsymbol{F}$[N]는?

① $10\boldsymbol{a}_x+18\boldsymbol{a}_y+4\boldsymbol{a}_z$ ② $14\boldsymbol{a}_x-18\boldsymbol{a}_y-4\boldsymbol{a}_z$

③ $-14\boldsymbol{a}_x+18\boldsymbol{a}_y+4\boldsymbol{a}_z$　　④ $14\boldsymbol{a}_x+18\boldsymbol{a}_y+6\boldsymbol{a}_z$

27. v[m/s]의 속도로 전자가 B[Wb/m^2]의 평등자계에 직각으로 들어가면 원운동을 한다. 이때 각속도 ω[rad/s] 및 주기 T[s]는?(단, 전자의 질량은 m, 전자의 전하는 e이다.)

① $\omega=\dfrac{m}{eB},\ T=\dfrac{eB}{2\pi m}$　　② $\omega=\dfrac{eB}{m},\ T=\dfrac{2\pi m}{eB}$

③ $\omega=\dfrac{mv}{eB},\ T=\dfrac{2\pi B}{mv}$　　④ $\omega=\dfrac{em}{B},\ T=\dfrac{2\pi m}{Bv}$

28. 그림과 같이 공기 내에 1[A]의 전류가 흐르는 무한길이 직선도선이 있다. 도선과 수직인 평면 내에 있는 도선으로 부터의 길이가 1[m]인 원주 C를 화살표 방향으로 1[Wb]의 자극을 일주시키는데 요하는 일[J]은?

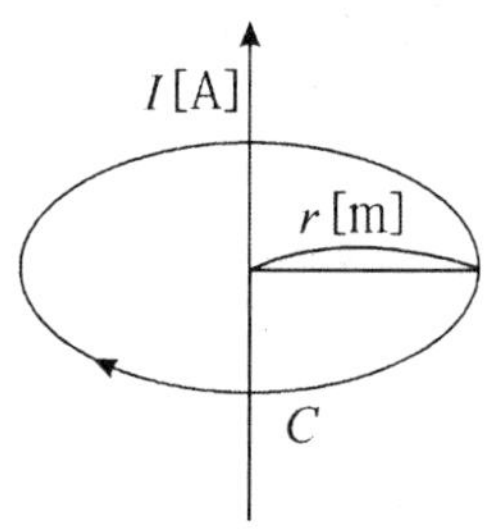

29. 그림과 같이 반지름 a[m]인 원 3/4되는 점 BC에 반무한장 직선 BA 및 CD가 연결되어 있다. 이 회로에 I[A]를 흘릴 때 원중심 O의 자계의 세기[AT/m]는?

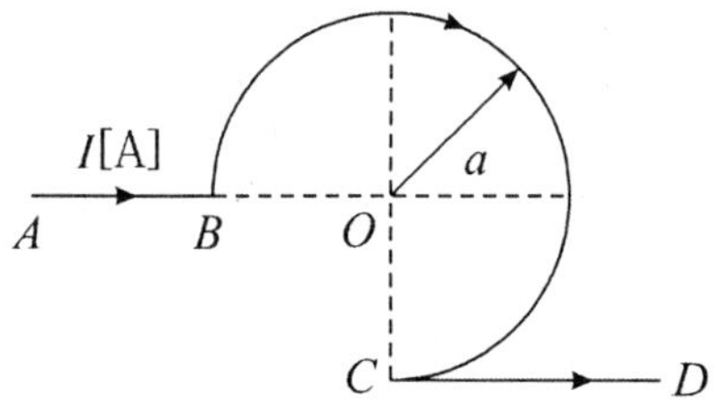

30. 그림과 같이 l_1[m]에서 l_2[m]까지 전류 I[A]가 흐르고 있는 직선도체에서 수직거리 a[m] 떨어진 점 P의 자계[AT/m]를 구하면?

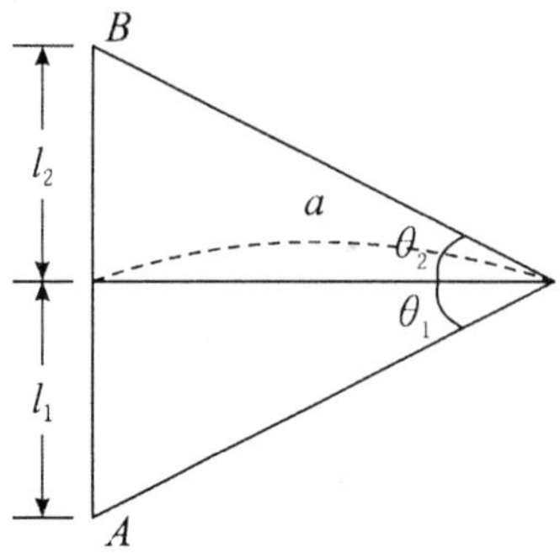

31. 환상 솔레노이드내의 자계의 세기[AT/m]는?(단, N은 코일의 감긴수, a는 환상 솔레노이드의 평균반지름이다.)

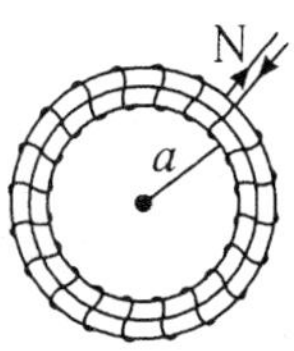

32. 그림과 같이 평행 왕복도선에 $\pm I$[A]가 흐르고 있을 때 점 $P(\theta=90°)$의 자계의 세기는 몇 [AT/m]인가?

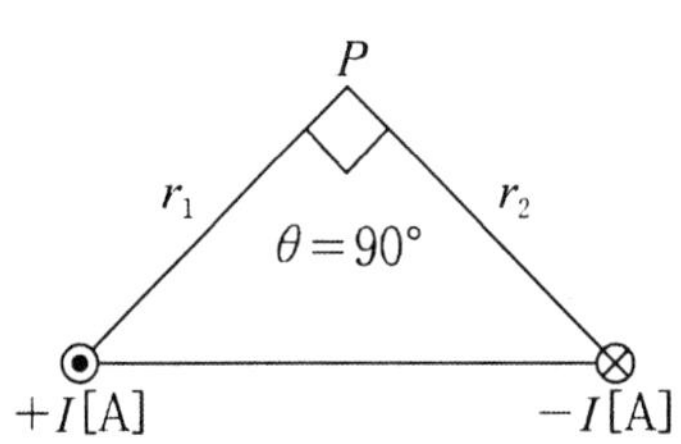

제 8 장

자성체와 자기회로

8.1 자화현상

그림 8-1과 같이 자계 내에 임의의 물질을 놓았을 때 임의의 물질이 자석의 성질을 띠게 되는 현상을 자화라 하고, 자화되는 현상을 자기유도라 한다. 자화되는 물질을 자성체, 자화되지 않는 물질을 비자성체라 한다.

자성체는 자화되는 성질에 따라 달라지는데, 그림 8-1 (a)와 같이 자계 내에 놓인 물질이 N극 쪽에는 S극이, S극 쪽에는 N극으로 유도되면 상자성체이고, 반대로 그림 8-1 (b)와 같이 되는 물질을 반자성체라 한다.

그림 8-1 자성체

자성체를 분류하면 철, 니켈, 코발트와 같은 강자성체, 은, 구리 비스무스, 물과 같은 반자성체 및 백금, 알루미늄, 산소, 공기와 같은 상자성체로 나눌 수 있다.

일반적으로 자성체는 강자성체를 의미하는 것이다.

자기의 발생원인은 물질내의 원자를 구성하는 전자는 원자핵의 주위를 전자 자신이 자전을 하면서 원자주위를 공전하고 있다. 이 전자의 자전운동 때문에 전자는 영구 자기모멘트를 갖게 되므로, 외부자계가 없을 때는 전자의 자기모멘트가 각각 자유로운 방향성을 갖고 있다. 여기에 외부자계를 인가하면 자기모멘트는 한 방향으로 일정하게 정렬함으로써 상자성, 반자성 등의 성질을 띠게 되고, 외부자계를 없애면 자성을 잃게 되는 것이다. 그림 8-2에 자성체의 종류에 따른 자기모멘트의 크기와 배열 상태를 나타냈다.

(a) 상자성체 (b) 강자성체 (c) 반자성체

그림 8-2 자기모멘트

8.2 자화의 세기

임의의 물체가 자화되는 양을 **자화의 세기**로 표현하며, 자성체의 단위체적당의 자기모멘트로 정의하고 있다. 자화의 세기는 J로 표시하고, 그림 8-3과 같이 자성체 내부에서 자화의 크기와 방향을 나타내는 가상의 선을 **자화선**이라 한다.

자화선은 자성체 내부의 S극으로부터 출발하여 N극에서 끝난다. 다시 말하면 자화선은 $-m$[Wb]에서 시작하여 $+m$[Wb]에서 끝나며, 자화선과 자기력선을 합해서 **자속**이라 한다.

그림 8-3에서 자성체의 단면적을 $S[\mathrm{m}^2]$, 자화된 자기량을 m[Wb]라 하면, 단위면적당 자화된 자극의 세기, 즉 단위면적당 자화의 세기 J는

$$J = \frac{m}{S}\ [\mathrm{Wb/m^2}] \tag{8-1}$$

가 되며, 식 (8-1)에 자성체의 길이 l[m]를 분자와 분모에 곱해 주면, 단위체적당의 자화의 세기 $\boldsymbol{J}$로 나타낼 수 있다.

$$\boldsymbol{J} = \frac{ml}{Sl} = \frac{M}{v} \text{[Wb/m}^2\text{]} \tag{8-2}$$

여기서, M은 자기모멘트이고, v는 자성체의 체적을 나타낸다. 자화의 크기는 "단위면적의 자화선수, 즉 자화선의 밀도와 같다"라고 정의하고 있는데, ±1[Wb]의 자극에서는 자화선이 1개 발생한다고 할 수 있다.

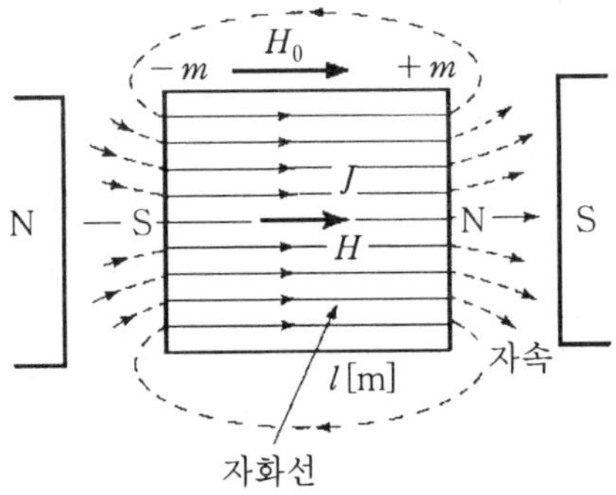

그림 8-3 자화의 세기

자성체내의 자화의 세기 $\boldsymbol{J}$는 자성체에 가해진 외부자계 $\boldsymbol{H}_0$에 의해 원자의 자기모멘트가 자계방향으로 배치한 결과이므로 자성내의 자속밀도 $\boldsymbol{B}$는 외부자계 $\boldsymbol{H}_0$와 자화의 세기 $\boldsymbol{J}$의 합이라 할 수 있으므로 자속밀도 $\boldsymbol{B}$는 다음과 같이 나타낼 수 있다.

$$\boldsymbol{B} = \mu_0 \boldsymbol{H} + \boldsymbol{J} \text{[Wb/m}^2\text{]} \tag{8-3}$$

여기서 외부자계 $\boldsymbol{H}_0$를 $\boldsymbol{H}$로 두었다. 또한 자속밀도 $\boldsymbol{B}$는 $\boldsymbol{B} = \mu \boldsymbol{H}$이므로 식 (8-3)을 이용하면

$$\mu \boldsymbol{H} = \mu_0 \boldsymbol{H} + \boldsymbol{J} \tag{8-4}$$

가 된다. 따라서 자화의 세기 $\boldsymbol{J}$는 다음과 같이 나타낼 수 있다.

$$J=(\mu-\mu_0)H=(\mu_0\mu_s-\mu_0)H=\mu_0(\mu_s-1)H=\chi H \tag{8-5}$$

여기서 μ는 $\mu=\mu_0\mu_s$로 **투자율**이라 하고, 진공의 투자율 μ_0와 투자율 μ의 비율, 즉 μ/μ_0를 비투자율 μ_s이라 한다. 또한 χ(카이)를 **자화율**이라 하며, 다음과 같이 나타낸다.

$$\chi=\mu_0(\mu_s-1)=\mu_0\chi_m \tag{8-6}$$

여기서 χ_m을 **비자화율**이라 하며, 물질이 얼마나 잘 자화가 되느냐를 나타내는 정수로서 다음과 같이 나타낸다.

$$\chi_m=\frac{\chi}{\mu_0}=\mu_s-1 \tag{8-7}$$

자화율 χ에 따라 상자성체는 $\chi>0$, 강자성체는 $\chi\gg1$, 반자성체는 $\chi<0$의 관계에 있고, 자성체의 비투자율 μ_s에 따라 상자성체는 $\mu_s>1$, 강자성체는 $\mu_s\gg1$, 반자성체는 $\mu_s<1$의 관계를 가지고 있다.

일부 상자성체 및 반자성체는 자화율 χ는 온도에 따라 변하지 않고 일정하지만 강자성체의 경우 자화율 χ는 온도에 따라 변한다. 이것은 비투자율 μ_s도 온도에 따라 변화한다는 것을 알 수 있다. 물질의 비자화율과 비투자율을 표 8-1에 나타냈다.

표 8-1 각종 자성체의 비자화율과 비투자율

구분	물질	비자화율 χ_m	비투자율 μ_s
상자성체	진공	0	1.0
	공기(N_2)	3.67×10^{-7}	1.000000367
	알루미늄(Al)	2.2×10^{-5}	1.000022
	백금(Pt)	2.6×10^{-5}	1.000026
강자성체	철(Fe)	5×10^{3}	5×10^{3}
	코발트(Co)	250	250
	니켈(Ni)	600	600

구분	물질	비자화율 χ_m	비투자율 μ_s
반자성체	은(Ag)	-2.6×10^{-5}	0.999974
	구리(Cu)	-0.96×10^{-5}	0.9999904
	물(H_2O)	-0.88×10^{-5}	0.9999912

예 제 8-1 비투자율 $\mu_s=400$의 환상 철심내의 자계의 세기가 $H=3000$[AT/m]이다. 철심 중의 자화의 세기 J[Wb/m²]는?

풀이 자화의 세기는 $J=\mu_0(\mu_s-1)H$[Wb/m²]이므로 여기에 수치를 대입하면

$J=4\pi\times10^{-7}\times(400-1)\times3000=1.5$[Wb/m²]가 된다.

예 제 8-2 평균길이 1[m]인 환상철심이 있다. 이 철심에 500회의 코일을 감고 2[A]의 전류를 흘려 자속밀도를 1.5[Wb/m²]으로 한다면 철심에 대한 자화의 세기는 몇 [Wb/m²]가 되는가?

풀이 $NI=Hl=\dfrac{B}{\mu}l=\dfrac{B}{\mu_0\mu_s}l$에서

비투자율 $\mu_s=\dfrac{Bl}{\mu_0 NI}=\dfrac{1.5\times1}{4\pi\times10^{-7}\times500\times2}=1,193$

자화율 $\chi=\mu_0(\mu_s-1)=4\pi\times10^{-7}(1,193-1)=1.5\times10^{-3}$[H/m]

그러므로 자화의 세기는 다음과 같다.

$J=\chi H=\dfrac{\chi B}{\mu_0\mu_s}=\dfrac{1.5\times10^{-3}\times1.5}{4\pi\times10^{-7}\times1,193}=1.5$[Wb/m²]

8.3 감자력과 감자율

8.3.1 감자력

그림 8-4와 같이 평등자계 H_0내에 자성체를 놓으면 자성체는 자화되어 자성체 단면에 N극과 S극이 나타나고, 자성체 양단에 나타나는 자극에 의해서 외부자계

와 반대방향으로 자계 H_d가 생겨 외부자계 H_0를 감소시키는 작용을 한다.

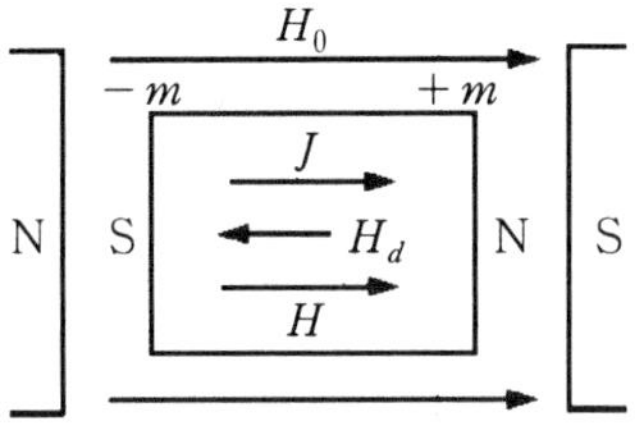

그림 8-4 감자력

따라서 자성체 내부의 자계의 세기 H는 외부자계 H_0에서 H_d를 뺀 값의 크기

$$H = H_0 - H_d \tag{8-8}$$

가 된다. 따라서 H_d는 식 (8-8)에서

$$H_d = H_0 - H \tag{8-9}$$

로 된다. 이 H_d를 자계의 세기를 감소시키는 자력이라 하여 감자력이라 한다.

따라서 자성체 내부의 자속밀도 B는 식 (8-8)을 식 (8-3)의 $B = \mu_0 H + J$에 대입하면 다음과 나타낼 수 있다.

$$B = \mu_0 (H_0 - H_d) + J \tag{8-10}$$

8.3.2 감자율

감자력 H_d는 자성체 단면에 나타나는 자극, 즉 자화의 세기 J에 비례하며 이 때 비례상수 N을 감자율이라 한다. 비례상수 N은 자성체의 형태에 따라 결정되는 값으로 $0 \leq N \leq 1$의 범위이다. 감자력 H_d는 다음과 같이 나타낼 수 있다.

$$H_d = \frac{N}{\mu_0} J \tag{8-11}$$

여기서 자화의 세기 $\boldsymbol{J}$는 $\boldsymbol{J}=\chi\boldsymbol{H}$이므로 식 (8-11)은 다음과 같이 나타낼 수 있다.

$$\boldsymbol{H}_d=\frac{N}{\mu_0}\chi\boldsymbol{H} \tag{8-12}$$

따라서 자화율 χ는 식 (8-6)의 $\chi=\mu_0(\mu_s-1)$, 감자력 $\boldsymbol{H}_d$는 식 (8-9)의 $\boldsymbol{H}_d=\boldsymbol{H}_0-\boldsymbol{H}$이므로 이것을 식 (8-12)에 대입하면 다음과 같다.

$$\boldsymbol{H}-\boldsymbol{H}_0=\frac{m_0(\mu_s-1)}{\mu_0}N\boldsymbol{H}=(\mu_s-1)N\boldsymbol{H} \tag{8-13}$$

따라서 식 (8-13)을 감자율 N으로 정리하면 다음과 같이 나타낼 수 있다.

$$N=\frac{1}{\mu_s-1}\left(\frac{\boldsymbol{H}_0}{\boldsymbol{H}}-1\right) \tag{8-14}$$

감자율 N은 환상 솔레노이드 철심 자성체의 경우에는 단면이 없으므로 “0”이고, 가늘고 긴 막대 자성체의 경우는 자계와 평행으로 놓였을 때는 거의 “0”에 가깝지만 자계와 직각으로 놓였을 때는 감자율이 거의 1정도로 가장 크다. 자성체가 구인 경우에는 감자율이 1/3 정도가 된다.

8.4 자기차폐

임의의 물질을 투자율이 높은 강자성체로 둘러싸면 외부자계의 영향을 어느 정도 줄일 수 있다. 이와 같이 투자율이 큰 강자성체를 이용하면 외부자계의 영향을 작게 하는 자기적인 차단을 **자기차폐**라 한다.

식 (8-14)을 외부자계 $\boldsymbol{H}_0$와 내부자계 $\boldsymbol{H}$의 비로 나타내면

$$\frac{\boldsymbol{H}_0}{\boldsymbol{H}}=N(\mu_s-1)+1 \tag{8-15}$$

이 되므로, 감자율 N이 매우 작지 않고, 비투자율 μ_s이 매우 큰 강자성체라면 식

(8-15)의 우변항이 "1"보다 크게 되므로 결국 H_0/H가 "1"보다 커지게 된다. 이것은 외부자계 H_0가 내부자계 H보다 매우 커지므로 외부자계의 변화에 대해 내부 자계는 영향을 덜 받게 되는 것이다.

따라서 그림 8-5와 같이 대부분의 자속은 비투자율이 큰 환상철심의 내부를 통과하고 철심 안쪽에는 거의 자속이 통과하지 않으므로 자기적으로 차폐가 이루어지게 되는 것이다. 일반적으로 자계에서는 비투자율이 무한대인 자성체가 없으므로 완전한 자기차폐는 되지 않는다.

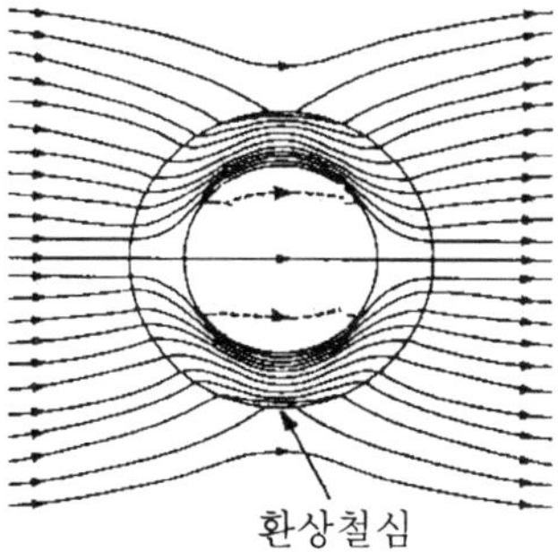

그림 8-5 자기차폐

8.5 자화곡선

그림 8-6 (a)와 같이 코일의 내부가 공기인 경우 전류 I를 증가시키면 자계 H도 강해지고 그에 비례하여 자속밀도 B_0도 증가하게 된다. 그림 8-6 (b)와 같이 자화되지 않은 철심과 같은 물체에 코일을 감은 후 전류를 증가함에 따라 자계의 세기 H가 강해지고, 따라서 자속밀도 B도 증가한다.

그러나 어떤 크기 이상의 자계를 가하면 자속밀도는 더 이상 증가하지 않고 포화성질을 나타내게 된다. 이것을 **철심의 포화특성**이라 하고, 이 관계를 세로축에 자속밀도 B, 가로축에 자계의 세기 H를 잡고 그래프로 그리면 그림 8-6 (c)와 같이 된다. 이와 같은 곡선을 $B-H$곡선 또는 자화곡선이라 한다.

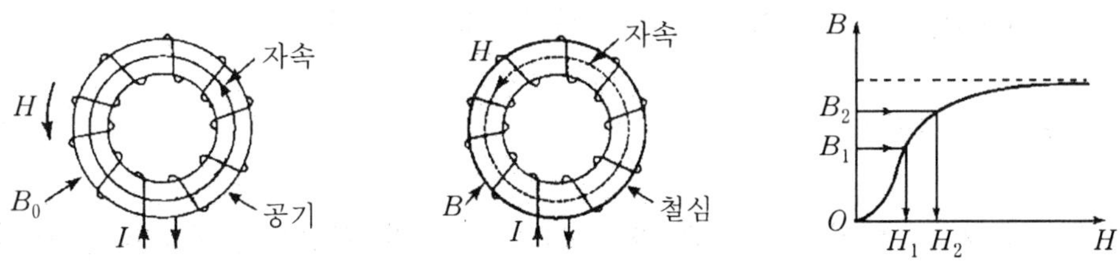

(a) 공심 코일 (b) 자화철심 코일 (c) B-H 곡선

그림 8-6 자화특성

또한 강자성체의 경우에는 상자성체와 다르게 투자율 μ와 자화율 χ값이 자계 $\boldsymbol{H}$에 따라 변하기 때문에 자속밀도 $\boldsymbol{B}$와 자화의 세기 $\boldsymbol{J}$는 자계의 세기 $\boldsymbol{H}$에 비례하지 않는다. 그림 8-6 (c)와 같이 자속밀도와 자계의 세기가 초기에는 비례하는 것처럼 변화하지만 어느값 이상이 되면 완만하게 증가한 뒤 포화되는 경향을 보이는데 이러한 현상을 자기포화라 한다.

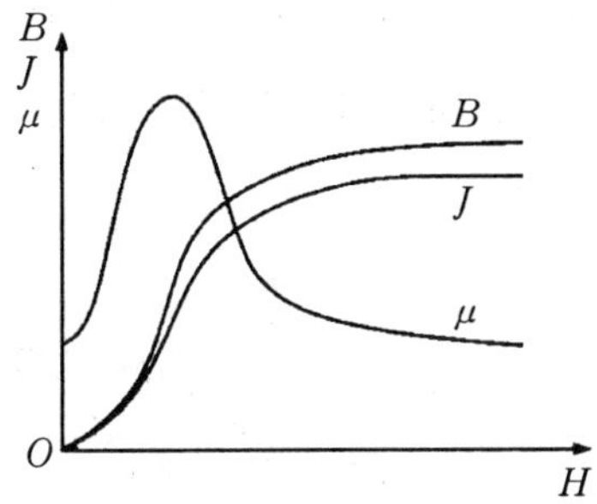

그림 8-7 자화곡선

그림 8-7과 같이 자화되지 않은 철, 니켈 등의 강자성체에 외부자계를 증가시키면 자화의 세기 $\boldsymbol{J}$도 증가하게 하지만, 외부자계 $\boldsymbol{H}$가 어느 값 이상으로 증가시키면 자화의 세기도 더 이상 증가하지 않고 포화하는 경향을 보인다. 이와 같이 자기포화가 생기는 원인은 강자성체의 경우 초기에는 자계의 세기에 의해 자기 쌍극자가 강제적으로 배열이 되지만, 일단 배열된 후에는 자계를 증가시켜도 더 이상 자화의 세기에는 영향을 주지 못하기 때문이다. 따라서 자계와 자화의 세기 $\boldsymbol{J}-\boldsymbol{H}$곡선도 그림 8-6 (c)의 $\boldsymbol{B}-\boldsymbol{H}$곡선과 거의 유사한 특성을 보이고 있다.

강자성체내의 자속밀도 $\boldsymbol{B}$와 자화의 세기 $\boldsymbol{J}$와의 관계는

$$\boldsymbol{B} = \mu_0 \boldsymbol{H} + \boldsymbol{J} \tag{8-16}$$

이므로 자기포화영역에서 자속밀도는 자화의 세기가 일정하기 때문에 $\mu_0 \boldsymbol{H}$의 증가만큼 영향을 받기 때문에 자속밀도가 자화의 세기보다 약간 높은 값을 가지게 된다.

8.6 히스테리시스 곡선

그림 8-8과 같이 강자성체에 외부자계 $\boldsymbol{H}$를 증가시키면 중심 0에서 자속밀도 $\boldsymbol{B}$가 서서히 증가하다가 점 a에서 자기포화에 도달하게 된다(곡선 $0 \rightarrow a$). 점 a에서 자계를 감소시켜 $\boldsymbol{H} = 0$이 되어도 자속밀도는 중심점 0로 되돌아가지 않고 점 b에 머물러 일정한 크기의 자속밀도가 남게 된다(곡선 $a \rightarrow b$). 이를 **잔류자기**(residual magnetism) 또는 **잔류자속밀도**라 하고 $\boldsymbol{B}_r$로 나타낸다.

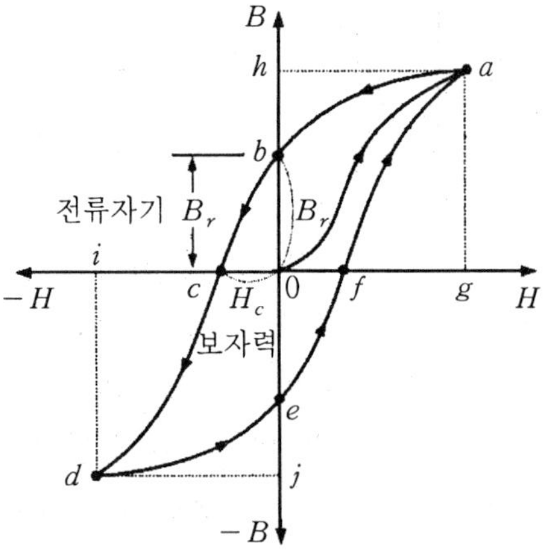

그림 8-8 히스테리시스 곡선

또한 자속밀도 $\boldsymbol{B}$를 "0"으로 만들기 위해 자계 $\boldsymbol{H}$를 역방향($-\boldsymbol{H}$)으로 가해주면 점 b에서 점 c의 $\boldsymbol{H}_c$에서 자속밀도가 $\boldsymbol{B} = 0$가 된다. 이때 자속밀도가 "0"

이 되도록 가한 자계 H_c를 **보자력**(coercive force)이라 한다(곡선 $b \to c$).

여기서 역방향 자계를 증가시키면 점 d에서 포화하고 다시 역방향 자계 $-H$를 감소시키면, 즉 자계 H를 증가시키면 (−)잔류자기 점 e에 도달한 후 (+)보자력 $0-f$점을 거쳐서 자기포화점 곡선 $f-a$을 따라 원래의 상태로 복귀하게 된다. 따라서 자화곡선은 $0 \to a \to b \to c \to d \to d \to e \to f \to a$의 폐로를 그리게 된다. 이와 같은 곡선을 **히스테리시스곡선**(hysteresis curve)라 한다.

강자성체에 자계 H를 증가시켜 자화의 세기 또는 자속밀도 B가 자기포화상태에 도달한 뒤 자계를 제거하거나 역방향 자계를 가하더라도 자속밀도는 "0"이 되지 않고 자성체의 과거내력에 따라 결정된다. 이러한 현상을 **자기 히스테리시스 현상**이라 한다.

그림 8-9는 KS자석강, 알니코 자석, Ba 페라이트자석에 대한 $B-H$곡선을 나타낸 것이다. 영구자석을 만드는데는 큰 잔류자기 B_r도 필요하지만 보자력 H_c의 값도 커야 한다. 그래서 영구자석은 잔류자기와 보자력이 큰 텅스텐강, 코발트강 등이 사용되고 있다. 그러나 전자석은 철심에 코일을 감고 전류를 흐르게 하면 강한 자석이 되지만, 전류를 차단하면 철심에 자극이 남지 않아야 한다. 그래서 주로 히스테리시스 면적이 좁은 연철, 규소강판 등이 사용되고 있다.

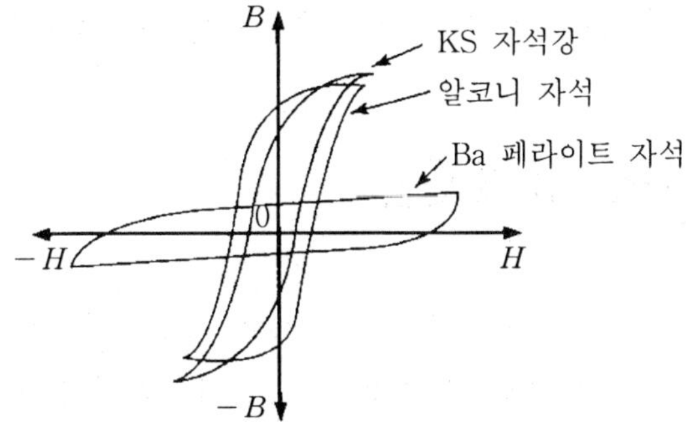

그림 8-9 자석 재료에 따른 히스테리시스 곡선

자속밀도 B가 변한다는 것은 자성체내의 분자자석의 방향이 변화하는 것으로 생각할 수 있다. 이때 분자자석의 방향이 변화할 때 분자자석 상호간의 마찰로 인해 열이 발생한다. 자속을 발생시키기 위해 가한 에너지 일부가 히스테리시스 곡선을 일주하면서 히스테리시스의 면적에 해당하는 에너지로 열로 소비되며 이것을 **히스테리시스 손실**(hysterisis loss)이라 한다.

히스테리시스 손실은 히스테리시스 곡선의 면적과 1초간에 히스테리시스 곡선을 그리는 횟수 즉 주파수를 곱한 값에 비례한다. 변압기 등의 전기기기에서는 철심에 교류(AC)를 인가하여 사용하는 것이 많기 때문에 스타인메츠(Steinmetz)는 실험을 통해 단위체적의 히스테리시스손 w_k와 교번자계에 의해 자화될 때의 최대 자속밀도 B_m사이에 다음과 같은 실험식을 나타냈다.

$$w_k = \eta B_m^{1.6}[\mathrm{J/m^3}] \tag{8-17}$$

이 식을 **스타인메츠의 실험식**이라 하고, 여기서, η는 자성체에 따라 정해지는 상수로서 히스테리시스 상수, 지수 1.6은 스타인메츠 상수라 한다.

또한 자성체의 체적이 $v[\mathrm{m^3}]$이고, 교류자계의 주파수를 $f[\mathrm{Hz}]$라 하면 히스테리시스손에 의한 전력손실 P_h는 다음과 같이 나타낸다.

$$P_h = fv\eta B_m^{1.6}[\mathrm{W}] \tag{8-18}$$

이 식을 통해 변압기나 전동기 등의 전기기기에서는 철심 속에 히스테리시스 손실을 작게 하기 위해 히스테리시스 계수나 곡선의 면적이 작은 규소강이나 연철 등과 같은 재료를 사용해야 하며, 또한 주파수에 비례한다는 것을 알 수 있다.

8.7 자성체의 경계조건

변압기, 전동기 등과 같은 전기기기는 공기와 자성체 또는 여러 개의 자성체로 구성되어 다양한 자로를 형성하므로 자속 또는 자기력선이 자성체의 경계면을 통과하게 된다. 투자율이 각각 μ_1, μ_2인 다른 종류의 자성체가 접해 있는 면을 경계면이라 하며, 이전의 정전계의 유전체 경계조건의 기본식과 대응시켜 자성체의 경계면에서의 경계조건을 유도할 수 있다.

8.7.1 경계면에서 자속밀도의 법선성분

그림 8-10 (a)와 같이 경계면의 법선을 축으로 미소단면적 ΔS[m²]인 원통을 취하고 가우스법칙을 적용하면 다음과 같이 나타낼 수 있다.

$$\int_S \boldsymbol{B} \cdot \boldsymbol{n} dS = \int_{\Delta S} -B_{1n} dS + \int_{\Delta S} B_{2n} dS$$

$$= -B_{1n}\Delta S + B_{2n}\Delta S = 0 \qquad (8\text{-}19)$$

여기서, (−)부호는 법선벡터가 면으로 들어가는 방향을 의미하는 것이다.

따라서 식 (8-19)를 이용하면 자속밀도의 관계는

$$\boldsymbol{B}_{1n} = \boldsymbol{B}_{2n} \qquad (8\text{-}20)$$

또는

$$\left.\begin{aligned} B_1 \cos\theta_1 &= B_2 \cos\theta_2 \\ \mu_1 H_1 \cos\theta_1 &= \mu_2 H_2 \cos\theta_2 \end{aligned}\right\} \qquad (8\text{-}21)$$

가 된다. 여기서, $\boldsymbol{B}_1 = \mu_1 \boldsymbol{H}_1$, $\boldsymbol{B}_2 = \mu_2 \boldsymbol{H}_2$이다.

이것은 미소원통으로 유입하거나 유출되는 자속밀도 $\boldsymbol{B}$는 경계면에 대한 법선성분은 서로 같고 연속적이라는 것을 의미한다.

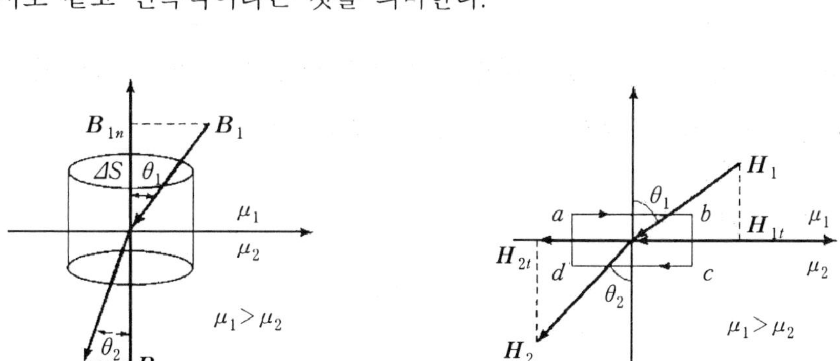

(a) 자속의 굴절 (b) 자기력선의 굴절

그림 8-10 경계면에서의 굴절관계

8.7.2 경계면에서 자계의 접선성분

그림 8-10 (b)와 같이 경계면에 $a \to b \to c \to d \to a$의 가상의 폐로를 취한 후 암페어의 주회적분법칙을 적용하면 각 폐로의 경로에 대해 다음과 같이 나타낼 수 있다.

$$\int_{abcda} \boldsymbol{H} \cdot d\boldsymbol{l} = \int_{ab} \boldsymbol{H} \cdot d\boldsymbol{l} + \int_{bc} \boldsymbol{H} \cdot d\boldsymbol{l} + \int_{cd} \boldsymbol{H} \cdot d\boldsymbol{l} + \int_{da} \boldsymbol{H} \cdot d\boldsymbol{l} = 0 \tag{8-22}$$

그림 8-10 (b)에서 경로 bc와 da는 자계의 방향과 미소변위의 방향과 이루는 각이 수직, 즉 $\theta = 90°$이므로 "0"이 된다.

$$\int_{bc} \boldsymbol{H} \cdot d\boldsymbol{l} \cos 90° = \int_{da} \boldsymbol{H} \cdot d\boldsymbol{l} \cos 90° = 0 \tag{8-23}$$

따라서 식 (8-22)에서 접선경계면에서의 자계성분은

$$\int_{ab} \boldsymbol{H} \cdot d\boldsymbol{l} + \int_{cd} \boldsymbol{H} \cdot d\boldsymbol{l} = 0 \tag{8-24}$$

또는

$$-H_{1t}\,\overline{ab} + H_{2t}\,\overline{cd} = 0 \tag{8-25}$$

이 된다. 여기서 (−)부호는 경계면에 평행한 성분 $\boldsymbol{H}_{1t}$방향과 반대를 의미한다. 따라서 경계면에서의 자계의 세기는 다음과 같다.

$$\boldsymbol{H}_{1t} = \boldsymbol{H}_{2t} \tag{8-26}$$

또는

$$\left.\begin{aligned} H_1 \sin\theta_1 &= H_2 \sin\theta_2 \\ \frac{B_1}{\mu_1} \sin\theta_1 &= \frac{B_2}{\mu_2} \sin\theta_2 \end{aligned}\right\} \tag{8-27}$$

이것은 자계 $\boldsymbol{H}$의 접선성분은 경계면에서 같고, 연속적이라는 의미이다.

8.7.3 자기력선의 굴절법칙

그림 8-10과 같이 투자율이 μ_1인 자성체에서 자계 $\boldsymbol{H}_1$이 입사각 θ_1으로 입사하는 자기력선이 투자율이 μ_2인 자성체에 굴절각 θ_2로 굴절할 때의 굴절법칙은 식 (8-21)과 식 (8-27)을 이용하면

$$\frac{H_1 \sin\theta_1}{\mu_1 H_1 \cos\theta_1} = \frac{H_2 \sin\theta_2}{\mu_2 H_2 \cos\theta_2} \tag{8-28}$$

가 되고, 따라서 다음과 같은 관계식을 얻을 수 있다.

$$\frac{\tan\theta_1}{\tan\theta_2} = \frac{\mu_1}{\mu_2} \tag{8-29}$$

그림 8-10과 같이 경계면에서 투자율의 관계가 $\mu_1 > \mu_2$인 경우에는 입사각과 굴절각의 관계도 $\theta_1 > \theta_2$이므로 자속밀도와 자계의 관계는 $\boldsymbol{B}_1 > \boldsymbol{B}_2$, $\boldsymbol{H}_1 < \boldsymbol{H}_2$의 관계가 성립한다. 따라서 자속은 투자율이 큰 자성체로 모이려는 성질이 있다.

8.8 자기회로

8.8.1 자기회로의 옴의 법칙

그림 8-11과 같은 철심에 도선을 감아 만든 환상코일에 전류를 흘리면 철심중에 자속 Φ가 발생한다. 이 발생된 자속이 지나가는 통로를 **자기회로** 또는 **자로**라 한다. 즉 전류가 흐르는 통로를 전기회로라 한다면, 자속이 통과하는 회로가 자기회로인 것이다.

그림 8-11의 단면적 $S[\mathrm{m}^2]$인 자기회로에서 코일의 권수를 N[회], 코일에 인가되는 전류 I[A], 자로의 길이 l[m], 투자율이 μ[H/m], 자속밀도 $\boldsymbol{B}[\mathrm{Wb/m^2}]$, 자

속 Φ[Wb]이라 하면 암페어의 주회적분법칙에 의해

$$\int \boldsymbol{H} \cdot d\boldsymbol{l} = NI \tag{8-30}$$

이 되므로, 철심중의 자계의 크기 $\boldsymbol{H}$는 다음과 같이 나타낼 수 있다.

$$Hl = NI, \quad \boldsymbol{H} = \frac{NI}{l} \text{[A/m]} \tag{8-31}$$

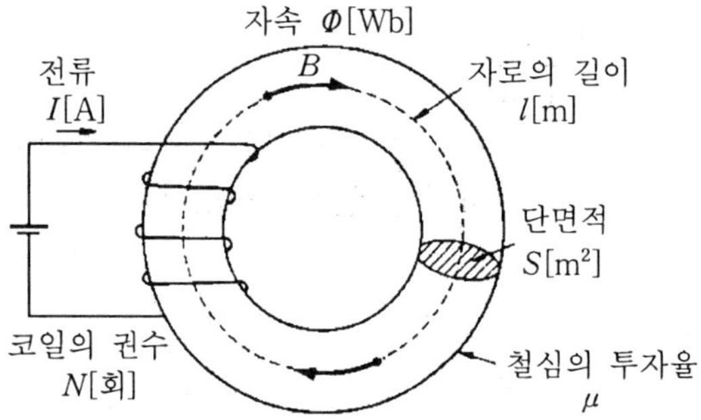

그림 8-11 자기회로

식 (8-30)에서 NI는 폐회로를 따라 자속이 통과하도록 가해지는 기자력이다. 기자력 $\boldsymbol{F}_m$는 자속이 발생되는 원동력이 되는 자기적인 힘으로 다음과 같이 나타낸다.

$$\boldsymbol{F}_m = NI \text{[AT]} \tag{8-32}$$

또한 자속 Φ는 $\Phi = BS = \mu \boldsymbol{H} S$의 관계에 있으므로 식 (8-31)과 식 (8-32)을 이용하면 다음과 같이 나타낼 수 있다.

$$\Phi = \mu \boldsymbol{H} S = \frac{\mu \boldsymbol{H} IS}{l} = \frac{NI}{\frac{l}{\mu S}} = \frac{NI}{R_m} = \frac{\boldsymbol{F}_m}{R_m} \text{[Wb]} \tag{8-33}$$

이 식은 전기회로에 있어서 옴의 법칙 $I = E/R$에 대응하는 자기회로의 옴의 법칙으로 "자속 Φ는 기자력 $\boldsymbol{F}_m$에 비례하고, 자기저항 R_m에 역비례한다".

자기저항 R_m은 전기저항($R = l/(\sigma S)$)에 대응되는 항으로 다음과 같이 나타내며, 단위는 [AT/Wb] 또는 [H^{-1}]를 사용한다. 자기저항 R_m은 자속의 발생을 방해는 크기를 가진다.

$$R_m = \frac{l}{\mu S} = \frac{l}{m_0 \mu_r S}\,[H^{-1}] \qquad (8\text{-}34)$$

따라서 식 (8-34)의 자기저항을 보면 자속 Φ는 자로의 길이 l이 길수록 발생하기 어렵고, 단면적 S가 클수록 발생하기 쉽다는 것을 알 수 있다.

전기회로와 자기회로의 대응 관계를 표 8-2에 나타냈다.

표 8-2 전기회로와 자기회로의 대응 항목

전기회로		자기회로	
기전력	E[V]	기자력	F_m[AT]
전류	I[A]	자속	Φ[Wb]
전류밀도	J[m^2]	자속밀도	B[Wb/m^2]
전기저항	R[Ω]	자기저항	R_m[H^{-1}]
전계	E[V/m]	자계	H[A/m]
도전율	σ[S/m]	투자율	μ[H/m]
옴의 법칙	$E = IR$[V]	옴의 법칙	$F_m = \Phi R_m$[A]
	$I = \frac{E}{R}$[A]		$\Phi = \frac{F_m}{R_m}$[Wb]

예제 8-3 환상철심에 감은 코일에 5[A]의 전류를 흘리면 2000[AT]의 기자력이 생기는 것으로 한다면 코일의 권수는 얼마인가?

풀이 기자력은 $F = Ni$이므로 권수 $N = \frac{F}{i} = \frac{2000}{5} = 400$이 된다.

예제 8-4 어떤 막대꼴 철심이 있다. 단면적 0.5[m^2], 길이가 0.8[m], 비투자율이 20이다. 이 철심의 자기저항은 몇 [AT/m]인가?

풀이 $R_m = \frac{l}{\mu S} = \frac{l}{\mu_0 \mu_s} = \frac{0.8}{4\pi\times10^{7}\times20\times0.5} = 6.37\times10^4$[AT/m]이다.

예제 8-5 길이 1[m]의 철심(비투자율 1000) 자기 회로에 1[mm] 공극이 있을 때 전체의 자기 저항은 몇 배로 증가되는가?(단, 각부의 단면적은 일정하다.)

풀이 $\frac{R}{R_m} = 1 + \frac{\mu_s l_g}{l}$ 이므로 여기에 주어진 수치를 대입하면

$$\frac{R}{R_m} = 1 + \frac{1000\times10^3}{l} = 2$$가 되므로 2배가 된다.

8.8.2 공극이 있는 자기회로

그림 8-12 (a)와 같이 단면적 S[m²]인 자기회로에 공극이 있는 경우 철심의 투자율 μ[H/m], 권수 N[회], 철심의 자로길이 l_1[m], 공극의 자로길이 l_2[m], 공극의 투자율 μ_0인 자기회로에 전류 I[A]를 인가한다. 이때 철심부의 자기저항을 R_1, 공극부의 자기저항을 R_2라 하면 그림 8-12 (a)의 자기회로를 그림 8-12 (b)와 같이 직렬등가회로로 변환할 수 있다.

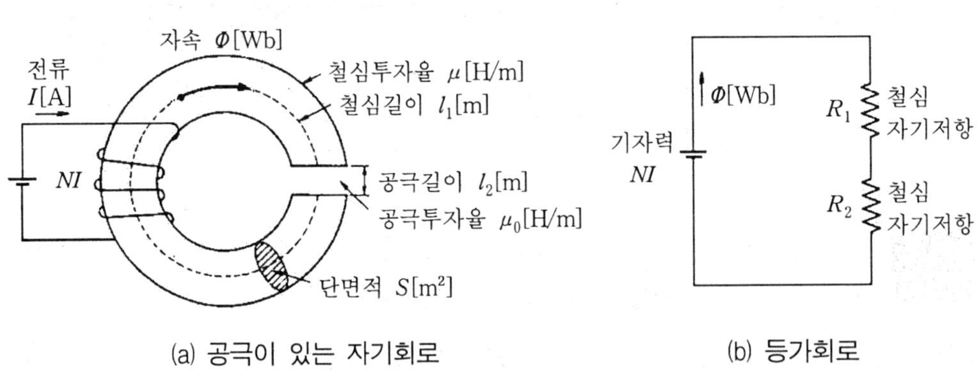

(a) 공극이 있는 자기회로 (b) 등가회로

그림 8-12 공극과 자기저항

따라서 각 부의 자기저항 R_1과 R_2는 식 (8-34)를 이용하여 다음과 같이 나타낼 수 있다.

$$R_1 = \frac{l_1}{\mu S}, \quad R_2 = \frac{l_2}{\mu_0 S} \tag{8-35}$$

따라서 자기저항은 그림 (b)와 같이 등가 직렬접속된 회로와 같으므로 합성자기저항 R_m은 다음과 같이 나타낼 수 있다.

$$R_m = R_1 + R_2 = \frac{l_1}{\mu S} + \frac{l_2}{\mu_0 S}[\mathrm{H}^{-1}] \tag{8-36}$$

식 (8-36)에서 공기의 투자율 $\mu_0 = 4\pi \times 10^{-7}$을 대입하면 철심의 투자율 μ에 비해 매우 작은 값이 된다.

따라서 자속 Φ[Wb]는 식 (8-33)을 이용하면

$$\Phi = \frac{NI}{R_m} = \frac{NI}{R_1 + R_2} = \frac{NI}{\dfrac{l_1}{\mu S} + \dfrac{l_2}{\mu_0 S}}[\mathrm{Wb}] \tag{8-37}$$

로 된다. 이 식을 이용하여 기자력 $\boldsymbol{F}_m$을 구하면 다음과 같이 나타낼 수 있다.

$$\boldsymbol{F}_m = NI = \frac{l_1 \Phi}{\mu S} + \frac{l_2 \Phi}{\mu_0 S}[\mathrm{AT}] \tag{8-38}$$

한편 자속밀도 $\boldsymbol{B}$는 $\boldsymbol{B} = \Phi/S$ 또는 $\boldsymbol{B} = \mu \boldsymbol{H}$이고 자계의 세기 $\boldsymbol{H}$는 $\boldsymbol{H} = \boldsymbol{B}/\mu$이므로 식 (8-38)의 기자력을 자속밀도 $\boldsymbol{B}$와 자계의 세기 $\boldsymbol{H}$와의 관계로 변환하면

$$\boldsymbol{F}_m = NI = \frac{\boldsymbol{B}}{\mu} l_1 + \frac{\boldsymbol{B}}{\mu_0} l_2 = \boldsymbol{H}_1 l_1 + \boldsymbol{H}_2 l_2 [\mathrm{AT}] \tag{8-39}$$

가 된다. 여기서 $\boldsymbol{H}_1$은 철심내의 자계의 세기이고, $\boldsymbol{H}_2$는 공극에서의 자계의 세기이므로 각각 다음과 같이 나타낼 수 있다.

$$\left.\begin{aligned} \boldsymbol{H}_1 &= \frac{\boldsymbol{B}}{\mu} = \frac{\boldsymbol{B}}{\mu_0\mu_s} \\ \boldsymbol{H}_2 &= \frac{\boldsymbol{B}}{\mu_0} \end{aligned}\right\} \tag{8-40}$$

식 (8-40)에서 공극부의 자계의 세기 $\boldsymbol{H}_2$는 철심부의 자계의 세기 $\boldsymbol{H}_1$의 비투자율 μ_s배 만큼 증가하고 있으므로 자기력선은 공극부에 집중하고 있다는 것을 알 수 있다

또 기자력 $\boldsymbol{F}_m$에 대한 각 부에서의 관계는 식 (8-39)에 의해

$$\boldsymbol{F}_m = \boldsymbol{H}_1 l_1 + \boldsymbol{H}_2 l_2 = F_1 + F_2 [\mathrm{AT}] \tag{8-41}$$

로 둘 수 있다. 따라서 철심부의 기자력 F_1과 공극부의 기자력 F_2는 각각

$$F_1 = \Phi R_1 = \frac{\Phi l_1}{\mu S} = \frac{\Phi l_1}{\mu_0 \mu_s S} \tag{8-42}$$

$$F_2 = \Phi R_2 = \frac{\Phi l_2}{\mu_0 S} \tag{8-43}$$

가 된다. 여기서 각 부에 걸리는 기자력 F_1과 F_2의 비는 $\dfrac{F_2}{F_1} = \dfrac{\Phi R_2}{\Phi R_1} = \dfrac{R_2}{R_1}$이므로 공극에서의 기자력 F_2와 철심부 기자력 F_1과의 관계는

$$F_2 = \frac{R_2}{R_1} F_1 = \frac{l_2}{l_1} \mu_s F_1 \tag{8-44}$$

가 된다. 여기서는 μ_s의 값은 수천인 것에 비하여 철심의 자로길이 l_1은 공극의 자로길이 l_2의 수 천배가 되지 않기 때문에 기자력의 관계는 $F_2 \gg F_1$이므로 기자력은 대부분 공극부에서 소모된다.

즉 이것은 공극부에서 자속이 누설되므로 누설자속은 공극이 없으면 매우 적지만 공극이 클수록 증가하게 된다. 누설자속을 방지하기 위해 공극주위를 강자성체로 싸주면 되는데, 이것도 자기차폐의 한 방법이 된다.

연 습 문 제

1. 비투자율 $\mu_s = 400$인 환상철심내의 평균자계의 세기가 $H = 3000$[AT/m]이다. 철심중의 자화의 세기 J[Wb/m²]는?

① 0.15 ② 1.5 ③ 0.75 ④ 7.5

2. 영구자석의 재료로 사용되는 철에 요구되는 사항은?

① 잔류자기 및 보자력이 작은 것 ② 잔류자기가 크고 보자력이 작은 것
③ 잔류자기는 작고 보자력이 큰 것 ④ 잔류자기 및 보자력이 큰 것

3. 투자율이 다른 두 자성체의 경계면에서의 굴절각은?

① 투자율에 비례한다. ② 투자율에 반비례한다.
③ 비투자율에 비례한다. ④ 비투자율에 반비례한다.

4. 환상 철심코일에 5[A]의 전류를 흘리면 2000[AT]의 기자력이 생기는 것으로 한다면 코일의 권수는 얼마로 하여야 하는가?

① 10^4 ② 5×10^2 ③ 4×10^2 ④ 2.5×10^2

5. 어떤 막대꼴 철심이 있다. 단면적 0.5[m²], 길이가 1.6[m], 비투자율이 20이다. 이 철심의 자기저항은 몇 [AT/Wb]인가?

① 7.8×10^4 ② 1.3×10^5 ③ 3.8×10^4 ④ 9.7×10^5

6. 길이 1[m]의 철심(비투자율 1000) 자기회로에 1[mm] 공극이 생겼을 때 전체의 자기저항은 약 몇 배로 증가되는가?(단, 각부의 단면적은 일정하다.)

① 1.5 ② 2 ③ 2.5 ④ 3

7. 인접 영구 자기쌍극자가 크기는 같으나 방향이 서로 반대방향으로 배열된 자성체를 어떤 자성체라 하는가?

① 반자성체 ② 상자성체 ③ 강자성체 ④ 반강자성체

8. 비투자율 μ_s는 역자성체에서 다음 어느 값을 갖는가?

① $\mu_s=1$　　② $\mu_s<1$　　③ $\mu_s>1$　　④ $\mu_s=0$

9. 강자성체의 자속밀도 B의 크기와 자화의 세기 J의 크기 사이에는?

① J는 B보다 약간 크다.　　② J는 B보다 대단히 크다.

③ J는 B보다 약간 작다.　　④ J는 B보다 대단히 작다.

10. 영구자석의 재료로 사용되는 철에 요구되는 사항은?

① 잔류자기 및 보자력이 작은 것　　② 잔류자기가 크고 보자력이 작은 것

③ 잔류자기는 작고 보자력이 큰 것　④ 잔류자기 및 보자력이 큰 것

11. 전자석에 사용되는 연철(soft iron)은 다음 어느 성질을 가지는가?

① 잔류자기, 보자력이 모두 크다.

② 보자력이 크고 히스테리시스 곡선의 면적이 작다.

③ 보자력과 히스테리시스 곡선의 면적이 모두 작다.

④ 보자력이 크고 잔류자기가 작다.

12. 단면적 2[cm²]의 철심에 5×10^{-4}[Wb]의 자속을 통하게 하려면 2000[AT/m]의 자계가 필요하다. 이 철심의 비투자율은?

① 332　　② 663　　③ 995　　④ 1990

13. 자계의 세기가 800[AT/m]되는 점의 자속밀도가 0.2[Wb/m²]이다. 이 공간의 비투자율[H/m]은?

① 2.5×10^3　　② 4×10^3　　③ 2.5×10^4　　④ 4×10^4

14. 길이 $l=10$[cm], 자극이 세기 $\pm8\times10^6$인 막대자석이 있다. 자석의 중심 0에서 수직으로 $r=2$[m] 만큼 떨어진 P점의 자계의 세기[N/Wb]는?

① 6.33×10^{-3}　　② 1.3×10^{-2}　　③ 2.6×10^{-2}　　④ 6.33×10^{-2}

15. 반지름 3[cm]인 원형단면을 가진 환상의 연철심(비투자율 400)에 코일을 감고 이것에 전류를 흘린 결과 철심중의 자계가 400[AT/m]로 되었다. 자화의 세기[Wb/m²]는?

① 약 0.5　　② 약 0.2　　③ 약 2×10^4　　④ 약 5×10^4

16. 길이 10[cm], 단면의 반지름 $a = 1$[cm]인 원통형 자성체가 길이의 방향으로 균일하게 자화되어 있을 때 자화의 세기가 $J = 0.5$[Wb/m²]이라면, 이 자성체의 자기모멘트[Wb/m]는?

① 1.57×10^4　② 1.57×10^5　③ 15.7×10^4　④ 15.7×10^5

17. 다음 중 감자율이 0인 것은?

① 가늘고 짧은 막대 자성체　② 굵고 짧은 막대 자성체
③ 가늘고 긴 막대 자성체　④ 환상 솔레노이드

18. 평균길이 1[cm]인 환상철심이 있다. 이 철심에 500회의 코일을 감고 2[A]의 전류를 흘려 철 중의 자속밀도를 1.5[Wb/m²]으로 할 때의 철심에 대한 자화의 세기 J[Wb/m²]를 구하면?

① 2.0　② 1.5　③ 1.0　④ 0.5

19. 투자율이 다른 두 자성체가 평면으로 접하고 있는 경계면에서 전류밀도가 0일 때 성립하는 경계조건은?

① $\mu_2 \tan\theta_1 = \mu_1 \tan\theta_2$　② $\mu_1 \tan\theta_1 = \mu_2 \tan\theta_2$
③ $B_1 \sin\theta_1 = B_2 \cos\theta_2$　④ $\mu_1 \tan\theta_1 = \mu_2 \tan\theta_2$

20. 투자율이 다른 두 자성체의 경계면에서의 굴절각은?

① 투자율에 비례한다.　② 투자율에 반비례한다.
③ 비투자율에 비례한다.　④ 비투자율에 반비례한다.

21. 반경이 3[cm]인 원형단면을 가지고 있는 환상연철심에 같은 코일에 전류를 흘려서 철심중의 자계의 세기가 400[AT/m] 되도록 여자할 때 철심중의 자속밀도[Wb/m²]는 얼마인가?(단, 철심의 비투자율은 400이라고 한다.)

① 0.2　② 2.0　③ 0.02　④ 2.2

22. 도전율의 단위는?

① $\left[\frac{\text{m}}{\Omega}\right]$　② $\left[\frac{\Omega}{\text{m}^2}\right]$　③ $\left[\frac{1}{\text{J}\cdot\text{m}}\right]$　④ $\left[\frac{\mho}{\text{m}}\right]$

23. 평균자로의 길이 80[cm]의 환상철심에 500회의 코일을 감고 여기에 4[A]의 전류를 흘렸을 때 기자력[AT]과 자화력[AT/m]은?

① 2000, 2500　② 3000, 2500　③ 2000, 3500　④ 3000, 3500

24. 자기회로의 단면적 S[m²], 길이 l[m], 비투자율 μ_s, 진공의 투자율 μ_0[H/m]일 때의 자기저항[AT/Wb]은?

① $\dfrac{l}{\mu_0\mu_s S}$　② $\dfrac{\mu_0\mu_s l}{S}$　③ $\dfrac{S}{\mu_0\mu_s l}$　④ $\dfrac{\mu_0\mu_s S}{l}$

25. 환상철심에 감은 코일에 5[A]의 전류를 흘리면 2000[AT]의 기자력이 생기는 것으로 한다면 코일의 권수는 얼마로 하여야 하는가?

① 10^4　② 5×10^2　③ 4×10^2　④ 2.5×10^2

26. 단면적 S[m²], 길이 l[m], 투자율 μ[H/m]의 자기 회로에 N회의 코일을 감고 I[A]의 전류를 통할 때의 옴의 법칙은?

① $B=\dfrac{\mu SNI}{l}$　② $\phi=\dfrac{\mu SI}{lN}$　③ $\phi=\dfrac{\mu SNI}{l}$　④ $\phi=\dfrac{l}{\mu SNI}$

27. 비투자율 500, 단면적 3[cm²], 평균자로 30[cm]의 환상철심에 코일이 600회 감겨 있다. 이 코일에 10[A]의 전류를 흘릴 때 생기는 자기저항 R[AT/Wb]와 자속 ϕ[Wb]는?(단, 진공중의 투자율 $\mu_0=1.257\times10^6$[H/m]는 계산의 편의상 1×10^6[H/m]로 하여 계산한다.)

① $R=2\times10^{-6}$, $\phi=3\times10^{-3}$　② $R=2\times10^{-6}$, $\phi=3\times10^{3}$

③ $R=2\times10^{6}$, $\phi=3\times10^{-3}$　④ $R=2\times10^{6}$, $\phi=3\times10^{6}$

28. 공심 환상 솔레노이드의 단면적이 10[cm²], 평균자로 길이가 20[cm], 코일의 권수가 500회, 코일에 흐르는 전류가 2[A]일 때, 이 솔레노이드의 내부자속[Wb]은 약 얼마인가?

29. 투자율이 μ이고, 감자율 N인 자성체를 외부자계 $\boldsymbol{H}_0$ 중에 놓았을 때 자성체의 자화의 세기 $\boldsymbol{J}$[Wb/m²]를 구하면?

30. 코일로 감겨진 자기회로에서 철심의 투자율을 μ라 하고 회로의 길이를 l이라 할 때, 그 회로 일부에 미소공극 l_g를 만들면 자기저항은 처음의 몇 배가 되는가?

31. 공극(air gap)을 가진 환상 솔레노이드에서 총권수 N회, 철심의 투자율 μ[H/m], 단면적 S[m^2], 길이 l[m]이고 공극의 길이 δ일 때 공극부에 자속밀도 B[Wb/m^2]를 얻기 위해서는 몇 [A]의 전류를 흘려야 하는가?

32. 그림과 같이 비투자율 μ_s가 800, 원형 단면적 S가 10[cm^2], 평균자로의 길이 l이 30[cm]인 환상철심에 감긴수 N이 600회인 코일을 감은 무단 솔레노이드가 있다. 코일에 1[A]의 전류를 유통시킬 때 코일의 내부자속[Wb]을 구하면?

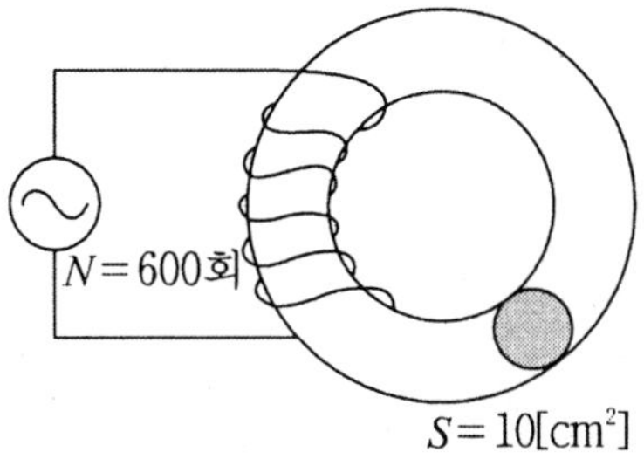

제 9 장 전자유도현상과 인덕턴스

9.1 전자유도현상

9.1.1 렌쯔의 법칙과 패러데이법칙

그림 9-1과 같이 검류계 G를 접속한 코일에 막대자석을 접근시키거나 멀리 이동시키면 전기가 흘러 검류계의 지침이 흔들린다. 이것은 코일 주위에 자기장이 발생하면 전자의 움직임이 발생하여 전류가 만들어지게 된다.

이와 같이 코일에 자속 Φ을 변화시킬 때 코일에서 기전력을 발생시키는 현상을 전자유도(electromagnetic induction)라 하고, 이때 발생된 기전력을 유도기전력(induced electromotive force), 코일에 흐르는 전류를 유도전류(induced cur-rent)라 한다.

그림 9-1 (a)와 같이 자석(N극)을 코일 가까이 접근시키면 코일에서는 자석의 N극을 방해하려는 자속 Φ'가 형성되어 코일에 유도되는 유도전류가 B에서 A방향으로 흐르게 된다. 반대로 그림 9-1 (b)와 같이 자석의 N을 코일에서 멀리하면 자석의 N극을 잡으려고 자속이 증가하게 된다. 이때 코일에 유도되는 유도전류는 A에서 B로 흐르게 된다.

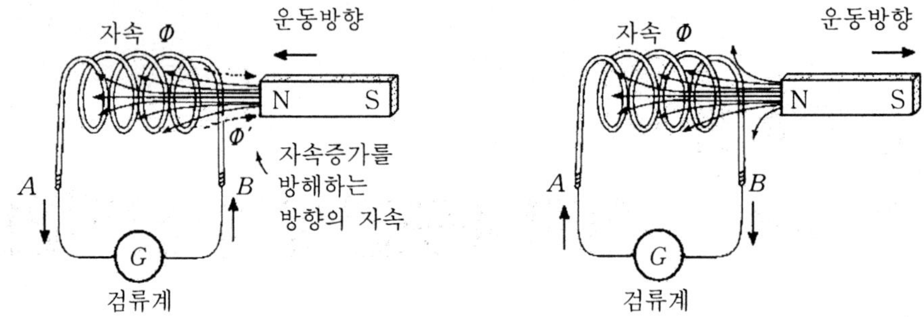

(a) 자속 감소 (b) 자속 증가

그림 9-1 유도기전력과 유도전류

따라서 전자유도에 의해 발생하는 기전력은 자속변화를 방해하는 방향으로 유도전류가 발생하게 된다. 이를 **렌쯔의 법칙**(Lenz's law)이라 하고, 유도기전력의 방향을 결정한다.

또한 유도기전력의 크기에 관해 패러데이는 "유도기전력의 크기는 코일을 지나는 자속 Φ의 시간적 변화율과 코일의 감은 수에 비례한다"는 사실을 알아냈다. 그래서 이것을 **패러데이법칙**(Faraday's law) 또는 **노이만의 법칙**(Neumann's law)이라고 한다.

코일의 권수를 N, 자속의 변화를 $d\Phi$, 시간변화를 dt라 하면 유도기전력 e는 패러데이법칙과 렌쯔의 법칙을 결합하면 다음과 같이 나타낼 수 있다.

$$e = -N\frac{d\Phi}{dt}\,[\mathrm{V}] \tag{9-1}$$

여기서 부호 (−)는 기전력의 방향이 쇄교자속의 변화를 방해하는 방향으로 발생한다는 것을 의미하며 렌쯔의 법칙을 적용한 것이다. 즉, 패러데이법칙은 전자유도현상에 의한 유도기전력의 크기를 설명한 것이라면, 렌쯔의 법칙은 유도기전력의 방향을 설명한 법칙이라 할 수 있다. 이와 같은 전자유도현상을 이용하여 변압기, 적산전력계 등 다양한 분야에 응용되어 사용되고 있다.

그림 9-2와 같이 자계내의 하나의 폐회로 C를 통과하는 자속이 변화한다면 폐회로에는 유도기전력이 유도될 것이다. 이 유도기전력은 전위차를 유지시키는 힘이므로 다음과 같이 나타낼 수 있다.

$$e = \int \boldsymbol{E} \cdot d\boldsymbol{l} \tag{9-2}$$

또한 유도기전력은 전계를 폐회로에 대해 선적분한 것과 같고, 자속의 변화율과도 같으므로 유도기전력 e를 다음과 같이 표현할 수 있다.

$$e = \int_C \boldsymbol{E} \cdot d\boldsymbol{l} = -\frac{\partial \Phi}{\partial t} \tag{9-3}$$

여기서 Φ는 폐회로 C에 쇄교하는 자속이므로 그림 9-2와 같이 임의의 곡면 S에 미소면적 dS에서 자속밀도 $\boldsymbol{B}$를 취하면 다음과 같이 나타낼 수 있다.

$$\Phi = \int_S \boldsymbol{B} \cdot d\boldsymbol{S} \tag{9-4}$$

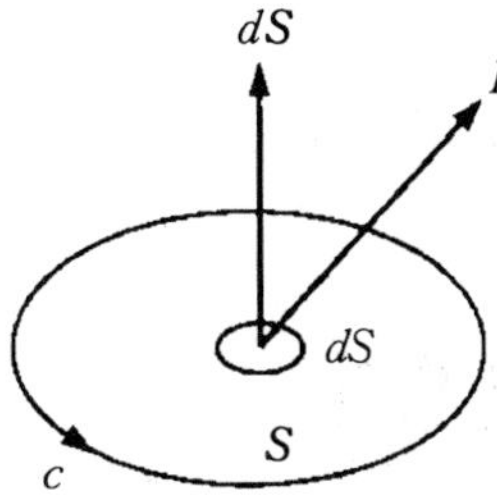

그림 9-2 코일의 유도기전력

따라서 자속밀도 $\boldsymbol{B}$가 시간적으로 변화할 때 폐회로 C에 유도되는 유도기전력은 식 (9-3)과 식 (9-4)를 이용하여 다음과 같이 나타낼 수 있다.

$$e = -\frac{d\Phi}{dt} = -\frac{d}{dt}\int_S \boldsymbol{B} \cdot d\boldsymbol{S} = -\int_S \frac{\partial \boldsymbol{B}}{\partial t} \cdot d\boldsymbol{S} \tag{9-5}$$

이것을 패러데이법칙의 적분형이라 하며, 다음과 같은 관계가 성립한다.

$$\int_C \boldsymbol{E} \cdot d\boldsymbol{l} = -\int_S \frac{\partial \boldsymbol{B}}{\partial t} \cdot d\boldsymbol{S} \tag{9-6}$$

또한 식 (9-6)의 좌변을 스토크스의 정리를 적용하여 정리하면,

$$\int_S \text{rot } \boldsymbol{E} \cdot dS = -\int_S \frac{\partial \boldsymbol{B}}{\partial t} \cdot dS \tag{9-7}$$

가 되고, 따라서 양변의 적분을 제거하면

$$\text{rot } \boldsymbol{E} = -\frac{\partial \boldsymbol{B}}{\partial t} \tag{9-8}$$

가 된다. 식 (9-8)을 패러데이법칙의 미분형이라 한다. 이 식의 의미는 자속밀도 B가 시간적으로 변화하면 이 변화를 방해하는 방향으로 전계의 회전이 발생하는 것이다.

예제 9-1 1권선의 코일에 5[Wb]의 자속이 쇄교하고 있을 때, $t=1/100$초 사이에 이 자속을 0으로 했다면 이때 코일에 유도되는 기전력은 몇 [V]이겠는가?

풀이 $e = -N\dfrac{d\phi}{dt} = -1 \times \dfrac{0-5}{10^{-2}} = 500[\text{V}]$

9.1.2 플레밍의 오른손법칙

그림 9-3 (a)와 같이 자속밀도 $B[\text{Wb/m}^2]$의 균일한 자계 속에 수직으로 놓여진 구형코일에서 길이 $l[\text{m}]$인 도체 ab가 속도 $v[\text{m/s}]$로 운동할 때 이 도체에는 유도기전력 $e[\text{V}]$가 유도된다.

이때 도체 ab가 속도 v로 미소시간 dt동안 vdt만큼 $a'b'$로 이동하였다면 폐회로 $abb'a'$에 쇄교하는 자속의 변화 $d\Phi$는

$$d\Phi = BdS = Blvdt \tag{9-9}$$

가 된다. 따라서 이 식을 식 (9-3)에 대입하면 다음과 같이 유도기전력이 발생하게 된다.

$$e = \frac{d\Phi}{dt} = Blv[\text{V}] \tag{9-10}$$

이때 유도기전력은 a에서 b방향으로 유도되며, 부호가 정(+)의 값으로 되는 것은 자속의 감소를 방해하는 방향을 의미한다.

만약 도체의 운동방향과 자속밀도 $\boldsymbol{B}$와 이루는 각 θ를 가지고 운동을 할 경우에 이 도체에 유도되는 유도기전력 e는 다음과 같이 나타낼 수 있다.

$$e = Blv\sin\theta\,[\mathrm{V}] \tag{9-11}$$

이것을 벡터곱으로 표현하면 다음과 같다.

$$e = (\boldsymbol{v} \times \boldsymbol{B}) \cdot \boldsymbol{l}\,[\mathrm{V}] \tag{9-12}$$

유도기전력의 방향은 벡터 $\boldsymbol{v}$와 $\boldsymbol{B}$에 의해 이루어지는 평면에 수직방향이고 벡터 $\boldsymbol{v}$와 $\boldsymbol{B}$의 방향으로 오른나사를 돌렸을 때 오른나사의 진행방향이 된다. 따라서 속도 $\boldsymbol{v}$, 자속밀도 $\boldsymbol{B}$, 유도기전력 e의 방향을 표현하는 방법을 플레밍의 오른손법칙(Fleming's right hand rule)이라 한다.

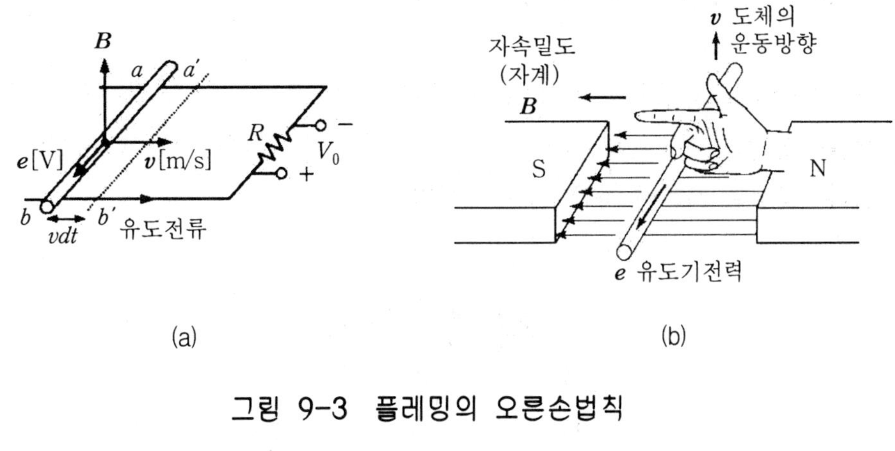

(a) (b)

그림 9-3 플레밍의 오른손법칙

이 법칙은 발전기의 원리에 응용되어 사용되며, 그림 9-3 (b)와 같이 오른손 엄지 손가락은 도체의 운동방향 $\boldsymbol{v}$, 인지는 자속밀도 $\boldsymbol{B}$, 중지는 유도기전력 e의 방향이 된다.

예 제 9-2 자속밀도가 0.2[Wb/m^2]의 평등자계 속에 자계와 직각 방향으로 놓인 길이 30[cm]의 도선을 자계와 30°각의 방향으로 30[m/s]의 속도로 이동시킬 때 도체 양단에 유기되는 기전력은 몇 [V]인가?

풀이 유기 기전력 $e = Blv\sin\theta$[V]이므로 수치를 대입하면

$e = 0.2 \times 0.3 \times 30 \times \sin 30° = 0.9$[V]가 된다.

예 제 9-3 자계 중에 한 코일이 있다. 이 코일에 전류 $I=2$[A]가 흐르면 $F=2$[N]의 힘이 작용한다. 또 이 코일을 $v=5$[m/s]로 운동시키면 e[V]의 기전력이 발생한다. 기전력은 몇 [V]인가?

풀이 $F = BIl$[N], $Bl = \frac{F}{I}$ $\quad \therefore e = Blv = \frac{Fv}{I} = \frac{2 \times 5}{2} = 5$[V]

9.2 인덕턴스

9.2.1 자기유도와 자기 인덕턴스

그림 9-4와 같이 스위치 S를 닫아 코일에 일정한 전류 I[A]가 흐르도록 하면 코일에는 일정한 쇄교자속 Φ가 발생하고, 전류가 변화하면 자기 자신의 회로에 쇄교하는 자속도 시간에 따라 변하게 된다.

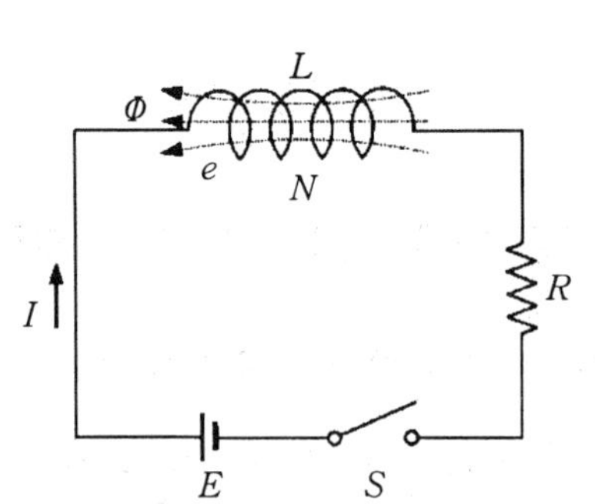

그림 9-4 자기유도현상

따라서 스위치 S를 개폐하는 순간, 전류의 변화에 따라 쇄교자속도 변하기 때

문에 코일 자체에 전자유도현상으로 인한 역기전력이 유도된다. 이 같은 현상을 **자기유도**(self induction)라 한다.

유도되는 유도기전력의 방향은 렌쯔의 법칙에 따라 회로의 전류가 증가할 때는 그 증가를 방해하기 위해 인가되는 전류에 대해 역방향을 취하고, 전류가 감소할 때는 그 감소를 방해하기 위하여 인가전류와 같은 방향으로 잡으면 된다.

그림 9-4와 같이 전류 I가 흐를 때 코일 양단 사이에 미소시간 dt동안에 전류의 변화가 dI라면 이때 유도되는 유도기전력 e는 다음과 같이 나타낸다.

$$e = -L\frac{dI}{dt}\,[\mathrm{V}] \tag{9-13}$$

여기서 L은 비례상수로서 **자기 인덕턴스**(self inductance)라 하며, 코일의 권수, 철심의 형상 및 재질에 따라 결정되는 값으로 L이 클수록 유도기전력도 크게 된다는 것을 알 수 있다. 또한 전류의 변화에 의해 쇄교자속도 변하므로 전자유도법칙에 의한 유도기전력 e는 다음과 같이 주어진다.

$$e = -N\frac{d\Phi}{dt}\,[\mathrm{V}] \tag{9-14}$$

따라서 쇄교 자속수 $N\Phi$와 자기 인덕턴스 L과 관계는 식 (9-13)과 식 (9-14)에 의해 다음과 같이 된다.

$$N\Phi = LI = \lambda \tag{9-15}$$

여기서 λ는 자속 쇄교수이다.

자기 인덕턴스 L은 다음과 같이 나타낸다.

$$L = \frac{N\Phi}{I}\,[\mathrm{H}] \tag{9-16}$$

자기 인덕턴스 L의 단위는 헨리[H]를 사용하며, "1[H]는 1초 동안 1[A]의 전류 변화가 있을 때 코일에 유도되는 기전력이 1[V]일 때의 값"을 말한다.

예제 9-4 단면적 100[cm²], 비투자율 1000인 철심에 500회의 코일을 감고 여기에 1[A]의 전류를 흘릴 때 자계가 128[AT/m]이면 자기 인덕턴스는?

풀이 자기 인덕턴스 $L=\frac{N\phi}{I}=\frac{NBS}{I}=\frac{N\mu HS}{I}=\frac{N\mu_0\mu_s HS}{I}$[H]이므로 여기에 수치를 대입하면 $L=\frac{500\times4\pi\times10^{-7}\times1000\times1.28\times100\times10^{-4}}{1}=8.04\times10^{-3}=8.04$[mH]가 된다.

9.2.2 상호유도와 상호 인덕턴스

그림 9-5와 같이 회로1과 회로2의 권선이 각각 N_1, N_2인 두 코일을 접근시켜 배치하고 회로1에 전류 I_1을 흘리면 이 전류에 의한 자속 Φ_1이 발생한다. 자속 Φ_1은 Φ_{11}과 Φ_{12}로 나누어진다.

따라서 회로2에는 회로1의 자속 전부 또는 일부가 쇄교하고, 이때 회로2에 쇄교하는 자속은 Φ_{12}가 된다. 따라서 회로1의 전류를 변화시키면 회로1의 자속이 변하므로 회로2에 쇄교되는 자속 Φ_{12}도 변화되어 상호간 전자유도작용을 일으켜 회로2의 코일에 유도기전력 e_2를 발생시킨다.

이와 같이 서로 떨어져 있는 코일 상호간의 작용으로 유도기전력이 유도되는 현상을 상호유도(mutual induction)이라 한다.

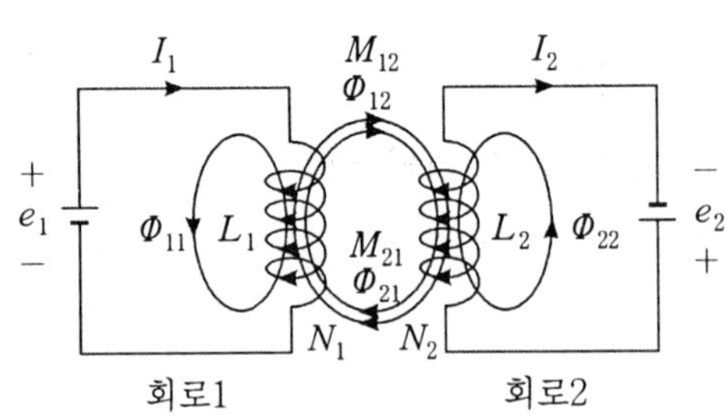

그림 9-5 상호유도현상

회로1의 자속 Φ_{12}는 회로1에 흐르는 전류 I_1에 비례하므로 다음과 같이 나타낼 수 있다.

$$\Phi_{12} = M_{12} I_1 \tag{9-17}$$

여기서 비례상수 M_{12}를 상호 인덕턴스(mutual inductance)라 한다.

따라서 회로1의 코일에서의 자속변화 및 전류변화에 의한 회로2의 코일에 유기되는 유도기전력 e_2는 다음과 같이 나타낼 수 있다.

$$e_2 = -\frac{d\Phi_{12}}{dt} = -N_2\frac{d\Phi_{12}}{dt} = -M_{12}\frac{dI_1}{dt}\,[\mathrm{V}] \tag{9-18}$$

반대로 회로2의 코일에서의 자속변화와 전류변화에 의해 회로1의 코일에 유기되는 유도기전력 e_1은 다음과 같이 나타낼 수 있다.

$$e_1 = -\frac{d\Phi_{21}}{dt} = -N_1\frac{d\Phi_{21}}{dt} = -M_{21}\frac{dI_2}{dt}\,[\mathrm{V}] \tag{9-19}$$

상호 인덕턴스는 코일의 권수, 형상, 주위매질의 투자율 등과 코일상호간의 위치에 의해 결정되는 값이기 때문에 회로1에서 본 회로2측의 상호 인덕턴스 M_{12}와 회로2에서 본 회로1측의 상호 인덕턴스 M_{21}은 서로 같은 값이므로

$$M_{12} = M_{21} = M \tag{9-20}$$

로 둘 수 있다. 여기서 M은 상호 인덕턴스로서 단위는 헨리[H]를 사용한다.

만약 두 회로 사이에 누설자속이 없다면 회로2에 유기되는 유도기전력 e_2는

$$e_2 = -\frac{d\Phi_1}{dt} = -M\frac{dI_1}{dt}\,[\mathrm{V}] \tag{9-21}$$

으로 나타낼 수 있다.

예제 9-5 두 코일이 있다. 한 코일의 전류가 매초 120[A]의 비율로 변화할 때, 다른 코일에는 15[V]의 기전력이 발생하였다면 두 코일의 상호 인덕턴스 [H]는 얼마인가?

풀이 $e_2 = -M\dfrac{di_1}{dt}\,[\mathrm{V}]$

여기서, (−)는 전류의 방향을 의미하므로 크기를 계산할 때는 생략해도 된다.

그러므로 $M = e_2\dfrac{dt}{di_1} = e_2\dfrac{1}{\dfrac{di_1}{dt}} = 15\times\dfrac{1}{120} = 0.125[\text{H}]$

9.2.3 상호 인덕턴스에 의한 결합계수

그림 9-6과 같이 환상철심의 1차측과 2차측에 각각 두 개의 코일을 감고, 각 코일에 전류 I_1과 I_2를 흘렸을 때 1차측과 2차측 자체 코일에서 발생되는 자속을 각각 Φ_1, Φ_2라 하자. 이때 1차측 자속 Φ_1은 $\Phi_{11}+\Phi_{12}$, 2차측 자속 Φ_2는 $\Phi_{22}+\Phi_{21}$로 구성이 된다.

여기서 Φ_{11}과 Φ_{22}는 누설자속분에 해당되고, Φ_{12}와 Φ_{21}은 1차측에서 2차측으로, 2차측에서 1차측 코일에 영향을 끼치는 자속이다. 그림 9-6과 같이 코일을 철심에 감았을 경우, 각 코일의 자속중 누설자속 Φ_{11}, Φ_{22}는 거의 발생되지 않으므로, 1차측 자속 Φ_1 전체가 2차측 코일에 쇄교하는 자속 Φ_{12}가 될 것이고, 반대로 2차측 자속 Φ_2 전체가 1차측 코일에 쇄교하는 자속 Φ_{21}으로 작용하게 된다.

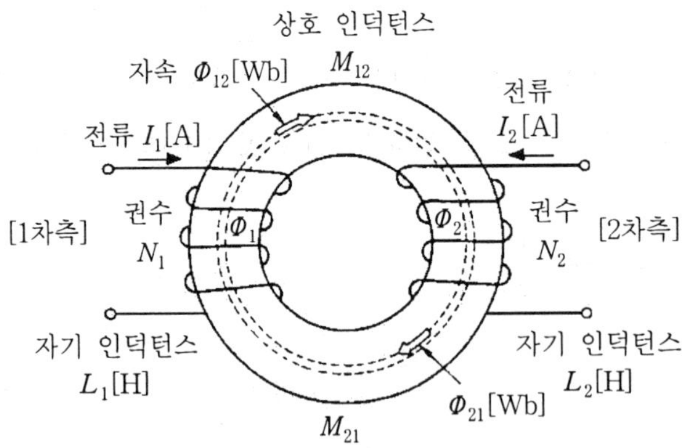

그림 9-6 결합계수

따라서 1차측과 2차측의 자기 인덕턴스 L_1, L_2은 식 (9-15)에 의해 다음과 같이 각각 나타낼 수 있다.

$$\left.\begin{array}{l} L_1 I_1 = N_1 \Phi_1 \rightarrow L_1 = \dfrac{N_1 \Phi_1}{I_1} \\[2ex] L_2 I_2 = N_2 \Phi_2 \rightarrow L_2 = \dfrac{N_2 \Phi_2}{I_2} \end{array}\right\} \tag{9-22}$$

상호 인덕턴스 M_{12}, M_{21}은 식 (9-17)에 의해 다음과 같이 각각 나타낼 수 있다.

$$\left.\begin{array}{l} M_{12} I_1 = N_2 \Phi_{12} \rightarrow M_{12} = \dfrac{N_2 \Phi_{12}}{I_1} \\[2ex] M_{21} I_2 = N_1 \Phi_{21} \rightarrow M_{21} = \dfrac{N_1 \Phi_{21}}{I_2} \end{array}\right\} \tag{9-23}$$

여기서 철심의 투자율이 높고, 각 코일의 누설자속 성분인 Φ_{11}과 Φ_{22}가 없다고 하면, 각 코일의 자속과 쇄교자속간에는 $\Phi_1 = \Phi_{12}$, $\Phi_2 = \Phi_{21}$이 되므로 식 (9-23)을 다음과 같이 수정할 수 있다.

$$\left.\begin{array}{l} M_{12} I_1 = N_2 \Phi_1 \rightarrow M_{12} = \dfrac{N_2 \Phi_1}{I_1} \\[2ex] M_{21} I_2 = N_1 \Phi_2 \rightarrow M_{21} = \dfrac{N_1 \Phi_2}{I_2} \end{array}\right\} \tag{9-24}$$

따라서 식 (9-22)와 식 (9-24)로부터 $L_1 L_2 = M_{12} M_{21}$의 관계가 얻어지고, 누설자속이 없다면 $M_{12} = M_{21} = M$이 되므로 자기 인덕턴스와 상호 인덕턴스의 관계는

$$L_1 L_2 = \frac{N_1 \Phi_1 N_2 \Phi_2}{I_1 I_2} = M^2 \rightarrow M = \sqrt{L_1 L_2} \tag{9-25}$$

가 된다. 그러나 일반적으로 자기회로에서는 미소한 누설자속이라도 존재하기 때문에 각 코일의 자속은 $\Phi_1 > \Phi_{12}$, $\Phi_2 > \Phi_{21}$의 관계가 있으므로 자기 인덕턴스와 상호 인덕턴스의 관계는 $L_1 L_1 > M^2$로 상호 인덕턴스가 작다.

따라서 식 (9-25)에서 다음 식과 같이 자기 인덕턴스와 상호 인덕턴스와의 관계를 정립할 수 있다.

$$M = k\sqrt{L_1 L_2}, \quad k = \frac{M}{\sqrt{L_1 L_2}} \tag{9-26}$$

여기서 k를 **결합계수**라 하고, 이것은 자기적 결합의 정도를 나타낸다. 이 결합계수의 범위는 $0 \leq k \leq 1$ 사이의 값을 가지는데 결합계수의 값에 따라 다음과 같은 성질이 있다.

① $k=0$: 자기적 결합이 전혀 되지 않는다. $M=0$

② $0 < k < 1$: 일반적인 자기 결합 상태, $M = k\sqrt{L_1 L_2}$

③ $k=1$: 완전한 자기 결합 상태, $M = \sqrt{L_1 L_2}$

예제 9-6 같은 철심 위에 인덕턴스 L이 같은 두 코일을 같은 방향으로 감고 직렬로 연결하였을 때 합성 인덕턴스는?(단, 두 코일이 완전결합일 때)

풀이 완전 결합시 결합계수는 $K=1$이므로 상호 인덕턴스 M은
$M = \sqrt{L_1 L_2} = \sqrt{L \cdot L} = L$[H]가 된다. 또한, 코일을 같은 방향으로 감으면 감극성이므로 합성 인덕턴스는 $L_0 = L_1 + L_2 + 2L = 4L$[H]가 된다.

9.2.4 자기적 결합을 갖는 인덕턴스의 접속

(1) 상호 자속의 합

그림 9-7과 같이 1차측과 2차측의 코일 권수가 N_1, N_2 자기 인덕턴스가 L_1, L_2, 상호 인덕턴스가 M인 2개의 코일을 직렬로 접속하고, 1차측 코일과 1차측 코일에 전류 I을 흘렸을 때 각 코일에서 만드는 자속 Φ_1, Φ_2는 같은 방향을 가진다.

이때 각 코일의 자기 인덕턴스 L_1과 L_2는 다음과 같다.

$$L_1 = \frac{N_1 \Phi_1}{I},\ L_2 = \frac{N_2 \Phi_2}{I} \tag{9-27}$$

또한 1차측 자속 Φ_1이 2차측 코일 N_2를 통과하면 2차측 자속 Φ_2의 작용으로 자속 Φ_1이 변하게 되고, 이 변화된 자속, 즉, 자속 Φ_1과 Φ_2가 서로 동일방향이므로 $\Phi_1 + \Phi_2$이 되어 다시 1차측 코일 N_1으로 들어오면 1차측의 자기 인덕턴스 값은 변하게 된다. 마찬가지로 2차측의 자기 인덕턴스 값도 변하게 된다.

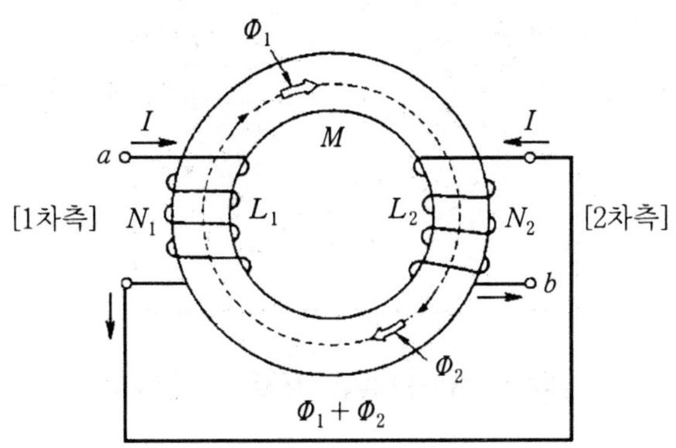

그림 9-7 자속이 동일방향

따라서 원래 자기 인덕턴스가 L_1, L_2도 변하므로, 변화된 자기 인덕턴스를 L_1', L_2'라 하면 식 (9-27)에 의해

$$\left.\begin{aligned} L_1' &= \frac{N_1(\Phi_1 + \Phi_2)}{I} = \frac{N_1 \Phi_1}{I} + \frac{N_1 \Phi_2}{I} = L_1 + M \\ L_2' &= \frac{N_2(\Phi_1 + \Phi_2)}{I} = \frac{N_2 \Phi_1}{I} + \frac{N_2 \Phi_2}{I} = L_2 + M \end{aligned}\right\} \tag{9-28}$$

이 된다. 따라서 합성 인덕턴스를 L이라 하면, 합성 인덕턴스 L은

$$L = L_1' + L_2' = L_1 + L_2 + 2M\,[\mathrm{H}] \tag{9-29}$$

가 된다.

(2) 상호 자속의 차

그림 9-8은 그림 9-7과 달리 1차측과 2차측 코일에 의해 만든 자속 Φ_1과 Φ_2의 방향이 서로 반대방향이 되도록 접속한 경우이다. 이 회로에 전류 I를 인가하면 1차측과 2차측의 자기 인덕턴스는 식 (9-27)과 같다.

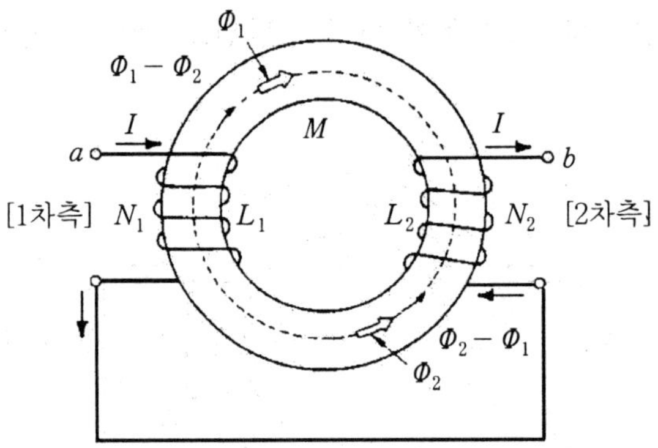

그림 9-8 자속이 서로 반대방향

그러나 1차측 코일 N_1에서 만든 자속 Φ_1이 2차측 코일 N_2를 통과하여 나온 자속은 2차측 코일 N_2에서 만든 자속 Φ_2와 반대방향이므로 자속은 $\Phi_1 - \Phi_2$로 되어 1차측 코일 N_1에 들어가므로 1차측의 자기 인덕턴스는 변하게 된다. 마찬가지로 1차측 자속에 의한 2차측 코일 N_2의 자속은 $\Phi_2 - \Phi_1$으로 되어 2차측의 자기 인덕턴스도 변하게 된다. 따라서 원래 자기 인덕턴스 L_1과 L_2에서 변화된 자기 인덕턴스를 각각 L_1', L_2'라 하면 식 (9-27)에 의해 다음과 같이 된다.

$$\left.\begin{aligned} L_1' &= \frac{N_1(\Phi_1 - \Phi_2)}{I} = \frac{N_1\Phi_1}{I} - \frac{N_1\Phi_2}{I} = L_1 - M \\ L_2' &= \frac{N_2(\Phi_2 - \Phi_1)}{I} = \frac{N_2\Phi_2}{I} - \frac{N_2\Phi_1}{I} = L_2 - M \end{aligned}\right\} \tag{9-30}$$

이때 합성 인덕턴스를 L이라 하면

$$L = L_1' + L_2' = L_1 + L_2 - 2M[\mathrm{H}] \tag{9-31}$$

이 된다. 따라서 자기적 결합을 갖는 인덕턴스의 직렬접속에서 합성 인덕턴스의 값은 접속방법에 따라 각 코일의 자기 인덕턴스 $L_1 + L_2$의 합 보다 크거나 작을 수 있다.

예제 9-7 서로 결합된 2개의 코일을 직렬로 연결하면 합성 자기 인덕턴스가 20[mH]이고, 한 쪽 코일의 연결을 반대로 하면 8[mH]가 되었다. 두 코일의 상호 인덕턴스는 몇 [mH]인가?

풀이 직렬 가동접속 $L_+ = L_1 + L_2 + 2M = 20[\mathrm{mH}]$

직렬 차동접속 $L_- = L_1 + L_2 - 2M = 8[\mathrm{mH}]$

두 식으로부터 M에 관해서 풀면, $4M = 20 - 8$

$\therefore M = \dfrac{20-8}{4} = 3[\mathrm{mH}]$

9.3 전기회로에서 인덕턴스의 계산

9.3.1 인덕턴스 직렬접속

그림 9-9와 같이 자기 인덕턴스 L_1, L_2, L_3를 직렬로 접속하고, 전류 I를 흘리면, 직렬접속 회로이므로 각 코일에 걸리는 전류는 동일하지만 각 코일에 유도되는 유도기전력은 자기 인덕턴스의 값에 따라 다르게 된다.

이때 각 코일의 유기기전력 e_1, e_2, e_3는 다음과 같다.

$$e_1 = -L_1 \frac{dI}{dt}, \quad e_2 = -L_2 \frac{dI}{dt}, \quad e_3 = -L_3 \frac{dI}{dt} \tag{9-32}$$

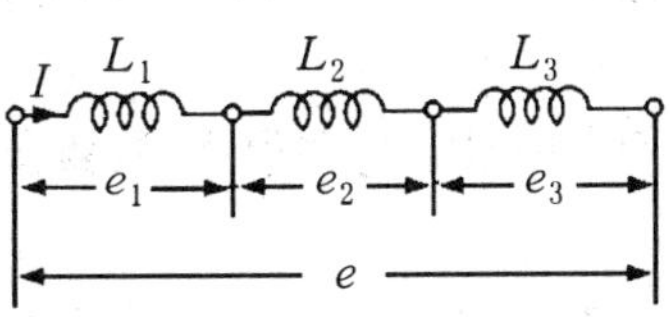

그림 9-9 인덕턴스 직렬접속

그림 9-9는 직렬접속 회로이므로, 각 코일에 유기된 기전력의 합은 인가된 전압 e와 같으므로 다음과 같이 된다.

$$e = e_1 + e_2 + e_3 [\mathrm{V}] \tag{9-33}$$

따라서 식 (9-32)을 식 (9-33)에 대입하면 다음과 같다.

$$\begin{aligned} e = e_1 + e_2 + e_3 &= -L_1 \frac{dI}{dt} + \left(-L_2 \frac{dI}{dt}\right) + \left(-L_3 \frac{dI}{dt}\right) \\ &= -(L_1 + L_2 + L_3)\frac{dI}{dt} = L \frac{dI}{dt} [\mathrm{V}] \end{aligned} \tag{9-34}$$

따라서 합성 인덕턴스 L은 식 (9-34)에 의해 다음과 같다.

$$L = L_1 + L_2 + L_3 [\mathrm{H}] \tag{9-35}$$

9.3.2 인덕턴스 병렬접속

그림 9-10과 같이 자기 인덕턴스 L_1, L_2, L_3를 병렬로 접속하고, 전류 I를 흘리면, 병렬회로이므로 각 코일에 걸리는 전압은 동일하다. 즉, $e = e_1 = e_2 = e_3$이다. 그러나 각 코일에 흐르는 전류는 자기 인덕턴스의 값에 따라 다르게 된다.

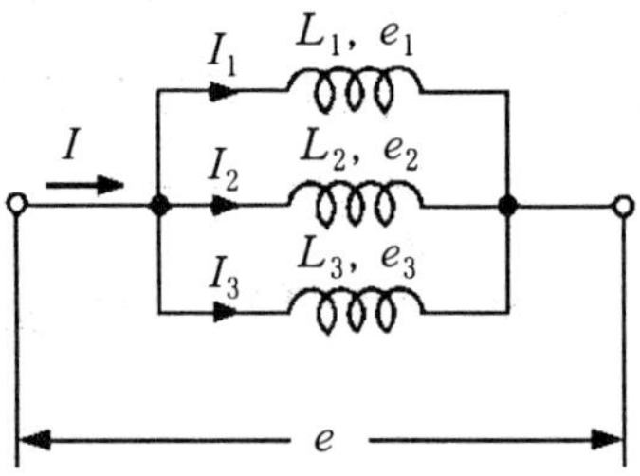

그림 9-10 인덕턴스 병렬접속

이때 각 코일로 분류되는 전류 I_1, I_2, I_3와 전체전류 I와의 관계는 다음과 같다.

$$I = I_1 + I_2 + I_3 [\mathrm{A}] \tag{9-36}$$

또한 각 코일이 병렬접속 회로이므로 각 코일에 유도되는 유도기전력이 모두 같으므로 유도기전력의 표현식 $e = -L\dfrac{dI}{dt}$를 이용하면

$$e = e_1 = e_2 = e_3 \rightarrow e = -L_1\frac{dI_1}{dt} = -L_2\frac{dI_2}{dt} = -L_3\frac{dI_3}{dt} \tag{9-37}$$

로 된다.

따라서 식 (9-37)을 이용하여 분기되는 전류항으로 변환하면

$$\frac{dI_1}{dt} = -\frac{e}{L_1},\ \frac{dI_2}{dt} = -\frac{e}{L_2},\ \frac{dI_3}{dt} = -\frac{e}{L_3} \tag{9-38}$$

가 되므로, 전류 I는 $I = I_1 + I_2 + I_3$이므로 식 (9-38)을 모두 더하면

$$\frac{dI_1}{dt} + \frac{dI_2}{dt} + \frac{dI_3}{dt} = -\left(\frac{e}{L_1} + \frac{e}{L_2} + \frac{e}{L_3}\right) \tag{9-39}$$

이므로, 식 (9-39)를 정리하면

$$\frac{dI_1 + dI_2 + dI_3}{dt} = \frac{dI}{dt} = -\left(\frac{1}{L_1} + \frac{1}{L_2} + \frac{1}{L_3}\right)e = -\frac{1}{L}e \tag{9-40}$$

가 된다. 따라서 유기기전력은 $e = -L\dfrac{dI}{dt}$이므로 이 식을 이용하면 식 (9-40)은 다음과 같이 간략히 나타낼 수 있다.

$$\frac{dI}{dt} = -\frac{1}{L}e \tag{9-41}$$

따라서 회로에 흐르는 전류 I는 식 (9-41)의 양변에 적분을 취하면

$$I = -\frac{1}{L}\int e \cdot dt [\mathrm{A}] \tag{9-42}$$

가 되고, 식 (9-40)에서 합성 인덕턴스 L은

$$\frac{1}{L}=\frac{1}{L_1}+\frac{1}{L_2}+\frac{1}{L_3} \tag{9-43}$$

또는

$$L=\frac{1}{\frac{1}{L_1}+\frac{1}{L_2}+\frac{1}{L_3}}\,[\mathrm{H}] \tag{9-44}$$

로 나타낼 수 있다.

9.4 자기회로에서 인덕턴스 계산

인덕턴스를 구하는 방법은 여러 가지가 있지만 일반적으로 $N\Phi=LI$의 식을 이용하여 쇄교 자속수를 구한 후 회로에 흐르는 전류 I로 나누어 계산하는 방법과 자계에너지 $W=\frac{1}{2}LI^2$을 이용하여 자기 인덕턴스 L을 구하는 방법이 사용되고 있다. 따라서 이 장에서는 다양하게 사용되고 있는 자기회로를 이용하여 자기 인덕턴스를 구해 보자.

9.4.1 환상 솔레노이드

그림 9-11과 같이 단면적 $S[\mathrm{m}^2]$, 평균자로 길이가 $l\,[\mathrm{m}]$, 철심의 투자율이 μ, 코일 권수가 N[회]인 환상 솔레노이드에 전류 $I\,[\mathrm{A}]$를 흘렸을 때 자속 Φ는 자속밀도 B에 단면적 S를 곱한 값이므로

$$\Phi=BS=\mu HS\,[\mathrm{Wb}] \tag{9-45}$$

가 된다. 여기서 자속밀도 B와 자계의 세기 H와의 관계는 $B=\mu H$이다.

환상 솔레노이드의 자계의 세기 H는 $H=\frac{NI}{l}$이므로 식 (9-45)에 대입하면 자속 Φ는 다음과 같이 나타낼 수 있다.

$$\Phi = \mu HS = \frac{\mu SNI}{l}\,[\text{Wb}] \tag{9-46}$$

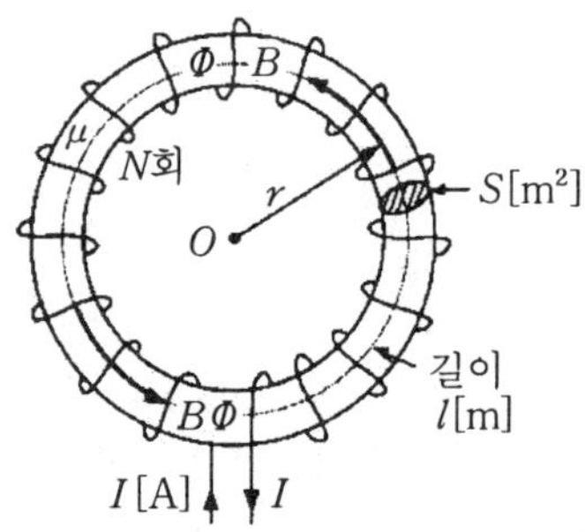

그림 9-11 환상 솔레노이드

따라서 코일과 쇄교하는 자속수를 Φ'라 하면 $\Phi' = N\Phi = LI$의 관계이므로 자기 인덕턴스 L은 다음과 같다.

$$L = \frac{N\Phi}{I} \tag{9-47}$$

이 식을 식 (9-46)의 자속 Φ을 식 (9-47)에 대입하면

$$L = \frac{N\frac{\mu SNI}{l}}{I} = \frac{\mu SN^2}{l} = \frac{\mu_0 \mu_s SN^2}{l}\,[\text{H}] \tag{9-48}$$

가 된다. 여기서 $\mu_0 = 4\pi \times 10^{-7}$이므로 μ_0값을 대입하면 다음과 같다.

$$L = \frac{4\pi \mu_s SN^2}{l} \times 10^{-7}\,[\text{H}] \tag{9-49}$$

여기서, 단면적 $S = \pi r^2$, 자로의 길이는 $l = 2\pi r$에 해당한다.

9.4.2 무한장 솔레노이드

그림 9-12와 같이 무한장 솔레노이드 내부가 평등자계이고 누설자속이 없다고

가정하면 단면적 $S[\mathrm{m}^2]$, 단위길이당 코일 권수 N_0[회], 반지름 a[m]인 무한장 솔레노이드에 전류 I[A]를 인가하면 솔레노이드 내부의 자계의 세기 $\boldsymbol{H}$는

$$\boldsymbol{H} = N_0 I \tag{9-50}$$

이 된다.

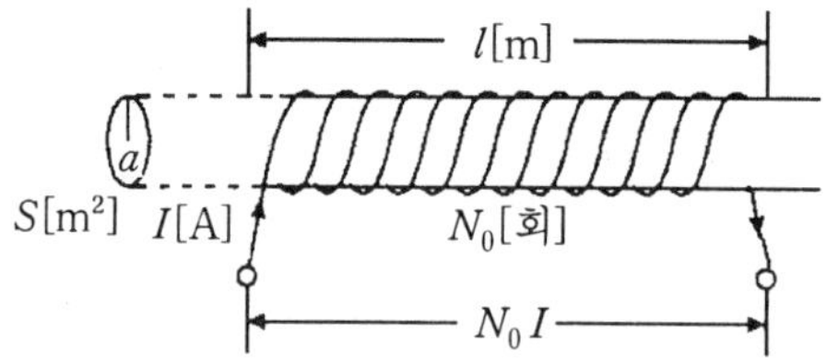

그림 9-12 무한장 솔레노이드

이때 자속밀도 $\boldsymbol{B}$는 $\boldsymbol{B} = \mu\boldsymbol{H} = mN_0 I$가 된다. 따라서 솔레노이드의 단면적 S와 쇄교하는 자속 $\boldsymbol{\Phi}$는

$$\boldsymbol{\Phi} = \boldsymbol{B}S = \mu\boldsymbol{H}S = \mu N_0 IS \tag{9-51}$$

가 된다. 여기서 단면적은 $S = \pi a^2$이다.

따라서 단위길이당 코일과 쇄교하는 자속수 즉, 단위길이당 자기 인덕턴스 L은

$$L = \frac{N_0 \Phi}{I} \tag{9-52}$$

이므로 이 식에 식 (9-51)의 자속 $\boldsymbol{\Phi}$를 입력하면 자기 인덕턴스는

$$L = \frac{N_0 \Phi}{I} = \mu N_0^{\ 2} S = \mu_0 \mu_s N_0^{\ 2} S\,[\mathrm{H/m}] \tag{9-53}$$

가 된다. 여기서 μ_0는 $4\pi \times 10^{-7}$이므로 공기 중에서 자기 인덕턴스를 L_0라 하면 식 (9-53)은 다음과 같이 쓸 수 있다.

$$L_0 = 4\pi \mu_s N_0^{\ 2} S \times 10^{-7}[\mathrm{H/m}] \tag{9-54}$$

그러면 공기 중에서 솔레노이드 길이 l[m]에서의 자기 인덕턴스를 L_l이라 하면

$$L_0 = 4\pi\mu_s N_0{}^2 S \times 10^{-7} \times l\,[\mathrm{H}] \tag{9-55}$$

와 같이 길이 l[m]을 곱하여 주면 된다. 단면적 S가 $S = \pi a^2$이므로 식 (9-55)는 다시 다음과 같이 쓸 수 있다.

$$L_0 = 4\pi^2\mu_s N_0{}^2 a^2 \times 10^{-7} \times l\,[\mathrm{H}] \tag{9-56}$$

여기서 비투자율 μ_s는 공기 중일 때는 $\mu_s = 1$로 둘 수 있다.

9.4.3 유한장 솔레노이드

그림 9-13과 같이 길이 l[m], 반지름 a[m], 코일의 권수가 N[회]인 유한장 솔레노이드가 있을 때 자기 인덕턴스는 무한장 솔레노이드의 경우와 같이 길이 l[m]를 고려해 주면 된다.

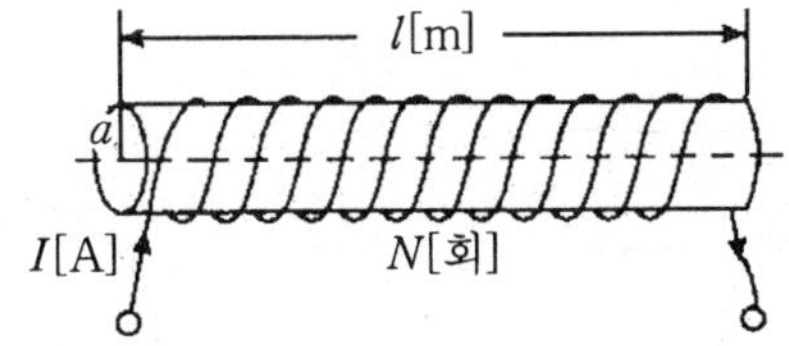

그림 9-13 유한장 솔레노이드

따라서 식 (9-56)을 이용하면

$$L = 4\pi^2\mu_s\left(\frac{N}{l}\right)^2 a^2 \times 10^{-7} \times l = \frac{4\pi^2\mu_s a^2 N^2}{l} \times 10^{-7}[\mathrm{H}] \tag{9-57}$$

이 된다. 그러나 실제 유한장 솔레노이드에서 내부자계는 평등하지 않고, 누설자속도 존재하기 때문에 실제 자기 인덕턴스 값이 식 (9-57)보다 작게 나오므로 식 (9-57)을 다음과 같이 표현한다.

$$L = k\frac{4\pi^2 \mu_s a^2 N^2}{l} \times 10^{-7}[\text{H}] \tag{9-58}$$

여기서, k를 나가오까계수(Nagaoka's coefficient)라 하고, 이것은 코일의 직경 D와 솔레노이드 길이 l의 비 즉 $\frac{D}{l}$의 함수이며 표 9-1에 나타낸 값을 가진다.

표 9-1 나가오까계수

$\frac{D}{l}\left(=\frac{2a}{l}\right)$	0.0	1.0	2.0	3.0	4.0	5.0	6.0	7.0	8.0	9.0	10.0
k	1.00	0.688	0.526	0.429	0.365	0.320	0.285	0.258	0.237	0.219	0.203

9.4.4 동축 케이블

그림 9-14와 같이 반지름이 a, b[m]로 $b>a$인 동축 케이블에 내부 도체에는 전류 I[m]가 도체 외부에는 전류 $-I$[A]로 크기는 같고, 방향이 서로 반대방향으로 흐른다고 할 때 자기 인덕턴스를 구해 보자. 동축 케이블의 자기 인덕턴스는 원통의 내부와 외부의 인덕턴스를 각각 구하여 합으로 계산해야 한다.

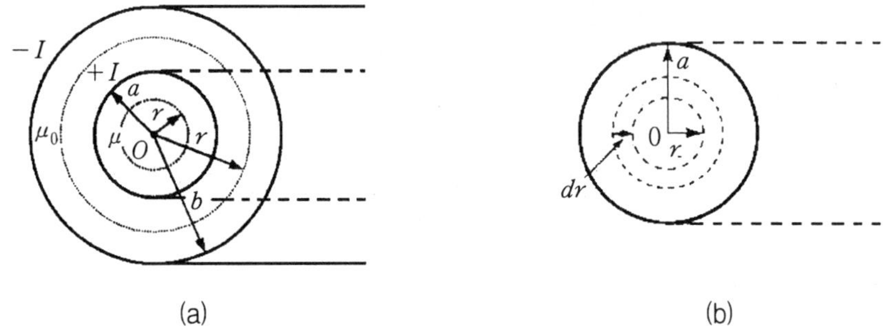

그림 9-14 동축 케이블

(1) 내부 인덕턴스

도체 내부의 중심점 O에서 거리 r[m]($r<a$)인 점에서의 자계의 세기 $\boldsymbol{H}$는

전체 전류가 I일 때 반경 r인 단면을 통과하는 전류는 $\frac{r^2}{a^2}I$이므로 암페어의 주회적분법칙을 적용하면 다음과 같이 된다.

$$\boldsymbol{H} = \frac{Ir}{2\pi a^2}\,[\text{A/m}] \tag{9-59}$$

따라서 도체의 투자율이 μ일 때 단위길이에 대한 자계에너지 W는

$$\begin{aligned} W &= \frac{1}{2}\int_v \boldsymbol{BH}\,dv = \frac{1}{2}\int_v \mu \boldsymbol{H}^2\,dv = \frac{1}{2}\int_0^a \mu\left(\frac{Ir}{2\pi a^2}\right)^2 dv \\ &= \frac{1}{2}\int_0^a \mu \frac{\mu I^2 r^2}{4\pi^2 a^4}\,dv \end{aligned} \tag{9-60}$$

여기서 미소체적은 $dv = 2\pi r \times 1 \cdot dr$[m]이므로 식 (9-60)은

$$\begin{aligned} W &= \frac{1}{2}\int_0^a \mu \frac{\mu I^2 r^2}{4\pi^2 a^4} 2\pi r \cdot dr = \frac{\mu I^2}{4\pi a^4}\int_0^a r^3 dr \\ &= \frac{\mu I^2}{4\pi a^4}\left[\frac{r^4}{4}\right]_0^a = \frac{\mu I^2}{16\pi}\,[\text{J/m}] \end{aligned} \tag{9-61}$$

로 된다. 또한 인덕턴스에 축적되는 에너지는 $W = \frac{1}{2}LI^2$이므로 이 식에서 인덕턴스는 $L = \frac{2W}{I^2}$로 바꿀 수 있다. 따라서 단위길이당의 도체 내부 인덕턴스를 L_i라 하면 다음과 같이 구할 수 있다.

$$L_i = \frac{2\frac{\mu I^2}{16\pi}}{I^2} = \frac{\mu}{8\pi} = \frac{\mu_0 \mu_s}{8\pi}\,[\text{H/m}] \tag{9-62}$$

(2) 외부 인덕턴스

도체 외부의 투자율이 μ_0일 때 도체의 중심에서 거리 r[m]($a < r < b$)인 점에서의 자계의 세기 $\boldsymbol{H}$는 암페어의 주회적분법칙에 의해

$$H = \frac{I}{2\pi r}\,[\text{A/m}] \tag{9-63}$$

가 되므로, 자속밀도 $\boldsymbol{B}$는 $\boldsymbol{B} = \mu_0 \boldsymbol{H}$이므로 식 (9-63)에 의해

$$\boldsymbol{B} = \mu_0 \boldsymbol{H} = \frac{\mu_0 I}{2\pi r}\,[\text{A/m}] \tag{9-64}$$

가 된다. 이때 도체 단면의 반지름을 a, 도체 외부의 a와 b 사이 통과하는 자속 Φ는 다음과 같다.

$$\Phi = \int_S B \cdot dS = \int_a^b \frac{\mu_0 I}{2\pi r}\,dr = \frac{\mu_0 I}{2\pi}\int_a^b \frac{1}{r}\,dr = \frac{\mu_0 I}{2\pi}\ln\frac{b}{a}\,[\text{Wb/m}] \tag{9-65}$$

따라서 외부 인덕턴스를 L_e라 하면 식 (9-65)에 의해 다음과 같이 된다.

$$L_e = \frac{\Phi}{I} = \frac{\mu_0}{2\pi}\ln\frac{b}{a}\,[\text{H/m}] \tag{9-66}$$

동축 케이블에 있어서 전체 자기 인덕턴스 L은 내부 인덕턴스 L_i와 외부 인덕턴스 L_e의 합이므로 다음과 같이 구할 수 있다.

$$L = L_i + L_e = \frac{\mu_0}{2\pi}\ln\frac{b}{a} + \frac{\mu}{8\pi}\,[\text{H/m}] \tag{9-67}$$

9.4.5 평행 왕복도선

그림 9-15와 같이 반경이 a[m]인 두 도체 A, B가 거리 d[m]로 공기 중에 평행하게 이격되어 놓여져 있는 2선식 왕복선로의 단위길이당 자기 인덕턴스를 구해 보자. 단 $a \ll d$, 도선에 흐르는 전류 I[A]는 서로 반대방향이다.

도선 A에서 거리 x[m]되는 점 P에서의 자계의 세기를 $\boldsymbol{H}_a$, 도선 B에서 거리 $d-x$[m] 떨어진 점 P에서의 자계의 세기를 $\boldsymbol{H}_b$라 하면, 점 P에서의 자계의

세기 $\boldsymbol{H}_a$와 $\boldsymbol{H}_b$는 서로 같은 방향으로 작용하므로 암페어의 주회적분법칙을 적용하면 도선 A, B에 의해 점 P에서의 자계의 세기 $\boldsymbol{H}_P$는

$$\boldsymbol{H}_P = \boldsymbol{H}_a + \boldsymbol{H}_b = \frac{I}{2\pi x} + \frac{I}{2\pi(d-x)} \text{[A/m]} \tag{9-68}$$

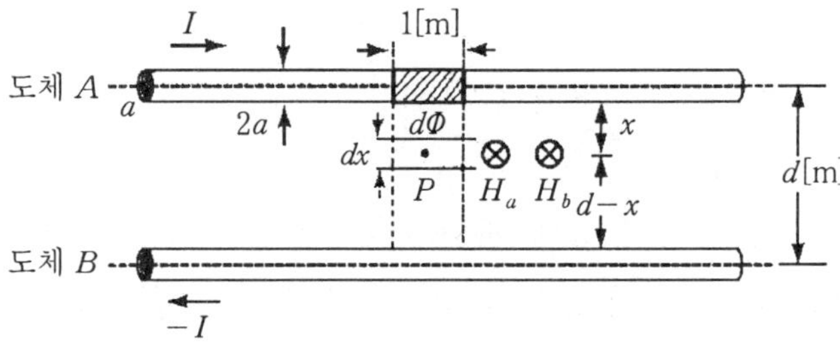

그림 9-15 평행 왕복도선

도선 A와 B에서 발생된 자계의 합성으로 나타나게 된다. 따라서 자속밀도 $\boldsymbol{B}$는 $\boldsymbol{B} = \mu_0 \boldsymbol{H}$이므로 식 (9-68)을 이용하면 다음과 같이 나타낼 수 있다.

$$\boldsymbol{B} = \mu_0 \boldsymbol{H} = \mu_0 \boldsymbol{H}_P = \frac{\mu_0 I}{2\pi x} + \frac{\mu_0 I}{2\pi(d-x)} \text{[Wb/m}^2\text{]} \tag{9-69}$$

또한 도선 A에서 거리 x[m] 떨어진 점 P 부근에 길이 1[m], 미소폭 dx[m]인 미소면적을 취하고, 이 미소면적을 통과하는 미소자속 $d\Phi$는

$$d\Phi = \boldsymbol{B} \cdot dS = \boldsymbol{B} \cdot (dx \times 1) = \boldsymbol{B} \cdot dx \tag{9-70}$$

가 된다. 여기서 dS는 미소면적분을 나타낸다. 따라서 식 (9-69)를 대입하면

$$d\Phi = \boldsymbol{B} \cdot dx = \frac{\mu_0 I}{2\pi} \left(\frac{1}{x} + \frac{l}{d-x} \right) \cdot dx \text{[Wb]} \tag{9-71}$$

가 되므로 도체 A, B 사이의 면적을 통과하는 단위길이에 대한 자속 Φ는 미소자속 $d\Phi$를 a에서 $d-a$까지 적분하면 다음과 같이 구할 수 있다.

$$\Phi = \int_{a}^{d-a} d\Phi = \frac{\mu_0 I}{2\pi} \int_{a}^{d-a} \left(\frac{1}{x} + \frac{l}{d-x} \right) \cdot dx$$

$$= \frac{\mu_0 I}{2\pi} [\ \ln x - \ln(d-x)]_{a}^{d-a} = \frac{\mu_0 I}{\pi}\ \ln \frac{d-a}{a} \text{[Wb/m]} \qquad (9\text{-}72)$$

따라서 두 도선 A, B 사이의 자기 인덕턴스 L은 $L = \frac{\Phi}{I}$의 식을 이용하면

$$L = \frac{\Phi}{I} = \frac{\mu_0}{\pi}\ \ln \frac{d-a}{a} \text{[H/m]} \qquad (9\text{-}73)$$

가 된다. 그러나 도선의 반경 a에 비해 두 도선간의 거리 d와의 관계는 $d \gg a$로 도선 사이의 거리가 반경보다 크므로 식 (9-73)의 분자항을 다음과 같이 고쳐 쓸 수 있다.

$$L = \frac{\mu_0}{\pi}\ \ln \frac{d}{a} = 4\ \ln \frac{d}{a} \times 10^{-7} \text{[H/m]} \qquad (9\text{-}74)$$

여기서 μ_0는 $4\pi \times 10^{-7}$이다. 또한 도선의 길이 l[m]에 대한 자기 인덕턴스 L_l는 다음과 식 (9-74)에 길이 l[m]을 곱하여 구할 수 있다.

$$L_l = 4\ \ln \frac{d}{a} \times 10^{-7} \times l \text{[H]} \qquad (9\text{-}75)$$

이상과 같이 위에서 구한 자기 인덕턴스의 값은 전류가 도선 표면에만 흐르는 경우의 값들이다.

그러나 전류가 도체 내부까지 균일하게 흐르는 경우에는 도체 내부에서의 자기 인덕턴스가 식 (9-62)와 같이 도선 1선당 $\mu/8\pi$이므로 도선 2개에 대한 자기 인덕턴스는 $\mu/4\pi$가 된다. 이 값을 식 (9-74)에 더하고, 도체 내부의 자기 인덕턴스까지 고려한다면 식 (9-74)는

$$L = \frac{\mu_0}{\pi}\ \ln \frac{d}{a} + \left(2 \times \frac{\mu}{8\pi} \right) = \frac{\mu_0}{\pi}\ \ln \frac{d}{a} + \frac{\mu}{4\pi}$$

$$= \frac{\mu_0}{\pi}\ \ln \frac{d}{a} + \frac{\mu_0 \mu_s}{4\pi} = \frac{\mu_0}{4\pi} \left(4\ \ln \frac{d}{a} + \mu_s \right) \text{[H/m]} \qquad (9\text{-}76)$$

로 표현되며, 주로 송전선로에서의 인덕턴스를 구할 때 사용한다.

9.5 코일에 축적되는 에너지

자기 인덕턴스 및 상호 인덕턴스를 갖는 회로에 전류를 인가하면, 전자유도현상에 의해 발생되는 역기전력에 의해 전류의 흐름을 방해하려고 하므로 이를 극복하기 위해 외부전원으로부터 에너지가 전력의 형태로 공급된다. 결국 이 에너지는 인덕턴스에 흐르는 전류에 의하여 만들어진 인덕턴스 자계 내에 축적된다. 이 에너지를 전자 에너지 또는 자계 에너지라 한다.

그림 9-16과 같은 길이 l[m], 단면적 S[m²], 투자율 μ[H/m], 코일의 권수 N[회], 자기 인덕턴스 L[H]인 자기회로가 있다.

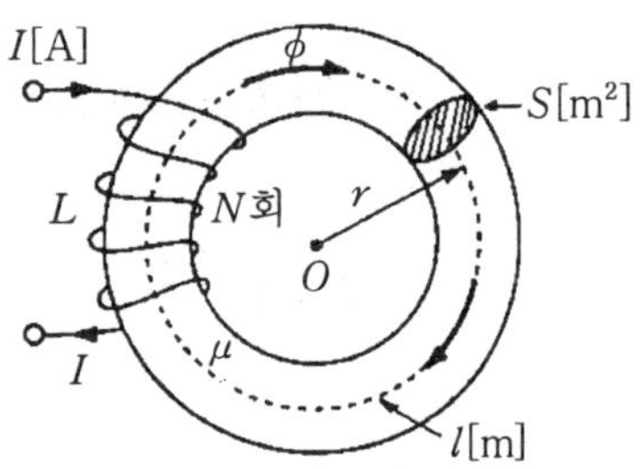

그림 9-16 코일에 축적되는 에너지

이 회로의 자기 인덕턴스에 전류 I[A]를 흘리면 전류변화에 의한 자기 인덕턴스에 유도되는 역기전력 e는

$$e = -L\frac{dI}{dt}\,[\mathrm{V}] \tag{9-77}$$

가 된다. 따라서 이 역기전력에 대하여 미소전하 dq를 운반하는데 필요한 일 dW는 다음과 같이 나타낼 수 있다.

$$dW = -e \cdot dq = L\frac{dI}{dt} \cdot dq = L\frac{dq}{dt} \cdot dI = LI \cdot dI \tag{9-78}$$

여기서, $\frac{dq}{dt} = I$이다.

따라서 자기 인덕턴스 L에 전류값을 "0"에서 I까지 증가시키는데 필요한 총 에너지(일) W는 식 (9-78)을 적분하면

$$W = \int dW = L \int I \cdot dI = \frac{1}{2} LI^2 = \frac{1}{2} \Phi I \,[\mathrm{J}] \tag{9-79}$$

이 된다. 여기서 자속 Φ는 $\Phi = LI$이다. 이 에너지가 인덕턴스에 흐르는 전류가 만드는 자계 내에 축적되는 에너지가 된다.

그림 9-16의 회로에서 자기 인덕턴스 L은 식 (9-48)로부터 다음과 같이 구할 수 있다.

$$L = \frac{\mu S N^2}{l} \,[\mathrm{H}] \tag{9-80}$$

따라서 식 (9-80)을 식 (9-79)에 입력하면 총 에너지 W는

$$W = \frac{1}{2} LI^2 = \frac{1}{2} \frac{\mu S N^2 I^2}{l} = \frac{1}{2} \mu \left(\frac{NI}{l} \right)^2 Sl \,[\mathrm{J}] \tag{9-81}$$

가 되고, 여기서, $\frac{NI}{l}$는 자계의 세기 $\boldsymbol{H}$[A/m]이고, $Sl\,[\mathrm{m}^3]$은 자기회로의 체적이다. 따라서 자기회로의 단위체적에 축적되는 에너지 w는 식 (9-81)을 체적 Sl로 나누면

$$w = \frac{W}{Sl} = \frac{1}{2} \mu \boldsymbol{H}^2 \,[\mathrm{J/m^3}] \tag{9-82}$$

가 된다. 따라서 자속밀도 $\boldsymbol{B}$[Wb/m^2]는 $\boldsymbol{B} = \mu \boldsymbol{H}$ 또는 $\boldsymbol{H} = \frac{\boldsymbol{B}}{\mu}$이므로 이 식을 (9-82)에 대입하여 정리하면 다음과 같이 표현할 수 있다.

$$w = \frac{1}{2} \mu \boldsymbol{H}^2 = \frac{1}{2} \boldsymbol{BH} = \frac{1}{2} \frac{\boldsymbol{B}^2}{\mu} \,[\mathrm{J/m^3}] \tag{9-83}$$

예 제 9-8 100[mH]의 자기 인덕턴스를 가진 코일에 10[A]의 전류를 통할 때 축적되는 에너지는 몇 [J]인가?

풀이 인덕턴스에 축적되는 에너지는 $W=\frac{1}{2}LI^2$[J]이므로 여기에 수치를 대입하면

$W=\frac{1}{2}\times 100\times 10^{-3}\times 10^2=5$[J]이 된다.

예 제 9-9 비투자율이 4000인 철심을 자화하여 자속밀도가 0.1[Wb/m²]으로 되었을 때 철심의 단위체적당 축적되는 에너지[J/m³]는?

풀이 단위체적당 축적되는 에너지는 $W=\frac{B^2}{2\mu}=\frac{B^2}{2\mu_0\mu_s}$[J/m³]이므로 이에 수치를 대입하면 $W=\frac{0.1^2}{2\times 4\pi\times 10^{-7}\times 4000}=3.125$[J/m³]이 된다.

9.6 와전류와 표피효과

9.6.1 와전류

코일과 쇄교하는 자속이 변하거나 자계 내를 도선이 이동하면 코일이나 도선에 유기기전력이 발생한다. 이때 발생되는 유도전류는 코일이나 도선과 같은 도체에만 발생하는 것이 아니라 임의의 모양이나 크기를 가지는 금속에도 발생한다. 이 유도전류를 **맴돌이 전류** 또는 와전류(eddy current)라 하며 와전류의 분포상태는 도체판의 형상, 길이, 도전율, 투자율 등에 의해 결정된다.

그림 9-17 (a)와 같이 고정된 동판에 자석의 N극 가까이 또는 멀리하는 경우로서 자석을 동판에 가까이 접근시키면 동판의 실선 화살표 방향으로 와전류가 생성되고, 자석을 멀리하면 점선 화살표 방향으로 와전류가 발생한다.

또한 그림 9-17 (b)와 같이 자석을 고정시켜 두고, 동판을 좌·우로 이동시키는 경우에도 고정된 자석을 중심으로 동판의 좌·우로 와전류가 발생한다. 자석에서 나오는 자속밀도는 중간부분이 크고, 좌·우 부분이 작으므로 좌·우측 부분에서는 쇄교하는 자속의 비율이 작으므로 자속을 증가시키는 방향으로, 중앙부분은 쇄교하는 자속의 비율이 크기 때문에 자속을 감소시키는 방향으로 와전류가 만들어

지게 된다.

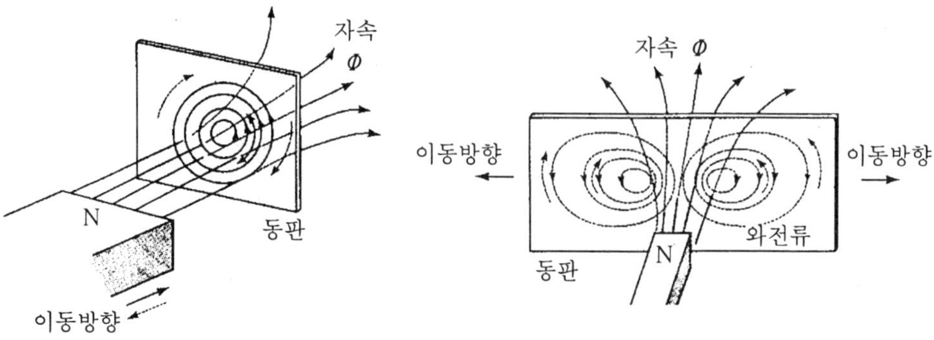

(a) (b)

그림 9-17 와전류

이와 같이 도체 내에서 와전류가 발생하면 도체의 저항으로 손실이 발생하고, 줄열이 발생하여 도체의 온도를 상승시켜 전력손실을 일으키게 된다. 이 전력손실을 **와전류손**(eddy current loss)이라 한다.

와전류에 의해 발생되는 단위체적당 와전류손을 P_e라 하면 다음과 같이 나타낼 수 있다.

$$P_e \propto \sigma f^2 B_m{}^2 [\mathrm{W}] \tag{9-84}$$

여기서 σ는 철심의 도전율, f[Hz]는 주파수, B_m[Wb/m^2]은 최대 자속밀도를 나타낸다. 변압기, 전동기 등과 같은 전기기기 분야에서는 와전류를 감소시키기 위해 전류가 잘 흐르지 못하도록 절연된 얇은 철판으로 성층하거나 도전율이 작은 재료를 사용한다. 이외에 와전류현상을 이용한 유도전동기나, 전자조리기 등에 이용되고 있다.

9.6.2 표피효과

그림 9-18 (a)와 같이 어떤 단면적을 가진 도체에 직류전류를 흘리면 도체의 단면적에 균일한 전류분포로 흐르기 때문에 전류밀도는 일정하게 된다. 그러나 그

림 9-18 (b)와 같이 도체 내부에 교류전류가 흐르면 그 전류에 의해 발생되는 자계가 시간적으로 변하기 때문에 유도기전력이 발생하여 이것이 도체 내부를 흐르는 전류를 방해하게 된다.

도체 단면에 있어서 중심부에 가까울수록 전류와 쇄교하는 자속이 커지게 되어 유입전류와 반대방향으로 유도기전력이 크게 되므로 중심부로 갈수록 전류는 감소하게 된다. 이와 같이 전류밀도가 도체 중심부에서는 작아지고, 도체 표면으로 갈수록 커지는 현상을 **표피효과**(skin effect)라 한다.

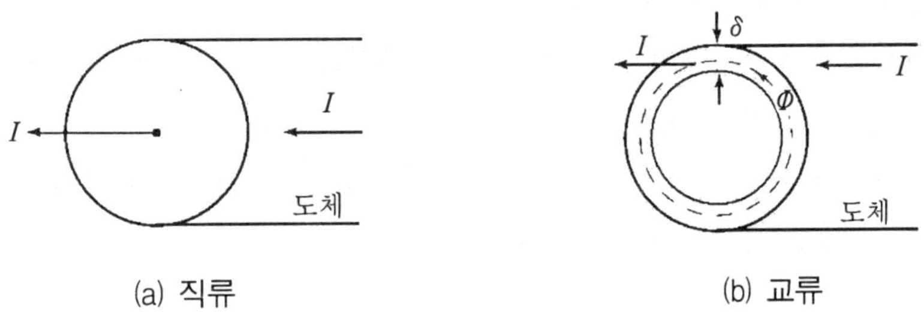

그림 9-18 표피효과

이 표피효과는 고주파일수록, 도전율 및 투자율이 클수록 크게 나타나며, 결국 전류가 도체 표면으로 흐르게 된다. 표피효과에 의한 도체내의 전류 또는 자속분포의 도체 표면에서의 깊이는 표면에서 중심으로 갈수록 지수함수적으로 감소하며 표면 전류값의 e^{-1}배 즉, 36.8[%]로 감소되는 표면에서부터의 깊이를 말한다. 이 깊이를 **표피두께** 또는 **침투깊이**라 하고 기호는 δ이며 다음과 같이 표현된다.

$$\delta = \frac{1}{\sqrt{\pi f \mu \sigma}} \text{[m]} \qquad (9\text{-}85)$$

여기서 f는 주파수, μ는 도체의 투자율, σ는 도체의 도전율이다.

표피효과는 도체의 단면적이 클수록 주파수, 도체의 투자율 및 도체의 도전율이 높을수록 커지지만, 일반적으로 사용되는 도체의 투자율이나 도전율이 거의 일정하므로 주파수에 의해 크기가 결정된다. 또한 이 표피효과를 줄이기 위해 한 개의 단선 보다는 여러 가닥의 소선을 합친 전선이나 도체의 가운데 부분을 없앤 중공 도체를 사용하는 것이 좋다.

연 습 문 제

1. 패러데이의 법칙에 대한 설명으로 가장 적합한 것은?

① 전자유도에 의해 회로에 발생되는 기전력은 자속쇄교수의 시간에 대한 증가율에 비례한다.

② 전자유도에 의해 회로에 발생되는 기전력은 자속의 변화를 방해하는 반대 방향으로 기전력이 유도된다.

③ 정전유도에 의해 회로에 발생되는 기자력은 자속의 변화방향으로 유도된다.

④ 전자유도에 의해 회로에 발생하는 기전력은 자속쇄교수의 시간에 대한 감쇄율에 비례한다.

2. 패러데이법칙 중 옳지 않은 것은?

① $e=\frac{d\phi_m}{dt}$ ② $e=-N\frac{d\phi_m}{dt}$

③ $e=\int_s \frac{dB}{ds}\cdot dS$ ④ $e=-\frac{1}{N}\frac{d\phi_m}{dt}$

3. 자기 인덕턴스 0.05[H]의 회로에 흐르는 전류가 매초 530[A]의 비율로 증가할 때 자기 유도기전력[V]을 구하면?

① −25.5 ② −26.5 ③ 25.5 ④ 26.5

4. 어느 코일에 흐르는 전류가 0.01[s]간에 1[A]로 변화하여 60[V]의 기전력이 유기되었다. 이 코일의 자기 인덕턴스[H]는?

① 0.4 ② 0.6 ③ 1.0 ④ 1.2

5. 권선수 1회인 코일 5[Wb]의 자속이 쇄교하고 있을 때 10^{-1}[s] 사이에 이 자속이 0으로 변하였다면, 이때 코일에 유도되는 기전력[V]은?

① 500 ② 100 ③ 50 ④ 10

6. 자기 인덕턴스 0.5[H]의 코일에 1/200[s] 동안에 전류가 25[A]로부터 20[A]로

줄었다. 이 코일에 유기된 기전력의 크기 및 방향은?

① 50[V], 전류와 같은방향　　② 50[V], 전류와 반대방향

③ 500[V], 전류와 같은방향　　④ 500[V], 전류와 반대방향

7. [ohm · sec]와 같은 단위는?

① [farad]　② [farad/m]　③ [henry]　④ [henry/m]

8. 권선수 200회이고, 자기 인덕턴스 20[mH]의 코일에 2[A]의 전류를 흘리면 자속[Wb]은?

① 0.04　② 0.01　③ 4×10^{-4}　④ 2×10^{-4}

9. 단면적이 0.5[m^2]이고 권선수가 3회인 코일에 쇄교하는 자속밀도의 변화가 5×10^{-3}[Wb/s · m^2]일 때 코일 양단의 기전력은 몇 [mV]인가?(단, 코일내의 자석은 평등자계이다.)

① 0.5　② 2.5　③ 5.5　④ 7.5

10. 자속밀도 B[Wb/m^2]가 도체중에서 f[Hz]로 변화할 때 도체중에 유기되는 기전력 e는 무엇에 비례하는가?

① $e \propto \dfrac{B}{f}$　② $e^2 \propto \dfrac{B}{f}$　③ $e \propto \dfrac{B^2}{f}$　④ $e \propto B \cdot f$

11. $\phi = \phi_m \sin \omega t$ [Wb]인 정현파로 변화하는 자속이 권선수 N인 코일과 쇄교할 때의 유기기전력의 위상은 자속에 비해 어떠한가?

① $\dfrac{\pi}{2}$ 만큼 빠르다.　　② $\dfrac{\pi}{2}$ 만큼 늦다.

③ π만큼 빠르다.　　④ 동위상이다.

12. N회의 권선에 최대값 1[V], 주파수 f[Hz]인 기전력을 유기시키기 위한 쇄교 자속의 최대값[Wb]은?

① $\dfrac{f}{2\pi N}$　② $\dfrac{2N}{\pi f}$　③ $\dfrac{1}{2\pi f N}$　④ $\dfrac{N}{2\pi f}$

13. 정현파 자속의 주파수를 4배로 높이면 유기 기전력은?

① 4배로 감소한다.　　② 4배로 증가한다.

③ 2배로 감소한다. ④ 2배로 증가한다.

14. 권선수 n, 가로 a[m], 세로 b[m]인 구형코일이 자속밀도 B[Wb/m²]되는 평등자계 내에서 각속도 ω[rad/s]로 회전할 때 발생하는 유기기전력의 최대값은?

① ωnB ② ωabB^2 ③ $\omega nabB$ ④ $\omega nabB^2$

15. 0.2[Wb/m²]의 평등자계 속에 자계와 직각방향으로 놓인 길이 30[cm]의 도선을 자계와 30°각의 방향으로 30[m/s]의 속도로 이동시킬 때 도체 양단에 유기되는 기전력은 몇 [V]인가?

① $0.9\sqrt{3}$ ② 0.9 ③ 1.8 ④ 90

16. 평등자계 중에서 길이가 50[cm]인 직선 도체가 자계와 수직방향으로 1[m/s]의 속도로 운동할 때의 최대 유기기전력이 0.5[V]이었다. 이때의 자속밀도[Wb/m²]는?

① 1 ② 10 ③ 0.5 ④ 5

17. 자속밀도 1[Wb/m²]인 평등자계 내에 있는 50[cm]의 직선 도체가 자계와 수직방향으로 1[m/s]의 속도로 운동할 때 발생하는 유기기전력[V]은?

① 0.1 ② 0.5 ③ 1 ④ 10

18. 50[A]의 전류가 흐르고 있는 도선에 0.2초 동안 0.03[Wb]의 자속을 끊었다. 이때 일률[W]은 얼마인가?

① 3 ② 20 ③ 7.5 ④ 5.5

19. 도전율 σ, 투자율 μ인 도체에 교류전류가 흐를 때의 표피효과는?

① 주파수가 높을수록 작다. ② 투자율이 클수록 작다.
③ 도전율이 클수록 크다. ④ 투자율, 도전율은 무관하다.

20. 도전율 σ, 투자율 μ인 도체에 교류전류가 흐를 때 표피효과에 의한 침투 깊이 δ는 σ와 μ, 그리고 주파수 f에 어떤 관계가 있는가?

① 주파수 f와 무관하다. ② σ가 클수록 작다.
③ σ와 μ에 비례한다. ④ μ가 클수록 크다.

21. 두 코일이 있다. 한 코일의 전류가 매초 120[A]의 비율로 변화할 때 다른 코일에는 15[V]의 기전력이 발생하였다면 두 코일의 상호 인덕턴스[H]는?

① 0.125 ② 0.255 ③ 0.515 ④ 0.615

22. 단면적 100[cm^2], 비투자율 1000인 철심에 500회의 코일을 감고 여기에 1[A]의 전류를 흘릴 때 자계가 1.28[AT/m]였다면 자기 인덕턴스[mH]는?

① 8.04 ② 0.16 ③ 0.81 ④ 16.08

23. 자기 인덕턴스가 각각 L_1, L_2인 A, B 두 개의 코일이 있다. 이때 상호 인덕턴스 $M=\sqrt{L_1L_2}$라면 다음 중 옳지 않은 것은?

① A코일이 만든 자속은 전부 B코일과 쇄교된다.

② 두 코일이 만드는 자속은 항상 같은 방향이다.

③ A코일에 1초 동안에 1[A]의 전류변화를 주면 B코일에는 1[V]가 유기된다.

④ L_1, L_2는 $(-)$값을 가질 수 없다.

24. 환상 철심의 코일수를 10배로 하였다면 인덕턴스의 값은 몇 배인가?

① 1배로 증가 ② 10배로 증가

③ 100배로 증가 ④ 1000배로 증가

25. 단면적 S[m^2], 자로의 길이 l[m], 투자율 μ[H/m]의 환상 철심에 1[m]당 N회 균등하게 코일을 감았을 때 자기 인덕턴스[H]는?

① $\mu N^2 lS$ ② $\dfrac{\mu N^2 l}{S}$ ③ μNlS ④ $\dfrac{\mu N^2 S}{l}$

26. 철심이 들어 있는 환상 코일이 있다. 1차 코일의 권수 $N_1=100$회일 때, 자기 인덕턴스는 0.01[H]였다. 이 철심에 2차 코일 $N_2=200$회를 감았을 때 1, 2차 코일의 상호 인덕턴스는 몇 [H]인가?(단, 결합계수 $k=1$로 한다.)

① 0.01 ② 0.02 ③ 0.03 ④ 0.04

27. 솔레노이드의 자기 인덕턴스는 권수를 N이라 하면 어떻게 되는가?

① N에 비례 ② $\sqrt{N}$에 비례 ③ N^2에 비례 ④ $1/N^2$에 비례

28. 반지름 a[m]인 원통 도체가 있다. 이 원통 도체의 길이가 l[m]일 때, 내부 인덕턴스[H]는 얼마인가?(단, 원통 도체의 투자율은 μ[H/m]이다.)

① $\frac{\mu}{4\pi}$　② $\frac{\mu}{4\pi}l$　③ $\frac{\mu}{8\pi}$　④ $\frac{\mu}{8\pi}l$

29. 코일에 있어서 자기 인덕턴스는 다음의 어떤 매질상수에 비례하는가?

① 저항률　② 유전율　③ 투자율　④ 도전율

30. 코일의 권수를 2배로 하면 인덕턴스의 값은 몇 배가 되는가?

① 1/2배　② 1/4배　③ 2배　④ 4배

31. N회 감긴 환상 코일의 단면적이 S[m^2]이고 길이가 l[m]이다. 이 코일의 권수를 반으로 줄이고 인덕턴스를 일정하게 하려면?

① 길이를 1/4배로 한다.　② 단면적을 2배로 한다.
③ 전류의 세기를 2배로 한다.　④ 전류의 세기를 4배로 한다.

32. 길이 10[cm], 반지름 1[m]인 원형 단면을 갖는 공심 솔레노이드의 자기 인덕턴스를 1[mH]로 하기 위한 솔레노이드의 권선수는 약 얼마인가?

① 250회　② 500회　③ 750회　④ 900회

33. 환상 솔레노이드 코일에 있어서 코일에 흐르는 전류가 2[A]일 때 자로의 자속이 1×10^{-2}[Wb] 되었다고 한다. 코일의 권수를 500회라 할 때, 이 코일의 자기 인덕턴스[H]는?(단, 코일의 전류와 자로의 자속과의 관계는 정비례하는 것으로 하여 계산하여라.)

① 2.5　② 3.5　③ 4.5　④ 5.5

34. 원형 단면을 가진 비자성재료에 균일하게 감긴 권수 $N_1 = 1000$회인 환상 솔레노이드의 자기 인덕턴스가 $L_1 = 2$[mH]이다. 그 위에 $N_2 = 1200$회의 코일을 감으면 상호 인덕턴스[mH]는?(단, 누설자속은 없는 것으로 본다.)

① 2.0　② 2.4　③ 3.6　④ 4.5

35. 같은 철심위에 인덕턴스 L이 같은 두 코일을 같은 방향으로 감고 직렬로 연결하였을 때 합성 인덕턴스는?(단, 두 코일이 완전결합일 때)

① 0 ② $2L$ ③ $3L$ ④ $4L$

36. 두 자기 인덕턴스를 직렬로 하여 합성 인덕턴스를 측정하였더니 75[mH]가 되었다. 이때 한쪽 인덕턴스를 반대로 접속하여 측정하니 25[mH]가 되었다면 두 코일의 상호 인덕턴스[mH]는 얼마인가?

① 12.5 ② 20.5 ③ 25 ④ 30

37. 서로 결합하고 있는 두 코일의 자기 인덕턴스가 각각 3[mH], 5[mH]이다. 이들을 자속이 합하여지도록 직렬접속할 때는 합성 인덕턴스가 L[mH]이고, 반대가 되도록 직렬접속하였을 때의 합성 인덕턴스 L'는 L의 60[%]였다. 두 코일간의 결합계수는?

① 0.258 ② 0.362 ③ 0.451 ④ 0.553

38. 자기 인덕턴스 L_1, L_2와 상호 인덕턴스 M과의 결합계수는 어떻게 표시되는가?

① $\frac{\sqrt{L_1L_2}}{M}$ ② $\frac{M}{\sqrt{L_1L_2}}$ ③ $\frac{M}{L_1L_2}$ ④ $\frac{L_1L_2}{M}$

39. 두 코일이 있다. 각 코일의 자기 인덕턴스가 $L_1 = 0.15$[H], $L_2 = 0.2$[H] 상호 인덕턴스가 $M = 0.1$[H]라고 하면, 두 코일의 결합계수 k는?

① 0.456 ② 0.578 ③ 0.628 ④ 0.725

40. 반지름 a의 직선상 도체에 전류 I가 고르게 흐를 때 도체내의 전자에너지와 관계없는 것은?

① 투자율 ② 도체의 단면적
③ 도체의 길이 ④ 전류의 크기

41. 자기 인덕턴스가 20[mH]인 코일에 전류를 흘려주었을 때 코일과의 쇄교 자속수가 0.2[Wb]였다. 이 때 코일에 저축되는 자기에너지[J]는?

① 0.5 ② 1 ③ 2 ④ 4

42. 그림 (a)의 인덕턴스에 전류가 그림 (b)와 같이 흐를 때 2초에서 6초 사이의 인덕턴스 전압 V_L은 몇 [V]인가?(단, $L=1$[H]이다.)

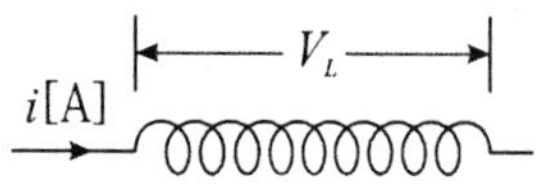

(a)

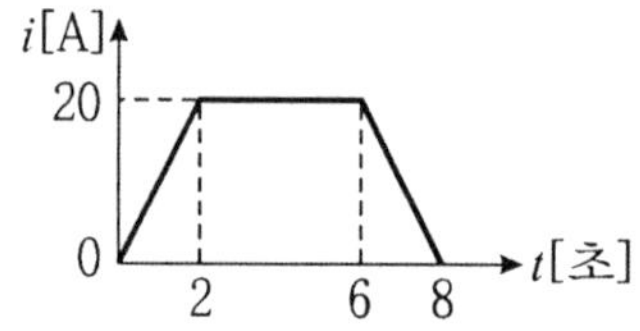

(b)

43. 그림과 같이 $B=B_0 \sin \omega t$인 자장에 의해서 면적 S인 고정된 구형환선에 유도되는 전압[V]은?

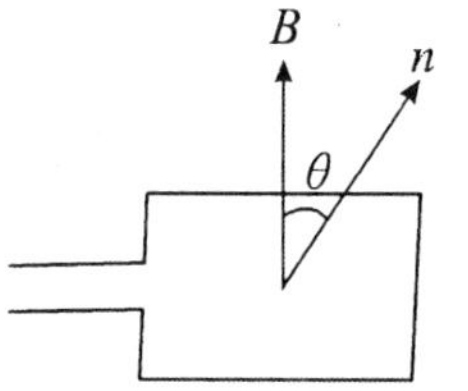

n : 면의 법선 방향의 단위 벡터

44. 권선수 500[T]의 코일 내를 통하는 자속이 다음 그림과 같이 변화하고 있다. bc 기간 내에 코일 단자간에 발생하는 유기기전력[V]은?

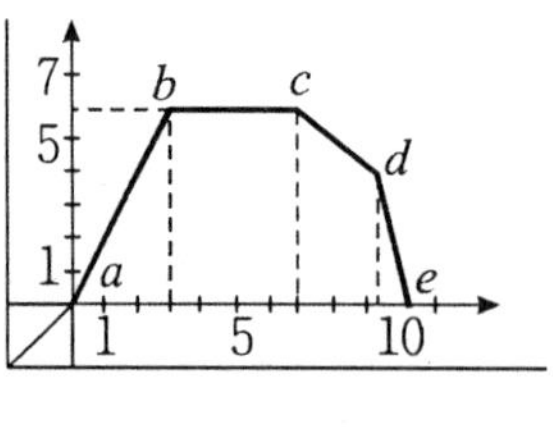

45. 그림과 같이 단면적이 균일한 환상 철심에 권수 N_1인 A코일과 권수 N_2인 B코일이 있을 때 A코일의 자기 인덕턴스가 L_1[H]라면 두 코일의 상호 인덕턴스 M[H]는?(단, 누설자속은 0이다.)

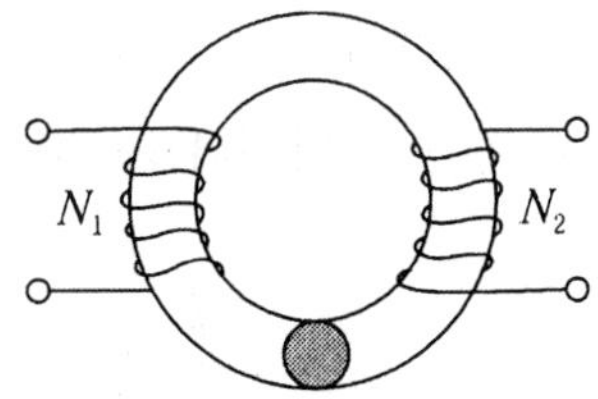

46. 자속밀도 B[Wb/m^2]의 평등자계와 평행한 축 둘레에 각속도 ω[rad/s]로 회전하는 반지름 a[m]의 도체 원판에 그림과 같이 브러시를 접촉시킬 때 저항 R[Ω]에 흐르는 전류[A]는?

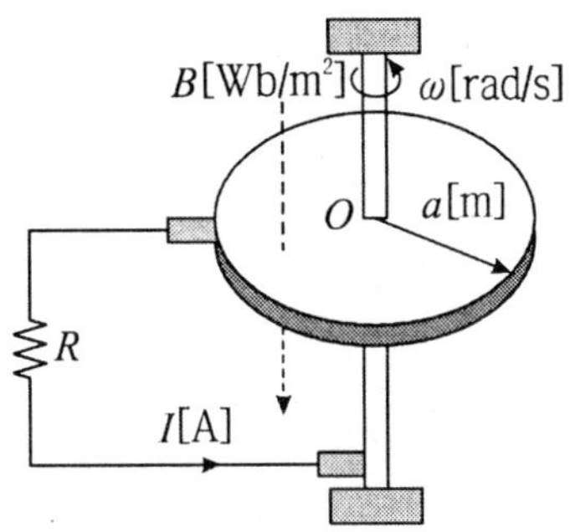

47. 그림과 같이 환상의 철심에 일정한 권선이 감겨진 권수 N회, 단면 S[m^2], 평균자로의 길이 l[m]인 환상 솔레노이드에 전류 i[A]를 흘렸을 때 이 환상 솔레노이드의 자기 인덕턴스를 옳게 표현한 식은?

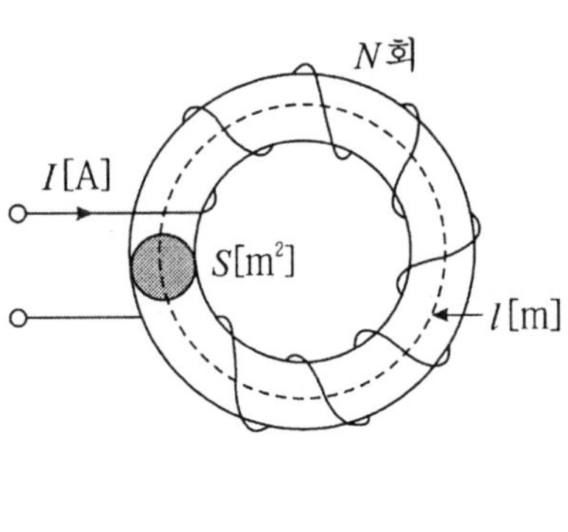

48. 그림에서 $S=5[\text{cm}^2]$, $l=50[\text{cm}]$, $\mu_s=1000$, $N=100$라고 하고 1[A]의 전류를 흘렸을 때 자계에 저축되는 에너지[J]를 구하면?

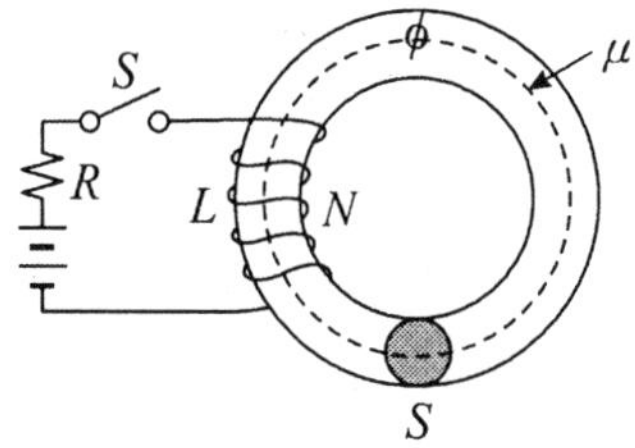

제 10 장

전 자 계

10.1 변위전류

지금까지 도체 내에 흐르는 전류는 자유전자의 이동에 의한 것으로 이를 전도전류라 하며, 그 크기는 옴의 법칙에 의하여 구할 수 있고, 또한 전류가 흐르는 도체 주변에 자계는 암페어의 주회적분법칙에 의하여 임의의 폐곡면 도체에 대한 선적분으로 다음과 같이 정의하였다.

$$\int_C \boldsymbol{H} \cdot d\boldsymbol{l} = I \tag{10-1}$$

이 식은 도체에 흐르는 전류가 연속적으로 전도전류에만 적용할 수 있다. 그러나 그림 10-1과 같이 유전체가 삽입된 콘덴서의 전극간에는 전도전류가 흐를 수 없으므로 암페어의 주회적분법칙의 조건에 맞지 않는다.

이와 같이 콘덴서의 전극 사이에 흐르는 전류를 설명하기 위해 맥스웰(J.C. Maxwell)은 시간에 따라 전극 사이의 전계가 변하면 구속전자의 변위에 의해서 전류가 흐른다는 **변위전류** 개념을 도입하여 유전체내에 흐르는 전류를 설명하였다.

그림 10-1과 같이 전극면적 $S[\mathrm{m}^2]$인 평행평판콘덴서에 축적된 전하를 Q, 전극의 표면전하밀도를 σ, 전극 사이의 전속밀도를 $\boldsymbol{D}$라 하면, 표면전하밀도와 전속밀

도 $\boldsymbol{D}$는 $\boldsymbol{D}=\sigma$의 관계가 있으므로 극판 사이의 전하 Q는

$$Q=\sigma S=\boldsymbol{D}S[\mathrm{C}] \tag{10-2}$$

가 된다. 따라서 전극 사이의 전하 Q의 시간적 변화에 의해 콘덴서에 유입하는 전류 I[A]는 콘덴서 극판 사이에 흐르는 가상적인 전류 즉 변위전류 I_d라 하면 변위전류는 다음과 같이 나타낼 수 있다.

$$I_d=\frac{dQ}{dt}=S\frac{\partial \boldsymbol{D}}{\partial t}[\mathrm{A}] \tag{10-3}$$

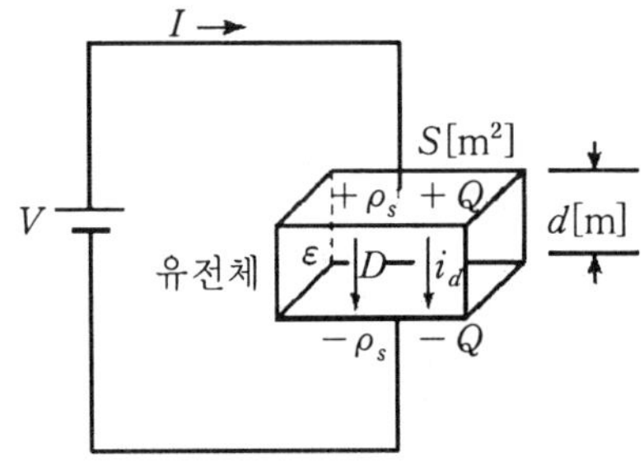

그림 10-1 변위전류

식 (10-3)의 양변을 전극면적 S로 나누면 변위전류 밀도 i_d로 나타내면

$$i_d=\frac{\partial \boldsymbol{D}}{\partial t}=\frac{1}{S}\frac{\partial Q}{\partial t}[\mathrm{A/m^2}] \tag{10-4}$$

가 된다. 여기서 i_d가 **변위전류밀도**이며 전류밀도와 같은 단위를 사용한다. 변위전류 및 변위전류밀도는 시간적으로 변화하는 전속밀도 $\boldsymbol{D}$에 의한 전류인 것이다.

따라서 콘덴서를 포함하는 회로에 대한 암페어의 주회적분법칙은 전도전류 I와 변위전류 i_d의 합으로 다음과 같이 나타낼 수 있다.

$$\begin{aligned}\int_C \boldsymbol{H}\cdot d\boldsymbol{l}&=I+i_d=\boldsymbol{J}S+i_dS\\&=\int_S \boldsymbol{J}\cdot d\boldsymbol{S}+\int_S\frac{\partial \boldsymbol{D}}{\partial t}\cdot d\boldsymbol{S}\end{aligned} \tag{10-5}$$

여기서 $\boldsymbol{J}$는 전도전류밀도이다.

또한 유전체 중에서의 변위전류밀도는 $\boldsymbol{D}=\varepsilon\boldsymbol{E}=\varepsilon_0\boldsymbol{E}+\boldsymbol{P}$의 관계가 있으므로 식 (10-4)는 다음과 같이 나타낼 수 있다.

$$i_d=\frac{\partial \boldsymbol{D}}{\partial t}=\varepsilon\frac{\partial \boldsymbol{E}}{\partial t}=\varepsilon_0\frac{\partial \boldsymbol{E}}{\partial t}+\frac{\partial \boldsymbol{P}}{\partial t}\,[\mathrm{A/m^2}] \tag{10-6}$$

이 식은 유전체 중에서 변위전류로 진공일 때 전계변화에 의한 변위전류와 구속전자의 변위에 의한 분극전류의 합인 것이다. 유전체에서 구속전자의 변위에 의해 나타나는 변위전류는 전자파의 해석에 중요한 기초가 되고 있다.

예제 10-1 간격이 d[m]인 2개의 평행판 전극 사이에 유전율 ε의 유전체가 들어 있다. 전극 사이에 전압 $v=V_m\cos\omega t$를 가했을 때, 변위전류밀도는 얼마인가?

풀이 극판 간격을 d, 면적을 S, 유전율을 ε이라 하면

$C=\frac{\varepsilon S}{d}$, $E=\frac{v}{d}$, $D=\varepsilon E$이므로

$$i_d=\frac{\partial D}{\partial t}=\varepsilon\frac{\partial E}{\partial t}=\varepsilon\frac{\partial}{\partial t}\left(\frac{v}{d}\right)=\frac{\varepsilon}{d}\frac{\partial}{\partial t}(V_m\cos\omega t)=-\frac{\varepsilon}{d}\omega V_m\sin\omega t\,[\mathrm{A/m^2}]$$

10.2 맥스웰의 전자방정식

맥스웰방정식은 전계와 자계를 설명하는 기본법칙으로 자유공간에서 맥스웰방정식을 정리하면 다음과 같다.

① 가우스법칙으로 임의의 폐곡면 S을 통해 나가는 전기력선의 수는 그 폐곡면내에 있는 전하의 $\frac{1}{\varepsilon_0}$배와 같다.

$$\int_S \boldsymbol{E}\cdot d\boldsymbol{S}=\frac{Q}{\varepsilon_0} \tag{10-7}$$

② 자속에 대한 가우스법칙으로 임의의 폐곡면 S을 통과하는 자속은 "0"이다.

이것은 자기력선이 공간내의 임의의 점으로부터 발산하지도 또는 수렴하지도 않고 연속적이다.

$$\int_S \boldsymbol{B} \cdot d\boldsymbol{S} = 0 \tag{10-8}$$

③ 임의의 폐곡선 C에 따른 전계의 적분은 곡선으로 둘러 쌓인 임의의 폐곡면 S를 통과하는 자속의 변화율에 비례한다.(패러데이법칙)

$$\int_C \boldsymbol{E} \cdot d\boldsymbol{l} = -\int_S \frac{\partial \boldsymbol{B}}{\partial t} \cdot d\boldsymbol{S} \tag{10-9}$$

④ 유전체에서 전도전류와 변위전류가 공존하는 경우의 전류계와 자계에 대한 암페어의 주회적분법칙은 다음과 같다.

$$\int_C \boldsymbol{H} \cdot d\boldsymbol{l} = \int_S \boldsymbol{J} \cdot d\boldsymbol{S} + \int_S \frac{\partial \boldsymbol{D}}{\partial t} \cdot d\boldsymbol{S} \tag{10-10}$$

위의 식 (10-7)에서 식 (10-10)까지의 4가지 법칙이 **맥스웰의 전자방정식의 적분형**이다.

식 (10-7)을 발산정리를 이용하면 $\int_S \boldsymbol{E} \cdot d\boldsymbol{S} = \int_v \mathrm{div}\,\boldsymbol{E} \cdot dv = \frac{1}{\varepsilon_0} \int_v \rho \cdot dv$로 되므로 따라서 다음과 같이 나타낼 수 있다.

$$\mathrm{div}\,\boldsymbol{E} = \nabla \cdot \boldsymbol{E} = \frac{\rho}{\varepsilon_0} \tag{10-11}$$

식 (10-8)을 발산정리를 이용하면 $\int_S \boldsymbol{B} \cdot d\boldsymbol{S} = \int_S \mathrm{div}\,\boldsymbol{B} \cdot dv = 0$이므로

$$\mathrm{div}\,\boldsymbol{B} = \nabla \cdot \boldsymbol{B} = 0 \tag{10-12}$$

이 된다.

또한 식 (10-9)을 스토크스의 정리를 이용하면

$\int_C \boldsymbol{E} \cdot d\boldsymbol{l} = -\int_S \mathrm{rot}\,\boldsymbol{E} \cdot d\boldsymbol{S} = -\int_S \frac{\partial \boldsymbol{B}}{\partial t} \cdot d\boldsymbol{S}$이므로 다음과 같다.

$$\text{rot}\,\boldsymbol{E} = \nabla \times \boldsymbol{E} = -\frac{\partial \boldsymbol{B}}{\partial t} \tag{10-13}$$

식 (10-10)에 스토크스의 정리를 적용하면

$\int_C \boldsymbol{H} \cdot d\boldsymbol{l} = \int_S \text{rot}\,\boldsymbol{H} \cdot d\boldsymbol{S} = \int_S \boldsymbol{J} \cdot d\boldsymbol{S} + \int_S \frac{\partial \boldsymbol{D}}{\partial t} \cdot d\boldsymbol{S}$가 되므로

$$\text{rot}\,\boldsymbol{H} = \nabla \times H = \boldsymbol{J} + \frac{\partial \boldsymbol{D}}{\partial t} \tag{10-14}$$

가 된다. 따라서 위의 식 (10-11)에서 식 (10-14)까지를 맥스웰의 전자방정식의 미분형이라 한다.

이 맥스웰 전자방정식 중에서 식 (10-9)와 식 (10-13)은 자속밀도 $\boldsymbol{B}$가 변화하면 전계 $\boldsymbol{E}$가 발생하고, 식 (10-10)과 식 (10-14)은 전속밀도 $\boldsymbol{D}$가 변화하면 자계 $\boldsymbol{H}$가 발생한다는 의미로 즉, 전계 $\boldsymbol{E}$와 자계 $\boldsymbol{H}$는 서로 상호관련이 있다는 것을 알 수 있다. 이 맥스웰방정식을 이용하면 전계 및 자계에 관한 법칙을 유도하는데 유용하게 사용된다.

10.3 전자파의 파동방정식

자유공간인 경우에는 매질정수 μ, ε이 어느 곳이나 균일하고, 전하를 포함하지 않는 공간 즉, 진공 또는 유전체와 같은 공간의 비도전성 균질매질에서는 μ, ε, $\sigma = 0$, $I = 0$, $\rho = 0$이므로 맥스웰 전자방정식은 다음과 같이 변환할 수 있다.

$$\nabla \times \boldsymbol{E} = -\mu \frac{\partial \boldsymbol{H}}{\partial t} \tag{10-15}$$

$$\nabla \times \boldsymbol{H} = \varepsilon \frac{\partial \boldsymbol{E}}{\partial t} \tag{10-16}$$

$$\text{div}\,\boldsymbol{D} = 0, \quad \text{div}\,\boldsymbol{E} = 0 \tag{10-17}$$

$$\text{div}\,\boldsymbol{B} = 0, \quad \text{div}\,\boldsymbol{H} = 0 \tag{10-18}$$

식 (10-15)의 양변에 rot$(=\nabla \times)$를 취하면 다음과 같다.

$$\nabla \times \nabla \times \boldsymbol{E} = -\mu \frac{\partial}{\partial t}(\nabla \times \boldsymbol{H}) \tag{10-19}$$

식 (10-19)의 좌변항은 벡터연산공식을 취한 후 식 (10-17)의 $\nabla \cdot \boldsymbol{E} = 0$을 적용하면 다음과 같다.

$$\nabla \times \nabla \times \boldsymbol{E} = \nabla(\nabla \cdot \boldsymbol{E}) - \nabla^2 \boldsymbol{E} = -\nabla^2 \boldsymbol{E} \tag{10-20}$$

또 식 (10-19)의 우변항에는 식 (10-16)의 $\nabla \times \boldsymbol{H} = \varepsilon \frac{\partial \boldsymbol{E}}{\partial t}$를 대입하면

$$-\mu \frac{\partial}{\partial t}(\nabla \times \boldsymbol{H}) = -\mu \frac{\partial}{\partial t}\left(\varepsilon \frac{\partial \boldsymbol{E}}{\partial t}\right) = -\mu \varepsilon \frac{\partial^2 \boldsymbol{E}}{\partial^2 t} \tag{10-21}$$

가 된다. 따라서 식 (10-20)과 식 (10-21)로부터 다음과 같이 나타낼 수 있다.

$$\nabla^2 \boldsymbol{E} = \mu\varepsilon \frac{\partial^2 \boldsymbol{E}}{\partial^2 t} \tag{10-22}$$

이 식이 전계 $\boldsymbol{E}$에 대한 파동방정식이며, 마찬가지로 위의 방법으로 자계 $\boldsymbol{H}$의 파동방정식을 구하면 다음과 같다.

$$\nabla^2 \boldsymbol{H} = \mu \varepsilon \frac{\partial^2 \boldsymbol{H}}{\partial^2 t} \tag{10-23}$$

이와 같이 식 (10-22)와 식 (10-23)은 시변의 전계 $\boldsymbol{E}$와 자계 $\boldsymbol{H}$만으로 구성된 2계 벡터 미분방정식이 되며, 이 식을 **파동방정식**이라 한다. 이 파동방정식은 전자파, 음파 등의 다양한 파의 물리적 현상을 규명하는데 중요한 방정식이다.

또한 전자계의 파동방정식은 직각좌표계 x, y, z의 각 성분의 스칼라함수로 나타내면 다음과 같이 전계와 자계를 각각 나타낼 수 있다.

$$\varepsilon \mu \frac{\partial^2 E_x}{\partial t^2} = \frac{\partial^2 E_x}{\partial x^2} + \frac{\partial^2 E_x}{\partial y^2} + \frac{\partial^2 E_x}{\partial z^2} = \nabla^2 E_x \tag{10-24}$$

$$\varepsilon \mu \frac{\partial^2 E_y}{\partial t^2} = \frac{\partial^2 E_y}{\partial x^2} + \frac{\partial^2 E_y}{\partial y^2} + \frac{\partial^2 E_y}{\partial z^2} = \nabla^2 E_y \tag{10-25}$$

$$\varepsilon\mu\frac{\partial^2 E_z}{\partial t^2} = \frac{\partial^2 E_z}{\partial x^2} + \frac{\partial^2 E_z}{\partial y^2} + \frac{\partial^2 E_z}{\partial z^2} = \nabla^2 E_z \qquad (10\text{-}26)$$

$$\varepsilon\mu\frac{\partial^2 H_x}{\partial t^2} = \frac{\partial^2 H_x}{\partial x^2} + \frac{\partial^2 H_x}{\partial y^2} + \frac{\partial^2 H_x}{\partial z^2} = \nabla^2 H_x \qquad (10\text{-}27)$$

$$\varepsilon\mu\frac{\partial^2 H_y}{\partial t^2} = \frac{\partial^2 H_y}{\partial x^2} + \frac{\partial^2 H_y}{\partial y^2} + \frac{\partial^2 H_y}{\partial z^2} = \nabla^2 H_y \qquad (10\text{-}28)$$

$$\varepsilon\mu\frac{\partial^2 H_z}{\partial t^2} = \frac{\partial^2 H_z}{\partial x^2} + \frac{\partial^2 H_z}{\partial y^2} + \frac{\partial^2 H_z}{\partial z^2} = \nabla^2 H_z \qquad (10\text{-}29)$$

10.4 전자기파의 발생

식 (10-4)의 변위전류 $i_d = \frac{\partial \boldsymbol{D}}{\partial t}$에 $\boldsymbol{D} = \varepsilon \boldsymbol{E}$를 대입하면

$$i_d = \frac{\partial \boldsymbol{D}}{\partial t} = \varepsilon\frac{\partial \boldsymbol{E}}{\partial t} = \frac{\partial \Phi}{\partial t} \qquad (10\text{-}30)$$

로 나타낼 수 있다. 맥스웰의 변위전류의 개념에 의해 전계의 시간적 변화 즉, $d\boldsymbol{E}/dt$에 의해 주변에 자계의 변화 즉, $d\Phi/dt$가 발생하므로, 그림 10-2 (a)와 같이 전계의 시간적 변화에 의해 자계가 발생하고, 그림 (b)와 같이 자계의 시간적 변화에 의해 전계가 발생하게 되는 것이다.

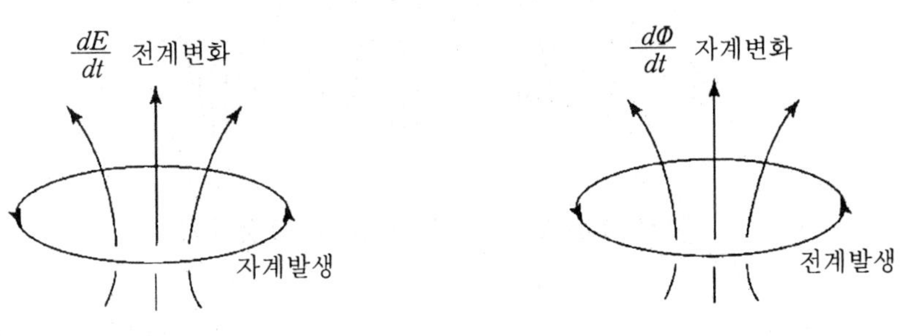

(a) 자계에 의한 전계 발생 (b) 전계에 의한 자계 발생

그림 10-2 전계와 자계의 발생

따라서 자계의 시간적 변화는 패러데이의 전자유도법칙에 의해 유도기전력이 발생하므로 자계에 의한 전계의 발생을 의미하고, 전계의 시간적 변화는 변위전류에 의한 자계의 발생을 의미하는 것이다.

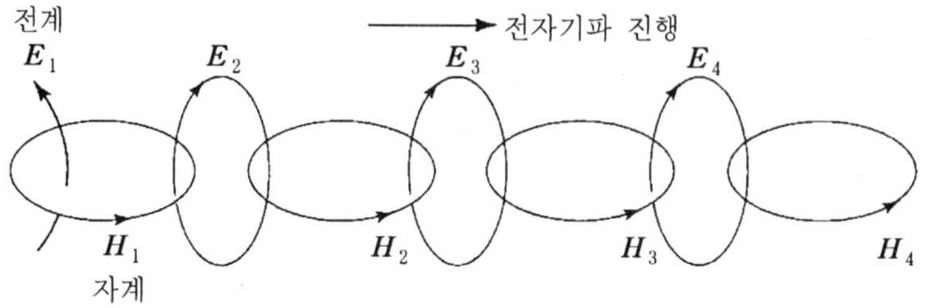

그림 10-3 전자기파의 진행

그러므로 그림 10-3과 같이 공간의 한 점에서 시간적으로 변하는 전계 $\boldsymbol{E}_1$이 있으면 그 주위에 시간과 공간에 따라 변화는 자계 $\boldsymbol{H}_1$이 유도되고, 이 자계는 그 주위의 시간과 공간에 따라 변화는 전계 $\boldsymbol{E}_2$를 유도하게 된다. 이와 같이 전계와 자계는 상호 연결고리처럼 형성해 진행하게 되는 것이다. 이것을 전자기파(electromagnetic wave)라 한다.

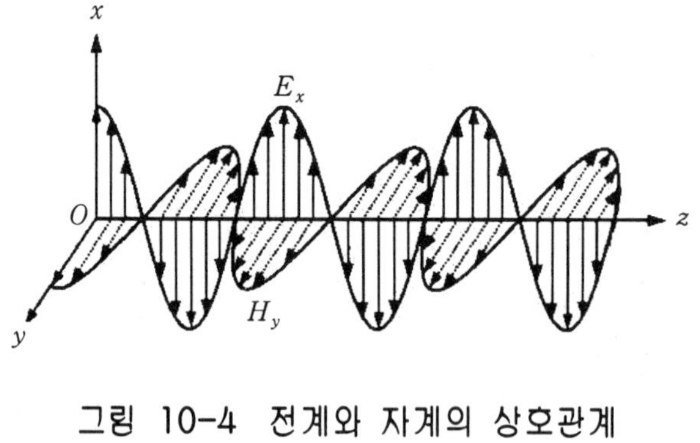

그림 10-4 전계와 자계의 상호관계

그림 10-4는 전자기파의 전계와 자계를 벡터로 나타낸 것이다. 전계 $\boldsymbol{E}$와 자계 $\boldsymbol{H}$는 서로 수직이며, 진행방향은 전계 $\boldsymbol{E}$를 기준으로 자계 $\boldsymbol{H}$방향으로 90°로 오른 나사와 같이 돌릴 때 나사의 진행방향과 일치하게 된다. 전계와 자계가 진행방향에 수직으로 진동하므로 이 전자기파는 횡파가 된다. 전계가 최대인 곳에서는

자계도 최대가 되고, 전계가 최소인 곳에서도 자계는 최소가 되므로 위상이 서로 같다. 또한 전자기파의 진행속도는 진공에서는 3×10^8[m/s]으로 빛의 속도와 같고, 빛과 같이 회절, 간섭 및 편광 등의 성질을 가지고 있다.

10.5 평면파

평면파라는 것은 그림 10-5와 같이 전계 $\boldsymbol{E}$의 진동면과 자계 $\boldsymbol{H}$의 진동면이 서로 직각을 이루며, 진행파의 진행방향이 각각의 진동면과 수직이 되는 파를 말한다. 그림 10-5에서 전자기파를 보면 전계는 x방향 성분만, 자계는 y성분만 가지고 z축 방향으로 진행하고 있는 것을 알 수 있으며, 전계와 자계의 위상과 진폭이 동일 평면 내에서 균일하다고 가정하자.

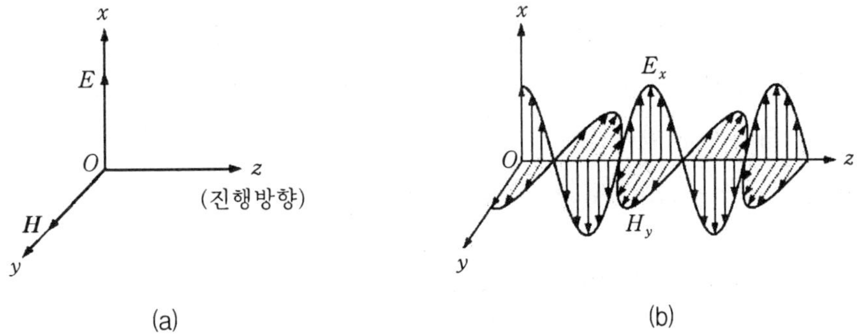

그림 10-5 평면파의 전계와 자계의 관계

식 (10-22)와 식 (10-23)의 방정식이 파동성의 성질을 가지고 있는지를 조사하기 위해 일반해를 구하고, 이 해가 파동성을 가지면 전계 $\boldsymbol{E}$와 자계 $\boldsymbol{H}$는 전계파, 자계파 즉 진행하는 전자파가 된다. 그러나 일반적으로 일반해를 구하기 어렵기 때문에 실용적으로 중요한 의미를 가지는 제한 조건을 가정하여 단순화하여 해를 구한다.

먼저 위치 및 시변함수인 전계 $\boldsymbol{E}(x, y, z, t)$에 관한 방정식인 식 (10-22)의 일반해를 구하기 위해 다음과 같은 조건을 가정한다.

① 전계 $\boldsymbol{E}$는 x성분만 가지는 E_x만 존재하고, 다른 성분은 $E_y = E_z = 0$이다.

$$\boldsymbol{E} = E_x \boldsymbol{i} = E_x(x,\ y,\ z,\ t)\boldsymbol{i} \tag{10-31}$$

② E_x는 x, y축 방향에 대해 일정$(\partial/\partial x = \partial/\partial y = 0)$하다.

이것은 전계 $\boldsymbol{E}$는 $+z$방향으로만 변화하므로 식 (10-31)을

$$\boldsymbol{E} = E_x \boldsymbol{i} = E_x(z,\ t)\boldsymbol{i} \tag{10-32}$$

로 나타낼 수 있다.

③ 전계는 시간 t에 대하여 각주파수 ω로 순시 정현적으로 변화하므로 식 (10-32)를 다음과 같이 나타낼 수 있다.

$$\boldsymbol{E} = E_x \boldsymbol{i} = E_x(z) \cos \omega t \boldsymbol{i} \tag{10-33}$$

이상과 같은 조건으로 전계 및 자계는 전자파의 진행방향에 수직인 무한평면 내에서 진폭과 위상이 같고, 크기가 한 쪽 방향에 결정된다는 것을 의미하며, 이 파를 균일 평면파라 한다.

순시 정현함수 E_x는 다음과 같이 스칼라량으로 나타내면

$$E_x = E_0 \cos(\omega t + \theta) \tag{10-34}$$

이고, 여기서 $E_x = E(x,\ y,\ z,\ t)$ 함수이고, $E_0 = E(x,\ y,\ z)$는 시간 t에 무관한 함수로 ω의 함수일 수도 있다.

식 (10-34)의 순시 정현함수를 지수함수로 나타내면

$$E_x = E_0 \cos(\omega t + \theta) = E_0 e^{j(\omega t + \theta)} = E_0 e^{j\theta} \cdot e^{j\omega t} \tag{10-35}$$

로 되고, 이는 위치함수와 시간함수로 표현할 수 있다.

식 (10-35)을 페이저 형식으로 나타내려면 식에서 $e^{j\omega t}$을 제거한다. 이때 페이저 함수라는 것을 나타내기 위해 아래첨자 s를 사용하여 표시한다.

$$E_s = E_0 e^{j\theta} \tag{10-36}$$

또한 페이저함수가 주어지면 순시함수는 페이저함수에 $e^{j\omega t}$을 곱한 것과 같다.

$$E_x = E_s \cdot e^{j\omega t} \tag{10-37}$$

식 (10-34)의 순시 정현함수를 미분하면

$$\begin{aligned}\frac{\partial E_x}{\partial t} &= \frac{\partial}{\partial t}[E_0 \cos(\omega t + \theta)] = -\omega E_0 \sin(\omega t + \theta) \\ &= \frac{\partial}{\partial t}[E_0 e^{j\theta} \cdot e^{j\omega t}] = \frac{\partial}{\partial t}(E_s \cdot e^{j\omega t}) = j\omega E_s \cdot e^{j\omega t}\end{aligned} \tag{10-38}$$

이 된다. 여기서 순시함수 E_x를 시간에 대해 미분한 값은 순시함수의 페이저 E_s에 $j\omega$를 곱한 것과 같다. 따라서 순시함수를 페이저함수로 나타낼 때 미분형과 적분형은 다음과 같이 변형하여 나타낼 수 있다.

$$\text{미분형}: \ \frac{\partial E_x}{\partial t} \rightarrow j\omega \cdot E_s, \quad \frac{\partial^2 E_x}{\partial t^2} \rightarrow (j\omega)^2 \cdot E_s = -\omega^2 \cdot E_s \tag{10-39}$$

$$\text{적분형}: \ \int E_x dx \rightarrow \frac{1}{j\omega} \cdot E_s \tag{10-40}$$

따라서 순시 정현함수를 벡터로 나타내면

$$\boldsymbol{E}(x, y, z, t) = \boldsymbol{E}(x, y, z) \cdot e^{j\omega t} = \boldsymbol{E}_s \cdot e^{j\omega t} \tag{10-41}$$

로 되고, 벡터함수도 시간에 대해 미분하면 스칼라함수와 같이 원함수의 벡터 페이저에 미분형은 $j\omega$, 적분형에는 $\frac{1}{j\omega}$를 곱하여 나타낼 수 있다.

따라서 식 (10-22)와 식 (10-23)을 시간 t에 무관한 페이저함수로 각각 표현하면 다음과 같이 변형된다.

$$\nabla^2 \boldsymbol{E} = \varepsilon\mu \frac{\partial^2 \boldsymbol{E}}{\partial t^2} \rightarrow \nabla^2 \boldsymbol{E}_s = \varepsilon\mu (j\omega)^2 \boldsymbol{E}_s = -\omega^2 \varepsilon\mu \boldsymbol{E}_s \tag{10-42}$$

$$\nabla^2 \boldsymbol{H} = \varepsilon\mu \frac{\partial^2 \boldsymbol{H}}{\partial t^2} \rightarrow \nabla^2 \boldsymbol{H}_s = \varepsilon\mu (j\omega)^2 \boldsymbol{H}_s = -\omega^2 \varepsilon\mu \boldsymbol{H}_s \tag{10-43}$$

여기서 $\boldsymbol{E}$, $\boldsymbol{H}$는 시변 시간함수이고, $\boldsymbol{E}_s$, $\boldsymbol{H}_s$는 벡터 페이저함수이다. 이 방정식을 **벡터 헬름홀쯔 방정식**이라 하며, 이 방정식을 직각좌표계로 나타내면,

$$\left.\begin{aligned}\frac{\partial^2 E_{xs}}{\partial x^2}+\frac{\partial^2 E_{xs}}{\partial y^2}+\frac{\partial^2 E_{xs}}{\partial z^2}=-\omega^2\varepsilon\mu E_{xs}\\ \frac{\partial^2 E_{ys}}{\partial x^2}+\frac{\partial^2 E_{ys}}{\partial y^2}+\frac{\partial^2 E_{ys}}{\partial z^2}=-\omega^2\varepsilon\mu E_{ys}\\ \frac{\partial^2 E_{zs}}{\partial x^2}+\frac{\partial^2 E_{zs}}{\partial y^2}+\frac{\partial^2 E_{zs}}{\partial z^2}=-\omega^2\varepsilon\mu E_{zs}\end{aligned}\right\} \tag{10-44}$$

로, 이식을 **스칼라 헬름홀쯔 방정식**이라 하며 위의 헬름홀쯔 방정식은 시간 t에 무관한 불시변의 페이저 형태로 표현한 정현적 파동방정식이다.

식 (10-44)에 평면파의 제한조건을 적용하여 단순화시키면

$$\frac{\partial^2 E_{xs}}{\partial z^2}=-\omega^2\varepsilon\mu E_{xs} \tag{10-45}$$

로 된다. 위 식의 좌변은 편미분으로 표현되지만, 페이저 E_{xs}는 z만의 함수이므로 $E_{xs}=E_x(z)$이다. 따라서 위 식은 다음과 같이 2계 동차 미분방정식으로 나타낼 수 있다.

$$\frac{d^2E_x(z)}{dz^2}+\omega^2\varepsilon\mu E_x(z)=0 \tag{10-46}$$

동차 미분방정식의 특성방정식과 특성근을 얻기 위해 위 식에서 $\frac{d}{dx}\to\lambda$라 하면 $\frac{d^2}{dx^2}\to\lambda^2$로 둘 수 있다. 따라서

$$\lambda^2+\omega^2\varepsilon\mu=0 \tag{10-47}$$

로 되고, 특성근은

$$\lambda=\pm j\omega\sqrt{\varepsilon\mu} \tag{10-48}$$

이 된다.

따라서 전계의 일반해는 다음과 같이 나타낼 수 있다.

$$E_x(z) = A_1 e^{-j\omega\sqrt{\varepsilon\mu}z} + A_2 e^{j\omega\sqrt{\varepsilon\mu}z} \tag{10-49}$$

여기서 A_1, A_2는 미정계수로 초기 및 경계조건으로부터 구해지는 상수이다.

식 (10-49)는 페이저형태이므로 시간함수의 실제값이 순시함수로 표현하려면 $e^{j\omega t}$를 곱하면 다음과 같이 된다.

$$E_x(z,\ t) = E_x(z) \cdot e^{j\omega t} = A_1 e^{j\omega t - j\omega\sqrt{\varepsilon\mu}z} + A_2 e^{j\omega t + j\omega\sqrt{\varepsilon\mu}z} \tag{10-50}$$

여기서 상수 A_1, A_2는 $t=0$, $z=0$에서 각각 E_{m1}, E_{m2}라 하자.

식 (10-50)에서 파는 $+z$방향으로 진행하므로 우변의 첫 항만 고려하면 된다. 전계는 실수부를 나타내므로 $e^{j\omega t} = \cos\omega t$로 변환하여 실제 순시 정현함수로 나타내면 다음과 같이 표현된다.

$$E_x(z,\ t) = E_{m1}\cos(\omega t - \omega\sqrt{\varepsilon\mu}z) = E_{m1}\cos\omega(t - \sqrt{\varepsilon\mu}z) \tag{10-51}$$

위 식에서 $t=0$일 때 크기가 E_{m1}인 cos파이고, 시간 t가 증가하면 이 파는 $+z$ 방향으로 나아가는 진행파의 전계 방정식이 된다.

어떤 특정위치의 위상의 한 점을 고려한다면, 이 점이 $+z$방향으로 진행하므로 위 식에서 $\cos\omega(t-\sqrt{\varepsilon\mu}z)$은 일정하다. 따라서 위상의 크기인 전계 E_x도 일정하므로 다음과 같이 표현할 수 있고,

$$\omega(t - \sqrt{\varepsilon\mu}z) = \text{일정} \tag{10-52}$$

위 식의 양변에 미분을 취하면

$$\omega(dt - \sqrt{\varepsilon\mu}\,dz) = 0 \tag{10-53}$$

로 되고, 위 식의 괄호 내를 거리에 대한 시간 즉, 속도 v로 나타낼 수 있다.

$$\frac{dz}{dt} = v = \frac{1}{\sqrt{\varepsilon\mu}} \tag{10-54}$$

이것을 전파속도 또는 위상속도라 하며, 주파수에 무관한 매질의 특성에 의해 결정된다.

위 식을 식 (10-51)에 대입하여 정리하면

$$E_x(z,\ t) = E_{m1}\cos\omega\left(t - \frac{z}{v}\right) \tag{10-55}$$

로 된다. 속도 v가 시간이 증가하면 특정 위상의 한 점이 $+z$ 방향으로 진행하는 진행파의 속도를 의미한다.

진공 중에서 전파속도는

$$v_0 = \frac{1}{\sqrt{\varepsilon_0\mu_0}} \simeq 3\times10^8[\mathrm{m/s}] \tag{10-56}$$

로 되어, 광속과 일치하는 값이 되므로 전자파는 광속과 같은 성질을 가진다는 것을 알 수 있다.

자계 $\boldsymbol{H}$는 전계 $\boldsymbol{E}$를 이용한 다음의 맥스웰 방정식을 이용하여 구할 수 있다.

$$\nabla\times\boldsymbol{E} = -\mu\frac{\partial\boldsymbol{H}}{\partial t} \tag{10-57}$$

위 식의 좌변은 $\frac{\partial}{\partial x} = \frac{\partial}{\partial y} = 0$와 전계 $\boldsymbol{E}$는 x성분만이고 시간적으로 변한다는 조건을 고려한다면

$$\nabla\times\boldsymbol{E} = \begin{vmatrix} \boldsymbol{i} & \boldsymbol{j} & \boldsymbol{k} \\ \frac{\partial}{\partial x} & \frac{\partial}{\partial y} & \frac{\partial}{\partial z} \\ E_x & E_y & E_z \end{vmatrix} = \begin{vmatrix} \boldsymbol{i} & \boldsymbol{j} & \boldsymbol{k} \\ 0 & 0 & \frac{\partial}{\partial z} \\ E_x & 0 & 0 \end{vmatrix} = \frac{\partial E_x}{\partial z}\boldsymbol{j} \tag{10-58}$$

가 된다. 따라서 식 (10-57)과 식 (10-58)의 우변이 같으므로 자계 $\boldsymbol{H}$는 $\boldsymbol{j}$성분, 즉 y방향 성분만이라는 것을 알 수 있다.

그러므로 $\frac{\partial E_x}{\partial z} = -\mu\frac{\partial H_y}{\partial t}$에서 페이저함수로 나타내면

$$\frac{\partial E_{xs}}{\partial z} = -j\omega\mu H_{ys} \tag{10-59}$$

이므로, 따라서

$$H_{ys} = \frac{1}{-j\omega\mu}\frac{\partial E_{xs}}{\partial z} \tag{10-60}$$

가 된다. 위 식에 전계의 크기 $E_{xs} = E_{m1}e^{-j\omega\sqrt{\varepsilon\mu}z}$를 대입하면 자계는

$$H_{ys} = \frac{1}{-j\omega\mu}\frac{\partial}{\partial z}(E_{m1}e^{-j\omega\sqrt{\varepsilon\mu}z}) = \sqrt{\frac{\varepsilon}{\mu}}E_{m1}e^{-j\omega\sqrt{\varepsilon\mu}z} \tag{10-61}$$

가 된다.

따라서 식 (10-51)과 식 (10-61)의 전계와 자계의 순시함수 E_x, H_y는 각각

$$E_x = E_{m1}e^{j\omega t - j\omega\sqrt{\varepsilon\mu}z} = E_{m1}\cos\omega(t - \sqrt{\varepsilon\mu}z) \tag{10-62}$$

$$H_y = \sqrt{\frac{\varepsilon}{\mu}}E_{m1}e^{j\omega t - j\omega\sqrt{\varepsilon\mu}z} = \sqrt{\frac{\varepsilon}{\mu}}E_{m1}\cos\omega(t - \sqrt{\varepsilon\mu}z) \tag{10-63}$$

로 된다. 즉 전계와 자계는 서로 90°로 직교하고 같은 위상으로 진행하며, 항상 공존하기 때문에 전자파라 한다. 또한 전계와 자계는 $+z$ 방향으로 진행하는 파동에 대해 수직인 방향을 가지고 있고, 수직인 평면상에서 모두 횡방향 성분만을 가지고 진행하므로 이 균일 평면파를 **횡전자파**(TEM파)라 한다.

전계 $\boldsymbol{E}$와 자계 $\boldsymbol{H}$의 비 η를 매질의 **고유임피던스** 또는 특성임피던스라 하며,

$$\eta = \frac{\boldsymbol{E}}{\boldsymbol{H}} = \frac{E_x}{H_y} = \sqrt{\frac{\mu}{\varepsilon}}\,[\Omega] \tag{10-64}$$

로 나타낸다. 진공 또는 자유공간에서는 고유임피던스를 η_0라 하면,

$$\eta_0 = \sqrt{\frac{\mu_0}{\varepsilon_0}} = 377[\Omega] \tag{10-65}$$

이 된다. 진공 또는 자유공간에서는 전계가 자계보다 377배 정도 크므로 전자파를 그냥 **전파**(electric wave)라 한다.

예제 10-2 비유전율이 5인 유전체내에서 전자파의 전파속도[m/s]는?

풀이 속도 $v=\frac{1}{\sqrt{\varepsilon\mu}}=\frac{1}{\sqrt{\varepsilon_0\mu_0}}\cdot\frac{1}{\sqrt{\varepsilon_s\mu_s}}=3\times10^8\cdot\frac{1}{\sqrt{\varepsilon_s\mu_s}}$ 이므로 수치를 대입하면

$v=\frac{3\times10^8}{\sqrt{5\times1}}=134\times10^6$[m/s]가 된다.

예제 10-3 비유전율이 3, 비투자율이 3인 공간이 있다고 가정할 때, 이 공간에서의 전자파 파장이 10[m]였다면 주파수[MHz]는?

풀이 속도 $v=\frac{1}{\sqrt{\varepsilon\mu}}=\frac{1}{\sqrt{\varepsilon_0\mu_0}}\cdot\frac{1}{\sqrt{\varepsilon_s\mu_s}}=3\times10^8\cdot\frac{1}{\sqrt{\varepsilon_s\mu_s}}$ 이므로 수치를 대입하면

$v=\frac{3\times10^8}{\sqrt{3\times3}}=100\times10^6$[m/s]가 된다.

따라서, 속도, 주파수 및 파장의 관계는 $v=f\lambda$ 이므로

주파수 $f=\frac{v}{\lambda}=\frac{100}{10}\times10^6=10\times10^6$[Hz] 또는 10[MHz]가 된다.

10.6 포인팅 벡터

그림 10-6과 같이 전자기파의 전계 $\boldsymbol{E}$와 자계 $\boldsymbol{H}$는 서로 직교하며, 전파의 진행 방향은 $\boldsymbol{E}\times\boldsymbol{H}$의 방향이 되므로 전자파의 전파는 전계 및 자계가 가진 에너지가 전파되는 것을 의미한다.

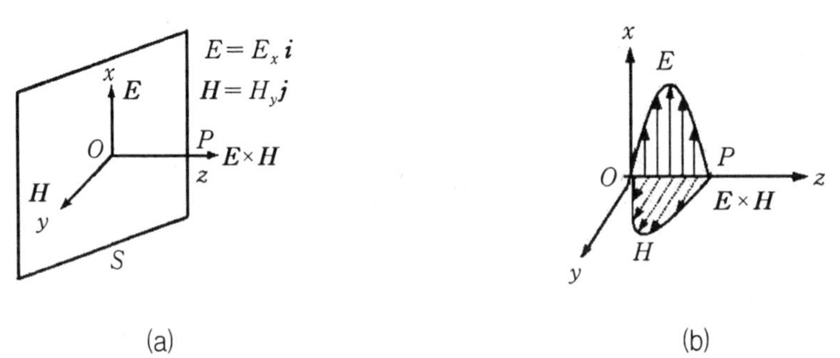

그림 10-6 포인팅 벡터

따라서 전계만 존재하는 매질 내에서 단위체적당 축적되는 에너지 W_e는

$$W_e = \frac{1}{2}\,\boldsymbol{E}\cdot\boldsymbol{D} = \frac{1}{2}\,\varepsilon E^2[\mathrm{J/m^3}] \tag{10-66}$$

가 되며, 또한 자계만 존재하는 매질 내에서 단위체적당 축적되는 에너지 W_m은 다음과 같이 된다.

$$W_e = \frac{1}{2}\,\boldsymbol{B}\cdot\boldsymbol{H} = \frac{1}{2}\,\mu H^2[\mathrm{J/m^3}] \tag{10-67}$$

전계가 임의의 매질에서 시간적으로 변화하고 있으면 그 주위에 자계가 발생한다는 것은 전계가 변하면 전계에 의한 전계에너지도 변하기 때문에 변화되는 자계에너지가 유기되어 임의의 매질 내에 전계와 자계에너지가 공존하게 된다. 따라서 임의의 매질 내에서 단위체적당의 전체 에너지밀도 W는

$$W = W_e + W_m = \frac{1}{2}(\varepsilon E^2 + \mu H^2)[\mathrm{J/m^3}] \tag{10-68}$$

가 된다.

그런데 평면파의 전계 E와 자계 H 사이에 고유임피던스는 다음과 같은 관계가 성립한다.

$$\eta = \frac{E}{H} = \sqrt{\frac{\mu}{\varepsilon}}, \quad E = \sqrt{\frac{\mu}{\varepsilon}}\,H = \eta H, \quad H = \sqrt{\frac{\varepsilon}{\mu}}\,E \tag{10-69}$$

이 식을 식 (10-68)에 대입하면 전체 에너지밀도 W는

$$W = \frac{1}{2}\left(\varepsilon\sqrt{\frac{\mu}{\varepsilon}}\,EH + \mu\sqrt{\frac{\varepsilon}{\mu}}\,EH\right) = \sqrt{\varepsilon\mu}\,EH[\mathrm{J/m^3}] \tag{10-70}$$

가 된다. 이것이 평면파가 가지는 에너지밀도가 되는데, 평면파에서는 전계와 자계의 에너지가 전파속도 $v = 1/\sqrt{\varepsilon\mu}$로 진행방향에 수직인 단면을 통과하므로 단위시간에 단위면적을 통과하는 전자계에너지 즉, 단위면적당의 전력밀도 P의 크기는 에너지밀도 W와 전파속도 v와의 관계로 다음과 같이 주어진다.

$$P = W \cdot v = \sqrt{\varepsilon\mu} EH \cdot \frac{1}{\varepsilon\mu} = EH[\mathrm{W/m^2}] \tag{10-71}$$

전력밀도 P는 전자파에 의해 이동되기 때문에 전자파의 진행방향과 동일한 방향으로 단위면적을 통과한다. 이와 같이 에너지의 흐름은 평면파의 전계 $\boldsymbol{E}$와 자계 $\boldsymbol{H}$와 수직관계로 진행하기 때문에 식 (10-71)을 다음과 같이 벡터적으로 표현할 수 있다.

$$\boldsymbol{P} = \boldsymbol{B} \times \boldsymbol{H}\,[\mathrm{W/m^2}] \tag{10-72}$$

여기서 $\boldsymbol{P}$를 포인팅 벡터(Poynting's vector)라 하고, 전자계내의 임의의 한 점을 통과하는 에너지 흐름에 대한 단위면적당 전력 또는 전력밀도를 나타낸다.

그러면 전체 면적 S를 단위시간에 통과하는 전자계에너지 즉, 방사전력 p는

$$p = \int_S \boldsymbol{P} \cdot d\boldsymbol{S} = \int_S (\boldsymbol{E} \times \boldsymbol{H}) \cdot d\boldsymbol{S}[\mathrm{W}] \tag{10-73}$$

이 되며, 이 식을 포인팅 정리(Poynting's theorem)라 한다.

10.7 전자파의 반사와 투과

그림 10-7에서와 같이 $+z$ 방향으로 진행하는 평면파가 ε_1, μ_1의 특성을 갖는 매질 I $(z<0)$과 ε_2, μ_2의 파라미터를 갖는 매질 II $(z>0)$ 사이의 $z=0$인 경계면에서 수직으로 입사한다고 하자. 그림에서 아래첨자 1, 2, 3은 각각 전계와 자계의 입사파($\boldsymbol{E}_1$, $\boldsymbol{H}_1$), 투과파($\boldsymbol{E}_2$, $\boldsymbol{H}_2$), 반사파($\boldsymbol{E}_3$, $\boldsymbol{H}_3$)를 의미한다.

여기서 입사파의 전계 $\boldsymbol{E}_1$과 자계 $\boldsymbol{H}_1$의 기준방향은 각각 파의 진행방향은 $+z$, 전계의 크기는 $+x$ 및 자계의 크기는 $+y$축의 방향으로 정한다.

그림 10-7에서 매질 I에서의 총 전자기장은 입사 및 반사 전자기장을 모두 포함하는데 반해 매질 II에서는 오직 투과 전자기장만 존재한다. 또한 전계와 자계는 균일 평면파이므로 경계조건에 의해 경계면에서 접선성분은 연속이므로 경계면에서 입사파, 반사파, 투과파의 관계는 다음식과 같이 성립한다.

$$\boldsymbol{E}_1 + \boldsymbol{E}_3 = \boldsymbol{E}_2 \tag{10-74}$$

$$\boldsymbol{H}_1 - \boldsymbol{H}_3 = \boldsymbol{H}_2 \tag{10-75}$$

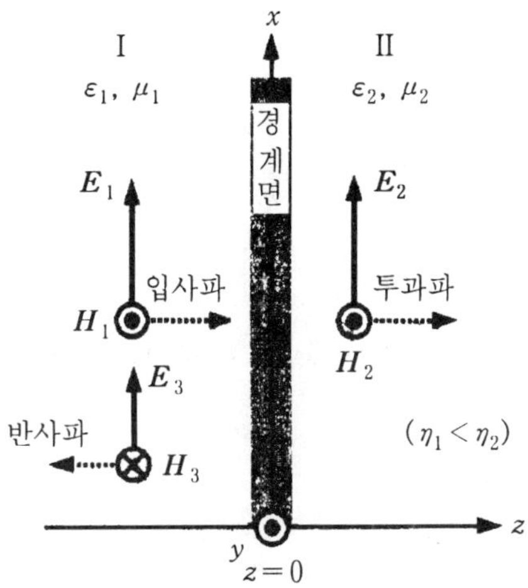

그림 10-7 두 매질 사이의 경계면에서 입사파에 대한 반사와 투과

매질 I과 매질 II의 고유임피던스 η_1, η_2는 식 (10-64)로 부터

$$\eta_1 = \frac{\boldsymbol{E}_1}{\boldsymbol{H}_1} = \frac{\boldsymbol{E}_3}{\boldsymbol{H}_3} = \sqrt{\frac{\mu_1}{\varepsilon_1}} \tag{10-76}$$

$$\eta_2 = \frac{\boldsymbol{E}_2}{\boldsymbol{H}_2} = \sqrt{\frac{\mu_2}{\varepsilon_2}} \tag{10-77}$$

가 된다. 식 (10-76)을 $\boldsymbol{E}_1$과 $\boldsymbol{E}_3$로 변환 후, 식 (10-74)에 대입하면

$$\sqrt{\frac{\mu_1}{\varepsilon_1}}\boldsymbol{H}_1 + \sqrt{\frac{\mu_1}{\varepsilon_1}}\boldsymbol{H}_3 = \boldsymbol{E}_2 \tag{10-78}$$

또는

$$\boldsymbol{E}_2 = \sqrt{\frac{\mu_1}{\varepsilon_1}}(\boldsymbol{H}_1 + \boldsymbol{H}_3) \tag{10-79}$$

가 되고, 또 식 (10-75)을 $\boldsymbol{H}_3$항으로 변환 후, 식 (10-79)에 대입하면

$$\boldsymbol{E}_2 = \sqrt{\frac{\mu_1}{\varepsilon_1}}(2\boldsymbol{H}_1 + \boldsymbol{H}_2) \tag{10-80}$$

가 되고, 따라서 식 (10-80)에 식 (10-76)과 식 (10-77)을 대입하면 전계 투과파 $\boldsymbol{E}_2$는

$$\boldsymbol{E}_2 = \frac{2\sqrt{\frac{\mu_2}{\varepsilon_2}}}{\sqrt{\frac{\mu_1}{\varepsilon_1}} + \sqrt{\frac{\mu_2}{\varepsilon_2}}}\boldsymbol{E}_1 = \frac{2\eta_2}{\eta_1 + \eta_2}\boldsymbol{E}_1 \tag{10-81}$$

이 되고, 전계 반사파 $\boldsymbol{E}_3$는 식 (10-74)에 의해 $\boldsymbol{E}_3 = \boldsymbol{E}_2 - \boldsymbol{E}_1$이므로

$$\boldsymbol{E}_3 = \frac{\sqrt{\frac{\mu_2}{\varepsilon_2}} - \sqrt{\frac{\mu_1}{\varepsilon_1}}}{\sqrt{\frac{\mu_1}{\varepsilon_1}} + \sqrt{\frac{\mu_2}{\varepsilon_2}}}\boldsymbol{E}_1 = \frac{\eta_1 - \eta_2}{\eta_1 + \eta_2}\boldsymbol{E}_1 \tag{10-82}$$

가 된다. 위와 같은 방법으로 자계에 대한 투과파 $\boldsymbol{H}_2$와 반사파 $\boldsymbol{H}_3$는 각각 다음과 같이 나타낼 수 있다.

$$\boldsymbol{H}_2 = \frac{2\sqrt{\frac{\mu_2}{\varepsilon_2}}}{\sqrt{\frac{\mu_1}{\varepsilon_1}} + \sqrt{\frac{\mu_2}{\varepsilon_2}}}\boldsymbol{H}_1 = \frac{2\eta_2}{\eta_1 + \eta_2}\boldsymbol{H}_1 \tag{10-83}$$

$$\boldsymbol{H}_3 = \frac{\sqrt{\frac{\mu_2}{\varepsilon_2}} - \sqrt{\frac{\mu_1}{\varepsilon_1}}}{\sqrt{\frac{\mu_1}{\varepsilon_1}} + \sqrt{\frac{\mu_2}{\varepsilon_2}}}\boldsymbol{H}_1 = \frac{\eta_1 - \eta_2}{\eta_1 + \eta_2}\boldsymbol{H}_1 \tag{10-84}$$

전계의 입사파 $\boldsymbol{E}_1$과 반사파 $\boldsymbol{E}_3$의 비를 반사계수 Γ(감마)라 하면,

$$\Gamma = \frac{\boldsymbol{E}_3}{\boldsymbol{E}_1} = \frac{\eta_1 - \eta_2}{\eta_1 + \eta_2} \tag{10-85}$$

또는

$$\boldsymbol{E}_3 = \Gamma \boldsymbol{E}_1 \tag{10-86}$$

이 되고, 만약 $\eta_1 = \eta_2$이면 반사계수 $\Gamma = 0$이 되어 반사파는 존재하지 않고, 입사파는 모두 투과된다.

또 입사파의 전계 $\boldsymbol{E}_1$와 투과파의 전계 $\boldsymbol{E}_2$비를 투과계수 τ(타우)라 하면,

$$\tau = \frac{\boldsymbol{E}_2}{\boldsymbol{E}_1} = \frac{2\eta_2}{\eta_1 + \eta_2} \text{ 또는 } \boldsymbol{E}_2 = \tau \boldsymbol{E}_1 \tag{10-87}$$

또는

$$\boldsymbol{E}_2 = \tau \boldsymbol{E}_1 \tag{10-88}$$

가 된다.

반사계수와 투과계수의 관계는

① $1 + \Gamma = \tau$

② Γ와 τ는 모두 단위가 없으며, 복소수일 수도 있다.

③ $0 \le |\Gamma| \le 1$

이다. 위의 경우는 일반적인 것이다.

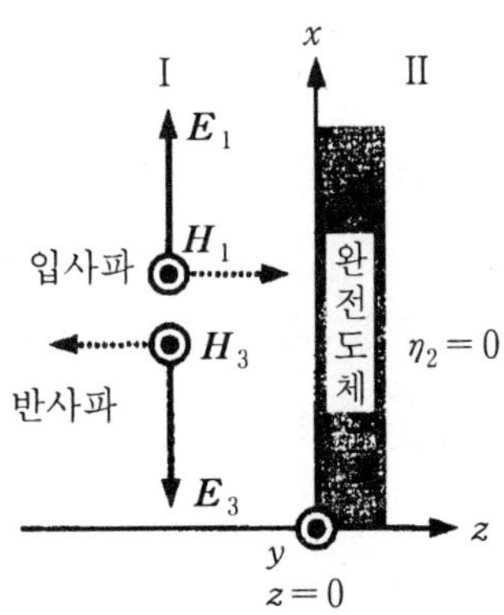

그림 10-8 완전도체에서 입사파와 반사파

그림 10-8과 같이 매질 I이 완전유전체(무손실)이고, 매질 II가 완전도체인 경우

를 보면, 이 경우 매질 II의 고유임피던스는 $\eta_2 = 0$이므로 따라서 반사계수와 투과계수는 각각 $\Gamma = -1$, $\tau = 0$이 된다.

이것은 그림 10-9와 같이 입사파가 경계면에서 전반사 된다는 것을 의미하는 것으로 완전도체에서 장은 소멸되기 때문에 투과파 $\boldsymbol{E}_2$가 존재하지 않는다는 것을 알 수 있다.

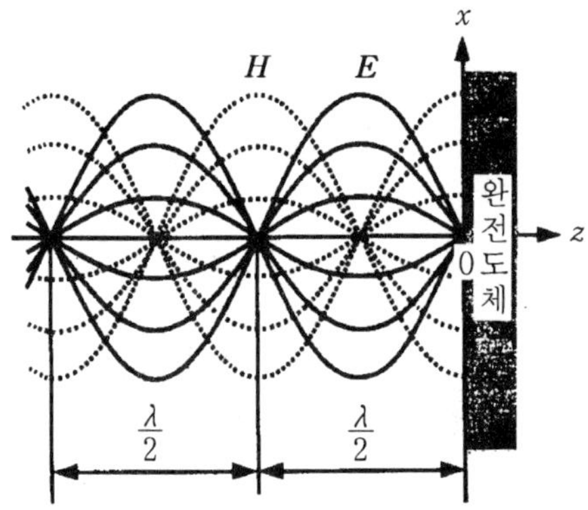

그림 10-9 정재파

전반사된 파는 입사파와 결합하여 그림 10-9와 같이 정재파를 형성한다. 여기서 정재파라는 것은 정지해 있으며, 진행하지 않는다. 즉, 진폭이 같고, 방향이 반대인 두 진행파 $\boldsymbol{E}_1$, $\boldsymbol{E}_3$로 이루어져 있다.

따라서 자유공간 즉, $z<0$ 영역의 전계 E_x는 식 (10-50)에 의해

$$E_x = E_1 e^{j(\omega t - \beta z)} + E_3 e^{j(\omega t + Bz)} \qquad (10\text{-}89)$$

이고, 도체 표면 즉 $z=0$에서 입사파와 반사파는 $E_x = (E_1 + E_3)e^{j\omega t} = 0$이므로 $E_1 = -E_3$가 성립한다. 이것은 입사파는 도체 표면에서 전반사하고 그 방향은 반대가 된다.

자유공간 내에서의 전계는 입사파와 반사파를 합한 것이 되므로 다음 식으로부터 실수부만 취하면 전계는

$$E_x = E_1(e^{-j\beta z} - e^{j\beta z}) \cdot e^{j\omega t} = 2E_1 \sin\beta z \cdot \sin\omega t \qquad (10\text{-}90)$$

가 된다. 여기서 진폭은 $2E_1 \sin\beta z$이고 $e^{j\omega t} = \sin\omega t$로 표현된 것과 같이 시간 t에 대해 정현적으로 진폭만 변화하지만, 시간과 거리 변수에는 독립적이기 때문에 진행파가 아닌 것을 알 수 있다.

자계 H_y는 식 (10-64)와 식 (10-89)를 이용하면

$$H_y = \frac{E_1}{\eta} e^{j(\omega t - \beta z)} - \frac{E_3}{\eta} e^{j(\omega t + \beta z)} \tag{10-91}$$

에서 $E_3 = -E_1$을 대입하면 자계는 다음과 나타낼 수 있다.

$$H_y = \frac{E_1}{\eta} (e^{-j\beta z} + e^{j\beta z}) \cdot e^{j\omega t} = \frac{2E_1}{\eta} \cos\beta z \cdot \cos\omega t \tag{10-92}$$

따라서 자유공간에서 전계와 자계는 $+z$ 방향으로 진행하며 서로 90°의 위상차를 가지며, 일정한 점에서 정지한 채로 진행하지 않고 진폭만 시간에 따라 변화하고 있는 것처럼 보인다. 이런 파를 **정재파**(standing wave)라 한다.

전계 또는 자계의 최소값과 최대값의 비를 **정재파비**(standing wave ratio) s라 하며, 다음과 같이 나타낸다.

$$s = \frac{|\boldsymbol{E}_1|_{\max}}{|\boldsymbol{E}_1|_{\min}} = \frac{|\boldsymbol{H}_1|_{\max}}{|\boldsymbol{H}_1|_{\min}} = \frac{1+|\Gamma|}{1-|\Gamma|} \tag{10-93}$$

또는

$$|\Gamma| = \frac{s-1}{s+1} \tag{10-94}$$

로 정재파비로 반사계수의 크기를 알 수 있다. $|\Gamma| \leq 1$이기 때문에 $1 \leq s \leq \infty$의 범위를 갖는다. 정재파비는 단위가 없으므로 관례상 다음과 같이 데시벨(dB)로 나타낸다.

$$s[\text{dB}] = 20 \log_{10} s \tag{10-95}$$

연 습 문 제

1. 변위전류와 가장 관계가 깊은 것은?

① 반도체 ② 유전체 ③ 자성체 ④ 도체

2. 전도전자나 구속전자의 이동에 의하지 않는 전류는?

① 전도전류 ② 대류전류 ③ 분극전류 ④ 변위전류

3. 간격 d[m]인 두 개의 평행판 전극 사이에 유전율 ε의 유전체가 있을 때 전극 사이에 전압 $V_m = \sin\omega t$를 가하면 변위전류밀도[A/m²]는?

① $\frac{\varepsilon}{d} V_m \cos\omega t$ ② $-\frac{\varepsilon}{d}\omega V_m \sin\omega t$

③ $\frac{\varepsilon}{d}\omega V_m \cos\omega t$ ④ $\frac{\varepsilon}{d} V_m \sin\omega t$

4. 공기중에서 E[V/m]의 전계를 i_d[A/m²]의 변위전류로 흐르게 하려면 주파수 [Hz]는 얼마가 되어야 하는가?

① $f = \frac{i_d}{2\pi\varepsilon E}$ ② $f = \frac{i_d}{4\pi\varepsilon E}$ ③ $f = \frac{\varepsilon i_d}{2\pi^2 E}$ ④ $f = \frac{i_d E}{4\pi^2\varepsilon}$

5. 간격 d[m]인 2개의 평행판 전극 사이에 유전율 ε의 유전체가 있다. 전극 사이에 전압 $v = V_m \cos\omega t$를 가했을 때 변위전류밀도[A/m²]는?

① $\frac{\varepsilon}{d} V_m \cos\omega t$ ② $\frac{\varepsilon}{d}\omega V_m \cos\omega t$ ③ $\frac{\varepsilon}{d}\omega V_m \cos\omega t$ ④ $-\frac{\varepsilon}{d} V_m \cos\omega t$

6. 유전율 ε, 투자율 μ의 공간을 전파하는 전자파의 전파속도 v[m/s]는?

① $v = \sqrt{\varepsilon\mu}$ ② $v = \sqrt{\frac{\mu}{\varepsilon}}$ ③ $v = \sqrt{\frac{\varepsilon}{\mu}}$ ④ $\frac{1}{\sqrt{\varepsilon\mu}}$

7. 유전율 ε, 투자율 μ인 매질중을 주파수 f[Hz]의 전자파가 전파되어 나갈 때의 파장[m]은?

① $f\sqrt{\varepsilon\mu}$　② $\dfrac{1}{f\sqrt{\varepsilon\mu}}$　③ $\dfrac{f}{\sqrt{\varepsilon\mu}}$　④ $\dfrac{\sqrt{\varepsilon\mu}}{f}$

8. 주파수 6[MHz]인 전자파의 파장[m]은?

① 2　② 10　③ 50　④ 300

9. 비유전율 $\varepsilon_s=3$, 비투자율 $\mu_s=3$인 공간이 있다고 가정할 때, 이 공간에서의 전자파 파장이 10[m]였을 때 주파수[MHz]는?

① 1　② 3　③ 6　④ 10

10. 자유공간의 특성임피던스[Ω]는?(단, ε_0는 유전율, μ_0는 투자율이다.)

① $\sqrt{\dfrac{\varepsilon_0}{\mu_0}}$　② $\sqrt{\dfrac{\mu_0}{\varepsilon_0}}$　③ $\sqrt{\varepsilon_0\mu_0}$　④ $\dfrac{1}{\sqrt{\varepsilon_0\mu_0}}$

11. 다음 중 전계와 자계의 관계는?

① $\sqrt{\mu}H=\sqrt{\varepsilon}E$　② $\sqrt{\mu}E=\sqrt{\varepsilon}H$

③ $\sqrt{\varepsilon\mu}=EH$　④ $\mu^8=EH$

12. 진공중에서 실효값이 E_e인 평면전자파가 있다. 자계의 실효값 H_e[A/m]는 약 얼마인가?

① $0.13\times10^{-2}E_e$　② $0.27\times10^{-2}E_e$

③ $0.4\times10^{-2}E_e$　④ $0.54\times10^{-2}E_e$

13. 평면파 전자파의 전계 $\boldsymbol{E}$와 자계 $\boldsymbol{H}$사이의 관계식은?

① $E=\sqrt{\dfrac{\varepsilon}{\mu}}H$　② $E=\sqrt{\varepsilon\mu}H$　③ $E=\sqrt{\dfrac{\mu}{\varepsilon}}H$　④ $E=\dfrac{1}{\sqrt{\varepsilon\mu}}H$

14. 전계 $\boldsymbol{E}=\sqrt{2}E_e\sin\omega(t-x/c)$[V/m]인 평면전자파가 있을 때, 자계의 실효치[A/m]는?(단, 진공중이라 한다.)

① $5.4\times10^{-3}E_e$　② $4.0\times10^{-3}E_e$

③ $2.7\times10^{-3}E_e$　④ $1.3\times10^{-3}E_e$

15. 다음 중 미분방정식 형태로 나타낸 맥스웰의 전자계 기초방정식은?

① rot $\boldsymbol{E} = -\dfrac{\partial \boldsymbol{B}}{\partial t}$, rot $\boldsymbol{H} = \boldsymbol{i} + \dfrac{\partial \boldsymbol{D}}{\partial t}$, div $\boldsymbol{D} = 0$, div $\boldsymbol{B} = 0$

② rot $\boldsymbol{E} = -\dfrac{\partial \boldsymbol{B}}{\partial t}$, rot $\boldsymbol{H} = \boldsymbol{i} + \dfrac{\partial \boldsymbol{D}}{\partial t}$, div $\boldsymbol{D} = \rho$, div $\boldsymbol{B} = \boldsymbol{H}$

③ rot $\boldsymbol{E} = -\dfrac{\partial \boldsymbol{B}}{\partial t}$, rot $\boldsymbol{H} = \boldsymbol{i} + \dfrac{\partial \boldsymbol{D}}{\partial t}$, div $\boldsymbol{D} = \rho$, div $\boldsymbol{B} = 0$

④ rot $\boldsymbol{E} = -\dfrac{\partial \boldsymbol{B}}{\partial t}$, rot $\boldsymbol{H} = \boldsymbol{i}$, div $\boldsymbol{D} = 0$, div $\boldsymbol{B} = 0$

16. 다음 방정식에서 전자계의 기초방정식이 아닌 것은?

① div $\boldsymbol{B} = \boldsymbol{i} + \dfrac{\partial \boldsymbol{D}}{\partial t}$

② rot $\boldsymbol{H} = \boldsymbol{i} + \dfrac{\partial \boldsymbol{D}}{\partial t}$

③ rot $\boldsymbol{E} = -\dfrac{\partial \boldsymbol{B}}{\partial t}$

④ rot $\boldsymbol{E} = -\mu\dfrac{\partial \boldsymbol{H}}{\partial t}$

17. 패러데이-노이만 전자유도법칙에 의하여 일반화된 맥스웰 전자방정식의 형태는?

① $\nabla \times \boldsymbol{H} = i_c + \dfrac{\partial \boldsymbol{D}}{\partial t}$

② $\nabla \cdot \boldsymbol{B} = 0$

③ $\nabla \times \boldsymbol{E} = -\dfrac{\partial \boldsymbol{B}}{\partial t}$

④ $\nabla \cdot \boldsymbol{D} = \rho$

18. 자속밀도의 변화에 의하여 도체 내에 유기기전력이 발생되는 경우 관계식은?(단, $\boldsymbol{E}$는 전계, $\boldsymbol{B}$는 자속밀도, v는 도체속도, k는 도전율, i는 전류밀도이다.)

① rot $\boldsymbol{E} =$ rot $(B \times \boldsymbol{v})$

② rot $\boldsymbol{E} = -\dfrac{\partial B}{\partial t}$

③ $\boldsymbol{E} = ki$

④ $\boldsymbol{E} = v \times B$

19. 다음 중 전자계에 대한 맥스웰의 기본 이론이 아닌 것은?

① 자계의 시간적 변화에 따라 전계의 회전이 생긴다.

② 전도전류와 변위전류는 자계를 발생시킨다.

③ 고립된 자극이 존재한다.

④ 전하에서 전속선이 발산한다.

20. 전류에 의한 자계에 관하여 성립하지 않는 식은?(단, 여기서 H는 자계, B는 자속밀도, A는 자계의 벡터퍼텐셜, μ는 투자율, i는 전류밀도이다.)

① $H = \frac{1}{\mu} \text{rot} / A$ ② $\text{rot}\, A = -\mu i$

③ $\text{div}\, B = 0$ ④ $\text{rot}\, H = i$

21. 정상자계에서 $H = jxy - kxz$일 때 전류밀도[A/m²]는?

① $-jz + ky$ ② $jx - kx$ ③ $jy - kz$ ④ $jz + ky$

22. 전자파의 진행 방향은?

① 전계 E의 방향과 같다. ② 자계 H의 방향과 같다.

③ $E \times H$의 방향과 같다. ④ $H \times E$의 방향과 같다.

23. 자유공간에 있어서 변위전류가 만드는 것은?

① 전계 ② 전속 ③ 자계 ④ 자속

24. 맥스웰방정식 중에서 전류와 자계의 관계를 직접 나타내고 있는 것은?
(단, D는 전속밀도, σ는 전하밀도, B는 자속밀도, E는 자계의 세기, i_c는 전류밀도, H는 자계의 세기이다.)

① $\text{div}\, D = \sigma$ ② $\text{div} B = 0$

③ $\nabla \times H = i_c + \frac{\partial D}{\partial t}$ ④ $\nabla \times E = -\frac{\partial B}{\partial t}$

25. 공간 도체 내에서 자속이 시간적으로 변할 때 성립되는 식은 다음 중 어느 것인가?(단, E는 전계, H는 자계, B는 자속이다.)

① $\text{rot}\, E = \frac{\partial H}{\partial t}$ ② $\text{rot}\, E = -\frac{\partial B}{\partial t}$

③ $\text{rot}\, B = \frac{\partial B}{\partial t}$ ④ $\text{rot}\, E = -\frac{\partial H}{\partial t}$

26. 전자파는?

① 전계만 존재한다.

② 자계만 존재한다.

③ 전계와 자계가 동시에 존재한다.

④ 전계와 자계가 동시에 존재하되 위상이 90° 다르다.

27. 수평전파는?

① 대지에 대해서 전계가 수직면에 있는 전자파

② 대지에 대해서 전계가 수평면에 있는 전자파

③ 대지에 대해서 자계가 수직면에 있는 전자파

④ 대지에 대해서 자계가 수평면에 있는 전자파

28. 전계 $\boldsymbol{E}$[V/m], 자계 $\boldsymbol{H}$[AT/m]의 전자계가 평면파를 이루고, 자유공간으로 전파될 때 단위시간에 단위면적당 에너지[W/m²]는?

① $1/2EH$ ② $1/2EH^2$ ③ EH^2 ④ EH

29. 유전체의 손실각($\tan\delta$)이 작을 때의 유전체내의 전자파동에 관한 전파상수 γ는 대략 어느 것인가?

① $\omega\sqrt{\mu\varepsilon}$ ② $\frac{k}{2}\sqrt{\frac{\mu}{\varepsilon}}+j\omega\sqrt{\mu\varepsilon}$

③ $\frac{k}{2}\sqrt{\frac{\mu}{\varepsilon}}$ ④ $j\omega\sqrt{\mu\varepsilon}$

30. 전극 간격 d[m], 면적 S[m²], 유전율 ε[F/m]이고 정전용량이 C[F]인 평행판 콘덴서에 $e=E_m\sin\omega t$[V]의 전압을 가할 때의 변위전류는?

31. 라디오방송의 평면파 주파수를 710[kHz]라 할 때, 이 평면파가 콘크리트벽($\varepsilon_s=5$) 속을 지날 때 전파속도[m/s]는?(단, 공기 중에서의 유전율 ε_0, 투자율 μ 및 비투자율 $\mu_s=1$로 한다.)

32. 100[kW]의 전력을 전자파의 형태로 사방에 균일하게 방사하는 전원이 있다. 전원에서 10[km] 거리인 곳에서의 전계의 세기[V/m]는?

부 록

부록 Ⅰ. 수학공식

1. 복소수

복소수는 실수부와 허수부를 가지며 실수 a와 b를 이용하여 다음과 같이 표시한다.

$$\boldsymbol{A} = a + jb$$

여기서 j는 허수단위라 하며 $j = \sqrt{-1}$과 같이 정의된다.
허수부의 부호가 반대인 복소수를 공액복소수라 한다.

$$\boldsymbol{A}* = a - jb$$

(1) 복소수의 표시방법

① 직교좌표 표시법 : $\boldsymbol{A} = a + jb$

② 삼각함수 표시법 : $\boldsymbol{A} = A(\cos\theta + j\sin\theta)$

③ 극좌표 표시법 : $\boldsymbol{A} = A\angle\theta$

④ 지수함수 표시법 : $\boldsymbol{A} = Ae^{j\theta}$

여기서 $|\boldsymbol{A}| = A = \sqrt{a^2 + b^2}$는 절대값, $\theta = \tan^{-1}\frac{b}{a}$는 편각이라 한다.

(2) 복소수의 계산

$\boldsymbol{A}_1 = a_1 + jb_1$, $\boldsymbol{A}_2 = a_2 + jb_2$일 때,

$$\boldsymbol{A}_1 \pm \boldsymbol{A}_2 = (a_1 \pm a_2) + j(b_1 \pm b_2)$$

$$\boldsymbol{A}_1 \cdot \boldsymbol{A}_2 = A_1 A_2(\theta_1 + \theta_2)$$

$$\frac{|\boldsymbol{A}_1|}{|\boldsymbol{A}_2|} = \frac{A_1}{A_2} \angle(\theta_1 - \theta_2)$$

2. 대수공식

(1) 지 수

$$a^m a^n = a^{m+n}, \qquad (a^m)^n = a^{mn}$$

$$a^{-n} = \frac{1}{a^n}, \qquad \frac{a^m}{a^n} = a^{m-n}$$

$$\sqrt[n]{a}\sqrt[n]{b} = \sqrt[n]{ab}, \qquad \sqrt[m]{\sqrt[n]{a}} = \sqrt[mn]{a}$$

$$a^{\frac{m}{n}} = \sqrt[n]{a^m} = (\sqrt[n]{a})^m, \quad a^0 = 1$$

(2) 2차 방정식

$$ax^2 + bx + c = 0$$

$$x = \frac{-b \pm \sqrt{b^2 - 4ac}}{2a}$$

① $b^2 - 4ac > 0$: 2근은 실수이고 같지 않음

② $b^2 - 4ac = 0$: 2근은 실수이고 서로 같음

③ $b^2 - 4ac < 0$: 2근은 허수임

(3) 대 수

$a^x = y \rightarrow x = \log_a y$

$\log_a a = 1,$ $\qquad \log_a 1 = 0$

$\log_a xy = \log_a x + \log_a y,$ $\qquad \log_a \dfrac{y}{x} = \log_a y - \log_a x$

$\log_a x^n = n \log_a x,$ $\qquad \log_a \sqrt[n]{x} = \dfrac{1}{n} \log_a x$

$\log_{10} 1 = 0,$ $\qquad \log_{10} 2 = 0.3010$

$\log_{10} 10 = 1,$ $\qquad \log_{10} 1000 = 3$

$\log_{10} 0.1 = -1,$ $\qquad \log_{10} 0.01 = -2$

자연대수 : $\log_e x = \ln x,$ 상용대수 : $\log_{10} x$

$$e = 1 + \frac{1}{1!} + \frac{1}{2!} + \frac{1}{3!} + \cdots\cdots + \frac{1}{n!} = 2.71828\cdots\cdots$$

$\log_{10} x = M \log_e x$에서

$$M = \frac{1}{\log_e 10} = 0.4329\cdots\cdots,$$

$$\frac{1}{M} = \log_e 10 = \ln 10 = 2.30258\cdots\cdots$$

(4) 2항 정리

$$(a+b)^n = a^n + na^{n-1}b + \frac{n(n-1)a^{n-2}b^2}{2!} + \frac{n(n-1)(n-2)a^{n-3}b^3}{3!}$$

$+\cdots\cdots$: $b^n|x|<1$일 때,

$$(1+x)^n = 1 + nx + \frac{n(n-1)}{2!}x^2 + \frac{n(n-1)(n-2)}{3!}x^3 + \cdots \simeq 1 + nx$$

: (x가 극히 작을 때)

$(1+x)^{-1} = 1 - x + x^2 - \cdots\cdots + (-1)^n x^n + \cdots\cdots$

$(1-x)^{-1} = 1 + x + x^2 + \cdots\cdots + x^n + \cdots\cdots$

$(1+x)^{-2} = 1 - 2x + 3x^2 - \cdots\cdots + (-1)^n (n+1) x^n + \cdots\cdots$

$(1-x)^{-2} = 1 + 2x + 3x^2 + \cdots\cdots + (n+1) x^n + \cdots\cdots$

$$(1+x)^{\frac{1}{2}} = 1 + \frac{1}{2}x - \frac{1}{8}x^2 + \frac{1}{16}x^3 + \cdots\cdots$$

$$(1-x)^{\frac{1}{2}} = 1 - \frac{1}{2}x - \frac{1}{8}x^2 - \frac{1}{16}x^3 + \cdots\cdots$$

3. 삼각함수공식

① 직각 삼각형에서의 삼각함수

$$\sin\theta = \frac{a}{c}, \quad \cos\theta = \frac{b}{c}, \quad \tan\theta = \frac{a}{b}$$

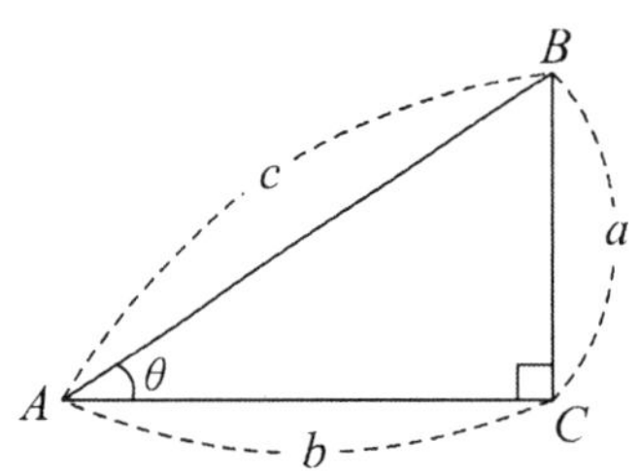

② 삼각함수의 상호 관계

$$\text{cosec}\,\theta = \frac{1}{\sin\theta}, \quad \sec\theta = \frac{1}{\cos\theta}, \quad \cot\theta = \frac{1}{\tan\theta}$$

$$\sin^2\theta + \cos^2\theta = 1, \quad 1 + \tan^2\theta = \sec^2\theta, \quad 1 + \cot^2\theta = \text{cosec}^2\theta$$

③ 특수각의 삼각비

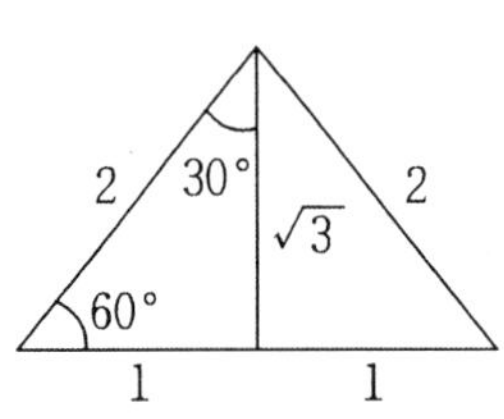

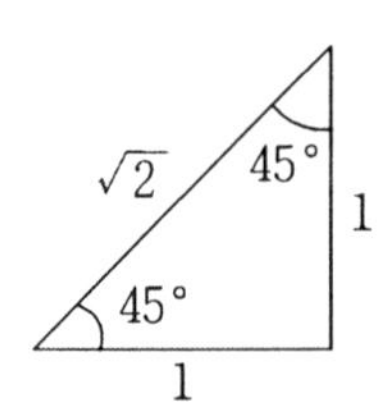

	0°	30°	45°	60°	90°	120°	135°	150°	180°
sin	0	$\frac{1}{2}$	$\frac{1}{\sqrt{2}}$	$\frac{\sqrt{3}}{2}$	1	$\frac{\sqrt{3}}{2}$	$\frac{1}{\sqrt{2}}$	$\frac{1}{2}$	0
cos	1	$\frac{\sqrt{3}}{2}$	$\frac{1}{\sqrt{2}}$	$\frac{1}{2}$	0	$-\frac{1}{2}$	$-\frac{1}{\sqrt{2}}$	$-\frac{\sqrt{3}}{2}$	-1
tan	0	$\frac{1}{\sqrt{3}}$	1	$\sqrt{3}$	∞	$-\sqrt{3}$	-1	$-\frac{1}{\sqrt{3}}$	0
cot	∞	$\sqrt{2}$	1	$\frac{1}{\sqrt{3}}$	0	$-\frac{1}{\sqrt{3}}$	-1	$-\sqrt{3}$	∞
sec	1	$\frac{2}{\sqrt{3}}$	$\sqrt{2}$	2	∞	-2	$-\sqrt{2}$	$-\frac{2}{\sqrt{3}}$	-1
cosec	∞	2	$\sqrt{2}$	$\frac{2}{\sqrt{3}}$	1	$\frac{2}{\sqrt{3}}$	$\sqrt{2}$	2	∞

④ 삼각함수의 성질(복부호동순)

$$\sin(-\theta) = -\sin\theta,\quad \cos(-\theta) = \cos\theta,\quad \tan(-\theta) = -\tan\theta$$

$$\sin(2n\pi \pm \theta) = \pm\sin\theta,\quad \cos(2n\pi \pm \theta) = \cos\theta,\quad \tan(2n\pi \pm \theta) = \pm\tan\theta$$

$$\sin\left(\frac{\pi}{2} \pm \theta\right) = \cos\theta,\quad \cos\left(\frac{\pi}{2} \pm \theta\right) = \mp\sin\theta,\quad \tan\left(\frac{\pi}{2} \pm \theta\right) = \mp\cot\theta$$

$$\sin(\pi \pm \theta) = \mp\sin\theta,\quad \cos(\pi \pm \theta) = -\cos\theta,\quad \tan(\pi \pm \theta) = \pm\tan\theta$$

$$\sin\left(\frac{3\pi}{2} \pm \theta\right) = -\cos\theta,\quad \cos\left(\frac{3\pi}{2} \pm \theta\right) = \pm\sin\theta,\quad \tan\left(\frac{3\pi}{2} \pm \theta\right) = \mp\cot\theta$$

⑤ 삼각함수의 덧셈정리

$$\sin(\alpha \pm \beta) = \sin\alpha\cos\beta \pm \cos\alpha\sin\beta,\quad \cos(\alpha \pm \beta) = \cos\alpha\cos\beta \mp \sin\alpha\sin\beta$$

$$\tan(\alpha \pm \beta) = \frac{\tan\alpha \pm \tan\beta}{1 \mp \tan\alpha\tan\beta}$$ (복부호동순)

$$a\sin\theta + b\cos\theta = \sqrt{a^2 + b^2}\sin(\theta + \alpha)$$

$$a\sin\theta + b\cos\theta = \sqrt{a^2 + b^2}\cos(\theta - \beta)\quad \left(\text{단, } \tan\beta = \frac{b}{a}\right)$$

⑥ 배각 및 반각의 공식

$$\sin 2\theta = 2\sin\theta\cos\theta,\quad \cos 2\theta = \cos^2\theta - \sin^2\theta,\quad \tan 2\theta = \frac{2\tan\theta}{1 - \tan^2\theta}$$

$$\sin 3\theta = 3\sin\theta - 4\sin^3\theta, \quad \cos 3\theta = 4\cos^3\theta - 3\cos\theta$$

$$\tan 3\theta = \frac{3\tan\theta - \tan^3\theta}{1 - 3\tan^2\theta}$$

$$\sin^2\frac{\theta}{2} = \frac{1-\cos\theta}{2}, \qquad \cos^2\frac{\theta}{2} = \frac{1+\cos\theta}{2}, \qquad \tan^2\frac{\theta}{2} = \frac{1-\cos\theta}{1+\cos\theta}$$

⑦ 곱을 합 또는 차로 변형하는 공식

$$\sin\alpha\cos\beta = \frac{1}{2}\{\sin(\alpha+\beta) + \sin(\alpha-\beta)\}$$

$$\cos\alpha\sin\beta = \frac{1}{2}\{\sin(\alpha+\beta) - \sin(\alpha-\beta)\}$$

$$\cos\alpha\cos\beta = \frac{1}{2}\{\cos(\alpha+\beta) + \cos(\alpha-\beta)\}$$

$$\sin\alpha\sin\beta = \frac{1}{2}\{\cos(\alpha+\beta) - \cos(\alpha-\beta)\}$$

⑧ 합 또는 차를 곱으로 변형하는 공식

$$\sin\alpha\sin\beta = -\frac{1}{2}\{\cos(\alpha+\beta) - \cos(\alpha-\beta)\}$$

$$\sin A + \sin B = 2\sin\frac{A+B}{2} \cdot \cos\frac{A-B}{2}$$

$$\sin A - \sin B = 2\cos\frac{A+B}{2} \cdot \sin\frac{A-B}{2}$$

$$\cos A + \cos B = 2\cos\frac{A+B}{2} \cdot \cos\frac{A-B}{2}$$

4. 미분공식

$y = x^n$ (n은 양의 정수 ⇒ 실수로 확장) $\to y' = nx^{n-1}$

$y = c$ (c는 상수) $\to y' = 0$

$y = f(x)\cdot g(x) \to y' = f'(x)\cdot g(x) + f(x)\cdot g'(x)$

$y = f(x)\cdot g(x)\cdot h(x) \to y' = f'gh + fg'h + fgh'$

$$\left\{\frac{f(x)}{g(x)}\right\}' = \frac{f'(x)\cdot g(x) - f(x)\cdot g'(x)}{\{g(x)\}^2}$$

$$[\{f(x)\}^n]' = n\cdot\{f(x)\}^{n-1}\cdot f'(x)$$

$$\frac{dx}{dy} = \frac{1}{\frac{dy}{dx}}, \quad \frac{dy}{dx} = \frac{\frac{dy}{dt}}{\frac{dx}{dt}}$$

$(\sin x)' = \cos x,$ $(\cos x)' = -\sin x,$ $(\tan x)' = \sec^2 x$

$(\sec x)' = \sec x \cdot \tan x,$ $(\mathrm{cosec})' = -\mathrm{cosec}\, x \cdot \cot x$

$(\cot x)' = -\mathrm{cosec}^2 x,$ $(a^x)' = a^x \log_e a$

$(\log_a x)' = \frac{1}{x} \times \frac{1}{\log_e a},$ $(e^x)' = e^x$

$(\log x)' = (\ln x)' = \frac{1}{x},$ $(\sin^{-1} x)' = \frac{1}{\sqrt{1-x^2}}$

$(\cos^{-1} x)' = -\frac{1}{\sqrt{1-x^2}},$ $(\tan^{-1} x)' = \frac{1}{1+x^2}$

5. 적분공식

$F'(x) = f(x) \Leftrightarrow \int f(x)\,dx = F(x) + C,$ C는 적분상수

$$\int x^n dx = \frac{1}{n+1} x^{n+1} + C$$

$\int kf(x)\,dx = k\int f(x)\,dx$ (k는 상수)

$\int \{f \pm g\}\,dx = \int f\,dx \pm \int g\,dx$ (복부호동순)

변수치환법

$$x = \phi(z) \Rightarrow \int f(x)\,dx = \int f[\phi(z)]\frac{dx}{dz}dz = \int f[\phi(z)]\,\phi'(z)\,dz$$

부분적분법

$$\int u\frac{dv}{dx}dx = uv - \int v\frac{du}{dx}dx$$

$$\int (ax+b)^n dx = \frac{1}{a}\cdot\frac{1}{n+1}(ax+b)^{n+1} + C$$

$$\int \frac{1}{x}dx = \log x + C = \ln x + C$$

$$\int \sin ax dx = -\frac{\cos ax}{a}, \qquad \int \sin x dx = -\cos x$$

$$\int \cos ax dx = \frac{\sin ax}{a}, \qquad \int \cos x dx = \sin x$$

$$\int \tan x dx = -\ln\cos x, \qquad \int \cot x dx = \ln\sin x$$

$$\int \sin^2 x dx = \frac{x}{2} - \frac{\sin 2x}{4}, \qquad \int \cos^2 x dx = \frac{x}{2} + \frac{\sin 2x}{4}$$

$$\int \sec^2 x dx = \tan x, \qquad \int \mathrm{cosec}^2 x dx = -\cot x$$

$$\int \sin ax \cos bx dx = \frac{1}{b^2 - a^2}\times(a\sin bx \sin ax + a\cos bx \cos ax)$$

$$\int x\sin ax dx = \frac{\sin ax}{a^2} - \frac{x\cos ax}{a}, \qquad \int x\cos ax dx = \frac{\cos ax}{a^2} + \frac{x\cos ax}{a}$$

$$\int e^{ax}dx = \frac{e^{ax}}{a}, \qquad \int e^x dx = e^x$$

$$\int xe^x dx = e^x(x-1), \qquad \int a^x dx = \frac{a^x}{\ln a}, \quad (a>0,\ a\neq 1)$$

$$\int \log x dx = x\log x - x, \qquad \int \frac{1}{1+e^x}dx = \log\frac{e^x}{1+e^x}$$

$$\int \frac{1}{x^2+a^x}dx = \frac{1}{a}\tan^{-1}\frac{x}{a}, \quad (a\neq 0)$$

$$\int \frac{1}{x^2-a^x}dx = \frac{1}{2a}\ln\frac{x-a}{x+a}$$

$$\int \frac{1}{\sqrt{a^2-x^2}}dx = \sin^{-1}\frac{x}{a} \quad (a>0)$$

부록 II.

1. 물리정수

전자파(빛)의 속도	$c = 2.99792458 \times 10^{6}[\mathrm{ms^{-1}}]$
광년	$LY = 9.46 \times 10^{12}[\mathrm{km}]$
전자의 전하	$e = -1.6021892 \times 10^{-19}[\mathrm{C}]$
전자의 정지질량	$m = 9.109534 \times 10^{-31}[\mathrm{kg}]$
전자의 비전하	$\frac{e}{m} = 1.7588047 \times 10^{11}[\mathrm{Ckg^{-1}}]$
양자의 정지질량	$m_p = 1.6726485 \times 10^{-27}[\mathrm{kg}]$
중성자의 정지질량	$m_n = 1.6749543 \times 10^{-31}[\mathrm{kg}]$
1[kg] 분자의 분자수	$N = 6.604 \times 10^{26}$
아보가드로수	$N_a = 6.022045 \times 10^{23}[\mathrm{mol^{-1}}]$
플랑크 상수	$h = 6.626176 \times 10^{-34}[\mathrm{J \cdot s}]$
볼츠만 상수	$k = \frac{R}{N_a} = 1.380662 \times 10^{-23}[\mathrm{J \cdot k^{-1}}]$
리드베리 상수	$R_\infty = 1.097373177 \times 10^{7}[\mathrm{m^{-1}}]$
보어 반지름	$a_0 = 5.2917706 \times 10^{-11}[\mathrm{m}]$
기체 정수	$R = 8.31441[\mathrm{J\ mol^{-1}k^{-1}}]$
중력 가속도	$g = 9.80665[\mathrm{ms^{-2}}]$
진공 유전율	$\varepsilon_0 = \frac{10^7}{4\pi c^2} = 8.85418782 \times 10^{-12}[\mathrm{Fm^{-1}}]$
진공 투자율	$\mu_0 = 4\pi \times 10^{-7} = 1.25663706144 \times 10^{-6}[\mathrm{Hm^{-1}}]$
자연대수 기수	$e = 2.71828$
천문단위	$AU = 1.5 \times 10^{8}[\mathrm{km}]$

파이	$\pi = 3.1415927\cdots$
라디안	rad = 57.2958[deg]
고유 임피던스	$Z = 376.7(\simeq 120\pi)[\Omega]$

2. 그리스문자

대문자	소문자	명 칭	
A	α	alpha	알파
B	β	beta	베타
Γ	γ	gamma	감마
Δ	δ	delta	델타
E	ε	epsilon	입실론
Z	ζ	zeta	제타
H	η	eta	에타
Θ	θ	theta	세타
I	ι	iota	이오타
K	κ	kappa	카파
Λ	λ	lambda	람다
M	μ	mu	뮤
N	ν	nu	뉴
Ξ	ξ	xi	크사이
O	o	omicron	오미크론
Π	π	pi	파이
P	ρ	rho	로오
Σ	σ	sigma	시그마
T	τ	tau	타우
Y	υ	upsilon	웁실론
Φ	ϕ	phi	화이
X	χ	chi	카이
Ψ	ψ	psi	프사이
Ω	ω	omega	오메가

3. 단위의 승수

곱 할 인 자	명 칭	기 호
1 000 000 000 000 000 000 000 000 = 10^{24}	요타(yotta)	Y
1 000 000 000 000 000 000 000 = 10^{21}	제타(zetta)	Z
1 000 000 000 000 000 000 = 10^{18}	엑사(exa)	E
1 000 000 000 000 000 = 10^{15}	페타(peta)	P
1 000 000 000 000 = 10^{12}	테라(tera)	T
1 000 000 000 = 10^{9}	기가(giga)	G
1 000 000 = 10^{6}	메가(mega)	M
1 000 = 10^{3}	킬로(kilo)	k
100 = 10^{2}	헥토(hecto)	h
10 = 10^{1}	데카(deka)	da
0.1 = 10^{-1}	데시(deci)	d
0.01 = 10^{-2}	센티(centi)	c
0.001 = 10^{-3}	밀리(milli)	m
0.000 001 = 10^{-6}	마이크로(micro)	μ
0.000 000 001 = 10^{-9}	나노(nano)	n
0.000 000 000 001 = 10^{-12}	피코(pico)	p
0.000 000 000 000 001 = 10^{-15}	펨토(femto)	f
0.000 000 000 000 000 001 = 10^{-18}	아토(atto)	a
0.000 000 000 000 000 000 001 = 10^{-21}	젭토(zepto)	z
0.000 000 000 000 000 000 000 001 = 10^{-24}	욕토(yocto)	y

4. MKS 단위와 CGS 단위의 비교

양	MKS 단위	CGS 전자기단위	CGS 정전단위
(역학적량)			
길이	1[m]	$=10^2$[cm]	
질량	1[kg]	$=10^3$[g]	
시간	1[s]	=1[s]	
힘	1[N]	$=10^5$[dyne]	
일, 에너지	1[J]	$=10^7$[erg]	
전력	1[W]	$=10^7$[erg/s]	
(전기적량)			
기전력, 전위	1[V]	$=10^8$[emu]	$=1/(3\times10^2)$[esu]
전계의 세기	1[V/m]	$=10^6$[emu]	$=1/(3\times10^4)$[esu]
전류	1[A]	$=10^{-1}$[emu]	$=3\times10^9$[esu]
전류밀도	1[A/㎡]	$=10^{-5}$[emu]	$=3\times10^5$[esu]
저항	1[Ω]	$=10^9$[emu]	$=1/(9\times10^{11})$[esu]
저항율	1[Ω · m]	$=10^{11}$[emu]	$=1/(9\times10^9)$[esu]
도전율	1[℧/m]	$=10^{-11}$[emu]	$=9\times10^9$[esu]
전하, 전기량	1[C]	$=10^{-1}$[emu]	$=3\times10^9$[esu]
전속	1[C]	$=4\pi/10$[emu]	$=4\pi\times3\times10^9$[esu]
전속밀도	1[C/m²]	$=4\pi/10^5$[emu]	$=4\pi\times3\times10^5$[esu]
정전용량	1[F]	$=10^{-9}$[emu]	$=9\times10^{11}$[esu]
유전율	1[F/m]	$=4\pi/10^{11}$[emu]	$=4\pi\times9\times10^9$[esu]
(자기적량)			
기자력, 자위	1[A] 또는 1[AT]	$=4\pi/10$[Gilbert]	$=12\pi\times10^9$[esu]
자계의 세기	1[A/m]	$=4\pi/10^3$[Oersted]	$=12\pi\times10^7$[esu]
자속	1[Wb]	$=10^8$[Maxwell]	$=1/(3\times10^2)$[esu]
자속밀도	1[Wb/m²]	$=10^4$[Gauss]	$=1/(3\times10^6)$[esu]
자극의 세기, 자하	1[Wb]	$=10^8/4\pi$[emu]	$=1/(4\pi\times3\times10^2)$[esu]
자화의 세기	1[Wb/m²]	$=10^4/4\pi$[emu]	$=1/(4\pi\times3\times10^6)$[esu]
인덕턴스	1[H]	$=10^9$[emu]	$=1/(9\times10^{11})$[esu]
자기저항	1[A/Wb]	$=4\pi/10^9$[emu]	$=1/(4\pi\times9\times10^{11})$[esu]
투자율	1[H/m]	$=10^7/4\pi$[emu]	$=1/(4\pi\times9\times10^{13})$[esu]
자화율	1[H/m]	$=10^7/(4\pi)^2$[emu]	$=1/(16\pi^2\times9\times10^{13})$[esu]

연습문제 풀이

제1장 벡터 해석

1. 답 ① **2.** 답 ①

3. 답 ④

풀이 $\boldsymbol{k}\times\boldsymbol{A} = \boldsymbol{k}\times(2\boldsymbol{i}-5\boldsymbol{j}+3\boldsymbol{k}) = 2(\boldsymbol{k}\times\boldsymbol{i})-5(\boldsymbol{k}\times\boldsymbol{j})+3(\boldsymbol{k}\times\boldsymbol{k}) = 2\boldsymbol{j}+5\boldsymbol{i}$

4. 답 ④

풀이 $\boldsymbol{i}\times\boldsymbol{j} = -\boldsymbol{j}\times\boldsymbol{i} = \boldsymbol{k},\ \boldsymbol{j}\times\boldsymbol{k} = -\boldsymbol{k}\times\boldsymbol{j} = \boldsymbol{i},$

$\boldsymbol{k}\times\boldsymbol{i} = -\boldsymbol{i}\times\boldsymbol{k} = \boldsymbol{j},\ \boldsymbol{i}\times\boldsymbol{i} = \boldsymbol{j}\times\boldsymbol{j} = \boldsymbol{k}\times\boldsymbol{k} = (1\times1\sin0) = 0$

5. 답 ②

풀이 $\cos\theta = \dfrac{\boldsymbol{A}\cdot\boldsymbol{B}}{|\boldsymbol{A}||\boldsymbol{B}|} = \dfrac{A_xB_x+A_yB_y}{\sqrt{A^2}\sqrt{B^2}} = \dfrac{(-7)\times(-3)+(-1)\times(-4)}{\sqrt{(-7)^2+(-1)^2}\sqrt{(-3)^2+(-4)^2}}$

$= \dfrac{21+4}{\sqrt{50}\times5} = \dfrac{1}{\sqrt{2}} \quad \therefore\ \theta = 45°$

6. 답 ②

풀이 $\boldsymbol{A}\perp\boldsymbol{B}$가 되기 위한 조건은 $\boldsymbol{A}\cdot\boldsymbol{B}=0$이다.

$A_x(3)+2\times(-3)+0=0 \quad \therefore\ A_x=2$

7. 답 ①

풀이 $\boldsymbol{F}_1+\boldsymbol{F}_2+\boldsymbol{F}_3=0$

$\boldsymbol{F}_3 = -(\boldsymbol{F}_1+\boldsymbol{F}_2) = -\{(-3\boldsymbol{i}+4\boldsymbol{j}-5\boldsymbol{k})+(6\boldsymbol{i}+3\boldsymbol{j}-2\boldsymbol{k})\}$

$$=-(3\boldsymbol{i}+7\boldsymbol{j}-7\boldsymbol{k})=-3\boldsymbol{i}-7\boldsymbol{j}+7\boldsymbol{k}$$

8. 답 ③ **9.** 답 ②

10. 답 ④

|풀이| $\nabla\cdot E=\left(\boldsymbol{i}\frac{\partial}{\partial x}+\boldsymbol{j}\frac{\partial}{\partial y}+\boldsymbol{k}\frac{\partial}{\partial z}\right)\cdot(\boldsymbol{i}E_x+\boldsymbol{j}E_y+\boldsymbol{k}E_z)$

$$=\frac{\partial E_x}{\partial x}+\frac{\partial E_y}{\partial y}+\frac{\partial E_z}{\partial z}=\mathrm{div}\,\boldsymbol{E}$$

11. 답 ③ **12.** 답 ③

13. 답 ①

|풀이| 가우스의 발산정리는 면적적분과 체적적분과의 변환식이다.

14. |풀이| $\nabla\cdot\boldsymbol{E}=\left(\frac{\partial}{\partial x}\boldsymbol{i}+\frac{\partial}{\partial y}\boldsymbol{j}+\frac{\partial}{\partial z}\boldsymbol{k}\right)\cdot(E_x\boldsymbol{i}+E_y\boldsymbol{j}+E_z\boldsymbol{k})$

$$=\frac{\partial E_x}{\partial x}+\frac{\partial E_y}{\partial y}+\frac{\partial E_z}{\partial z}=\frac{\partial}{\partial x}(3x^2)+\frac{\partial}{\partial y}(2xy^2)+\frac{\partial}{\partial z}(x^2yz)$$

$$=6x+4xy+x^2y$$

15. |풀이| $\nabla\cdot\boldsymbol{A}=\left(\frac{\partial}{\partial x}\boldsymbol{i}+\frac{\partial}{\partial y}\boldsymbol{j}+\frac{\partial}{\partial z}\boldsymbol{k}\right)\cdot(3x^2\boldsymbol{i}+2y\boldsymbol{j}-6j\boldsymbol{k})$

$$=\frac{\partial}{\partial x}(3x^2)+\frac{\partial}{\partial y}(2y^2)-\frac{\partial}{\partial z}(6z^2)=6x+4y-12z$$

$x=2,\ y=1,\ z=4$를 대입하면

$\nabla\cdot\boldsymbol{A}=(6\times2)+(4\times1)-(12\times4)=12+4-48=-32$

16. |풀이| $\nabla\times\boldsymbol{A}=\left(\frac{\partial}{\partial x}\boldsymbol{i}+\frac{\partial}{\partial y}\boldsymbol{j}+\frac{\partial}{\partial z}\boldsymbol{k}\right)\times(A_x\boldsymbol{i}+A_y\boldsymbol{j}+A_z\boldsymbol{k})$

$$=\left(\frac{\partial A_z}{\partial y}-\frac{\partial A_y}{\partial z}\right)\boldsymbol{i}+\left(\frac{\partial A_x}{\partial z}-\frac{\partial A_z}{\partial x}\right)\boldsymbol{j}+\left(\frac{\partial A_y}{\partial x}-\frac{\partial A_x}{\partial y}\right)\boldsymbol{k}$$

$$=\left(\frac{\partial}{\partial y}(zx)-\frac{\partial}{\partial z}(yz)\right)\boldsymbol{i}+\left(\frac{\partial}{\partial z}(xy)-\frac{\partial}{\partial x}(zx)\right)\boldsymbol{j}+\left(\frac{\partial}{\partial x}(yz)-\frac{\partial}{y}(xy)\right)\boldsymbol{k}$$

$$=(0-y)\boldsymbol{i}+(0-z)\boldsymbol{j}+(0-x)\boldsymbol{k}=-y\boldsymbol{i}-z\boldsymbol{j}-x\boldsymbol{k}$$

$x=2,\ y=-3,\ z=1$을 대입하면

$\nabla\times A=-(-3)\boldsymbol{i}-(1)\boldsymbol{j}-(2)\boldsymbol{k}=3\boldsymbol{i}-\boldsymbol{j}-2\boldsymbol{k}$

17. |풀이| $\nabla f=\frac{\partial}{px}(2x^3y^2z^4)\boldsymbol{i}+\frac{\partial}{\partial y}(2x^3y^2z^4)\boldsymbol{j}+\frac{\partial}{\partial z}(2x^3y^2z^4)\boldsymbol{k}$

$$=6x^2y^2z^4\boldsymbol{i}+4x^3yz^4\boldsymbol{j}+8x^3y^2z^3\boldsymbol{k}$$

$$\nabla^2=\nabla\cdot\nabla=\frac{\partial}{\partial x}(6x^2y^2z^4)\boldsymbol{i}+\frac{\partial}{\partial y}(4x^3yz^4)\boldsymbol{j}+\frac{\partial}{\partial z}(8x^3y^2z^3)\boldsymbol{k}$$

$$= 12xy^2z^4 + 4x^3z^4 + 24x^3y^2z^2$$

제2장 정전계

1. 답 ③

|풀이| 전계내의 전하는 그 자신의 에너지가 최소가 되는 가장 안정된 전하분포를 가지는 정전계를 형성하려고 한다.

2. 답 ③

|풀이| 전기 쌍극자에 의한 전위 V는 $V = \dfrac{M\cos\theta}{4\pi\varepsilon_0 r^2} =$ 일정

$$\therefore\ r^2 = \frac{M}{4\pi\varepsilon_0 V}\cos\theta = k\cos\theta$$

3. 답 ②

|풀이| $\nabla^2 V = \dfrac{\partial^2 V}{\partial x^2} + \dfrac{\partial^2 V}{\partial y^2} + \dfrac{\partial^2 V}{\partial z^2} = 2yz^2 + 4x + 2x^2y = -\dfrac{\rho}{\varepsilon_0}$

$[\nabla^2 V]_{x=1,\ y=0,\ z=0} = 4 = -\dfrac{\rho}{\varepsilon_0}$ $\qquad \therefore\ \rho = -4\varepsilon_0[\mathrm{C/m^3}]$

4. 답 ①

|풀이| 그림과 같이 두 무한평면에 $\pm\rho_s[\mathrm{C/m^2}]$의 전하밀도가 서로 대치되어 있을 경우에는 A판에서 나온 모든 전기력선이 B판에 모두 들어가 외부의 점 P_1과 P_2의 전기력선은 없으므로 전계의 세기는 0이다.

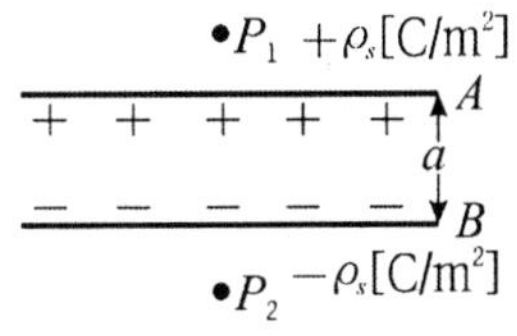

5. 답 ④

|풀이| $\displaystyle\int\int_s \boldsymbol{En}\cdot dS = \int\int_s \boldsymbol{E}\cdot dS = \frac{1}{\varepsilon_0}\lambda,\ \boldsymbol{E}\cdot 2\pi r\cdot 1 = \frac{1}{\varepsilon_0}\lambda \quad \therefore\ \boldsymbol{E} = \frac{\lambda}{2\pi\varepsilon_0 r}[\mathrm{V/m}]$

6. 답 ③

|풀이| 전계의 전기력선은 (+)전하에서 시작하여 (−)전하에서 끝나므로 전하가 존재할 때에는 비연속적이다.

7. 답 ①

| 풀이 | $E=\frac{\lambda}{2\pi\varepsilon_0 r}=18\times10^9\times\frac{10^{-3}}{10\times10^{-2}}=1.8\times10^8$[V/m]

8. 답 ①

| 풀이 | 그림과 같이 전하 4×10^{-9}[C]이 존재하는 점 A와 점 P 사이의 거리는

$\sqrt{3^2+4^2}=5$[m]이므로, P점의 전계의 세기 E는 $E=9\times10^9\times\frac{4\times10^{-9}}{5^2}=\frac{36}{25}$[V/m]

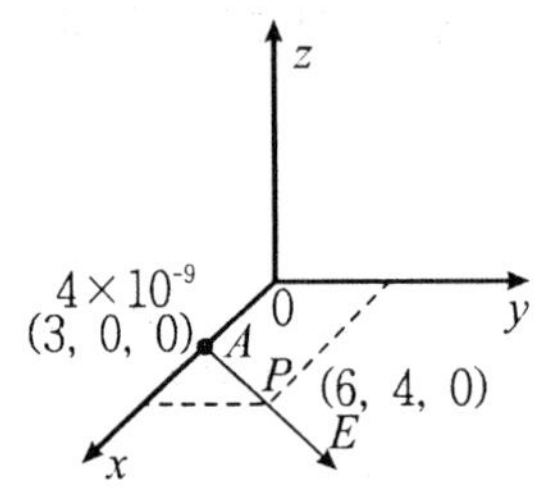

전계의 방향을 표시하는 단위벡터는 $\frac{\boldsymbol{E}}{E}=\frac{\boldsymbol{r}}{r}=\frac{3\boldsymbol{i}+4\boldsymbol{j}}{5}=\frac{1}{5}(3\boldsymbol{i}+4\boldsymbol{j})$

9. 답 ①

| 풀이 | 점 P의 전위는 무한원점으로부터 단위정전하를 점 P까지 운반하는데 요구하는 일이므로

$$V_P=-\int_\infty^P \boldsymbol{E}\cdot d\boldsymbol{l}=\int_P^\infty \boldsymbol{E}\cdot d\boldsymbol{l}$$

따라서 점 B에서 점 A까지 단위정전하를 옮기는데 요하는 일, 즉 점 B에 대한 점 A의 전위는 $\therefore\ V_{AB}=-\int_B^A \boldsymbol{E}\cdot d\boldsymbol{l}$

10. 답 ②

| 풀이 | 합치기 전후의 물방울 반지름을 각각 r_1, r_2라 하면

$\frac{4}{3}\pi r_2{}^3=2\times\frac{4}{3}\pi r_1{}^3 \quad \therefore\ r_2=\sqrt[3]{2}\,r_1$ (구 체적 $\frac{4}{3}\pi r^3$) (구 표면적 $4\pi r^2$)

합치기 전 물방울의 전하를 Q, 표면 밀도를 σ_1이라 하면 $\sigma_1=\frac{Q}{4\pi r_1{}^2}$

합한 후 표면밀도를 σ_2라 하면, $\sigma_2=\frac{2Q}{4\pi r_2{}^2}=\frac{Q}{2^3\sqrt{4}\pi r_1{}^2}$, $\frac{\sigma_1}{\sigma_2}=\frac{\sqrt[3]{4}}{2}$

11. 답 ③

| 풀이 | 구도체의 전하 또는 구대칭 전하는 구 밖에서 볼 때는 중심에 점전하로 볼 수 있

으므로, 전위 V는 $V=\dfrac{Q}{4\pi\varepsilon_0(5a)}=\dfrac{1}{20\pi\varepsilon_0}\cdot\dfrac{Q}{a}$[V]

12. 답 ①

|풀이| $9\times10^9\times\dfrac{1\times10^{-6}}{x^2}=9\times10^9\times\dfrac{2\times10^{-6}}{(1-x)^2}$, $\dfrac{1}{x^2}=\dfrac{2}{(1-x)^2}$

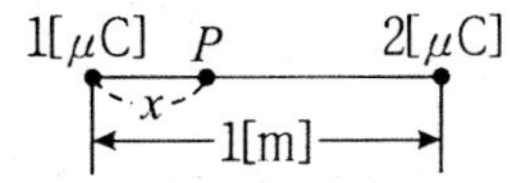

$(1-x)^2=2x^2$, $1-x=\sqrt{2}x$ $\quad\therefore\ x=\dfrac{1}{\sqrt{2}+1}=\sqrt{2}-1$[m]

13. 답 ③

|풀이| $15=\dfrac{1}{4\pi\varepsilon_0\times2}+A$ ······ ①, $\quad 30=\dfrac{1}{4\pi\varepsilon_0\times0.5}+A$ ······ ②

$V_c=\dfrac{1}{4\pi\varepsilon_0\times1}+A$ ······ ③

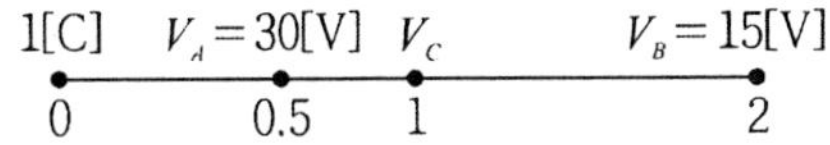

①식에서 $\dfrac{1}{4\pi\varepsilon_0}=(15-A)\times2$이므로, ②식은 $30=(15-A)\times2\times2+A$

$\therefore\ A=10$

따라서 $\therefore\ \dfrac{1}{4\pi\varepsilon_0}=(15-10)\times2=10$, $\quad\therefore\ V_c=\dfrac{1}{4\pi\varepsilon_0}+A=10+10=20$[V]

14. 답 ④ **15.** 답 ③

16. 답 ③

|풀이| 그림과 같이 전하 -1[μC]이 존재하는 점과 점 P간의 거리는

$\sqrt{2^2+(-2)^2+4^2}=\sqrt{24}$이므로

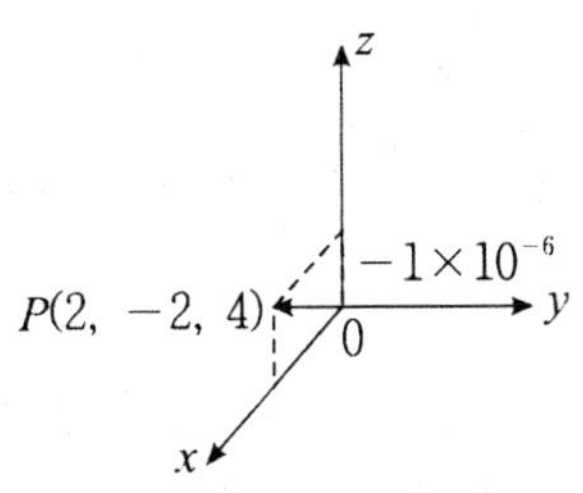

전계세기의 크기는 $E=9\times10^9\times\dfrac{-1\times10^{-6}}{(\sqrt{24})^2}=-\dfrac{9}{24}\times10^3$[V/m]

전계방향의 단위벡터 $r_0 = \frac{-\boldsymbol{E}}{E} = \frac{-\boldsymbol{r}}{r} = \frac{(-2\boldsymbol{a}_x + 2\boldsymbol{a}_y - 4\boldsymbol{a}_z)}{\sqrt{24}}$

$= -0.41\boldsymbol{a}_x + 0.41\boldsymbol{a}_y - 0.82\boldsymbol{a}_z$

17. 답 ③

|풀이| $\nabla^2 V = \frac{\partial^2 V}{\partial x^2} + \frac{\partial^2 V}{\partial y^2} + \frac{\partial^2 V}{\partial z^2} = -\frac{\rho}{\varepsilon_0}$ (푸아송방정식)

$\nabla^2 V = 2+2 = -\frac{\rho}{\varepsilon_0}$, $\therefore\ \rho = -4\varepsilon_0 = -4\times 8.855\times 10^{-12} = -35.4\times 10^{-12}$[C/m³]

18. 답 ①

|풀이| $\frac{1}{4\pi\varepsilon_0} = 9\times 10^9$에서

$\varepsilon_0 = \frac{1}{4\pi\times 9\times 10^9} = \frac{1}{36\pi}\times 10^{-9} = \frac{1}{120\pi c} = \frac{10^7}{4\pi c^2} = \frac{1}{\mu_0 c^2} = 8.855\times 10^{-12}$[F/m]

단, c : 진공중의 빛의 속도 3×10^8[m/s], μ_0 : 진공중의 투자율 $4\pi\times 10^{-7}$[H/m]

19. 답 ④

20. 답 ①

|풀이| 정전에너지 $W = \frac{Q^2}{2C} = \frac{Q^2}{2\left(\frac{\varepsilon_0 S}{d}\right)} = \frac{Q^2 d}{2\varepsilon_0 S} = \frac{\sigma^2 d}{2\varepsilon_0 S^3}$ [J]

정전력 $F = -\frac{\partial W}{\partial d} = -\frac{\sigma^2}{2\varepsilon_0 S^3}$ [N]

21. 답 ④

|풀이| $F = \frac{\sigma^2}{2\varepsilon_0} = \frac{1}{2}\varepsilon_0 E^2 = \frac{1}{2}\varepsilon_0\left(\frac{Q}{4\pi\varepsilon_0 a^2}\right)^2 = \frac{1}{2}\varepsilon_0\left(\frac{Q^2}{16\pi^2\varepsilon_0{}^2 a^4}\right) = \frac{Q^2}{32\varepsilon_0\pi^2 a^4}$ [N/m²]

22. 답 ③

|풀이| $W = eV = \frac{1}{2}mv^2,\quad v^2 = \frac{2eV}{m}$

$\therefore\ v = \sqrt{\frac{2eV}{m}} = \sqrt{\frac{2e}{m}}\sqrt{V} = \sqrt{\frac{2\times 1.602\times 10^{-19}}{9.107\times 10^{-31}}}\sqrt{V} = 5.95\times 10^5\sqrt{V}$[m/s]

23. 답 ①

|풀이| 2개의 점전하가 3쌍으로 맞서 있고, 각 쌍의 중심 전계의 세기는 크기가 같고 방향이 정반대이므로 0이 되고 합성 전계의 세기도 0이 된다.

24. 답 ①

|풀이| $\boldsymbol{E} = \frac{\lambda}{2\pi\varepsilon_0 r}\boldsymbol{a}_r = 18\times 10^9\times\frac{10^{-9}}{\sqrt{4^2+3^2}}\times\frac{8\boldsymbol{a}_x + 6\boldsymbol{a}_y}{\sqrt{8^2+6^2}}$

$= 0.36(8\boldsymbol{a}_x + 6\boldsymbol{a}_y) = 2.88\boldsymbol{a}_x + 2.16\boldsymbol{a}_y$

25. 답 ④

26. 답 ④

풀이 전기 쌍극자 모멘트 $M = 4\pi\varepsilon_0$[C·m], $r = 1\times10^2$[m], $\theta = 60°$이므로 전위 V는

$$V = \frac{M\cos\theta}{4\pi\varepsilon_0 r^2} = \frac{(4\pi\varepsilon_0)\cos 60°}{4\pi\varepsilon_0 \times (1\times10^{-2})^2} = \frac{0.5}{10^{-4}} = 5000[\text{V}]$$

27. 답 ②

풀이 전기력선 방정식 $\dfrac{dx}{E_x} = \dfrac{dy}{E_y}$에서, $\dfrac{dx}{\frac{2}{x}} = \dfrac{dy}{\frac{2}{y}}$가 되어 $xdx = ydy$

$\frac{1}{2}x^2 = \frac{1}{2}y^2 + k$이며, $x = 2$, $y = 4$이므로 $k = -6$이 된다.

$\therefore\ y^2 - x^2 = 12$

28. 답 ②

풀이 $E = \dfrac{Q}{4\pi\varepsilon_0 r^2}$[V/m], $V = \dfrac{Q}{4\pi\varepsilon_0 r}$[V]이므로

$$E = \frac{Q}{4\pi\varepsilon_0 r^2} = \frac{Q}{4\pi\varepsilon_0 r}\times\frac{1}{r} = \frac{V}{r}[\text{V/m}]$$

$\therefore\ V = E\times r = 3\times10^3\times10^3[\text{V/m}]\times1[\text{m}] = 3\times10^6[\text{V}] = 3\times10^3[\text{kV}]$

29. 답 ②

풀이 전계와 전위의 관계식

$$\boldsymbol{E} = -\text{grad}\,V = -\left(\frac{\partial}{\partial x}\boldsymbol{i} + \frac{\partial}{\partial y}\boldsymbol{j} + \frac{\partial}{\partial z}\boldsymbol{k}\right)(12x + 7y^2) = -12\boldsymbol{i} - \boldsymbol{j}14y$$

$\therefore\ [\boldsymbol{E}]_{x=5,\ y=3} = -12\boldsymbol{i} - \boldsymbol{j}14\times3 = -12\boldsymbol{i} - \boldsymbol{j}42$

30. 답 ②

풀이 반지름 $\frac{a}{2}$[m]인 구의 전하를 Q'라 하면 $Q' = \dfrac{\frac{4}{3}\pi\left(\frac{a}{2}\right)^3}{\frac{4}{3}\pi a^3}Q = \dfrac{1}{8}Q$

가우스정리에 의하여 $4\pi\left(\frac{a}{2}\right)^2\times E = \dfrac{Q'}{\varepsilon_0} = \dfrac{Q}{8\varepsilon_0}$, $\therefore\ E = \dfrac{Q}{8\pi\varepsilon_0 a^2}$[V/m]

31. 답 ④

풀이 $W = \displaystyle\int_v \frac{1}{2}\varepsilon_0 E^2 dv = \frac{1}{2}\varepsilon_0\int_v |-\text{grad}\,V|^2 dv$

$$= \frac{1}{2}\varepsilon_0\int_0^1\int_0^1\int_0^1 |-(2x\boldsymbol{i} + \boldsymbol{j})|^2 dx\,dy\,dz = \frac{7}{6}\varepsilon_0[\text{J}]$$

32. 답 ④

|풀이| 미소길이를 운반하는데 필요한 일은 $dW = q\boldsymbol{E} \cdot d\boldsymbol{l} = qE\cos\theta dl$[J]로 나타내어 지는데 전계와 등전위면 ($dl$)은 항상 $\theta = 90°$의 각을 이루므로 일은 0이다.

33. 답 ①

|풀이| 전계중에서 전하의 운동방정식은 $\boldsymbol{F} = q\boldsymbol{E} = m\boldsymbol{a}$[N]

$$\therefore\ \boldsymbol{E} = \frac{m}{q}\boldsymbol{a} = \frac{10^{-10}}{10^{-8}} \times (\boldsymbol{i}10^2 + \boldsymbol{j}10^3) = \boldsymbol{i} + 10\,\boldsymbol{j}\text{[V/m]}$$

34. 답 ②

|풀이| 전기력선 방정식은, $k_1 x = k_2 y$이므로 점 (3, 4)를 통하는 전기력선 방정식은,

$$3k_1 = 4k_2 \quad \therefore\ \frac{k_1}{k_2} = \frac{4}{3}, \quad \therefore\ y = \frac{k_1}{k_2}x = \frac{4}{3}x$$

35. 답 ①

|풀이| $F = 9\times10^9 \dfrac{Q_1 Q_2}{r^2}$, $9\times10^9 = 9\times10^9 \dfrac{Q^2}{1^2}$ $\quad\therefore\ Q = 1$[C]

36. 답 ②

|풀이| CGS 정전단위계에서의 쿨롱의 법칙은 Q_1[esu], Q_2[esu], r[cm]일 때

$$F = k\frac{Q_1 Q_2}{r^2},\ k=1,\ F = \frac{Q_1 Q_2}{1\times r^2} = \frac{1\times(-2)}{1\times10^2} = -2\times10^{-2}\text{[dyne]} = -2\times10^{-7}\text{[N]}$$

(흡인력)

여기서 1[dyne] = 10^{-5}[N]이다.

37. 답 ④

|풀이| $\boldsymbol{E} = \dfrac{Q}{4\pi\varepsilon_0 r^2} = 9\times10^9 \times \dfrac{1\times10^{-6}}{3^2} = 10^3$[V/m]

38. 답 ①

|풀이| 전계의 세기는 +1[C]당의 작용력[N/C]으로 나타내고, 수직단면을 통과하는 전기력선밀도[개/m^2] 또는 전위를 거리로 미분한 것(전위경도)에 (−)를 붙인 것[V/m]으로 표시된다.

39. 답 ②

|풀이| 도체 표면의 전하는 뾰족한 부분에 모이는 성질이 있는데, 뾰족한 부분일수록 곡률 반지름이 작으므로 전하밀도는 곡률이 커질수록 커진다.

40. 답 ①

|풀이| $\boldsymbol{E} = \dfrac{\boldsymbol{M}}{4\pi\varepsilon_0 r^3}\sqrt{1 + 3\cos^2\theta}$ [V/m]이므로 전계는 $\theta = 0°$일 때 최대이고, $\theta = 90°$일

때 최소가 된다.

41. 답 ④

42. 답 ②

풀이 $V=\dfrac{Q}{4\pi\varepsilon_0 r}$[V], $G=E=\dfrac{Q}{4\pi\varepsilon_0 r^2}$[V/m]

$V=Gr$이므로 $\dfrac{Q}{4\pi\varepsilon_0 r}=Gr$, $r^2=\dfrac{Q}{4\pi\varepsilon_0 G}=9\times10^9\times\dfrac{\frac{1}{3\times10^3}}{3\times10^6}=1$, $\therefore\ r=1$[m]

43. 답 ③

풀이 $F=\dfrac{Q_1Q_2}{4\pi\varepsilon_0 r^2}=\dfrac{Q_1}{4\pi\varepsilon_0 r^2}\cdot Q_2=E\cdot Q_2$

44. 답 ③

풀이 전기 쌍극자에 의한 전위 $V=\dfrac{M\cos\theta}{4\pi\varepsilon_0 r^2}$[V]

전기 쌍극자에 의한 전계 $E=\dfrac{M\sqrt{1+3\cos^2\theta}}{4\pi\varepsilon_0 r^3}$[V/m]이므로 $\dfrac{1}{r^3}$에 비례한다.

45. 답 ②

풀이 전기 쌍극자 모멘트는 정전하량과 극간거리의 곱 즉, $M=Q\delta$이다.

46. **풀이** 문제의 그림에서 점 P의 전계를 E_A, E_B라 하면

$E_A=9\times10^9\times\dfrac{4.8\times10^{-7}}{4^2}=270$[V/m], $E_B=9\times10^9\times\dfrac{1.8\times10^{-7}}{3^2}=180$[V/m]

$\therefore\ E=\sqrt{{E_A}^2+{E_B}^2}=\sqrt{270^2+180^2}=324.5$[V/m]

$V=\dfrac{Q}{4\pi\varepsilon_0 r}$ 식에서 $\therefore\ V=9\times10^9\times\left(\dfrac{4.8\times10^{-7}}{4}+\dfrac{1.8\times10^{-7}}{3}\right)=1080+540=1620$[V]

47. **풀이** $V_A=-\int_\infty^c Edr-\int_b^a Edr=\dfrac{Q}{4\pi\varepsilon_0}\left(\dfrac{1}{a}-\dfrac{1}{b}+\dfrac{1}{c}\right)$[V]

48. **풀이** B구에 작용하는 힘 $F_B=F_{BA}-F_{BC}$이므로 $F_B=F_{BA}-F_{BC}$

$=\dfrac{Q_BQ_A}{4\pi\varepsilon_0 {r_A}^2}-\dfrac{Q_BQ_C}{4\pi\varepsilon_0 {r_B}^2}=\dfrac{Q_B}{4\pi\varepsilon_0}\left(\dfrac{Q_A}{{r_A}^2}-\dfrac{Q_C}{{r_B}^2}\right)$

$=9\times10^9\times2\times10^{-6}\left(\dfrac{4\times10^{-6}}{2^2}-\dfrac{5\times10^{-6}}{3^2}\right)=8\times10^{-3}=0.8\times10^{-2}$[N]

49. **풀이** 점 A와 점 B 사이의 거리 r는 $r=\sqrt{3^2+4^2}=5$이므로

$\therefore\ F=9\times10^9\times\dfrac{Q_1Q_2}{r^2}=9\times10^9\times\dfrac{(5\times10^{-6})\times(-4\times10^{-6})}{5}=-7.2\times10^{-3}$(흡인력)

50. **|풀이|** h점의 전위 dV는 $dV=\dfrac{\rho_L dl}{4\pi\varepsilon_0\sqrt{a^2+h^2}}$

$$V=\int_0^{2\pi a}\frac{\rho_L dl}{4\pi\varepsilon_0\sqrt{a^2+h^2}}=\frac{\rho_L}{4\pi\varepsilon_0\sqrt{a^2+h^2}}\int_0^{2\pi a}dl=\frac{\rho_L}{4\pi\varepsilon_0}\frac{2\pi a}{\sqrt{a^2+h^2}}=\frac{\rho_L a}{2\varepsilon_0\sqrt{a^2+h^2}}\,[\mathrm{V}]$$

제3장 도체계와 정전용량

1. **답** ③

|풀이| 정전용량의 역수를 일라스턴스라 하므로 $l=\dfrac{1}{C}=\dfrac{V}{Q}\left[\dfrac{\text{전위차}}{\text{전기량}}\right]$이며,

단위는 [V/C] 또는 [daraf]를 사용한다.

2. **답** ①

|풀이| $C=\dfrac{Q}{V}=\dfrac{Q}{\dfrac{Q}{4\pi\varepsilon_0 a}}=4\pi\varepsilon_0 a[\mathrm{F}]=\dfrac{1}{9\times10^9}a[\mathrm{F}]$

3. **답** ②

|풀이| $C=\dfrac{4\pi\varepsilon_0 ab}{b-a}=\dfrac{\dfrac{1}{9\times10^9}\times0.1\times0.2}{0.2-0.1}=\dfrac{2\times10^{-10}}{9}=2.22\times10^{-11}$

$=22.2\times10^{-12}[\mathrm{F}]=22.2[\mathrm{pF}]$

4. **답** ④

|풀이| 면적 S_1, 간격 d_1인 평행판 콘덴서의 정전용량을 C_1이라 하면 $C_1=\dfrac{\varepsilon_0}{d_1}S_1$,

문제에서 $d=\dfrac{1}{2}d_1$, $S=3S_1$이므로 구하는 용량은

$\therefore\ C=\dfrac{\varepsilon_0}{\dfrac{1}{2}d_1}\cdot3S_1=6\dfrac{\varepsilon_0}{d_1}S_1=6C_1$

5. **답** ③

|풀이| $C=\dfrac{\sigma}{V}=\dfrac{\sigma}{E\cdot d}=\dfrac{\sigma}{\dfrac{\sigma}{\varepsilon_0}\cdot d}=\dfrac{\varepsilon_0}{d}[\mathrm{F/m^2}]$

6. **답** ③

|풀이| $Q=CV=\dfrac{\varepsilon_0 S}{d}V\propto\dfrac{1}{d}$ 따라서 극판간의 거리를 1/10로 하면 Q[C]은 10배로 된

다.

7. 답 ②

|풀이| $C=\dfrac{\varepsilon_0 S}{d}=\dfrac{8.855\times10^{-12}\times(4\times10^{-1})^2}{4\times10^{-3}}=35.42\times10^{-11}$[F]

$\therefore\ Q=CV=35.42\times10^{-11}\times100=3.542\times10^{-8}$[C]

8. 답 ③

|풀이| $V=\dfrac{Q}{4\pi\varepsilon_0}\left(\dfrac{1}{a}-\dfrac{1}{b}\right)$이므로

$$\therefore\ C=\frac{Q}{V}=\frac{Q}{\dfrac{Q}{4\pi\varepsilon_0}\left(\dfrac{1}{a}-\dfrac{1}{b}\right)}=\frac{4\pi\varepsilon_0}{\dfrac{1}{a}-\dfrac{1}{b}}=\frac{4\pi\varepsilon_0 ab}{b-a}\text{[F]}$$

9. 답 ④

|풀이| $$C=\frac{\lambda}{V}=\frac{\lambda}{-\int_{d-a}^{a}E\,dr}=\frac{\lambda}{\dfrac{-\lambda}{2\pi\varepsilon_0}\int_{d-a}^{a}\left(\dfrac{1}{r}+\dfrac{1}{d-r}\right)dr}=\frac{\pi\varepsilon_0}{\ln\dfrac{d-a}{a}}\fallingdotseq\frac{\pi\varepsilon_0}{\ln\dfrac{d}{a}}$$

$$=\frac{\pi\times8.855\times10^{-12}}{2.303\times\log_{10}\dfrac{d}{a}}\text{[F/m]}=\frac{12.08}{\log\dfrac{d}{a}}\text{[pF/m]}$$

10. 답 ①

|풀이| $E=\dfrac{V}{d}=\dfrac{500}{2\times10^{-3}}=2.5\times10^5$[V/m]

11. 답 ①

|풀이| $\begin{cases}V_1=P_{11}Q_1+P_{12}Q_2\\ V_2=P_{21}Q_1+P_{22}Q_2\end{cases}$ 에서 $Q_2=0$, $Q_1=1$일때 $V_1=P_{11}$, $V_2=P_{21}$

s 도체가 r 도체 내에 있으면 $Q_2=0$이므로 $V_1=V_2$가 되며 $P_{11}=P_{21}$의 조건이 성립된다. 만일 $P_{11}=P_{21}$일 때는 도체 2가 도체 1속에 있음을 의미한다.

12. 답 ③

|풀이| $V_1=P_{11}Q_1+P_{12}Q_2$, $V_2=P_{21}Q_1+P_{22}Q_2$

$Q_1=2$[C], $Q_2=0$일 때, $P_{11}=\dfrac{1}{2}V_1=2$[V/C], $P_{21}=\dfrac{1}{2}V_2=3$[V/C]이므로,

$V_1=P_{11}Q_1+P_{12}Q_2=2\times1+3\times1=5$[V]

13. 답 ④

|풀이| $\left.\begin{array}{l}V_1=p_{11}Q_1+p_{12}Q_2\\ V_2=p_{21}Q_1+p_{22}Q_2\end{array}\right\}$에서 $V_1-V_2=(p_{11}-2p_{12}+p_{22})Q$

$\therefore\ C = \dfrac{Q}{V_1 - V_2} = \dfrac{1}{p_{11} - 2p_{12} + p_{22}}$[F]

14. 답 ① **15.** 답 ②

16. 답 ④

|풀이| $\begin{cases} V_1 = p_{11}Q_1 + p_{12}Q_2 = p_{11}Q - p_{12}Q \\ V_2 = p_{21}Q_1 + p_{22}Q_2 = p_{21}Q - p_{22}Q \end{cases}$

$\therefore$ 전위차 $V = V_1 - V_2 = (p_{11} - 2p_{12} + p_{22})Q$[V]

17. 답 ③

|풀이| $V_1 = P_{11}Q_1 + P_{12}Q_2$[V], $V_2 = P_{21}Q_1 + P_{22}Q_2$[V]에서 $Q_1 = Q_2 = 1$[C]인 경우,

$\left.\begin{aligned} V_1 &= P_{11} + P_{12} = 5\,[\mathrm{V}] \\ V_2 &= P_{21} + P_{22} = 12\,[\mathrm{V}] \end{aligned}\right\}\cdots\cdots ①$

$Q_1 = 1$[C], $Q_2 = 0$인 경우에는 $V_2 = P_{21} = 0.5$[V] ·············· ②

식 ①, ②로부터 $P_{11} = 4.5$[1/F], $P_{12} = P_{21} = 0.5$[1/F], $P_{22} = 11.5$[1/F]

전위계수로 표시한 정전용량은 $C = \dfrac{Q}{V_1 - V_2} = \dfrac{1}{P_{11} - 2P_{12} + P_{22}}$[F]이므로

$\therefore\ C = \dfrac{1}{4.5 - 2\times 0.5 + 11.5} = 0.07$[F]

18. 답 ②

|풀이| 중화현상으로 인해 전체 전기량 $Q = -2[\mu\mathrm{C}]$가 된다.

$Q_1 = \dfrac{3}{3+2} \times (-2) = -1.2[\mu\mathrm{C}]$

19. 답 ②

|풀이| 중화현상에 의하여 $\dfrac{Q}{2}$[C]의 전하가 작은 구로 이동한다.

20. 답 ④

|풀이| 병렬연결 후의 합성용량을 C'라고 하면 $C' = C + C_0$[F]

연결 후의 전위차를 V'라고 하면 $V' = \dfrac{Q}{C + C_0}$[V]

따라서 C_0의 전기량 Q'는 $\therefore\ Q' = C_0 V' = \dfrac{C_0}{C + C_0}Q$[C]

21. 답 ①

|풀이| $V = \dfrac{Q}{4\pi\varepsilon_0 r} = 9\times 10^9 \dfrac{Q}{r}$에서 $Q_1 = \dfrac{r_1 V_1}{9\times 10^9} = \dfrac{2\times 5}{9\times 10^9}$[C]

$Q_2 = \frac{r_2 V_2}{9\times10^9} = \frac{3\times6}{9\times10^9}$ [C], $Q_3 = \frac{r_3 V_3}{9\times10^9} = \frac{4\times7}{9\times10^9}$ [C]이므로

도체구를 도선으로 접속할 때의 공통전위 V는

$$\therefore\ V = 9\times10^9\times\frac{Q_1+Q_2+Q_3}{r_1+r_2+r_3} = 9\times10^9\times\frac{\frac{1}{9\times10^9}(10+18+28)}{2+3+4} = \frac{56}{9}\,[\text{V}]$$

22. 답 ④

| 풀이 | $V = \frac{Q_1+Q_2}{C_1+C_2} = \frac{C_1V_1+C_2V_2}{C_1+C_2} = \frac{1\times10^{-6}\times80+2\times10^{-6}\times50}{1\times10^{-6}+2\times10^{-6}} = \frac{80+100}{3} = 60$

23. 답 ③

| 풀이 | 충전 전하 $Q = CV$, 합성용량 $C_0 = nC$이므로 전위차 $V_0 = \frac{Q}{C_0} = \frac{CV}{nC} = \frac{V}{n}$

24. 답 ③

| 풀이 | 1[μF]의 콘덴서에 걸리는 전압을 V_1이라고 하면

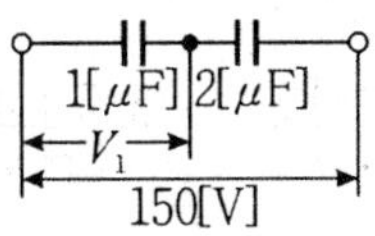

$$V_1 = \frac{C_2}{C_1+C_2}V = \frac{2\times10^{-6}}{1\times10^{-6}+2\times10^{-6}}\times150 = \frac{2\times10^{-6}}{3\times10^{-6}}\times150 = 100\,[\text{V}]$$

25. 답 ③

| 풀이 | $W = \frac{1}{2}CV^2 \propto V^2$

26. 답 ①

| 풀이 | 도체계의 전에너지 W는 $W = W_1 + W_2 = \frac{1}{2}P_{11}Q_1^{\ 2} + P_{21}Q_1Q_2 + \frac{1}{2}P_{22}Q_2^{\ 2}$

여기서, $V_1 = P_{11}Q_1 + P_{12}Q_2$, $V_2 = P_{21}Q_1 + P_{22}Q_2$의 관계를 대입하면

$W = \frac{1}{2}(Q_1V_1 + Q_2V_2)$[J]가 된다. 즉, $W = \sum_{i=0}^{n}\frac{1}{2}Q_iV_i = \frac{1}{2}\sum_{s=1}^{n}\sum_{r=1}^{n}P_{rs}Q_rQ_s$[J]가 성립한다.

27. 답 ③

| 풀이 | $Q = Q_1 + Q_2 = 5\times10^{-4}$[C], $C = C_1 + C_2 = (1+2)\times10^{-6} = 3\times10^{-6}$[F]

$$\therefore\ W = \frac{Q^2}{2C} = \frac{(5\times10^{-4})^2}{2\times3\times10^{-6}} = 0.042\,[\text{J}]$$

28. 답 ②

|풀이| $P=\frac{W}{t}=\frac{\frac{1}{2}CV^2}{t}=\frac{\frac{1}{2}\times10\times10^{-6}\times100^2}{0.1\times10^{-3}}=500[\mathrm{W}]$

29. 답 ①

|풀이| 대전도체구의 정전용량을 C라 하면 무대전구의 정전용량 C'는

$C'=4\pi\varepsilon_0R'=4\pi\varepsilon_0\times2R=2C$

연결 전후의 에너지를 각각 W, W'라 하면 $W=\frac{Q^2}{2C}$, $W'=\frac{Q^2}{2(C+2C)}=\frac{Q^2}{6C}$

$\therefore\ \frac{W-W'}{W}=\left(\frac{Q^2}{2C}-\frac{Q^2}{6C}\right)/\frac{Q^2}{2C}=\frac{2}{3}$

30. 답 ④

|풀이| 두 도체구를 연결하기 전의 전하 Q는, $Q=Q_1+Q_2=4\pi\varepsilon_0r_1V_1+4\pi\varepsilon_0r_2V_2$

연결 후의 전하 Q'는 등전위이므로, $Q'=Q_1'+Q_2'=4\pi\varepsilon_0r_1V+4\pi\varepsilon_0r_2V$

$\therefore\ Q=Q'$이므로

$V=\frac{Q}{4\pi\varepsilon_0r}=\frac{4\pi\varepsilon_0(r_1V_1+r_2V_2)}{4\pi\varepsilon_0(r_1+r_2)}=\frac{3\times5+4\times8}{3+4}=6.714[\mathrm{V}]$

31. 답 ② **32.** 답 ②

33. 답 ①

|풀이| $W=\frac{Q^2}{2C}=\frac{(9\times10^{-4})^2}{2\times3\times10^{-6}}=\frac{81\times10^{-2}}{6}=0.135[\mathrm{J}]$

34. 답 ①

|풀이| 처음의 간격을 d_1, 정전용량을 C_1이라 하고, 간격을 2배로 했을 때의 정전용량은

$C=\frac{\varepsilon_0}{2d_1}S=\frac{1}{2}C_1$

35. 답 ③

|풀이| 각 콘덴서에 가해지는 전압을 V_1, V_2, V_3[V]라 하면

$V_1:V_2:V_3=\frac{1}{0.01}:\frac{1}{0.02}:\frac{1}{0.05}=10:5:2$

V의 최대값은 전압이 제일 크게 걸리는 0.01[μF]에 의해 결정되므로

$V_1=\frac{10}{17}V\quad\therefore\ V_{\max}=\frac{17}{10}V_{1\max}=\frac{17}{10}\times1000=1700[\mathrm{V}]$

36. 답 ③

|풀이| C_1, C_2, C_3인 콘덴서를 직렬로 연결하고 V[V]의 전압을 가하였을 때 각 콘덴서에 걸리는 전압을 V_1, V_2, V_3라 하면

$$V_1 = \frac{\frac{1}{3}}{\frac{1}{3}+\frac{1}{5}+\frac{1}{6}} \times V = \frac{10}{21}V, \quad V_2 = \frac{\frac{1}{5}}{\frac{1}{3}+\frac{1}{5}+\frac{1}{6}} \times V = \frac{6}{21}V$$

$$V_3 = \frac{\frac{1}{6}}{\frac{1}{3}+\frac{1}{5}+\frac{1}{6}} \times V = \frac{5}{21}V$$

그리고, 직렬접속의 상태로 C_1, C_2, C_3에 가할 수 있는 최대전압을

V_1', V_2', V_3'라 하면 $V_1' = 1000 = \frac{10}{21}V_1 \quad \therefore \; V_1 = 2100[\text{V}]$

$V_2' = 500 = \frac{6}{21}V_2 \quad \therefore \; V_2 = 1750[\text{V}], \quad V_3' = 250 = \frac{5}{21}V_3 \quad \therefore \; V_3 = 1050[\text{V}]$

따라서 최초로 파괴되는 콘덴서는 내압 250[V]의 $C_3(6[\mu\text{F}])$이다.

37. **답** ①

|풀이| 정전에너지 $W = \frac{Q^2}{2C} = \frac{Q^2}{2\left(\frac{\varepsilon_0 S}{d}\right)} = \frac{Q^2 d}{2\varepsilon_0 S}[\text{J}]$

정전력 $F = -\frac{\partial W}{\partial d} = -\frac{Q^2}{2\varepsilon_0 S}[\text{N}]$

38. **|풀이|** 양극이 전부 겹쳤을 때의 정전용량 $C = \frac{\varepsilon S}{d}$

한 쪽 전극이 30° 회전했을 때의 정전용량 $C' = \frac{\varepsilon S'}{d}$, $\frac{C'}{C} = \frac{S'}{S}$

$\triangle BPA' \equiv \triangle BCP, \quad \therefore \; \angle A'BP = \angle PBC = \frac{90° - 30°}{2} = 30°$

$\overline{A'P} = a\tan 30° = \frac{a}{\sqrt{3}}, \quad \therefore \; S' = 2\triangle BPA' = 2\times\frac{1}{2}\overline{BA'}\times\overline{A'P} = \frac{a^2}{\sqrt{3}} = \frac{S}{\sqrt{3}}$

$\therefore \; \frac{C'}{C} = \frac{1}{\sqrt{3}} \fallingdotseq 0.58 = 58[\%]$

39. **|풀이|** $C_0 = C_x + C_3 + \frac{C_1 C_2}{C_1 + C_2}$,

$\therefore \; C_x = C_0 - C_3 - \frac{C_1 C_2}{C_1 + C_2} = 5 - 3 - \frac{3\times 3}{3+3} = 0.5[\mu\text{F}]$

40. **|풀이|** 회전각도 θ일 때 용량을 C_θ, 그때의 에너지를 W_θ라 하면

$C_\theta = C_0\frac{\theta}{\pi}$, $W_\theta = \frac{1}{2}CV^2 = \frac{1}{2}\cdot C_0\frac{\theta}{\pi}V^2$

따라서 회전력 T는 $T = \frac{\partial W_\theta}{\partial \theta} = \frac{\partial}{\partial \theta}\left(\frac{C_0 V^2}{2\pi}\theta\right) = \frac{C_0 V^2}{2\pi}$

θ의 증가방향으로 인가전압의 제곱에 비례하는 회전력이 작용한다.

제4장 유전체와 전기영상법

1. 답 ④, **2.** 답 ①, **3.** 답 ②, **4.** 답 ①, **5.** 답 ①, **6.** 답 ③, **7.** 답 ①

8. 답 ①

풀이 분극의 세기 $\boldsymbol{P}=\varepsilon_0(\varepsilon_s-1)\boldsymbol{E}=\dfrac{1}{36\pi\times10^9}(5-1)\times10^4=\dfrac{10^{-5}}{9\pi}$ [C/m²]

9. 답 ②

풀이 전계 $\boldsymbol{E}=\dfrac{\sigma-\sigma_p}{\varepsilon_0}=\dfrac{\boldsymbol{D}-\boldsymbol{P}}{\varepsilon_0}$[V/m] $\therefore\ \boldsymbol{D}=\varepsilon_0\boldsymbol{E}+\boldsymbol{P}$[C/m²]

그러므로, 분극의 세기 $\boldsymbol{P}$는 $\therefore\ \boldsymbol{P}=\boldsymbol{D}-\varepsilon_0\boldsymbol{E}=\varepsilon_0\varepsilon_s\boldsymbol{E}-\varepsilon_0\boldsymbol{E}=\varepsilon_0(\varepsilon_s-1)\boldsymbol{E}$[C/m²]

10. 답 ②

풀이 압전현상 : 압력을 가하면 전기 분극이 발생

파이로전기 : 열을 가하면 전기 분극이 발생

톰슨효과 : 동일 종류 금속 접속면에서의 열전 현상

11. 답 ①

풀이 $D=\varepsilon_0\varepsilon_s E=8.855\times10^{-12}\times4\times20\times10^3=0.708\times10^{-6}$[C/m²]

12. 답 ②

풀이 경계조건 중 $D_1\cos\theta_1=D_2\cos\theta_2$는 $\varepsilon_1\boldsymbol{E}_1\cos\theta_1=\varepsilon_2\boldsymbol{E}_2\cos\theta_2$이므로

$\varepsilon_1\boldsymbol{E}_1\sin\theta_1=\varepsilon_2\boldsymbol{E}_2\sin\theta_2$는 경계 조건이 될 수 없다.

13. 답 ④

풀이 공기중 두 점전하 사이에 작용하는 힘 F_1은 $F_1=\dfrac{Q_1Q_2}{4\pi\varepsilon_0 r^2}$[N]

유전체를 두 전하 사이에 넣었을 때 힘 F_2는 $F_2=\dfrac{Q_1Q_2}{4\pi\varepsilon_0\varepsilon_s r^2}$[N]

$$\frac{F_1}{F_2}=\frac{\dfrac{Q_1Q_2}{4\pi\varepsilon_0 r^2}}{\dfrac{Q_1Q_2}{4\pi\varepsilon_0\varepsilon_s r^2}}=\varepsilon_s$$

즉, 유전체를 넣으면 힘은 진공일 때의 $1/\varepsilon_s$배가 된다. $\therefore\ \varepsilon_s=\dfrac{F_1}{F_2}=\dfrac{5}{2}=2.5$

14. **답** ①

| 풀이 | $\dfrac{C}{C_0}=\varepsilon_s$이므로 $C=\varepsilon_s C_0$, $V=\dfrac{Q}{C}=\dfrac{Q}{\varepsilon_s C_0}=\dfrac{V_0}{\varepsilon_s}$

$$E=\frac{\sigma}{\varepsilon_0\varepsilon_s}=\frac{Q/S}{\varepsilon_0\varepsilon_s}=\frac{1}{\varepsilon_s}\frac{Q}{\varepsilon_0 S}=\frac{E_0}{\varepsilon_s}$$

15. **답** ③

| 풀이 | $Q=CV=\dfrac{\varepsilon_0\varepsilon_s S}{d}V=8.855\times10^{-12}\times2.5\times10\times10^{-4}\times100/10^{-3}=2.21\times10^{-9}$[C]

16. **답** ①

| 풀이 | 정전용량 $C=\varepsilon_0\varepsilon_s\dfrac{S}{d}$ 식에서 $\therefore\ C=\dfrac{8.855\times10^{-12}\times16\times3.14\times0.3^2}{0.1\times10^{-2}}=0.04[\mu F]$

17. **답** ③

| 풀이 | 유전율이 ε_1, ε_2인 전 유전체의 정전용량을 C_1, C_2라 하면

$C_1=\dfrac{\varepsilon_1 S}{l_1}$, $C_2=\dfrac{\varepsilon_2 S}{l_2}$이므로 직렬합성용량 C는

$$\therefore\ C=\frac{1}{\dfrac{1}{C_1}+\dfrac{1}{C_2}}=\frac{C_1C_2}{C_1+C_2}=\frac{\dfrac{\varepsilon_1 S\varepsilon_2 S}{l_1 l_2}}{\dfrac{\varepsilon_1 S}{l_1}+\dfrac{\varepsilon_2 S}{l_2}}=\frac{\varepsilon_1\varepsilon_2 S}{\varepsilon_2 l_1+\varepsilon_1 l_2}$$

18. **답** ③, **19.** **답** ③

20. **답** ①

| 풀이 | (a) 전계가 경계면에 수직인 경우

$$f_n=\frac{1}{2}(\boldsymbol{E}_2-\boldsymbol{E}_1)\cdot\boldsymbol{D}=\frac{1}{2}\left(\frac{1}{\varepsilon_2}-\frac{1}{\varepsilon_1}\right)\boldsymbol{D}^2[\text{N/m}^2]$$

(b) 전계가 경계면에 평행인 경우

$$f_n=\frac{1}{2}(\boldsymbol{E}_1\cdot\boldsymbol{D}_1-\boldsymbol{E}_2\cdot\boldsymbol{D}_2)=\frac{1}{2}(\varepsilon_1-\varepsilon_2)\boldsymbol{E}^2[\text{N/m}^2]$$

(a), (b) 모두 유전율이 큰 쪽에서 유전율이 작은 쪽으로 끌려 들어가는 맥스웰응력이 작용한다.

21. **답** ①

| 풀이 | 유전율이 큰 것은 외경이 작은 부분에 있어야 한다.

22. **답** ②

| 풀이 | 유전체내에 저장되는 에너지밀도 $w=\dfrac{ED}{2}=\dfrac{1}{2}\varepsilon E^2=\dfrac{1}{2}\dfrac{D^2}{\varepsilon}$ [J/m³] 식에서

$\therefore\ w=\frac{1}{2}\varepsilon E^2=\frac{1}{2}\times 9\times(100)^2=4.5\times 10^4$[J/m³]

23. 답 ②

|풀이| $w=\frac{1}{2}ED=\frac{\varepsilon E^2}{2}=\frac{D^2}{2\varepsilon}$ [J/m³]

24. 답 ②

|풀이| 전속선은 유전율이 큰 쪽으로 모이므로 $\varepsilon_2>\varepsilon_1$이다.

25. 답 ②

|풀이| 단심연피케이블내의 전계의 세기 E는 $E=\frac{Q}{2\pi\varepsilon r}$로 표시되므로 E와 εr은 반비례한다. 이때, E가 일정하려면 εr이 일정해야 한다.
따라서 $r_1<r_2$임을 고려하면 $\varepsilon_1>\varepsilon_2$가 되어야 E가 균일하게 되어 경제적인 절연이 된다. 즉, 내측으로 갈수록 비례해서 유전율이 커져야 한다.

26. 답 ③

|풀이| 무한 평면 도체는 전위가 0이므로 그 조건을 만족하는 영상 전하는 $-Q$[C]이고, 거리는 $+Q$[C]과 반대 방향으로 등가이다.

27. **|풀이|** $W=\frac{1}{2}\varepsilon_0\varepsilon_r E$에서 $\frac{\varepsilon_{r2}}{\varepsilon_{r1}}=\frac{6}{2}=3$배

28. **|풀이|** $P=\left(1-\frac{1}{\varepsilon_r}\right)D=\left(1-\frac{1}{4}\right)\times 2\times 10^{-6}=1.5\times 10^{-6}$[C/m²]

29. **|풀이|** $W=\frac{D^2}{2\varepsilon}$에서 $\varepsilon=\frac{D^2}{2W}=\frac{(2.4\times 10^{-5})^2}{2\times 5.3\times 10^{-3}}=5.43\times 10^{-8}$[F/m]

30. **|풀이|** $C_1=\frac{\varepsilon_0\left(\frac{1}{3}S\right)}{d}=\frac{1}{3}C_0,\ C_2=\frac{\varepsilon_0\varepsilon_s\left(\frac{2}{3}S\right)}{d}=\frac{2}{3}\varepsilon_s C_0$

C_1, C_2는 병렬접속이므로, $C_t=C_1+C_2=\frac{1+2\varepsilon_s}{3}C_0$

제5장 전류와 저항

1. 답 ① **2.** 답 ④ **3.** 답 ①

4. 답 ①

|풀이| $Q=1.602\times 10^{-19}\times 10^{10}=1.602\times 10^{9}$[C]

$$\therefore\ I=\frac{Q}{t}=\frac{1.602\times10^{-9}}{1}=1.602\times10^{-9}[\text{A}]$$

5. 답 ②

풀이 동선 단면을 단위시간에 통과하는 전하는 10[C]이므로

$$N=\frac{10}{1.602\times10^{-19}}=6.24\times10^{19}[\text{개}]$$

6. 답 ③

풀이 지멘스는 저항의 역수인 컨덕턴스의 MKS 단위로 [℧]와 같다.

7. 답 ④

풀이 $R_1=\frac{E}{I_1}$, $R_2=(1-0.1)R_1=0.9R_1=\frac{E}{I_2}$, $I_2=\frac{E}{0.9R_1}=\frac{1}{0.9}I_1=1.11I_1$

즉, 11[%] 증가한다.

8. 답 ①

풀이 $R=\rho\frac{l}{S}$ 에서 $\therefore\ \rho=\frac{RS}{l}\left(\frac{[\Omega\cdot\text{m}^2]}{\text{m}}\right)=\frac{S}{l}R[\Omega\cdot\text{m}]$

9. 답 ①

10. 답 ③

풀이 0[℃]일 때의 저항을 R_0, t[℃]일 때의 저항을 R이라 하면

$R=R_0(1+\alpha t)$, 그런데 $R=2R_0$이므로,

$$\therefore\ t=\left(\frac{R}{R_0}-1\right)/\alpha=\left(\frac{2R_0}{R_e}-1\right)/0.004=250[℃]$$

11. 답 ②

풀이 $I=\left(1+\frac{R_a}{R_s}\right)I_a$ 식에서 $m=\frac{I}{I_a}=1+\frac{R_a}{R_s}$ 이므로

$$\therefore\ R_s=\frac{R_a}{m-1}=\frac{300}{20-1}=15.8[\Omega]$$

12. 답 ①

풀이 내부저항이 250[Ω]이 전압계를 사용할 때의 전류 I는

$I=\frac{50}{250}=\frac{E}{250+r}$ $\quad\therefore\ E=0.2r+50$ ……①

내부저항이 750[Ω]인 전압계를 사용할 때의 전류 I는

$I=\frac{75}{750}=\frac{E}{750+r}$ $\quad\therefore\ E=0.1r+75$ ……②

식 ①, ②에서 $\therefore\ r=250[\Omega]$,

따라서 기전력 E는 $\therefore\ E=0.2\times250+50=100[\text{V}]$

13. 답 ②

|풀이| 키르히호프의 전류법칙은 $\sum I=0=\int_s \boldsymbol{i}d\boldsymbol{S}=\int_v \text{div } \boldsymbol{i}dv$가 되어 $\text{div } \boldsymbol{i}=0$이다. 즉 단위체적당의 전류의 발산은 없다.(전류의 연속성)

14. 답 ①

|풀이| $I=\dfrac{-dV}{R}=idS,\ i=-\dfrac{dV}{RdS}=-\dfrac{1}{\rho}\dfrac{dV}{dl}=\dfrac{\boldsymbol{E}}{\rho}=k\boldsymbol{E}$

i와 $\boldsymbol{E}$는 같은 방향이므로, $i=k\boldsymbol{E}$이다.

15. 답 ②

|풀이| $1[\text{kWh}]=10^3[\text{W}]\cdot 3600[\text{s}]=3.6\times10^6[\text{W}\cdot\text{s}]=3.6\times10^6[\text{J}]$

$=0.24\times3.6\times10^6[\text{cal}]≒860[\text{kcal}]$

16. 답 ③

|풀이| $4\times1\times(90°-15°)=\eta\times1\times\left(\dfrac{30}{60}\right)\times860,\quad \therefore\ \eta=\dfrac{4\times75}{1\times0.5\times860}=\dfrac{300}{430}=0.7=70[\%]$

17. 답 ④

|풀이| 이종 금속선으로 된 폐회로의 두 접합점의 온도를 달리하였을 경우에 열기전력이 발생하는데 이것을 제벡효과(Seebeck effect)라 한다.

18. 답 ④

|풀이| 2종류의 이종 금속선을 폐회로로 만들어 전류를 공급하면 금속선의 접합점에서 열이 흡수되거나 발생하는 현상을 펠티에효과(Peltier effect)라 한다.

19. 답 ③

|풀이| 전류가 흐르고 있는 도체에 자계를 가하면 플레밍의 왼손법칙에 의하여 도체 내부의 전하가 횡방향으로 힘을 모아 도체 측면에 (+), (−)의 전하가 나타나는 현상을 홀효과라 한다.

20. 답 ②

|풀이| $RC=\rho\varepsilon$에서 $\therefore\ R=\dfrac{\rho\varepsilon}{C}=\dfrac{10^6\times9\times10^{-8}}{3\times10^{-6}}=3\times10^4[\Omega]=30[\text{k}\Omega]$

21. 답 ②

|풀이| $RC=\rho\varepsilon[\text{s}],\ R=\dfrac{\rho\varepsilon}{C}[\Omega]$

$\therefore\ I=\dfrac{V}{R}=\dfrac{CV}{\rho\varepsilon}=\dfrac{CV}{\rho\varepsilon_0\varepsilon_s}=\dfrac{20\times10^{-6}\times500\times10^3}{10^{11}\times8.855\times10^{-12}\times2.2}=5.13[\text{A}]$

22. 답 ③

|풀이| $RC=\rho\varepsilon$에서 반구의 정전용량 $C=\frac{4\pi\varepsilon a}{2}=2\pi\varepsilon a$이므로

$$\therefore\ R=\frac{\rho\varepsilon}{C}=\frac{\rho\varepsilon}{2\pi\varepsilon a}=\frac{\rho}{2\pi a}[\Omega]$$

23. **답** ②

|풀이| 반지름 a, b[m]인 2개의 도체구를 거리 $l(l\gg a,\ b)$[m]만큼 떼어놓았을 때 양 도체간의 저항은 $R=\frac{\rho}{4\pi}\left(\frac{1}{a}+\frac{1}{b}-\frac{2}{l}\right)[\Omega]$이므로,

이 두 도체구가 서로 $a=b$로 같으며 반구 도체 전극이 두 개 병렬로 연결된 것을 고려하면 $\therefore\ R_{AB}=2\times[R]_{a=b}=2\times\frac{\rho}{4\pi}\times\frac{2}{a}=\frac{\rho}{\pi a}[\Omega]$

24. **|풀이|** $R_T=R_{20}[1+\alpha_{20}(T-20)]=25\times[1+0.004\times(50-20)]=25\times1.12$
$=28[\Omega]$

25. **|풀이|** $R=\frac{V}{I}=\frac{200}{1}=200[\Omega]$, $H=0.24I^2Rt$로부터

$$t=\frac{H}{0.24I^2R}=\frac{240}{0.24\times1^2\times200}=5[\text{s}]$$

26. **|풀이|** $C=4\pi\varepsilon\times\frac{2\times3\times10^{-4}}{1\times10^{-2}}=6.677\times10^{-12}[\text{F}]$이므로

$RC=\rho\varepsilon$에서 $R=\frac{\rho\varepsilon}{C}=\frac{1.884\times10^2\times8.854\times10^{-12}}{6.677\times10^{-12}}=250[\Omega]$

27. **|풀이|** 열 $H=0.24\frac{V^2}{R}$[cal/sec]이므로 $H\propto\frac{1}{R}=\frac{1}{\frac{2}{4}}=2$

제6장 정자계

1. **답** ①

2. **답** ③

|풀이| $H=\frac{m}{4\pi\mu_0 r^2}=6.33\times10^4\times\frac{m}{r^2}=6.33\times10^4\times\frac{4}{4^2}=1.58\times10^4[\text{AT/m}]$

3. **답** ①

|풀이| $F=\frac{1}{4\pi\mu_0}\frac{m_1m_2}{r^2}=6.33\times10^4\times\frac{10^{-5}\times1.2\times10^{-5}}{0.02^2}=1.9\times10^{-2}[\text{N}]$

4. **답** ②

|풀이| $1[Wb/m^2] = \frac{10^8[maxwell]}{10^4[cm^2]} = 10^4[gauss]$에서 $1[gauss] = 10^{-4}[Wb/m^2]$

따라서 $4\pi \times 10^4[gauss] = 4\pi[Wb/m^2]$

5. **답** ②

|풀이| $T = mlH\sin\theta = 4\times10^{-6}\times10\times10^{-2}\times150\times\sin 60° = 3\sqrt{3}\times10^{-5}[N\cdot m]$

6. **답** ③

|풀이| $T = MH\sin\theta,\ (\theta = 90) = MH\,[N\cdot m]$

7. **답** ②

|풀이| $F = mg = 500\times10^{-3}\times9.8 = 4.9[N]$

8. **답** ③

|풀이| $F = mH$에서 $m = \frac{F}{H} = \frac{3\times10^2}{1000} = 0.3[Wb]$

9. **답** ①

|풀이| 자계중의 자극이 받는 힘은 $F = mH[N]$, $H = \frac{B}{\mu_0\mu_s}[A/m]$에서

따라서 $F = \frac{Bm}{\mu_0\mu_s}[N]$

10. **답** ②

|풀이| $\Phi = \frac{m}{\mu_0} = \frac{4\pi}{\mu_0} = \frac{4\pi}{4\pi\times10^{-7}} = 10^7$[개]

11. **답** ①

|풀이| $U_m = -\int_\infty^P \boldsymbol{H}\cdot d\boldsymbol{l}$에서 $[A/m]\cdot[m] = [A]$가 된다.

12. **답** ①

13. **답** ④

|풀이| 자기 쌍극자에 의한 자위 $U_m = \frac{M\cos\theta}{4\pi\mu_0 r^2} = 6.33\times10^4\times\frac{M\cos\theta}{r^2}[A]$

14. **답** ③

|풀이| 미소면적 dS인 소자석에 의한 점 P의 자위는

$$dU = \frac{1}{4\pi\mu_0}\cdot\frac{m\cdot dS\cdot\cos\theta}{r^2} = \frac{m}{4\pi\mu_0}\cdot\frac{dS\cos\theta}{r^2}[A]$$가 되므로

판 전체에 의한 자위는 $U = \frac{m}{4\pi\mu_0}\int_S\frac{dS\cos\theta}{r^2}$이므로 식에서 $\int_S\frac{dS\cos\theta}{r^2}$는

판 S가 점 P에 대하여 입체각 ω가 되므로 따라서 $U = \frac{m}{4\pi\mu_0}\omega[A]$가 된다.

15. **|풀이|** $\overline{AP}=\overline{BP}=\dfrac{1}{\sqrt{2}}$, $F=\dfrac{m_1m_2}{4\pi\mu_0 r^2}=6.33\times10^4\times\dfrac{m_1m_2}{r^2}$[N]

$$F_1=6.33\times10^4\times\frac{1\times3\times10^{-4}}{\left(\frac{1}{\sqrt{2}}\right)^2}=12.66\times3=37.98[\text{N}]$$

$$F_2=6.33\times10^4\times\frac{1\times(-3)\times10^{-4}}{\left(\frac{1}{\sqrt{2}}\right)^2}=12.66\times(-3)=-37.98[\text{N}]$$

$$\therefore\ F=\sqrt{F_1{}^2+F_2{}^2}=F_1\sqrt{2}=37.98\times\sqrt{2}=53.70[\text{N}]$$

16. **|풀이|** 점 P, Q의 자위 U_P, U_Q는

$U_P=\dfrac{M}{4\pi\mu_0}\omega_1$, $U_Q=\dfrac{M}{4\pi\mu_0}(-\omega_2)$(점 P를 판자석의 N극측에 놓으면 ω_1은 +로, 점 Q를 S극측에 놓으면 ω_2는 −로 정함), 따라서 두 점의 자위차는

$$U_{PQ}=U_P-U_Q=\frac{M}{4\pi\mu_0}(\omega_1+\omega_2)$$

이 문제에서는 점 P, Q가 판에 무한히 접근한 점이므로 $\omega_1+\omega_2=4\pi$를 대입하면

$$\therefore\ U_{PQ}=\frac{M}{\mu_0}[\text{AT}]\ 또는\ [\text{J/Wb}]$$

제7장 전류와 자기현상

1. **답** ①

2. **답** ②

|풀이| 원형코일 중심의 자계의 세기 $H=\dfrac{I}{2a}=\dfrac{1}{2\times1}=\dfrac{1}{2}$

3. **답** ①

|풀이| $H=\oint dH=\displaystyle\int_0^{2\pi a}\frac{Idl\sin\theta}{4\pi a^2}=\int_0^{2\pi a}\frac{Idl}{4\pi a^2}=\frac{I}{4\pi a^2}\int_0^{2\pi a}dl=\frac{I}{2a}$[AT/m]

4. **답** ①

|풀이| $H=\dfrac{I}{2\pi r}=\dfrac{\pi}{2\pi\times0.5}=1$

5. **답** ④

|풀이| 도체의 전류가 표면에만 흐르면 내부자계는 0이다.

6. **답** ④

|풀이| $H = nI = 100 \times 100 \times 20 \times 10^{-3} = 200$[AT/m]

7. **답** ④

8. **답** ③

|풀이| $H_0 = \dfrac{NI}{2a}$ 에서 $\therefore N = \dfrac{2aH_0}{I} = \dfrac{2 \times \dfrac{10 \times 10^{-2}}{2} \times 1000}{1} = 100$회

9. **답** ①

|풀이| $H = \dfrac{I}{2a}$[AT/m] $\propto \dfrac{1}{a}$

10. **답** ②

|풀이| $H = \dfrac{NI}{2} \cdot \dfrac{a^2}{(a^2 + x^2)^{3/2}} = \dfrac{2 \times 1}{2} \cdot \dfrac{(0.03)^2}{(0.03^2 + 0.04^2)^{3/2}} = 7.2$[AT/m]

11. **답** ②

|풀이| $H_0 = \dfrac{2\sqrt{2}I}{\pi l} = \dfrac{2\sqrt{2} \times 5}{\pi \times 10 \times 10^{-2}} = \dfrac{\sqrt{2} \times 10^2}{\pi} = 45$[AT/m]

12. **답** ③

|풀이| $H = \dfrac{9I}{2\pi l} = \dfrac{9 \times 100 \times 10^{-3}}{2\pi \times 2 \times 10^{-2}} = \dfrac{90}{4\pi} \fallingdotseq 7.2$[AT/m]

13. **답** ①

14. **답** ①

|풀이| $H = \dfrac{I}{2\pi r} = \dfrac{\pi}{2\pi \times 0.5} = 1$[AT/m]

15. **답** ①

|풀이| $2\pi r \cdot H_i = I \times \dfrac{\pi r^2}{\pi a^2}$ $\quad \therefore H_i = \dfrac{Ir}{2\pi a^2}$[AT/m]

16. **답** ④

|풀이| $H = n_0 I = 100 \times 100 \times 20 \times 10^{-3} = 200$[AT/m]

17. **답** ①

18. **답** ①

|풀이| $H = \dfrac{NI}{2\pi a}$ 에서 $\quad \therefore I = \dfrac{2\pi aH}{N} = \dfrac{2\pi \times 2 \times 30}{100} = \dfrac{12}{10}\pi$[A]

19. **답** ③

|풀이| $H = \dfrac{NI}{2\pi r}$ 에서 $\quad \therefore N = \dfrac{2\pi rH}{I} = \dfrac{2\pi \times 0.1 \times 1600}{5} = 200$회

20. **답** ③

21. 답 ④

|풀이| 자계내에 놓여진 운동전하가 받는 힘은

$F = qvB\sin\theta = qv\mu_0 H\sin\theta$[N]인데, $\theta = 90°$이므로 $F = qv\mu_0 H$[N]이다.

22. 답 ③

23. 답 ③

|풀이| $F = \dfrac{\mu_0 I_1 I_2}{2\pi r} = \dfrac{2I_1 I_2}{r} \times 10^{-7} = \dfrac{2\times 3^2}{1.5} \times 10^{-7} = 1.2\times 10^{-6}$[N](흡인력)

24. 답 ①

|풀이| $F = \dfrac{\mu_0 I^2}{2\pi r} = \dfrac{2\times 10^{-7}\times I^2}{r} = \dfrac{2\times 10^{-7}\times(10\times 10^3)^2}{4\times 10^{-2}} = 500$[N/m]

25. 답 ③

|풀이| $F = IBl\sin\theta = \mu_0 HIl\sin\theta$[N]

26. 답 ④

|풀이| 전계와 자계가 동시에 존재하는 전자계내에 운동전하가 받는 힘은 다음과 같은 로렌츠의 힘으로 나타내진다.

$\boldsymbol{F} = q[\boldsymbol{E} + (\boldsymbol{v}\times\boldsymbol{B})]$

여기서 $(\boldsymbol{v}\times\boldsymbol{B}) = \begin{vmatrix} \boldsymbol{a}_x & \boldsymbol{a}_y & \boldsymbol{a}_z \\ 4 & -1 & -2 \\ -2 & 2 & -1 \end{vmatrix} = 5\boldsymbol{a}_x + 8\boldsymbol{a}_y + 6\boldsymbol{a}_z$

따라서 $\boldsymbol{F} = 2(2\boldsymbol{a}_x + \boldsymbol{a}_y - 3\boldsymbol{a}_z + 5\boldsymbol{a}_x + 8\boldsymbol{a}_y + 6\boldsymbol{a}_z) = 14\boldsymbol{a}_x + 18\boldsymbol{a}_y + 6\boldsymbol{a}_z$[N]

27. 답 ②

|풀이| 자계내의 운동전하에 작용하는 힘은

$\boldsymbol{F} = q\boldsymbol{v}\times\boldsymbol{B},\ \boldsymbol{B} = \mu_0\boldsymbol{H}$

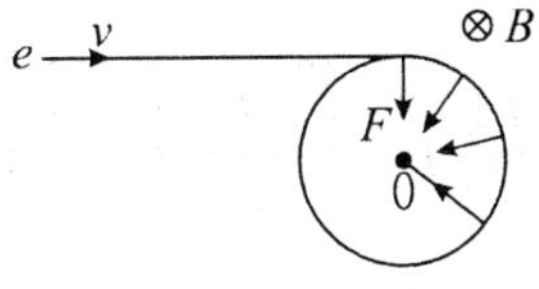

전자의 전하량을 e라 하면

$\boldsymbol{F} = e(\boldsymbol{v}\times\mu_0\boldsymbol{H})$(벡터), $F = \mu_0 evH$(크기)

이 힘을 받아서 전자의 운동방향은 끊임없이 변화하지만 $\boldsymbol{B}$에 직각이 됨은 변함이 없다. 따라서, 전자는 자계내에서 원운동을 한다.

전자의 질량은 m, 궤도의 반지름을 r이라고 하면 F와 원심력 F_0는 평형이므로

$$F = F_0,\ \mu_0 evH = \frac{mv^2}{r} \quad \therefore r = \frac{mv^2}{\mu_0 evH} = \frac{mv}{eB}\,[\text{m}]$$

각속도 ω는 $\therefore \omega = \frac{v}{r} = \frac{eBv}{mv} = \frac{eB}{m}$[rad/s], 주기 T는 $\therefore T = \frac{2\pi}{\omega} = \frac{2\pi m}{eB}$[s]

28. **|풀이|** $\oint_c \boldsymbol{H} \cdot d\boldsymbol{l} = \oint_c Hdl = H\oint_c dl = \frac{I}{2\pi r} \times 2\pi r = 1$[N]

29. **|풀이|** 도체 AB, BC, CD에 의한 중심자계를 H_{AB}, H_{BC}, H_{CD}라면

$$H_{AB} = 0,\ H_{BC} = \frac{3I}{8a},\ H_{CD} = \frac{I}{4\pi a}\,[\text{AT/m}]$$

$$\therefore H = H_{AB} + H_{BC} - H_{CD} = \frac{(3\pi - 2)I}{8\pi a}\,[\text{AT/m}]$$

30. **|풀이|** $H = \frac{I}{4\pi a}(\sin\beta_1 + \sin\beta_2) = \frac{I}{4\pi a}(\cos\theta_1 + \cos\theta_2)$

31. **|풀이|** 문제의 그림과 같이 반지름 a[m]인 적분로 C에 대해서 암페어의 주회적분의 법칙을 적용하면 H=일정, $\theta=0$이므로

$$\oint_c \boldsymbol{H} \cdot d\boldsymbol{l} = H \cdot 2\pi a = NI \qquad \therefore H = \frac{NI}{2\pi a} = n_0 I\,[\text{AT/m}]$$

단, n_0는 단위길이당 권수이다.

32. **|풀이|** 그림에서 A와 B도선에 의한 자계 H_A, H_B를 구하면

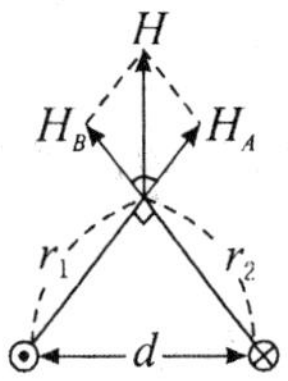

$$H_A = \frac{I}{2\pi r_1},\ H_B = \frac{I}{2\pi r_2}$$

$$\therefore H = \sqrt{H_A{}^2 + H_b{}^2} = \sqrt{\left(\frac{I}{2\pi r_1}\right)^2 + \left(\frac{I}{2\pi r_2}\right)^2} = \sqrt{\frac{I^2(r_1{}^2 + r_2{}^2)^2}{(2\pi r_1 r_1)^2}}$$

$$= \sqrt{\frac{I^2 d^2}{(2\pi r_1 r_2)^2}} = \frac{Id}{2\pi r_1 r_2}\,[\text{AT/m}]$$

제8장 자성체와 자기회로

1. 답 ②

풀이 $\chi_m = \mu_0(\mu_s - 1) = 4\pi\times10^{-7}\times(400-1) = 5\times10^{-4}$[H/m]

$\boldsymbol{J} = \chi_m \boldsymbol{H} = 5\times10^{-4}\times3000 = 1.5$[Wb/m²]

2. 답 ④

풀이 영구 자석재료는 외부자계에 대하여 잔류자속이 쉽게 없어지면 안되므로 잔류자기와 보자력이 커야 하며 텅스텐강, 코발트강 등이 쓰인다.

3. 답 ①

풀이 경계면에서 자력선의 굴절은

$$\frac{\tan\theta_1}{\tan\theta_2} = \frac{\mu_1}{\mu_2}$$

4. 답 ③

풀이 기자력 $F = NI$에서 $\therefore\ N = \frac{F}{I} = \frac{2000}{5} = 400$회

5. 답 ②

풀이 $R_m = \frac{l}{\mu_0\mu_s S} = \frac{1.6}{4\pi\times10^{-7}\times20\times0.5} = 1.27\times10^5$[AT/Wb]

6. 답 ②

풀이 $\frac{R_m}{R_\mu} = 1 + \frac{l_0}{l}\mu_r = 1 + \frac{1000\times1\times10^{-3}}{1} = 2$

7. 답 ④

8. 답 ②

풀이 비투자율 $\mu_s = \frac{\mu}{\mu_0} = 1 + \frac{\chi_m}{\mu_0}$에서

$\mu_s > 1(\chi_m > 0)$이면 상자성체 $\mu_s < 1(\chi_m < 0)$이면 역자성체가 된다.

9. 답 ③ **10.** 답 ④ **11.** 답 ③

12. 답 ③

풀이 $\phi = BS = \mu_0\mu_s HS$에서 $\therefore\ \mu_s = \frac{\phi}{\mu_0 HS} = \frac{5\times10^{-4}}{4\pi\times10^{-7}\times2,000\times2\times10^{-4}} \fallingdotseq 995$

13. 답 ③

풀이 $B = \mu H$에서 $\mu = \frac{B}{H} = \frac{0.2}{800} = 2.5\times10^{-4}$[H/m]

14. 답 ①

|풀이| $H=\dfrac{ml}{4\pi\mu_0\left(r^2+\dfrac{l^2}{4}\right)^{3/2}}=\dfrac{8\times10^{-6}\times0.1}{4\pi\times4\pi\times10^{-7}\times\left(2^2+\dfrac{0.1^2}{4}\right)^{3/2}}$

$=\dfrac{8\times10^{-7}}{16\pi^2\times10^{-7}\times8}=\dfrac{1}{16\pi^2}=6.33\times10^{-3}$[AT/m]

15. 답 ②

|풀이| 자화율 $\chi_m=\mu-\mu_0=\mu_0(\mu_s-1)=4\pi\times10^{-7}(400-1)=5\times10^{-4}$[H/m]

자화의 세기 $J=\chi_m H=5\times10^{-4}\times400=0.2$[Wb/m²]

16. 답 ②

|풀이| $M=ml=\pi a^2 \boldsymbol{J}\cdot l=3.14\times(0.01)^2\times0.5\times0.1=1.57\times10^{-5}$[Wb/m]

17. 답 ④

18. 답 ②

|풀이| $NI=\oint_c Hdl=H\oint_c dl=H\cdot l_c=\dfrac{B}{\mu_0\mu_s}l_c$에서

$\mu_s=\dfrac{Bl_c}{\mu_0 NI}=\dfrac{1.5\times1}{4\pi\times10^{-7}\times500\times2}=1193$

자화율 $\chi_m=\mu-\mu_0=\mu_0(\mu_s-1)=4\pi\times10^{-7}\times(1193-1)$

$=4\times3.14\times10^{-7}\times1192=1.5\times10^{-3}$[H/m]

자화의 세기 $\therefore J=\chi_m H=\dfrac{\chi_m B}{\mu}=\dfrac{\chi_m B}{\mu_0\mu_s}=\dfrac{1.5\times10^{-3}\times1.5}{4\pi\times10^{-7}\times1193}=1.5$[Wb/m²]

19. 답 ①

|풀이| 경계면에서 자력선의 굴절은 $\dfrac{\tan\theta_1}{\tan\theta_2}=\dfrac{\mu_1}{\mu_2}$ $\therefore \mu_2\tan\theta_1=\mu_1\tan\theta_2$

20. 답 ①

21. 답 ①

|풀이| $B=\mu H=\mu_0\mu_s H=4\pi\times10^{-7}\times400\times400=0.2$[Wb/m²]

22. 답 ④

23. 답 ①

|풀이| $F=NI=Hl$이므로 $F=500\times4=2000$[AT]

$2000=X\times0.8$ $\therefore H=\dfrac{2000}{0.8}=2500$[AT/m]

24. 답 ①

|풀이| 자기회로의 투자율은 전기회로의 도전율에 대응하므로

$$R_m = \frac{l}{\mu S} = \frac{l}{\mu_0 \mu_s S}\text{[AT/Wb]}$$

25. 답 ③

|풀이| 기자력 $F = NI$에서 $\therefore\ N = \frac{F}{I} = \frac{2000}{5} = 400$

26. 답 ③

|풀이| 자속 ϕ는 $\phi = \frac{NI}{R_m} = \frac{NI}{\frac{l}{\mu S}} = \frac{\mu SNI}{l}\text{[Wb]}$

27. 답 ③

|풀이| $R_m = \frac{l}{\mu_0 \mu_s S} = \frac{0.3}{1\times10^{-6}\times500\times3\times10^{-4}} = 2\times10^6\text{[AT/Wb]}$

$$\phi = \frac{NI}{R_m} = \frac{600\times10}{2\times10^6} = 3\times10^{-3}\text{[Wb]}$$

28. **|풀이|** $\phi = \frac{NI}{R_m} = \frac{NI}{\frac{l}{\mu_0 S}} = \frac{\mu_0 SNI}{l} = \frac{4\pi\times10^{-7}\times10\times10^{-4}\times500\times2}{0.2} = 2\pi\times10^{-6}\text{[Wb]}$

29. **|풀이|** 감자력 $\boldsymbol{H}' = \frac{N\boldsymbol{J}}{\mu_0}$라 하면 자성체의 내부자계는

$$\boldsymbol{H} = \boldsymbol{H}_0 - \boldsymbol{H}' = \boldsymbol{H}_0 - \frac{N\boldsymbol{J}}{\mu_0}\text{[A/m]},\ \boldsymbol{J} = \chi_m \boldsymbol{H},\ \chi_m = \mu_0(\mu_s - 1)\text{[Wb/m}^2\text{]}$$

$\boldsymbol{H}$를 소거하여 $\therefore\ \boldsymbol{J} = \frac{\chi_m}{1 + \frac{\chi_m N}{\mu_0}}\boldsymbol{H}_0 = \frac{\mu_0(\mu_s - 1)}{1 + N(\mu_s - 1)}\boldsymbol{H}_0\text{[Wb/m}^2\text{]}$

30. **|풀이|** 투자율 μ인 자기저항 $R_\mu = \frac{l}{\mu A}$

여기서 A는 철심의 단면적, 미소공극은 l_g이므로 철심의 길이는 $l - l_g \doteqdot l$이라 하면 이때의 자기저항 R_m은 $R_m = R_1 + R_2 = \frac{l_g}{\mu_0 A} + \frac{l}{\mu A}$이므로

$$\therefore\ \frac{R_m}{R_\mu} = 1 + \frac{\mu l_g}{\mu_0 l} = 1 + \frac{l_g}{l}\mu_s$$

31. **|풀이|** $\phi = \frac{NI}{\frac{\delta}{\mu_0 S} + \frac{l}{\mu S}} = BS \quad \therefore\ I = \frac{BS}{N}\left(\frac{\delta}{\mu_0 S} + \frac{l}{\mu S}\right) = \frac{B}{N}\left(\frac{\delta}{\mu_0} + \frac{l}{\mu}\right)$

32. **|풀이|** $\phi = \frac{\mu_0 \mu_s NIS}{l} = \frac{4\pi\times10^{-7}\times800\times600\times1\times10\times10^{-4}}{0.3} \doteqdot 2.01\times10^{-3}\text{[Wb]}$

제9장 전자유도현상과 인덕턴스

1. 답 ④

풀이 패러데이의 전자유도법칙은 다음과 같다. $e=-N\dfrac{d\phi}{dt}$[V]

2. 답 ④

풀이 $\phi=\int B\cdot ds$이므로 $\int_s \dfrac{dB}{dt}\cdot ds=\dfrac{d\phi}{dt}$ 즉, 패러데이법칙의 적분형이다.

3. 답 ②

풀이 $e=-L\dfrac{di}{dt}=-0.05\times\dfrac{530}{1}=-26.5$[V](전류와 반대방향)

4. 답 ②

풀이 $e=L\dfrac{di}{dt}$ 에서 $L=e\dfrac{dt}{di}=60\times\dfrac{0.01}{1}=0.6$[H]

5. 답 ③

풀이 $e=-N\dfrac{d\phi}{dt}=-1\times\dfrac{(-5)}{10^1}=50$[V]

6. 답 ③

풀이 $e=-L\dfrac{di}{dt}$, 즉 $e=-L\dfrac{\Delta i}{\Delta t}$ 에서

$L=0.5$[H], $\Delta i=20-25=-5$[A], $\Delta t=\dfrac{1}{200}$[s]이므로

$$\therefore e=-0.5\times\frac{(-5)}{\frac{1}{200}}=2.5\times200=500\text{[V]}$$

방향은 렌츠의 법칙에 따르며 회로전류가 증가할 때는 전류와 반대방향의 기전력이 유기되어 전류의 증가를 방해하고, 전류가 감소할 때는 회로전류방향과 동일방향의 기전력이 유기되어 전류의 감소를 방해하는 작용을 한다.

7. 답 ③

풀이 유기기전력은 $e=-N\dfrac{d\phi}{dt}=-N\dfrac{d\phi}{di}\cdot\dfrac{di}{dt}=-L\dfrac{di}{dt}$ 이므로

$$[\text{volt}]=[\text{henry}]\cdot\left[\frac{\text{ampere}}{\text{sec}}\right],\ \left[\frac{\text{volt}}{\text{ampere}}\cdot\text{sec}\right]=[\text{henry}]$$

[ohm · sec]=[henry]

8. 답 ④

풀이 쇄교 자속수 $\Phi=N\phi=LI=20\times10^{-3}\times2=40\times10^{-3}$[Wb · T]

쇄교 자속 $\phi=\frac{LI}{N}=\frac{40\times10^{-3}}{200}=2\times10^{-4}$[Wb]

9. **답** ④

|풀이| $e=\left|-N\frac{d\phi}{dt}\right|=N\frac{d\phi}{dt}$, $\frac{d\phi}{dt}\Big/S=5\times10^{-3}$[Wb/s · m²]이므로

$e=N\frac{d\phi}{dt}=N\cdot\frac{dB}{Sdt}\cdot S=3\times5\times10^{-3}\times0.5=7.5\times10^{-3}[V]=7.5[mV]$

10. **답** ④

11. **답** ②

|풀이| $e=-N\frac{d\phi}{dt}=-N\frac{d}{dt}(\phi_m\sin\omega t)=-N\phi_m\omega\cos\omega t=-N\phi_m\omega\sin\left(\omega t-\frac{\pi}{2}\right)[V]$

따라서 자속보다 $\frac{\pi}{2}$ 만큼 늦다.

12. **답** ③

|풀이| $E_m=\omega N\phi_m=2\pi fN\phi_m[V]$, $\therefore\ \phi_m=\frac{E_m}{2\pi fN}=\frac{1}{2\pi fN}[Wb]$

13. **답** ②

|풀이| $e=-N\phi_m 2\pi f\cos 2\pi f\propto f$

14. **답** ③

|풀이| t[s] 후의 코일과 쇄교하는 자속은 $\phi=\phi_m\sin\omega t=nabB\sin\omega t$

유기기전력은 $\therefore\ e=-\frac{d\phi}{dt}=-\omega nabB\cos\omega t=-E_m\cos\omega t[V]$

15. **답** ②

|풀이| $e=Blv\sin\theta=0.2\times0.3\times30\times\sin30°=0.9[V]$

16. **답** ①

|풀이| $B=\frac{e}{lv\sin\theta}=\frac{0.5}{50\times10^{-2}\times1\times1}=\frac{0.5}{0.5}=1[Wb/m^2]$

17. **답** ②

|풀이| $e=Blv\sin\theta=1\times50\times10^{-2}\times1=0.5[V]$ $(\because\ \sin90°=1)$

18. **답** ③

|풀이| $P=\frac{W}{t}=\frac{I\phi}{t}=\frac{50\times0.03}{0.2}=7.5[W]$

19. **답** ③

20. **답** ②

|풀이| 표피효과의 깊이 $\delta=\sqrt{\frac{2}{\omega\sigma\mu}}=\sqrt{\frac{1}{\pi f\sigma\mu}}$ 이므로 f, σ, μ가 클수록 δ가 작게되어 표피효과가 심해진다.

21. **답** ①

|풀이| $e=M\frac{di}{dt}$ 에서, $M=e\frac{dt}{di}=15\times\frac{1}{120}=0.125[\text{H}]$

22. **답** ①

|풀이| $L=\frac{N\phi}{I}=\frac{N\mu_0\mu_s HS}{I}=\frac{500\times4\pi\times10^{-7}\times1000\times1.28\times100\times10^{-4}}{1}$

$=8.04\times10^{-3}[\text{H}]=8.04[\text{mH}]$

23. **답** ③

|풀이| $M=\sqrt{L_1L_2}$ 는 결합계수 $k=1$임을 뜻하고, $L_1>0$, $L_2>0$ 이므로 $M>0$ 임을 말한다. 그러나 $M=1$ 이란 것은 아니다.

24. **답** ③

|풀이| $L\propto N^2$ 이므로

25. **답** ①

|풀이| 자기 인덕턴스 L은 $L=\frac{\mu S(Nl)^2}{l}=\mu N^2 lS[\text{H}]$

26. **답** ②

|풀이| $L_1=\frac{N_1{}^2}{R_m}[\text{H}]$, $M=\frac{N_1N_2}{R_m}[\text{H}]$이므로 $R_m=\frac{N_1{}^2}{L_1}=\frac{N_1N_2}{M}[\text{H}]$

$\therefore M=L_1\frac{N_2}{N_1}$

따라서 $N_1=100$회, $N_2=200$회, $L_A=0.01[\text{H}]$를 대입하면

$\therefore M=L_1\frac{N_2}{N_1}=0.01\times\frac{200}{100}=0.02[\text{H}]$

27. **답** ③

|풀이| $L=\frac{N\phi}{I}=\frac{N\phi}{\frac{Hl}{N}}=\frac{N^2\phi}{Hl}=\frac{N^2\mu HS}{Hl}=\frac{\mu SN^2}{l}\propto N^2$

28. **답** ④

|풀이| $W=\frac{1}{2}LI^2$ 에서 $L=\frac{2W}{I^2}[\text{H}]$, $W=\frac{\mu}{16\pi}I^2 l[\text{J}]$이므로

$\therefore L=\frac{2W}{I^2}=\frac{2}{I^2}\left(\frac{\mu}{16}I^2 l\right)=\frac{\mu}{8\pi}l[\text{H}]$

29. 답 ③

풀이 $L=\dfrac{N\phi}{I}=\dfrac{N\dfrac{NI}{R_m}}{I}=\dfrac{N^2}{R_m}=\dfrac{N^2}{\dfrac{l}{\mu S}}=\dfrac{\mu SN^2}{l}\propto\mu$

30. 답 ④

풀이 $L\propto N^2$이므로 코일의 권수를 2배로 하면 인덕턴스는 4배로 된다.

31. 답 ①

풀이 환상코일의 자기 인덕턴스 L은 $L=\dfrac{\mu SN^2}{l}$[H]

이므로 권수를 $\dfrac{1}{2}$로 하면 L은 $\left(\dfrac{1}{2}\right)^2=\dfrac{1}{4}$배로 되므로 S를 4배 또는 l을 $\dfrac{1}{4}$배로 하면 L은 일정하게 된다.

32. 답 ②

풀이 $L=\dfrac{\mu SN^2}{l}=\dfrac{\mu_0\mu_s SN^2}{l}$[H]에서

$N^2=\dfrac{Ll}{\mu_0\mu_s S}=\dfrac{1\times10^{-3}\times10\times10^{-2}}{4\pi\times10^{-7}\times1\times\pi\times(1\times10^{-2})^2}=\dfrac{10\times10^{-5}}{4\pi\times10^{-11}}=\dfrac{10\times10^{6}}{4\pi^2}=253549.7$

$\therefore\ N=\sqrt{253549.7}=503.54\fallingdotseq500$회

33. 답 ①

풀이 $L=\dfrac{N\phi}{I}=\dfrac{500\times1\times10^{-2}}{2}=2.5$[H]

34. 답 ②

풀이 $L\propto N^2$이므로 $L_2=L_1\left(\dfrac{N_2}{N_1}\right)^2=2\times10^{-3}\times\left(\dfrac{1200}{1000}\right)^2=2.88$[mH]

누설자속은 없으므로 $k=1$로 해서 $\therefore M=k\sqrt{L_1L_2}=1\times\sqrt{2\times2.88\times10^{-6}}=2.4$[mH]

35. 답 ④

풀이 완전결합 $k=1$, $k=\dfrac{M}{\sqrt{L_1L_2}}=1$, $L_1=L_2$이므로 $M=L$

$\therefore$ 같은방향(가극성), $L_1+L_2+2M=L+L+2L=4L$

36. 답 ①

풀이 $L_+=L_1+L_2+2M=75$[mH], $L_-=L_1+L_2-2M=25$[mH]에서 M에 관해서

풀면 $\therefore M=\dfrac{L_+-L_-}{4}=\dfrac{75-25}{4}=\dfrac{50}{4}=12.5$[mH]

37. 답 ①

|풀이| $L=L_1+L_2 \pm 2M$에서

$L=3+5+2M$ ························ ①, $L'=0.6L=3+5-2M$ ········ ②

위 두 식에서 M을 소거하면 $1.6L=16$ $\therefore L=10$[mH]이므로 이것을 대입하여 풀면 $10=3+5-2M$ ······· ③, $6=3+5-2M$ ························ ④

식 ③−④에서 $4=4M$ $\therefore M=1$[mH],

그러므로 $M=k\sqrt{L_1L_2}$에서 $\therefore k=\dfrac{M}{\sqrt{L_1L_2}}=\dfrac{1}{\sqrt{3\times5}}=0.258$

38. 답 ②

|풀이| 결합계수 $k=\dfrac{M}{\sqrt{L_1L_2}}$

39. 답 ②

|풀이| $k=\dfrac{M}{\sqrt{L_1L_2}}=\dfrac{0.1}{\sqrt{0.15\times0.2}}=0.578$

40. 답 ②

|풀이| 도체내의 전자에너지는

$W_i=\dfrac{1}{2}L_i lI^2=\dfrac{1}{2}\cdot\dfrac{\mu l}{8\pi}I^2=\dfrac{\mu l}{16}I^2$[J]으로서 반지름 a와는 무관하므로 도체의 단면적과도 관계 없다.

41. 답 ②

|풀이| 쇄교 자속수 $N\phi$가 0.2[Wb]이므로 $N\phi=LI$

$I=\dfrac{N\phi}{L}=\dfrac{0.2}{20\times10^{-3}}=10$[A] $\therefore W=\dfrac{1}{2}LI^2=\dfrac{1}{2}\times20\times10^{-3}\times10^{-2}=1$[J]

42. **|풀이|** $2\leq t\leq6$ 인 구간에서는 전류의 변화가 없으므로 자속이 변화하지 않는다. 따라서 $V_L=0$이다.

43. **|풀이|** θ 위치에 회전했을 때 코일과 쇄교하는 자속은

$\phi=BS\cos\theta=(B_0\sin\omega t)S\cos\theta=B_0S\cos\theta\sin\omega t$[Wb]

발생기전력은 $\therefore e=-\dfrac{d\phi}{dt}=-B_0S\cos\theta\dfrac{d}{dt}(\sin\omega t)=-B_0\omega S\cos\theta\cos\omega t$[V]

44. **|풀이|** $e=-N\dfrac{d\phi}{dt}=-N\dfrac{\Delta\phi}{\Delta t}=-500\times\dfrac{0}{4}=0$[V]

45. **|풀이|** $R=\dfrac{N_1^{\ 2}}{L_1}=\dfrac{N_1N_2}{M}$에서, 자기 인덕턴스 $L_1=\dfrac{N_1^{\ 2}}{R}$[H]

상호 인덕턴스 $M=\dfrac{N_1N_2}{R}$[H], 위의 두 식에서 R을 소거하면

$\therefore M = \frac{L_1 N_2}{N_1}$ [H]

46. **|풀이|** 도체의 중심에서 r[m] 거리에 있는 반지름의 미소길이 dr[m]의 속도는 ωr [m/s]이므로 이 부분에 발생하는 기전력[V]은 $de = vBdr = \omega rBdr$[V]

그러므로 문제의 그림의 OC간에 발생하는 기전력은

$$e = \int_0^a de = \omega B \int_0^a r dr = \omega B \left[\frac{r^2}{2} \right]_0^a = \frac{\omega B a^2}{2} \text{[V]}$$

$$\therefore I = \frac{e}{R} = \frac{\omega B a^2}{2R} \text{[A]}$$

47. **|풀이|** $L = \frac{N\phi}{I} = \frac{N^2}{R_m} = \frac{\mu S N^2}{l}$ [H]

48. **|풀이|** $L = \frac{N\phi}{I} = \frac{N^2}{R_m} = \frac{\mu S N^2}{l} = \frac{4\pi \times 10^{-7} \times 1000 \times 5 \times 10^{-4} \times 100^2}{0.5} = 4\pi \times 10^{-3}$[H]

$$\therefore W = \frac{1}{2} L I^2 = \frac{1}{2} \times 4\pi \times 10^{-3} \times 1^2 = 6.28 \times 10^{-3} \text{[J]}$$

제10장 전자계

1. **답** ② **2.** **답** ④

3. **답** ②

|풀이| 변위전류밀도 $i_d = \frac{\partial D}{\partial t} = \frac{\partial (\varepsilon E)}{\partial t} = \frac{\partial}{\partial t} \varepsilon \left(\frac{v}{d} \right) = \frac{\varepsilon}{d} V_m \frac{\partial}{\partial t} \cos \omega t$

$$= -\frac{\omega \varepsilon}{d} V_m \sin \omega t \text{[A/m}^2\text{]}$$

4. **답** ①

|풀이| 변위전류밀도 $i_d = \frac{\partial D}{\partial t} = \frac{\partial (\varepsilon E)}{\partial t} = \varepsilon \frac{\partial E}{\partial t} = j\omega \varepsilon E$[A/m²]

$$\omega = 2\pi f = \frac{i_d}{\varepsilon E} \quad \therefore f = \frac{i_d}{2\pi \varepsilon E} \text{[Hz]}$$

5. **답** ②

|풀이| $i_d = \frac{\partial D}{\partial t} = \frac{\partial}{\partial t} \varepsilon \left(\frac{v}{d} \right) = \frac{\varepsilon}{d} V_m \frac{\partial}{\partial t} \sin \omega t = \frac{\omega \varepsilon}{d} V_m \cos \omega t$[A/m²]

6. **답** ④

|풀이| 전자파의 속도는 $v^2 = \frac{1}{\varepsilon \mu}$ 에서

$$\therefore\ v=\frac{1}{\sqrt{\varepsilon\mu}}=\frac{1}{\sqrt{\varepsilon_0\mu_0}}\cdot\frac{1}{\sqrt{\varepsilon_s\mu_s}}=c\frac{1}{\sqrt{\varepsilon_s\mu_s}}=\frac{3\times10^8}{\sqrt{\varepsilon_s\mu_s}}\,[\text{m/s}]$$

7. 답 ②

|풀이| $v^2=\frac{1}{\varepsilon\mu}$ 에서 $v=\frac{1}{\sqrt{\varepsilon\mu}}\,[\text{m/s}]\quad\therefore\ \lambda=\frac{v}{f}=\frac{1/\sqrt{\varepsilon\mu}}{f}=\frac{1}{f\sqrt{\varepsilon\mu}}\,[\text{m}]$

8. 답 ③

|풀이| $\lambda=\frac{c}{f}=\frac{3\times10^8}{6\times10^6}=50[\text{m}]$

9. 답 ④

|풀이| $v=\frac{3\times10^8}{\sqrt{\varepsilon_s\mu_s}}=\frac{3\times10^8}{\sqrt{3\times3}}=10^8[\text{m/s}]\quad\therefore\ f=\frac{v}{\lambda}=\frac{10^8}{10}=10^7=10[\text{MHz}]$

10. 답 ②

|풀이| $Z_0=\frac{E}{H}=\sqrt{\frac{\mu}{\varepsilon}}$

11. 답 ①

|풀이| $Z_0=\frac{E}{H}=\sqrt{\frac{\mu}{\varepsilon}}=\sqrt{\frac{\mu_0}{\varepsilon_0}}\sqrt{\frac{\mu_s}{\varepsilon_s}}$

12. 답 ②

|풀이| 전계와 자계의 관계식에서

$$H_e=\sqrt{\frac{\varepsilon_0}{\mu_0}}E_e=\sqrt{\frac{8.855\times10^{-12}}{4\pi\times10^{-7}}}E_e=\sqrt{7.046\times10^{-6}}E_e$$

$$\fallingdotseq2.65\times10^{-3}E_e=0.265\times10^{-2}E_e[\text{A/m}]$$

13. 답 ③

|풀이| $Z_0=\frac{\boldsymbol{E}}{\boldsymbol{H}}=\sqrt{\frac{\mu}{\varepsilon}}$ 에서 $\boldsymbol{E}=Z_0\boldsymbol{H}=\sqrt{\frac{\mu}{\varepsilon}}\boldsymbol{H}$

14. 답 ③ **15.** 답 ③ **16.** 답 ①

17. 답 ③

|풀이| $\text{rot}\,E=\nabla\times E=-\frac{\partial B}{\partial t}$

18. 답 ②

|풀이| 자속의 변화를 방해하는 방향으로 기전력이 발생하는 전자유도현상의 벡터방정식으로 표시한 미분형은 $\text{rot}\,\boldsymbol{E}=-\frac{\partial B}{\partial t}$

19. 답 ③

|풀이| 단자극은 존재하지 않는다. $\operatorname{div} \boldsymbol{B}=0$

20. 답 ② **21.** 답 ④ **22.** 답 ③ **23.** 답 ③

24. 답 ③

|풀이| $\operatorname{rot} \boldsymbol{H}=\nabla\times\boldsymbol{H}=\boldsymbol{i}_c+\dfrac{\partial \boldsymbol{D}}{\partial t}$

25. 답 ②

|풀이| 맥스웰의 제2기본방정식으로 자계와 전계의 관계를 정량적으로 표시하는 식은 다음과 같다. $\operatorname{rot} \boldsymbol{E}=-\dfrac{\partial \boldsymbol{B}}{\partial t}$

26. 답 ③ **27.** 답 ② **28.** 답 ④

29. 답 ②

|풀이| 전파정수 $\gamma=\alpha+j\beta \fallingdotseq \dfrac{k}{2}\sqrt{\dfrac{\mu}{\varepsilon}}+j\omega\sqrt{\mu\varepsilon}$, 단, α : 감쇠정수, β : 위상정수

30. **|풀이|** 전극 간격을 d[m], 면적을 S[m²], 유전율을 ε[F/m]이라고 하면,

정전용량 $C=\dfrac{\varepsilon S}{d}$, 전계 $E=\dfrac{e}{d}=\dfrac{E_m\sin\omega t}{d}$

전속밀도 $D=\varepsilon E=\dfrac{\varepsilon E_m\sin\omega t}{d}$, 변위전류 $i_d=\dfrac{\partial D}{\partial t}$

$\therefore\ I_d=i_dS=\dfrac{\partial D}{\partial t}S=\dfrac{\varepsilon E_m\omega}{d}\cos\omega t\times\dfrac{Cd}{\varepsilon}=\omega CE_m\cos\omega t$[A]

31. **|풀이|** $v=\dfrac{1}{\sqrt{\varepsilon\mu}}=\dfrac{1}{\sqrt{\varepsilon_0\mu_0}}\cdot\dfrac{1}{\sqrt{\varepsilon_s\mu_s}}=\dfrac{c}{\sqrt{\varepsilon_s\mu_s}}=\dfrac{3\times10^8}{\sqrt{5\times1}}=1.34\times10^8$[m/s]

32. **|풀이|** $P=\dfrac{100\times10^3}{4\times3.14\times(10\times10^3)^2}=0.0796\times10^3$[W/m²]

$H_e=\sqrt{\dfrac{\varepsilon_0}{\mu_0}}E_e=\sqrt{\dfrac{8.855\times10^{-12}}{4\pi\times10^{-7}}}E_e=2.654\times10^{-3}E_e$[A/m]

$P=H_eE_e$이므로 $2.654\times10^{-3}{E_e}^2=0.0796\times10^{-3}$

${E_e}^2=0.03\quad\therefore\ E_e=\sqrt{0.03}=1.732\times10^{-1}$[V/m]

찾 아 보 기

B ~ R

ㄱ

ㄴ

ㄷ

ㄹ

ㅁ

ㅂ

ㅅ

ㅇ

ㅈ

ㅎ

전기자기학

2017. 2. 5 인쇄
2017. 2. 10 발행

판 권
소 유

저 자 : 서대석 · 김성래 공저

발행자 : 이진권

발행처 : 도서출판 **태영문화사**

주 소 : 서울특별시 강서구 초원로 38

전 화 : 2661-8751

F A X : 2661-8798

등 록 : 1998년 11월 12일 제 2-2682호

정가 25,000원